W0191820

Evolution

Das große Buch vom Ursprung des Lebens
bis zur modernen Gentechnologie

© KOMET Verlag GmbH, Köln
www.komet-verlag.de
Gesamtproducing: twinbooks, München
(Susanne Darabas, Verena Kraschowetz, Melanie
Goldmann)
Gesamtherstellung: KOMET Verlag GmbH, Köln
Alle Rechte vorbehalten

ISBN 978-3-89836-865-0

Rosemarie Benke-Bursian

Evolution

**Das große Buch vom Ursprung des Lebens
bis zur modernen Gentechnologie**

Inhalt

Dem Leben auf der Spur

Die Evolution hat bis heute alle uns bekannten Lebensformen geprägt und wird auch über die Zukunft der Erde entscheiden. Angesichts von Artenvielfalt und scheinbarer biologischer Perfektion vieler lebender Organismen fällt es zahlreichen Mensch schwer, von einer zufälligen Entwicklung auszugehen – so suchen Religion und Wissenschaft unter verschiedenen Vorzeichen die Gesetzmäßigkeiten dieser Entwicklung zu klären und den Urgrund des Lebens herauszufinden.

Die Entstehung von Leben auf einem Planeten bedarf vieler Voraussetzungen und bei genauerer Betrachtung scheint es unwahrscheinlich, dass sich ein solcher Zufall im Universum mehr als einmal ereignet haben soll. Doch auszuschließen ist es nicht. Theorien zur Entstehung des Lebens existieren bereits seitdem es den Menschen gibt. Sie reichen von der göttlichen Schöpfung über die Vermutung, dass das Leben aus dem All kam, bis hin zur Annahme, die belebte Materie habe sich aus unbelebten Grundbausteinen entwickelt. Viele Theorien schließen einander noch nicht einmal aus. Die Vergangenheit und auch die Gegenwart zeigen die emotionale Sprengkraft dieser Erklärungsversuche: An ihnen entzündet sich auch heute noch die menschliche Ursehnsucht nach dem Sinn des eigenen Daseins.

Die Evolutionstheorie hat sich beständig weiterentwickelt. Viele der Theorien, die zu ihrer Entstehungszeit auf Unverständnis und Spott stießen, sind heute anerkannt, manche renommierten wissenschaftlichen Lehrmeinungen vergangener Tage dagegen widerlegt. Die Erkenntnisse des wichtigsten Wegbereiters der modernen Evolutionsforschung, Charles Darwin (1809 –1882), sind allerdings bis heute in der Wissenschaft nahezu unangefochten. Neue Möglichkeiten, wie beispielsweise durch die Genetik, führen zu einem immer tiefergehenden Verständnis der zugrundeliegenden biochemischen Mechanismen und Vorgängen.

Mit dem Wissen des Menschen wachsen auch seine Möglichkeiten, sodass der Mensch heute durch bewusste oder unbewusste Eingriffe in die Artenvielfalt selbst zum mitbestimmenden Evolutionsfaktor geworden ist. Trotz seiner Ausnahmestellung auf der Erde stellt sich in der Evolutionsbiologie auch die Frage, ob der Mensch wirklich so ein singuläres Lebewesen ist und nicht nur eine biologische Entwicklung unter vielen.

Sind wir alleine, oder existiert auch andernorts im Weltall Leben, das vielleicht grundlegend von unseren Vorstellungen abweicht? Eingedenk der vielen Faktoren, die an der Entwicklung des Lebens beteiligt sind, können wir kaum eine auch nur annähernd verlässliche Zukunftsprognose über den evolutionären Fortgang treffen und sind daher mehr oder minder auf Spekulationen angewiesen.

Doch gerade das Zusammenspiel der unterschiedlichsten Faktoren und Einflüsse macht die Evolution und ihre Erforschung so interessant und aufsehenerregend. Insofern dürfen wir auf weitere Erkenntnisse und neue spektakuläre Entdeckungen und Theorien in der Evolutionsforschung gespannt

Charles Darwin, der Begründer der modernen Evolutionstheorie. Denkmal vor der Universität von Shrewsbury in Großbritannien (Abbildung links).

Woher kommt das Leben auf der Erde?

Die Grenzen der menschlichen Vorstellungskraft

Die Frage nach dem Beginn des Lebens ist so alt wie die Menschheit selbst und ein Geheimnis, das die Menschen tief in ihrem Innersten berührt. Religiöse Menschen können sich eine Schöpfung ohne Schöpfer schwerlich vorstellen, Atheisten dagegen glauben an eine rationale, naturwissenschaftliche Erklärung ohne Mythos. Diese zutiefst menschlichen Sehnsüchte, die Suche nach der Herkunft und dem Sinn unseres Daseins, sind im Laufe der Jahrtausende Grundlage der unterschiedlichsten Deutungsversuche geworden. Dieses Kapitel will einen Überblick über alte und neue Theorien geben, aufzeigen wodurch sie gestützt werden, und damit eine Hilfestellung zur eigenen Meinungsbildung sein.

Theorie 1: Leben aus unbelebter Natur

Naturwissenschaftliche Erklärungen

Nach dieser These entstand das Leben auf der Erde gemäß den herrschenden naturwissenschaftlichen Gesetzen aus einfachen Grundbausteinen, also im Grunde aus unbelebter Natur (Abiogenese). Die Entstehung des Lebens wird dabei meist als ein Ablauf von mehreren Schritten angesehen. Erste Theorien hierzu sind schon sehr früh entworfen worden.

Schon Demokrit (um 460–370 v. Chr.) erklärte die Entstehung der Welt ganz rational. Seiner Meinung nach entstand alle belebte und unbelebte Natur als Folge der unablässigen Bewegung von Atomen im Raum. Zufälle und Gottheiten lehnte Demokrit als Erklärungshilfen kategorisch ab. Der französische Nobelpreisträger Jacques Monod (1910–1976) war dagegen überzeugt, dass zumindest die Entstehung von Leben nur auf einen Zufall zurückzuführen sein könne. Einmal entstanden, folge es allerdings bestimmten Gesetzmäßigkeiten, die durch seine inneren Strukturen festgelegt sind. So bauen sich immer komplexere Organismen auf, die sich dann, wiederum einer inneren Vorbestimmung folgend, weiterentwickeln. Allerdings hätte der Zufall auch etwas ganz anderes bilden können. Deshalb war Monod überzeugt, dass der Mensch allein im Uni-

„Die Entstehung von Leben ist auf einen Zufall zurückzuführen. Einmal entstanden folgt es bestimmten Gesetzmäßigkeiten."

Selbst das einfachste Leben ist mehr als nur eine Verbindung von verschiedenen organischen Substanzen, es ist vielmehr ein komplexes System, bei dem durch das geregelte Zusammenwirken der einzelnen Bausteine neue Eigenschaften entstehen. Um die Entstehung von Leben auch nur ansatzweise zu verstehen, versuchen Forscher herauszufinden, wie die ersten Bausteine den Weg zu diesem komplexen Zusammenwirken finden konnten.

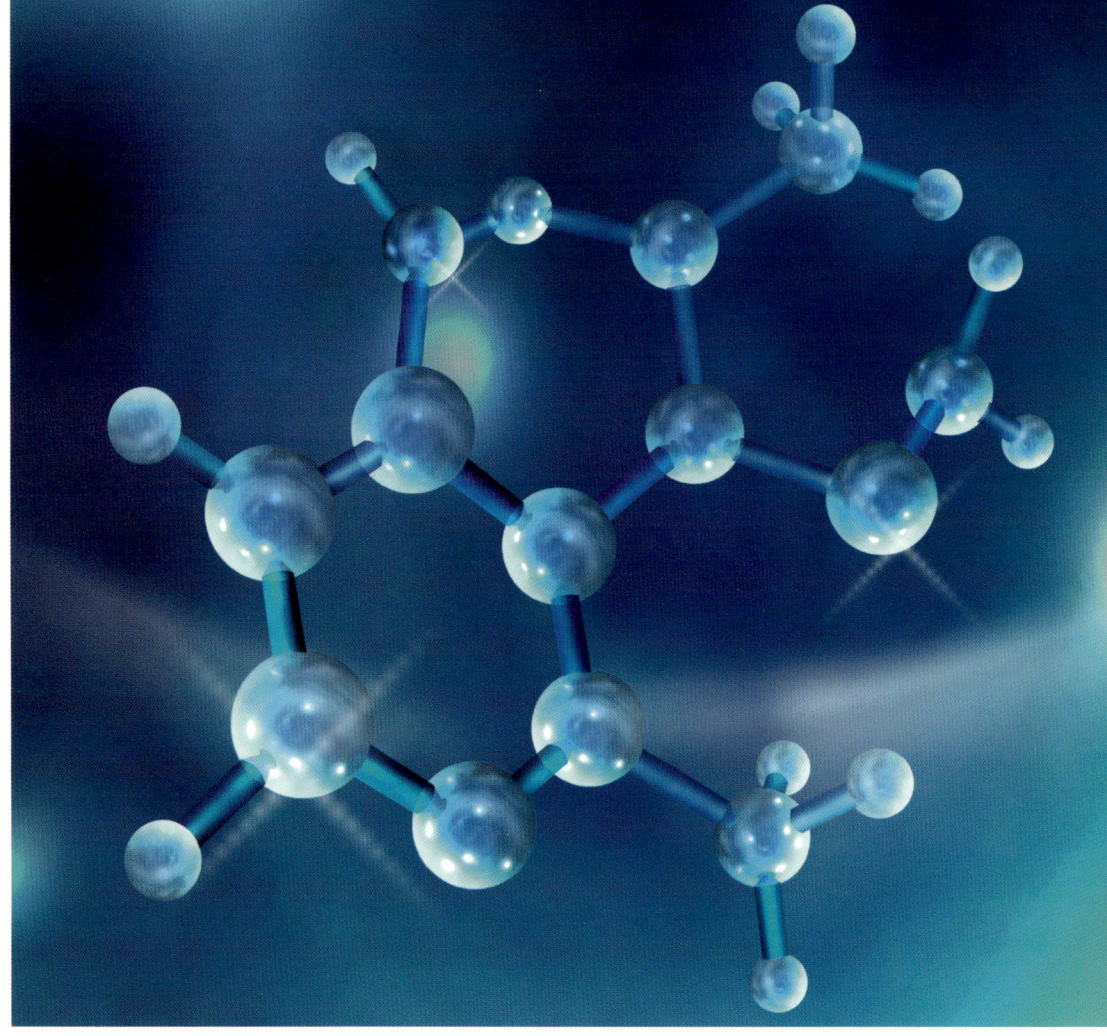

versum ist, denn die Wahrscheinlichkeit, dass ein zweites Mal Leben entsteht, geht gegen Null. Eine Forschergruppe um den deutschen Chemie-Nobelpreisträger Manfred Eigen (geb. 1927) postulierte dagegen sogar eine nahezu unendlich große Anzahl an möglichen Lebensbausteinen. Diese seien zwar durch Zufall entstanden, doch dann seien durch naturgesetzliche Notwendigkeiten die jeweils Geeignetsten von ihnen heraussortiert worden, sodass das Leben zwingend entstehen musste. Mit dieser „Zähmung des Zufalls", wie sie es nannten, habe die Evolution begonnen. Wie die einzelnen Lebewesen aussähen, sei allerdings wiederum Zufall. Sie würden einfach aus einem ungerichteten Spiel der Natur hervorgehen. Selbst ein solch komplexes Wesen wie der Mensch ist demnach nichts anderes als das Ergebnis einer zufälligen Spielerei der Natur.

Theorien, welche die Entstehung des Lebens ohne Schöpfung erklären, stehen immer in unmittelbarem Konflikt zu der Aussage: „Omne vivum e vivo" – alles Leben stammt von Leben ab. Diese Erkenntnis Pasteurs hat in der Wissenschaft bis heute Gültigkeit. Unter den gegenwärtig herrschenden irdischen Bedingungen können Lebewesen nicht aus unbelebter Materie entstehen – weder aus organischer (biologischer) noch aus anorganischer (nicht-biologischer) Materie. Das allererste Leben muss aber – wenn es keinen Schöpfer gab – diesem Dogma widersprochen haben und aus unbelebten Vorstufen entstanden sein. Ein solches Ereignis muss daher – auch ohne göttlichen Schöpfungsakt – ein sehr besonderes und vielleicht einmaliges Ereignis gewesen sein. Damit entspricht es dann allerdings doch einer Art Schöpfung – auch jenseits vom Terrain religiös-mystischer Vorstellungen und göttlicher Interventionen. An diesem Punkt kommen sich naturwissenschaftliche und mystische Schöpfungsideen wieder sehr nahe. Moderne Theorien versuchen, hier die Brücke zu schlagen. Im Rahmen eines „einmaligen" Prozesses,

„Omne vivum e vivo – alles Leben stammt von Leben ab. Diese Erkenntnis hat in der Wissenschaft bis heute Gültigkeit."

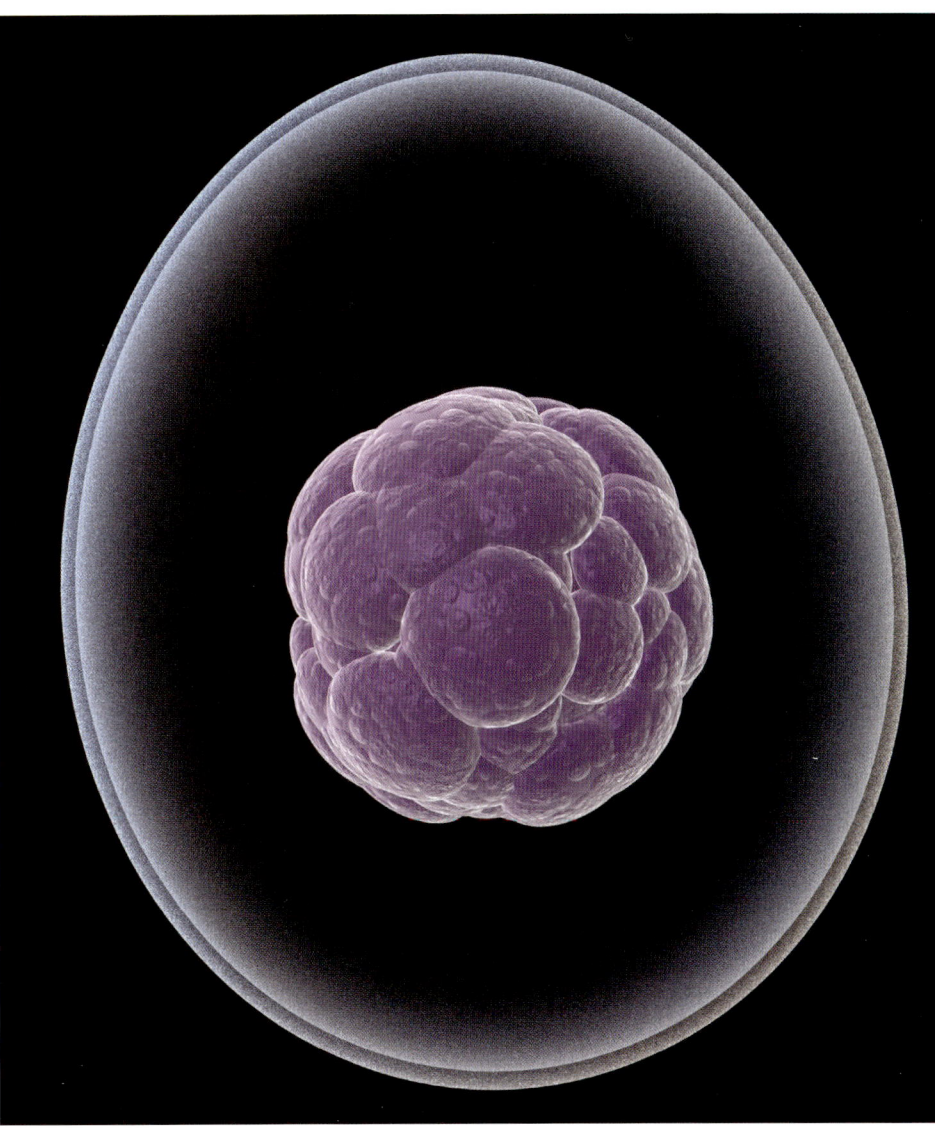

einer spontanen Urschöpfung, die sich allerdings über einen langen Zeitraum ausdehnte und an verschiedenen Stellen der Erde ablief, entstanden zunächst organische Moleküle aus anorganischen Grundbausteinen. Diese Makromoleküle traten dann in Wechselwirkung zueinander und bildeten in einer Art Selbstorganisation sogenannte Protobionten, Vorstufen des Lebens, woraus dann wiederum die Urzellen entstanden. Die Theorie des aus Vorstufen spontan entstandenen Lebens versucht die moderne Wissenschaft mit immer differenzierteren Methoden anhand von Fakten und Erkenntnissen zu untermauern. Und tatsächlich lassen sich eine ganze Reihe solcher Vorstufen finden und experimentell nachweisen.

Eine Zelle ist die kleinste Einheit des Lebens. Jede Zelle ist ein eigenständiges und selbsterhaltendes System, das die Fähigkeit besitzt, Nährstoffe in Energie umzuwandeln und sich selbst zu reproduzieren. Es gibt Lebewesen, die aus nur einer einzigen Zelle bestehen, und Mehrzeller, wie beispielsweise der Mensch, der aus etwa 220 verschiedenen Zell- und Gewebetypen besteht.

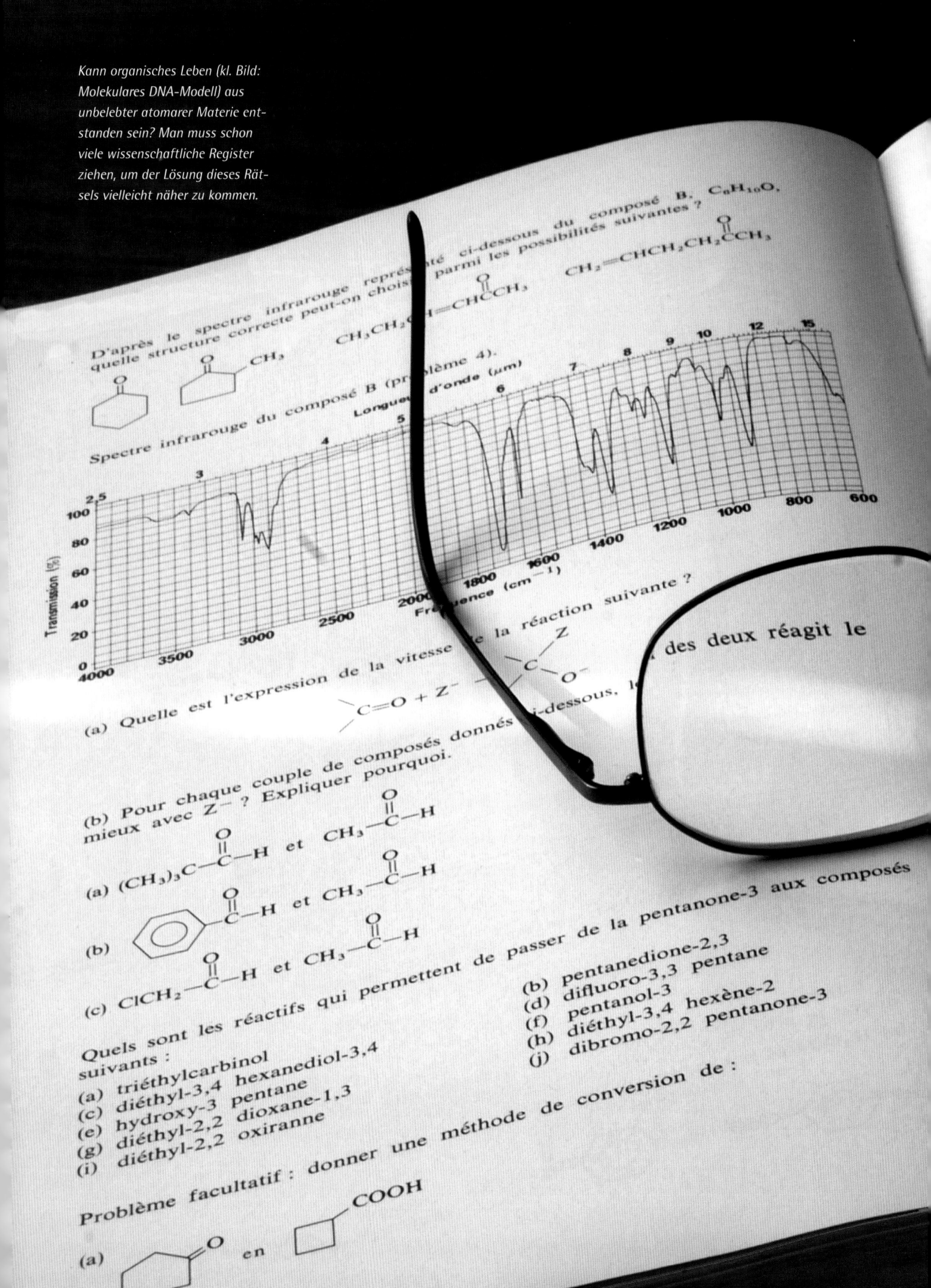

Kann organisches Leben (kl. Bild: Molekulares DNA-Modell) aus unbelebter atomarer Materie entstanden sein? Man muss schon viele wissenschaftliche Register ziehen, um der Lösung dieses Rätsels vielleicht näher zu kommen.

D'après le spectre infrarouge représenté ci-dessous du composé B, $C_6H_{10}O$, quelle structure correcte peut-on choisir parmi les possibilités suivantes ?

$CH_3CH_2\ldots H=CHCCH_3$ $CH_2=CHCH_2CH_2CCH_3$

Spectre infrarouge du composé B (problème 4).

Longueur d'onde (µm)

Transmission (%)

Fréquence (cm⁻¹)

(a) Quelle est l'expression de la vitesse de la réaction suivante ?

$$C=O + Z^- \rightarrow \overset{Z}{\underset{O^-}{C}}$$

... des deux réagit le ...

(b) Pour chaque couple de composés donnés ci-dessous, ... mieux avec Z^- ? Expliquer pourquoi.

(a) $(CH_3)_3C-\overset{O}{\underset{\|}{C}}-H$ et $CH_3-\overset{O}{\underset{\|}{C}}-H$

(b) [C₆H₅]$-\overset{O}{\underset{\|}{C}}-H$ et $CH_3-\overset{O}{\underset{\|}{C}}-H$

(c) $ClCH_2-\overset{O}{\underset{\|}{C}}-H$ et $CH_3-\overset{O}{\underset{\|}{C}}-H$

Quels sont les réactifs qui permettent de passer de la pentanone-3 aux composés suivants :

(a) triéthylcarbinol
(b) pentanedione-2,3
(c) diéthyl-3,4 hexanediol-3,4
(d) difluoro-3,3 pentane
(e) hydroxy-3 pentane
(f) pentanol-3
(g) diéthyl-2,2 dioxane-1,3
(h) diéthyl-3,4 hexène-2
(i) diéthyl-2,2 oxiranne
(j) dibromo-2,2 pentanone-3

Problème facultatif : donner une méthode de conversion de :

(a) [cyclopentanone] en [cyclopentane]—COOH

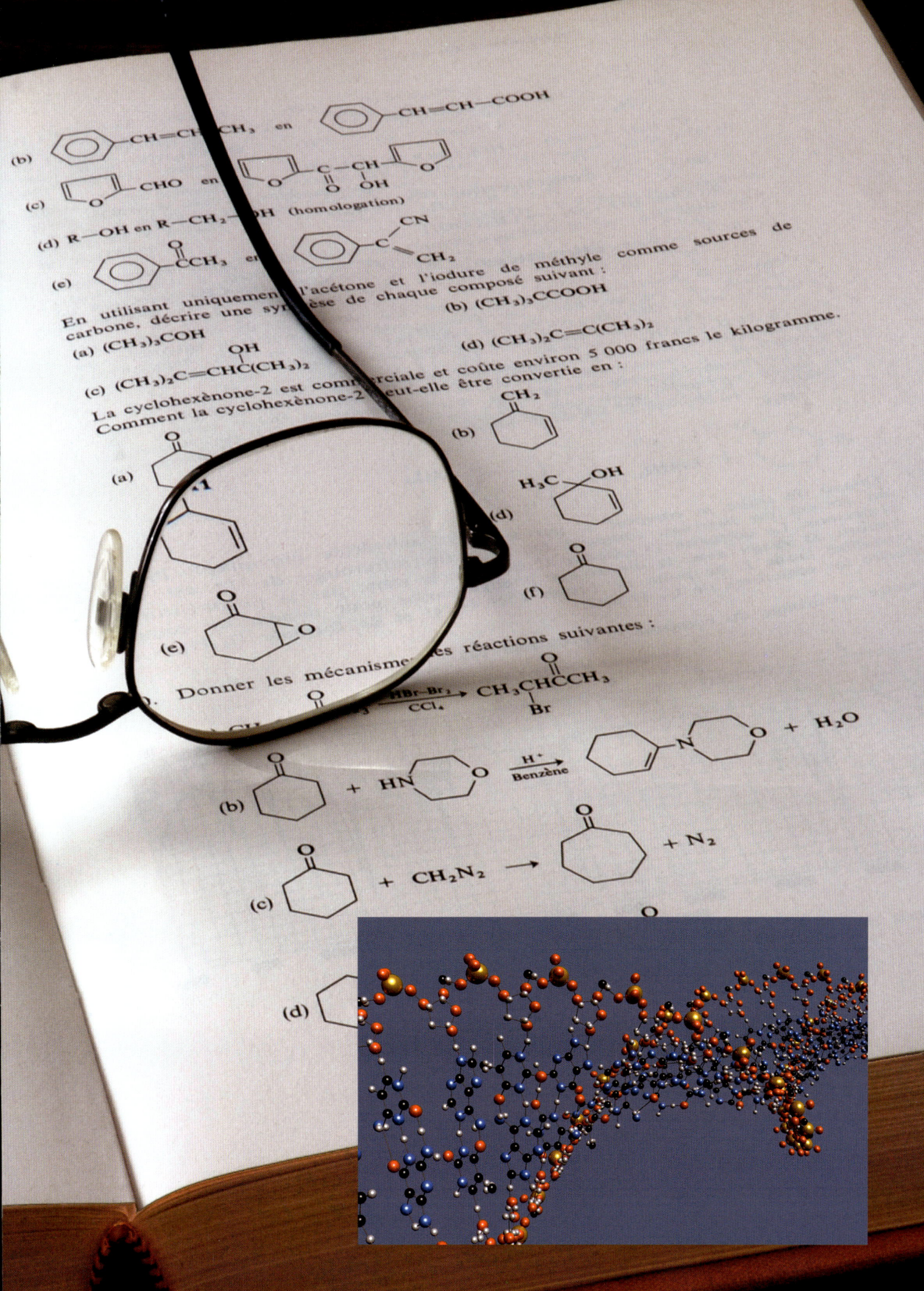

(b) ⬡—CH=CH—CH₃, en ⬡—CH=CH—COOH

(c) [furan]—CHO en [furan]—C(=O)—CH(OH)—[furan]

(d) R—OH en R—CH₂—OH (homologation)

(e) ⬡—C(=O)CH₃, en ⬡—C(CN)=CH₂

En utilisant uniquement l'acétone et l'iodure de méthyle comme sources de carbone, décrire une synthèse de chaque composé suivant :

(a) (CH₃)₃COH

(b) (CH₃)₃CCOOH

(c) (CH₃)₂C=CHC(CH₃)₂OH

(d) (CH₃)₂C=C(CH₃)₂

La cyclohexènone-2 est commerciale et coûte environ 5 000 francs le kilogramme. Comment la cyclohexènone-2 peut-elle être convertie en :

(a) [cyclohexènone]

(b) [methylenecyclohexene] CH₂

(d) [methyl cyclohexenol] H₃C—OH

(e) [epoxy cyclohexanone] with O

(f) [cyclohexanone] with O

Donner les mécanismes des réactions suivantes :

$$CH_3COCH_3 \xrightarrow[CCl_4]{HBr-Br_2} CH_3CHCCH_3$$ with Br and O

(b) [cyclohexanone] + HN�O (morpholine) $\xrightarrow[\text{Benzène}]{H^+}$ [enamine] N�O + H₂O

(c) [cyclohexanone] + CH₂N₂ ⟶ [cycloheptanone] + N₂

(d) [compound with O]

Theorie 2: Das Leben als Schöpfungsakt

Religiöse Deutungsversuche

Das Staunen und die Ehrfurcht vor der Natur, die Erkenntnis, dass nicht alles vom Menschen gemacht sein kann, und dass es infolgedessen etwas geben muss, das weit über dem Menschen steht und übermenschliche, ja übernatürliche Kräfte hat: So sieht die Ausgangssituation jeder Religion aus. Diese Hypothese zum Ursprung des Lebens ist die älteste und findet sich nicht nur in der Bibel, sondern auch in zahllosen anderen Schöpfungsberichten. Demzufolge wurde das Leben, ja das ganze Universum, im Rahmen eines einmaligen Schöpfungsaktes geschaffen. Also gibt es einen oder auch mehrere Schöpfer, einen oder mehrere Götter. Der Grundgedanke dieser These ist, dass die Welt nicht durch sich selbst entstehen konnte, sondern dass jemand sie geschaffen haben muss. Aber auch innerhalb dieser Schöpfungstheo-

rie gibt es große Unterschiede in den einzelnen Darstellungen beziehungsweise zwischen den Glaubensrichtungen.

Schöpfung als Entwicklungskaskade: Eine weitverbreitete Auffassung ist, dass der Schöpfungsakt gewissermaßen nur der initiale Moment zur Entstehung des Universums z. B. durch einen Urknall oder ähnliche Konzepte war. Alle weiteren Formen der unbelebten und belebten Natur entstanden anschließend nach den bekannten naturwissenschaftlichen Gesetzen. Diese Annahme erleichtert es Religion und Naturwissenschaft, sich einander zu nähern und viele moderne Christen sehen in diesem Ansatz eine Möglichkeit, ihren Glauben mit den modernen wissenschaftlichen Erkenntnissen in Einklang zu bringen.

Schöpfung des kompletten Universums, in dem sich dann selbstständig Leben entwickelte: Eine weniger bekannte Annahme, die den Schöpfungsakt

„Im Anfang schuf Gott Himmel und Erde". Mit diesen Worten beginnt das 1. Buch Mose, das erste Buch der hebräischen und christlichen Bibel. Genesis oder die Schöpfungsgeschichte beschreibt die Erschaffung der Welt und die Entstehung des Lebens durch einen Schöpfer und nicht aus sich selbst heraus. Er setzt den Anfang von Welt und Zeit.

auch auf die Erschaffung der verschiedenen Gestirne und Himmelskörper, einschließlich der Erde, ausdehnt. Das Leben selbst entstand dann später aus anorganischem Material ohne direkte Schöpfung. Diese Lehre ist mit den modernen Erkenntnissen der Wissenschaft nur schwer vereinbar und fand in der abendländischen Kultur kaum Anhänger.

Die Schöpfung des Universums und aller Lebewesen: Nach dieser Hypothese wurde im Rahmen des Schöpfungsaktes nicht nur das Universum, sondern auch das Leben erschaffen. Diese Lehre hat unter strenggläubigen Christen sehr viele Anhänger, sie können sich eine Erschaffung des Lebens aus Materie nur schwer vorstellen. Hierbei gibt es die unterschiedlichsten Ansichten über die Erschaffung der Lebewesen. Viele glauben an eine schöpferische Initialzündung des Lebens, die danach durch Evolution die große Artenvielfalt hervorbrachte. In seiner allumfassenden, fundamentalistischen Variante umschließt der Schöpfungsakt dann alle Lebewesen, einschließlich des Menschen. Das heißt, weder Pflanze, Tier noch Mensch haben sich aus anderen Lebewesen entwickelt, sondern wurden als fertige Geschöpfe erschaffen. Eine Evolution war daher nicht nötig und hat es folglich auch nie gegeben. Gerade diese Idee wurde in jüngster Zeit von den Kreationisten neu belebt und hat seitdem in zahlreichen fundamental-christlichen Kreisen großen Einfluss gewonnen.

Gemeinsames Erbe

Interessant ist, dass gerade der Gedanke, die Welt sei in einem Schöpfungsakt entstanden, der gesamten Menschheit gemeinsam ist. Ob Ägypter oder andere afrikanische Völker, ob Chinesen oder die Urvölker Australiens, ob Griechen oder Sumerer, Juden oder Christen: Sie alle haben Schöpfungsmythen, die ihnen die Entstehung der Welt und ihren eigenen Ursprung erklären. Sie alle stellen den Menschen, die Natur und das gesamte Universum unter den Einfluss einer höheren Macht. Dass wir heute so viel über uns und unsere Vorfahren

„Alle Schöpfungsmythen beginnen mit Chaos, das überwunden und in Ordnung umgewandelt werden soll."

wissen, hängt vor allem mit dem Glauben zusammen, der den Menschen von Anbeginn an dazu anregte, eine religiöse Kultur zu entwickeln, deren Zeugnisse wir auch heute noch in Form von Gräbern, Gebetsstätten und Höhlenmalereien finden können. Es ist kein Zufall, dass die ersten großen schriftlichen Überlieferungen religiöse Texte sind, wie z. B. die Bibel.

Vielen ursprünglichen Schöpfungsmythen liegt eine sehr statische Auffassung der Welt zugrunde, das heißt, die Welt hat sich nach Abschluss des Schöpfungsaktes nicht mehr weiterentwickelt. Die Ausgestaltung dieser Mythen ist so fantasievoll und vielfältig wie die Kulturen, in denen sie entstanden sind. Fast alle beginnen erstaunlicherweise mit einem Chaos, das als bedrohlich und verwirrend empfunden wird. Durch die Schöpfung wird das Chaos überwunden und in eine Ordnung umgewandelt. Diese Annahme deckt sich sogar mit der modernen Ansicht der Wissenschaft von der Entstehungsgeschichte des Universums, denn dass am Anfang das Chaos war, behaupten auch die heutigen Physiker und Astronomen in ihrer These vom Urknall. Die moderne Chaostheorie lehrt, dass aus Chaos spontan Ordnung entstehen und Ordnung ebenso plötzlich wieder in Chaos zerfallen kann.

Die 16.000 Jahre vor unserer Zeitrechnung entstandenen Höhlenmalereien von Lascaux vermitteln bis in unsere Zeit einen lebhaften Einblick in den Lebensalltag der damaligen Zeit und – aufgrund ihrer kultischen Funktion – in die religiöse Kultur der Altsteinzeit und den Glauben an eine höhere Macht.

Wie viele Götter braucht der Mensch?

In einigen Kulturen und Religionen z. B. dem Islam sowie dem Juden- und Christentum gibt es einen einzigen Gott, der alles geschaffen hat (Monotheismus). Andere Schöpfungsmythen besagen dagegen, dass eine Vielzahl von Gottheiten, die in ihrer Macht jeweils begrenzt sind, den Kosmos geschaffen haben (Polytheismus). Für die meisten Kulturen ist die Schöpfung ein einmaliges Werk, doch gibt es auch einige, die an ein rhythmisches Werden und Vergehen des Kosmos glauben. Die Welt wird dabei in dauernder Folge neu geschaffen, um immer wieder mit allem unterzugehen. Eine Idee, die auch von der modernen Wissenschaft als eine Möglichkeit zur Beschreibung unserer Welt aufgegriffen wurde: ein permanentes Entstehen und Vergehen in Urknall und Kollaps.

Der biblische Schöpfungsglaube mit seiner Idee von einem alleinigen Schöpfergott hat in weiten Teilen der Welt nach und nach die komplizierten, polytheistischen Mythen verdrängt. Heute bekennt sich fast die Hälfte der Erdbevölkerung zu den ersten Worten der Bibel: „Am Anfang schuf Gott Himmel und Erde". Die biblische Deutung, die an den Anfang einen Gedanken (Gott) setzt, dessen Autorität weiteres Nachgrübeln und Erklären erübrigt, dessen Wille die Welt und den Menschen so entstehen ließ, ist eine sehr beruhigende und tröstliche Erklärung. Diese Theorie zu widerlegen, ist noch keinem Wissenschaftler gelungen. Im Gegenteil, häufig sind es sogar gerade Wissenschaftler, die über die Komplexität des Universums staunen und einen Schöpfer nicht ausschließen wollen, denn wer wüsste es besser, dass er die Welt mit Naturwissenschaft allein nicht erklären kann, als der Wissenschaftler selbst. Auch in der heute oft wissenschaftlich geprägten Welt ist der Glaube verschiedener Richtungen noch allgegenwärtig. So vielfältig wie sich die Glaubenslandschaft und ihre Symbole und Monumente in der Umwelt der Menschen manifestieren – wie hier in Jerusalem, wo verschiedenste Glaubensrichtungen aufeinandertreffen – gestalten sich auch die Vorstellungen der Menschen verschiedenster Konfessionen zu Ursache und Ablauf der Schöpfung der Welt.

These 3: Leben aus dem All

Zu unglaublich oder doch wahr?

Kosmische Phänomene wie Sternennebel und explodierende Himmelskörper werden in jüngster Zeit als mögliche Quellen bzw. Vorstufen für die Entstehung von Leben auf der Erde betrachtet. Auf ihrer Reise durch das All mussten diese Bausteine den lebensfeindlichen Bedingungen des Kosmos trotzen.

Die sogenannte Panspermie-Theorie („überall verbreitete Samen") wurde bereits im Jahre 1906 vom schwedischen Chemie-Nobelpreisträger Svante Arrhenius (1859–1927) formuliert. Danach ist das Leben irgendwo in den Weiten des Universums entstanden. Das bereits fertige Leben kam dann durch einen interstellaren Transport auf unsere Erde. Sie wurde quasi mit Lebenssamen „befruchtet" oder „infiziert". Arrhenius nahm an, dass es so kleine lebende Organismen gäbe (kleiner als 0,00016 mm Durchmesser), dass der Strahlungsdruck der Sonne sie durch den Raum treiben könnte, bis sie auf einem günstigen Planeten träfen, wo sie Leben erwecken könnten. Diese Idee verlagert das Problem der Lebensentstehung zwar zunächst einfach nur von der Erde ins Weltall, die Konsequenzen sind jedoch immens. Die Bedingungen unter denen erstes Leben entstand, müssten dann nämlich nicht

„Das Leben ist irgendwo in den Weiten des Universums entstanden und kam durch einen interstellaren Transport auf unsere Erde."

mehr denen der jungen Erde entsprechen, könnten möglicherweise komplett anders gewesen sein. Dadurch spaltet sich die Frage der Lebensentstehung in zwei Teile auf: Erstens, wie entstand das Leben in den Weiten des Kosmos, entstand es an mehreren Stellen oder gibt es eine „Urquelle"? Zweitens, wie kam das Leben aus dem All auf die Erde? Wie könnte so eine Erdbefruchtung ausgesehen haben? Und endlich schließt sich die spannende Frage an, ob auf diese Weise nicht ganz viele (erdähnliche) Planeten befruchtet worden sind. Extraterrestrisches Leben, Leben auf anderen Planeten, scheint geradezu die logische Konsequenz dieser Theorie. Die Idee von extraterrestrischem Leben hat heute sehr viele Anhänger unter renommierten Astronomen, Astrophysikern und Astrobiologen, die mittlerweile mit gigantischem Aufwand nach Leben oder Lebensspuren im Weltall suchen. Über lange Zeit hielt die Wissenschaft die Panspermie für unwahrscheinlich, denn das im Weltall herrschende Vakuum, die extremen Temperaturen und die komplexen interstellaren Strahlungsfelder sind außerordentlich lebensfeindlich, nicht zu vergessen die extremen Bedingungen, die das Leben bei der Landung auf der Erde überstehen müsste. Doch in den 1970er-Jahren lebte die Panspermie-Theorie plötzlich wieder auf. Die Astronomen Fred Hoyle (1915–2001) und Chandra Wickramasinghe (geb. 1939) fanden Hinweise auf Lebensspuren im interstellaren Staub. Sie vermuteten, dass Kometen, die ja hauptsächlich aus Wassereis bestehen, bakterielles Leben durch Galaxien transportieren und vor Strahlungsschäden abschirmen könnten.

Hohn und Spott erntete dann der britische Geologe, Chemiker und Mediziner James Lovelock (geb. 1919) mit seiner Hypothese, die er 1972 zusammen mit Lynn Margulies (geb. 1938) veröffentlichte. Auch er ging von einer „Befruchtung" aus dem All aus. Dabei spekulierte er, dass diese ursprünglichsten aller Lebensformen wie Bakterien und Archaea (bakterienähnliche Lebensformen) sich nach ihrer Landung auf der Erde zunächst tief in das Erdin-

nere zurückgezogen hatten. Dort überstanden sie dann die vielen Angriffe aus dem All, denen die damalige Erde ausgesetzt war. Da diese Annahme an den griechischen Mythos erinnert, in dem Gaia, die Mutter Erde, von Vater Uranos, dem Himmel, befruchtet wurde, und anschließend ihre Kinder tief in ihrem Schoß vor Uranus versteckte, weil der seine Kinder töten wollte, wurde Lovelocks Hypothese ironisch als „Gaia-Hypothese" bezeichnet.

Doch es dauerte nicht lange, bis die Panspermie-Theorie Anerkennung fand und als reale Alternative zu einer erdgebundenen Entstehung des Lebens angesehen wurde. Denn immer mehr Hinweise deuteten auf Spuren von Leben oder zumindest auf Vorstufen von Leben im All hin.

So ging 1996 die sensationelle Meldung durch die Presse, dass auf dem – bereits 1984 in der Antarktis entdeckten – Marsmeteoriten ALH 84001 fossile Spuren von primitivem Leben entdeckt worden seien. Dieser Meteorit war 13.000 Jahre im Eis konserviert gewesen und das Material ist vermutlich mehrere Milliarden Jahre alt. Auf diesem Meteoriten fanden sich seltsame Kriechspuren, die von primitiven Lebensformen stammen könnten. Die Begeisterung hielt zwar nur kurz an, denn Kritiker behaupteten, es gäbe keine ausreichenden Hinweise für diese Deutung und die Spuren auf dem Meteoriten sind auch heute noch stark umstritten. Als eine Forschergruppe der NASA herausfand, dass es sich bei dem Meteoriten-Material um Magnetit handle, wurde die These, dass diese Spuren tatsächlich von primitivem Leben stammen, zwar untermauert, doch die Kritiker überzeugte dies nicht. Magnetit ist ein Material, das gewöhnlich durch anorganische Prozesse, also nicht von Lebewesen gebildet wird. Doch gibt es eine Ausnahme: Eine Gruppe von Bakterien kann Magnetit erzeugen – und zwar mit ganz bestimmten Eigenschaften. Genau solche Spuren, wie sie die Magnetit bildenden Bakterien erzeugen, wurden im Marsmeteoriten gefunden. Ein Beweis für Lebensspuren ist dies aber natürlich nicht.

„Immer mehr Hinweise deuteten auf Spuren von Leben oder zumindest auf Vorstufen von Leben im All hin."

Verborgen in Kometen könnten Urformen des Lebens, die in den Weiten des Weltraums entstanden sind, auf die Erde gelangt sein und auf diese Weise den Grundstein zur Evolution gelegt haben. Selbst die unwirtlichen Bedingungen eines jungen Planeten mit seiner ersten Kruste aus erstarrtem Gestein (kleine Abbildungen), einer Uratmosphäre mit Gasen aus dem Erdinneren und die Entstehung des globalen Wasserkreislaufs boten ideale Voraussetzungen für sich immer komplexer entwickelnde Lebensformen.

Mittlerweile weiß man, dass der Mars nicht immer so lebensfeindlich war wie heute, und man fand sogar Hinweise für große Wasservorkommen unter der Marsoberfläche. Viele Forscher vermuten, dass der Mars sogar einmal erdähnlich ausgesehen haben könnte, was der Spurensuche nach Mars-Leben wieder Auftrieb gab.

Wie sehr die „Marsmännchen" die Menschen beschäftigen, zeigte sich Anfang des Jahres 2008, als die NASA eine Mars-Panoramaaufnahme von „Spirit" veröffentlichte, was mit einem großen Aufschrei in der Presse begleitet wurde. Findige Journalisten der „Times" „erkannten" nämlich sogleich, dass auf dem Foto der Schatten eines „Marsmännchens" zu erkennen sei und viele Medien griffen diese Idee auf. Eine Erklärung der NASA blieb allerdings bis heute aus.

Liefern Extremophile die Antwort?

Auch ein Transfer von Organismen z. B. vom Mars zur Erde (und umgekehrt) wird mittlerweile für möglich gehalten. Hierzu haben die Entdeckung und die Untersuchung von Extremophilen – dies sind Mikroorganismen, die unter extremen Bedingungen leben können – einen wichtigen Beitrag geliefert. Extremophile wie die Archaea könnten eine Antwort auf die Frage sein, wie Lebewesen die lange Reise überleben konnten. Diese erstreckte sich womöglich über Hunderttausende von Jahren, durch die eisige Kälte des Universums, das absolute Vakuum, die tödlichen UV- und Gammastrahlen und prallte schließlich mit voller Wucht und bei größter Hitze auf die Erde.

Die urtümlichsten Lebensformen auf der Erde, die Archaea (früher auch Archaeabakterien oder Urbakterien genannt), zeigen erstaunliche Widerstandsfähigkeiten. So fühlen sie sich im kochenden Wasser ebenso wohl wie unter kilometerdicken Eisschichten und sie überstehen das Tausendfache der für Menschen tödlichen Gammastrahlung. Weder Vakuum noch die Wucht eines Kometenaufpralls (simuliert im Labor) können ihnen etwas anhaben. Bei ungünstigen Lebensbedingungen fallen Archaea in eine Art Winterschlaf – wenn es sein muss, sogar für viele Jahrtausende. Aber auch andere, etwas höhere Lebewesen (z. B. das Bärtierchen Tardigradia) können Extrembedingungen überstehen. Mit anderen Worten, die Panspermiethese muss nicht scheitern, weil Lebewesen einen Transport durchs All nicht überstehen könnten.

Neben Meteoriten gelten auch Kometen als geeignete Geburtshelfer des irdischen Lebens. Ein Chemiker-Team der Universität von Kalifornien konnte mittels Simulation des Hochgeschwindigkeitseinschlages eines Kometen zeigen, dass zumindest organische Moleküle – in diesem Fall Aminosäuren – auf diese Weise unbeschädigt auf die Erde gelangen konnten. Bei den Versuchen hat

„Archaea könnten Kälte und Vakuum des Alls, die tödlichen UV- und Gammastrahlen sowie Hitze und Wucht des Erdaufpralls überlebt haben."

nicht nur ein Großteil der Aminosäuren die Kollision überlebt, mehrere Aminosäuren hatten sich sogar bereits miteinander verbunden und so Protein-Vorstufen gebildet.

In einem anderen Laborversuch haben Wissenschaftler der Universität Bremen und weiterer Hochschulen die Entstehungsbedingungen von Kometen rekonstruiert und dabei völlig überraschend die Anwesenheit von Aminosäuren nachgewiesen. Diese Forschungsarbeiten waren so beeindruckend, dass sie im März 2002 in der renommierten Wissenschafts-Zeitschrift „Nature" vorgestellt wurden.

Das hieße also, dass sich bereits bei der Entstehung von Kometen komplexe Moleküle wie etwa Aminosäuren bilden, Moleküle, die mit zu den Grundsubstanzen jeder Zelle, jedes Lebewesens gehören. NASA-Wissenschaftler präsentierten aber noch

Den Beweis dafür, dass die Entstehung und die Fortdauer von Leben auch unter extremsten Bedingungen möglich ist, liefern sogenannte Extremophile, also Mikroorganismen, die beispielsweise im kochenden Wasser von Geysiren wie dem Old Faithful (gr. Abbildung links) und dem Midway Gaysir Basin im Yellowstone-Nationalpark (Abbildung rechts unten) sowie in den Geysiren in vulkanisch aktiven Bereichen auf Island (Abbildung rechts oben) existieren können.

weitere Belege für die Panspermie-Theorie: In ihrem Labor simulierten sie die harten Bedingungen im interstellaren Raum und erzeugten Strukturen, die wie Membranen aussehen. Diese „Proto-Zellen" gleichen den membranartigen Strukturen, die in allen Lebewesen zu finden sind. Durch all diese Experimente wurde erstmals verdeutlicht, dass die ersten Schritte auf dem Weg zur Entstehung von Leben gar keinen fertigen Planeten benötigten, sondern sich im tiefen Weltall – lange vor der Entstehung von Planeten – ereignet haben könnten. Die Schlussfolgerung ist: Diese Grundbausteine von Leben könnte es überall geben, sie müssten nur auf einen lebensfreundlichen Planeten stoßen, wodurch sie dort die Entwicklung von Leben beschleunigen oder aber sogar erst möglich machen könnten.

Diese Annahme fand faktische Unterstützung, als Radioastronomen Radiosignale von Molekülen empfingen, die auf der Erde als Grundbausteine des Lebens gelten. Auf diese Weise konnten mittlerweile mehr als 50 solcher chemischer Bausteine – Wasser, Zucker, Aminosäuren – in interstellaren Molekül-Wolken nachgewiesen werden. Außerdem fand man verschiedene dieser Verbindungsklassen auch in den Kernen von Meteoriten.

Eine weitere Forschergruppe fand abiogene Aminosäuren (nicht in lebenden Organismen vorkommende Aminosäuren) auf einem Meteoriten in Australien. Diese sogenannten Di-Aminosäuren sind wichtige Zwischenglieder bei der Entwicklung von Nukleinsäuren, der Erbsubstanz der Lebewesen.

Eine Sonde erbringt neue Hinweise

Die Auswertung der Daten und Bilder der NASA-Sonde Stardust vom Kometen Wild-2 erbrachte im Jahre 2004 eine weitere sensationelle Entdeckung: PQQ-artige Co-Enzyme – ganz besondere Enzymbestandteile. Diese Co-Enzyme sind nötig, um in den Lebewesen Genbausteine herzustellen zu kön-

„Grundbausteine des Lebens könnte es überall geben, sie müssen nur auf einen lebensfreundlichen Planeten stoßen."

nen. Ohne sie können überhaupt keine Gene gebildet werden. Doch ohne Gene werden auch diese Enzymbausteine nicht hergestellt. Das große Rätsel war bisher also die Frage „Wer war früher da – die Henne oder das Ei?" Mit den PQQ-artigen Co-Enzymen könnten die Enzymbestandteile ihren Ursprung also im Weltall haben und einfach durch das Einwirken kosmischer Strahlung entstanden sein. Vor Milliarden von Jahren könnten sie dann von Kometen zur Erde gebracht worden sein und so die chemische Evolution auf unserem Planeten in Gang gesetzt haben.

Fazit

All diese Erkenntnisse zeigen: Im All sind Spuren und Vorstufen von Leben zu finden. Zumindest diese Vorstufen des Lebens könnten demnach über Kometen, Meteoriten oder interstellaren Staub als Lebenskeime auf die junge und heiße Erde herabgeregnet sein. Dadurch wäre die Entstehung oder Verbreitung von Leben eingeleitet oder zumindest begünstigt worden. Mögliche Spuren von frühem interstellarem Staub wurden 1999 in der Tiefsee des Pazifischen Ozeans gefunden und noch immer landen täglich tonnenweise kosmischen Staubs auf der Erde.

Die These, dass Grundbausteine des Lebens durch interstellaren Transport z. B. durch den Einschlag von Meteoriten auf die Erde (Abbildung links) gelangt sein könnten, wird von Untersuchungsergebnissen der NASA-Sonde Stardust (Abbildung unten) auf dem Kometen Wild-2 gestützt, bei denen Co-Enzyme entdeckt wurden, die zur Herstellung von Genbausteinen benötigt werden.

Schöpfung kontra Naturwissenschaft

Am 22. Oktober 1996 verkündete Papst Johannes Paul II. (1920–2005) den Mitgliedern der Päpstlichen Akademie der Wissenschaften zum christlichen Menschenbild: „Heute, beinahe ein halbes Jahrhundert nach dem Erscheinen der Enzyklika, geben neue Erkenntnisse dazu Anlass, in der Evolutionstheorie mehr als eine Hypothese zu sehen. Es ist in der Tat bemerkenswert, dass diese Theorie nach einer Reihe von Entdeckungen in unterschiedlichen Wissensgebieten immer mehr von der Forschung akzeptiert wurde. Ein solches unbeabsichtigtes und nicht gesteuertes Übereinstimmen von Forschungsergebnissen stellt schon an sich ein bedeutsames Argument zugunsten dieser Theorien dar." Damit bot er an, dass Christen die Evolutionstheorie im Einklang mit dem Glauben sehen könnten und gab damit einen Teil der in der Religion gelehrten Schöpfungstheorie als Theorie preis, die nicht wörtlich, sondern im übertragenen Sinne verstanden werden kann: Dass Pflanzen, Tiere und nicht zuletzt der Mensch aus anderen Lebewesen entstanden sein könnten und damit nur indirekt von Gott geschaffen wurden. Damit vollzog die Kirche im ausgehenden 20. Jahrhundert einen Gedankenschritt, den die meisten ihrer Anhänger schon längst gegangen waren.

Die christliche Bildung und Erziehung ist auch heute noch im Denken vieler Menschen weltweit verankert. Angesichts sich immer weiter durchsetzender wissenschaftlicher Erkenntnisse muss jedoch auch die Kirche zur wissenschaftlichen Meinung Stellung beziehen. Wesentlich zu einer weiteren Annäherung der katholischen Glaubenslehre an die naturwissenschaftliche Evolutionstheorie trug in jüngerer Zeit Papst Johannes Paul II. bei, hier abgebildet auf einer Gedenkmünze.

Die Suche nach der Wahrheit

Gab es einen Schöpfer oder kann die Entstehung von Universum und Leben rein naturwissenschaftlich erklärt werden? Tatsächlich hat die Entscheidung, welche der Schöpfungstheorien nun glaubhaft sein könnte, und ob eine anschließende Evolution stattgefunden hat, bereits in der Vergangenheit zu heftigen Auseinandersetzungen zwischen Religionsvertretern und Naturwissenschaftlern geführt. Doch selbst das moderne 21. Jahrhundert ist dagegen nicht gefeit.

Ein besonders erbitterter Kampf gegen die Evolutionslehre und andere „modernistische" Irrtümer begann 1864 mit dem „Syllabus" (Zusammenfassung theologischer Ächtungen) von Papst Pius IX. Zu Beginn des 20. Jahrhunderts wurde dieser Streit von Materialisten und Kirchenhassern mit bekannten Vertretern wie dem Biologen Ernst Haeckel (1834–1919) sogar noch einmal verschärft. Dieser Kampf der katholischen Kirche gegen die Naturwissenschaft wurde erst mit dem II. Vatikanischen Konzil (11. Oktober 1962–8. Dezember 1965) beendet.

Der Kreationismus

Auf der Suche nach Erkenntnis haben viele christliche Menschen ihren ganz eigenen Kompromiss aus Religion und Wissenschaft gefunden und somit ihren ganz eigenen kleinen Schöpfungsmythos geschaffen. Denn weder Religion noch Wissenschaft scheinen eindeutige Antworten geben zu können. Auf der Suche nach Erkenntnis feiern Sekten Hochkonjunktur. Andere Menschen besinnen sich auf die Anfänge der christlichen Religion und die ursprünglichen Aussagen der Bibel.

So macht seit einiger Zeit eine Strömung von sich reden, die sich Kreationismus nennt. Der Begriff

> „Pflanzen, Tiere und Menschen sind aus anderen Lebewesen entstanden und wurden damit nur indirekt von Gott geschaffen."

Kreationismus leitet sich ab vom lateinischen creare (erschaffen, schöpfen) und stellt damit den Glauben an den biblischen Schöpfungsmythos in den Mittelpunkt. Kreationisten lehnen die in der modernen Theologie übliche Methode, durch vertiefte Auslegung des Textes die eigentlichen Botschaften herauszuarbeiten, kategorisch ab. Sie bestehen auf einer wortwörtlichen Auslegung der Bibel. Nach ihrer Überzeugung hat Gott vor etwa 6.000 bis 10.000 Jahren innerhalb von sechs Tagen aus dem Nichts heraus das Universum, die Erde mit Pflanzen, Tieren und Menschen erschaffen. Und: Alle Menschen stammen von Adam und Eva ab, eine Evolution hat nicht stattgefunden. Die Sintflut, die nach Meinung der Kreationisten von Gott als Strafe geschickt wurde, ist demnach für das Aussehen unserer heutigen Erde verantwortlich. Da die Kreationisten einen globalen Wasserstand von etwa 8,8 Kilometern aber selbst für unwahrscheinlich halten, lehren sie, dass sich die Gebirge erst gegen Ende der Sintflut vor etwa 5.000 Jahren aufgefaltet haben. In der am Berg Ararat gestrandeten Arche Noah befanden sich ihrer Lehre nach insgesamt 21.100 Tierarten, wobei die Dinosaurier aus Platzmangel nur als Eier mitgeführt wurden. Diese Thesen haben zu einer Vielzahl von Untersuchungen und archäologischen Ausgrabungen geführt, um entsprechende Beweise zu finden. Die kreationistische Strömung versucht ihre Thesen mit einer „wissenschaftlichen" Theorie zu untermauern, dem „Intelligent Design", kurz ID oder auch „Intelligent Design and Evolution Awareness" (IDEA). Nach dieser Theorie ist das Leben auf der Erde viel zu komplex, als dass es rein nach Zufall oder Mutation und Selektion hätte entstehen können. Die Theorie richtet sich hauptsächlich gegen eine „schlechte" Wissenschaft, die weder beobachtet, noch im Labor simuliert werden kann. Das Wort „Gott" wird vermieden, um akademische Respektabilität zu signalisieren. Diese Theorie soll – so die Forderung – den vorhandenen wissenschaftlichen Theorien zum Ursprung des Lebens zumindest gleichgestellt werden. Mit der IDEA-Lehre verzeichnen die Kreationisten immer mehr Erfolge, und mittlerweile halten auch viele neutrale Wissenschaftler das Darwinsche Prinzip alleingenommen für zu simpel.
Die kreationistische Strömung findet besonders in Amerika ihre meisten Anhänger. Eine Erhebung des Pew Research Center aus dem Jahre 2005 ergab,

dass 64 % der Bevölkerung Kreationismus, in welcher Form auch immer, im staatlichen Schulunterricht wünschen und nicht einmal jeder zweite Amerikaner glaubt, dass sich der Mensch aus anderen Arten entwickelt hat.
Die kreationistischen Ideen werden in den USA von hochrangigen Politikern unterstützt. So sah der Führer der republikanischen Mehrheit im Kongress, Tom DeLay, nach dem Massaker von Littleton (Colorado 1999) den wahren Schuldigen in den „Schulen, die lehren, dass Menschen nichts Besseres sind als Affen, die sich aus einer Urschleimsuppe entwickelt haben".

„In der Theorie des Intelligent Design ist das Leben viel zu komplex, als dass es rein nach Zufall oder Mutation und Selektion hätte entstehen können."

Auch in der heutigen Zeit kommt es unter gläubigen Christen immer häufiger zu einer Rückbesinnung auf die ursprünglichen Aussagen der Bibel. So berufen sich beispielsweise die Kreationisten auf eine wortwörtliche Auslegung der biblischen Schöpfungsgeschichte.

Grafische Entwürfe sollen die Überlieferung der biblischen Texte veranschaulichen, wie das im ukrainischen Kiew nachgebaute Schiffsmodell der Arche Noah, auf der der gleichnamige biblische Held ein Paar jeder Tierart vor der Sintflut gerettet haben soll. Vermehrt kommt es heute zu Bemühungen, biblische Thesen auch wissenschaftlich zu untermauern.

„Der Mensch braucht scheinbar eine Instanz, die ihm Sinn anbietet: In immer mehr Ländern findet der Kreationismus seine Anhänger."

Doch auch in Europa haben Kreationisten ihre Anhänger. Selbst die Berlusconi-Regierung wollte im Jahre 2004 die Evolutionstheorie aus den italienischen Schulen verbannen und wurde nur durch lautstarken Protest der Bevölkerung daran gehindert. Nach Angaben der Evangelischen Zentralstelle für Weltanschauungsfragen (EZW) stößt die wissenschaftlich begründete Evolutionstheorie in Deutschland ebenfalls zunehmend auf Skepsis. Nach Aussage von Hansjörg Hemminger (geb. 1948), Weltanschauungsexperte der Evangelischen Landeskirche in Württemberg, betrifft dies vor allem Freikirchen und unabhängige Gemeinden, die sich zunehmend dem Kreationismus zuwenden. Studien zufolge lehnen derzeit zwischen zehn und zwölf Prozent der Bundesbürger Darwin und seine Evolutionstheorie entschieden ab.

Die Anhänger der IDEA-Lehre sind glühende Kreuzzügler gegen einen terroristischen Islam und schüren damit das Feuer der Unversöhnlichkeit zwischen Moslems und Christen. Dabei fordern Kreationisten im Grunde genommen etwas sehr Ähnliches wie islamistische Fundamentalisten: einen Gottesstaat.

Tatsächlich ist die Evolutionslehre für alle Christen eine große Herausforderung: Wer bin ich, wenn alles nur das Produkt von Zufälligkeiten ist? Wo bleibt die Ethik, wenn in der Natur Rücksichtslosigkeit geduldet oder sogar gefördert wird? Wo bleibt der Sinn des Lebens überhaupt?

Der Frieden zwischen Religion und Naturwissenschaft kann nur auf gegenseitigem Respekt und der Einsicht aufbauen, dass die Theologie andere Fragen stellt als die Wissenschaft: hier die Sinn- und Wertefragen, dort die Fakten. Die einen für die Seele, die anderen für den Verstand.

„Die Religion stellt andere Fragen als die Wissenschaft: Hier die Sinn- und Wertefragen, dort die Fakten. "

Die Angebote an Weltbildern sind vielfältiger denn je: In unserer Zeit bleibt es dem Menschen dennoch nicht erspart, sich selbst über die eigenen Vorstellungen und Bedürfnisse klar zu werden, um einer dogmatischen Sicht, die von außen an ihn herangetragen wird, und mit der er sich nur noch arrangieren soll, zu entgehen.

Schöpfungsmythen der Weltreligionen

Islam
Der islamistische Schöpfungsmythos lehnt sich an die beiden anderen abrahamitischen Religionen an. Er wird in verschiedenen Abschnitten des Korans erwähnt, die sich gegenseitig ergänzen, wiederholen und teilweise widersprechen. So hat Gott bzw. Allah Himmel und Erde in sechs Tagen geschaffen und Adam, den ersten Menschen, erschuf er aus Lehm.

Christentum und Judentum
Christentum und Judentum teilen sich den gleichen Schöpfungsbericht im 1. Buch Mose (Altes Testament). Dort schafft Gott in sechs Tagen das Universum, die Erde, die Tiere und den Menschen. Am siebten Tag ruht er aus.

Hinduismus
Im Hinduismus glaubt man an die Ausgangssituation eines ewigen Zyklus miteinander abwechselnder Perioden kosmischer Manifestation und Nicht-Manifestation: Die Welt entsteht und vergeht also in Zyklen. Jeder dieser Zyklen oder jede dieser Perioden entspricht dabei einem Tag oder einer Nacht des Schöpfers Brahman.

Buddhismus
Im Buddhismus wird die Schöpfung der Welt weder bejaht, noch verneint. Buddha Gautama zufolge bringt die Beschäftigung mit solchen unlösbaren Themen im religiösen Leben keinen Erkenntnisgewinn und stiftet höchstens Verwirrung oder führt gar zum Wahnsinn.

Die Entwicklung der Evolutionstheorien

Von der Frühzeit bis heute

Leben bedeutet Entwicklung. Nach wissenschaftlichen Erkenntnissen führte und führt die Entstehung von Lebendigem zu neuen Lebensformen, die tendenziell immer höher entwickelt sind. Diesen Fortgang bezeichnen wir als Evolution.

1774 wurde der Begriff von dem Schweizer Naturforscher Albrecht von Haller im Zusammenhang mit der menschlichen Entwicklung geprägt. Er bezog sich damit zunächst nur auf die Embryonalentwicklung. Diese wurde entsprechend der „Präformationslehre" als „Auswickeln" schon vorhandener Strukturen verstanden. So glaubte man, dass im Spermium, oder im Ei, die Embryonen bereits fertig ausgebildet (präformiert) als kleine Menschlein, Homunculi, vorlägen. Und diese Homunculi sollten in ihren Keimzellen sogar selbst schon wieder kleine Menschen enthalten.

Grundaussagen zur Evolutionstheorie

Auf den Philosophen Herbert Spencer (1820–1903) (Abbildung rechts) geht die Verwendung des Evolutionsbegriffs für die Veränderung von Arten zurück. Seither versuchen Wissenschaftler z. B. anhand des Skelettaufbaus oder der Schädelstruktur verschiedener Tierarten wie z. B. der Brüllaffen (Abbildung unten) und ihrer Vorstufen Erkenntnisse über deren Entwicklungsprozess und Verwandtschaftsbeziehungen zu erlangen.

Herleitung des Begriffs

Das Wort Evolution leitet sich von den lateinischen Begriffen evolvere (= entfalten, entrollen, entwickeln) und evolutio (= Entwicklung) ab. In seiner Grundaussage bedeutet es einfach „Entfaltung" oder „Auswickeln" einer bereits bestehenden Struktur aus einer kompakten Ausgangsform. Das, was hier entfaltet wird, wird bereits als im Verborgenen vorhanden angenommen.

Erst in den 1860er-Jahren führte der Philosoph Herbert Spencer die Verwendung des Evolutionsbegriffes auch für die Veränderung von Arten ein. Erst von diesem Punkt an bedeutet Evolution eine allgemeine, in großen Zügen irreversible (nicht rückgängig zu machende) Veränderung der biologischen Arten über lange Zeiträume. Seit dieser Zeit versuchen Evolutionsforscher die Entstehung und die Veränderung der Lebewesen im Laufe der Erdgeschichte auch naturwissenschaftlich zu erklären.

An ihrer Spitze sieht die Evolution den modernen Menschen (Homo sapiens sapiens). In diesem Zusammenhang gilt es, die spannende Frage zu beantworten, wann und wo diese Evolution begonnen hat: Mit Einzellern? Wenn ja, woher kamen sie? Oder haben sie sich aus noch einfacheren Strukturen entwickelt? Begann Evolution womöglich sogar mit der Bildung von Atomkernen oder bei Quantenteilchen, die einen Atomkern zusammenhalten? Vielleicht sogar noch früher, mit der Entstehung von Energie? Nahm die Evolution ihren

„An ihrer Spitze sieht die Evolution den modernen Menschen, den Homo sapiens sapiens."

Anfang mit Informationen, mit einem Gedanken, oder mit einer Idee?

Wer sich mit Evolution beschäftigt und dabei nach dem Ursprung sucht, stellt schnell fest, dass dies eine Frage ist, die im Grunde alle Naturwissenschaften betrifft. Auf der Suche nach dem Ursprung verlassen wir das Lebendige, stoßen auf chemische Prozesse und beschäftigen uns mit Fragen der Atom- und Kernphysik, um schließlich von dort zur Astronomie und Astrophysik zu gelangen. Begann die Evolution im Urknall? Hier am Anfang war alles eins und davor ein Nichts oder ein Etwas, das niemand mehr erklären kann. Hier berühren sich Theologie, Wissen und Mystik, Glaube und Aberglaube.

Evolutionsbiologen konzentrieren sich bei ihren Theorien auf den Beginn des Lebens und dessen Weiterentwicklung. Der Begriff Evolution wird von ihnen an das Lebendige geknüpft. Für die Entstehung des Kosmos, von Atomen, von Molekülen wird zur Unterscheidung der Begriff Entwicklung benutzt. Die Erklärung des Mystischen teilen sich Quantenphysiker und Theologen.

Der Startschuss

Die Urschöpfung, wie auch immer sie ausgesehen haben könnte, gab den Startschuss für die anschließende Evolution. Über den weiteren Fortgang gibt es ebenso viele Theorien wie zur Schöpfung selbst. Neue Erkenntnisse zwangen und zwingen deshalb, die gerade aktuellen Theorien immer wieder anzupassen und umzuformulieren. Selbst die christliche Kirche hat mittlerweile – bis auf einige fundamentalistische Ausrichtungen wie die Kreationisten – ihren Frieden mit der Evolutionslehre geschlossen.

Dieses Kapitel gibt einen Überblick über die verschiedenen Ideen und Entwicklungen zu den Evolutionstheorien, denn nur eine der vielen heraus-

„Am Anfang war alles eins und davor ein Nichts oder ein Etwas, das niemand mehr erklären kann. Hier berühren sich Theologie, Wissen und Mystik, Glaube und Aberglaube."

zupicken, bekäme zu schnell einen dogmatischen Charakter, den dieses Buch gerade vermeiden will. Im Laufe der Zeit haben sich viele Naturwissenschaftler mit dem Thema Evolution auseinandergesetzt, Forschungen betrieben und theoretische Konzepte entwickelt. Einige dieser doch sehr unterschiedlichen Theorien entstanden fast gleichzeitig und widersprachen sich nicht selten. Um ihre Thesen zu untermauern, suchten ihre Anhänger durch Ausgrabungen und experimentelle Forschung nach Beweisen. Daran hat sich bis heute nichts geändert. Dennoch gibt es natürlich vorherrschende Meinungen, die besser belegt und von mehr Wissenschaftlern vertreten werden als andere. Manchmal sind es auch nur Teilaspekte, die konträr diskutiert werden. Dennoch kann niemand ausschließen, dass schon morgen ein sensationeller Fund, ein revolutionäres Experiment oder modernisierte Ansätze zu ganz neuen Erkenntnissen führen.

Erstes Leben durch einfache Organismen

Ein historischer Überblick über die Entwicklung der verschiedenen Theorien verschafft einen guten Einblick in diese komplexe Materie und hilft, die unterschiedlichen Ansichten zu verstehen und zu sortieren.

Die verschiedenen Evolutionstheorien unterscheiden sich zum Teil erheblich, dennoch finden sich in den Grundaussagen häufig Übereinstimmungen. So sind sich alle gängigen Lehrmeinungen darin einig, dass das erste Leben zunächst durch einen sehr einfachen Organismus entstand, wie etwa die Archaea, die die Erde bewohnen. Doch wie entstand aus einem solch primitiven Leben diese Vielfalt an komplexen Lebewesen, die heute die Erde bevölkern? Hierauf versucht die Evolutionsbiologie eine Antwort zu geben. Ihr Ziel ist durch Rekonstruktion der zeitlichen Abfolge einzelner Entwicklungsstufen der Organismen folgende Aspekte zu beschreiben und zu erklären:

- Wie entsteht oder entstand Leben?
- Welche individuelle und erdgeschichtliche Entwicklung durchlaufen bzw. durchliefen Lebewesen?
- Wie kommt es zu den unterschiedlichen Formen der Lebewesen?
- Wie ist die Entstehung der Artenvielfalt zu erklären?

Wissenschaftler sind sich darüber einig, dass sich das Leben auf der Erde aus einfachsten Organismen wie z. B. den Archaea entwickelt hat. Zu derartigen einzelligen Organismen gehören das Anfang der 1980er-Jahre erstmals aus Sodaseen in Ägypten isolierte Archaeon Natronomonas pharaonis (Abbildung oben links), bestimmte halophile Einzeller (Abbildung links unten), die in Umgebungen mit erhöhter Salzkonzentration leben können und Archea Sulfolobus (rechts unten).

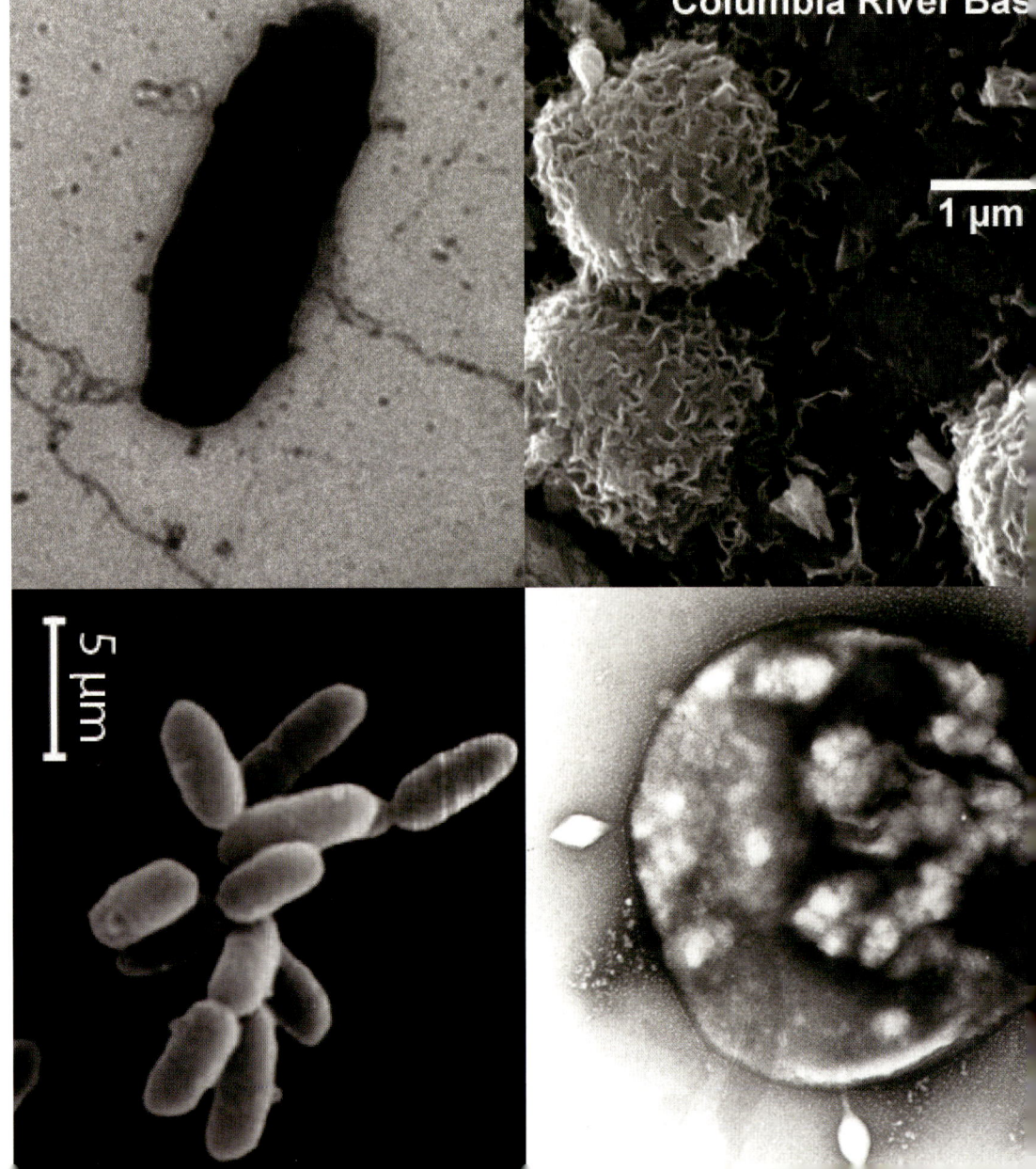

Im Zentrum der Evolutionsforschung stand dabei schon immer die Frage der Artenbildung. Wie entwickelt sich eine neue Art? Welche Veränderungen könnten bei der Entstehung neuer Arten eine Rolle spielen? Werden Veränderungen beobachtet, versucht man sie in Bezug zu den – möglicherweise geänderten – Umweltbedingungen zu setzen. Festgestellt werden kann dabei jedoch fast immer: Die neu entstandenen Arten sind besser an ihre Umweltbedingungen angepasst. Zum Teil ist dies ganz offensichtlich zu erkennen, manchmal ist es aber auch erst nach genauerer Untersuchung zu entdecken.

Evolutionsforscher beantworten die meisten Fragen empirisch, das heißt, sie gewinnen ihre Aussagen und Gesetzmäßigkeiten zu den Abläufen in der Natur durch systematische Forschung – also durch Beobachten und gezieltes Experimentieren. Damit die Ergebnisse eines Forschers anerkannt werden, müssen die gewonnenen Daten für alle nachvollziehbar und wiederholbar sein. Für vergangene Ereignisse wie den Evolutionsverlauf bedeutet dies etwa, dass alle Funde auch anderen Forschern zugänglich sein müssen.

Ihre Informationen gewinnen die Forscher unter anderem aus geologischen Schichtfolgen, Fossilien, sowie dem Körperbau und dem Erbgut unterschiedlicher Lebewesen. Daraus lassen sich zeitliche Zuordnungen treffen und Verwandtschaftsbeziehungen herstellen. Mithilfe dieser Merkmale wird schließlich ein hypothetischer Stammbaum der Organismen erstellt. Da die Entstehung der Lebewesen unseres Planeten ein einmaliges, nicht reproduzierbares und nicht beobachtbares Ereignis war, lässt sie sich jedoch mit den Methoden der empirischen Wissenschaften nur bedingt rekonstruieren.

Hier ist die Evolutionsforschung methodisch mit der Geschichtswissenschaft vergleichbar. Allerdings ist die Datenbasis häufig sehr schmal und

„Was als kontinuierlicher Ablauf dargestellt wird, sind in der Realität einzelne Fundstücke aus unterschiedlichen Zeiten und Regionen, zwischen denen häufig riesige Lücken klaffen."

kann meist nicht gezielt erweitert werden. Daher werden die Daten und Befunde in der Regel erst im Nachhinein im Rahmen einer bereits bestehenden oder auch neu zu formulierenden Theorie gedeutet. Und jeder erfolgreiche Test oder passende Befund stärkt lediglich die Plausibilität der Theorie, nicht aber ihren Wahrheitsgehalt. Was als kontinuierlicher Ablauf dargestellt wird, sind in der Realität einzelne Fundstücke aus unterschiedlichen Zeiten und Regionen, zwischen denen häufig riesige Lücken klaffen. Diese großen Lücken werden von Vergleichen mit heute lebenden Wesen, einzelnen Experimenten und einem theoretischen roten Faden gefüllt, der alles zusammenhält. So ist verständlich, dass jeder neue Fund eine mehr oder weniger große Bedeutung erhält. Und hieraus erklären sich auch die vielen strittigen Fragen, die gerade im Rahmen der Evolutionsforschung oft zu heftigen Diskussionen führen.

Wertvolle Hinweise auf den Evolutionsverlauf erhalten Wissenschaftler unter anderem durch Funde von Versteinerungen wie z. B. fossiler Ammoniten, mit ihrem bekanntesten Vertreter Nautilus.

Ähnliche Grundaussagen

Biologische Evolutionstheorien sind so alt wie die wissenschaftliche und die philosophische Beschäftigung der Menschen mit der Natur und entsprechend vielgestaltig. Im Laufe der Jahrhunderte wurden von den Wissenschaftlern viele verschiedene Theorien und Hypothesen zum Evolutionsablauf vorgeschlagen. Einige Grundaussagen haben aber alle gemeinsam:

- Der Evolutionsprozess findet immer statt.
- Die Evolution erfolgt ausschließlich durch natürliche Prozesse.
- Die Evolution ist nicht umkehrbar (Dollosche Regel), Entwicklungen können aber zu früher einmal vorhandenen Ausprägungen zurückfinden.
- Die Evolution ist nicht zielgerichtet (erfüllt keinen bestimmten Zweck).
- Die Evolution wirkt auf allen Ebenen der belebten Welt: vom einfachen Molekül bis zum komplexen Ökosystem.

Weiterhin gibt es grundsätzliche Übereinstimmungen zum Ablauf:

- Die Evolution verlief vom Wasser zum Land.
- Die Evolution verlief von einfachen zu komplexen Lebewesen und zwar von den Wirbellosen über die Fische, Amphibien, Reptilien zu den Säugern und Vögeln mit vielen Zwischenstufen.
- Alle Fossilien lassen sich ins natürliche System einordnen.

Nicht nur heute existierende Arten, auch Fossilien lassen sich in die evolutionsbiologische Systematik einbeziehen. So hat man in den Sedimentschichten der Green-River-Formation im US-Bundesstaat Wyoming Versteinerungen der ausgestorbenen Gattung Knightia (kleines Bild) gefunden, die zu den den Landwirbeltieren verwandten Knochenfischen gehören. Weitere Belege zum Ablauf der Evolution liefern die Entwicklungsstadien einzelner Lebewesen. So zeigt sich z. B. evolutionswissenschaftlichen Theorien zufolge die Wandlung der Wasser- zu Landlebewesen exemplarisch in Frühstadien der Entwicklung von Tieren, wie z. B. bei der Metamorphose der Kaulquappe eines Makifroschs (großes Bild) von ihrem fischähnlichen Anfangsstadium bis hin zur voll entwickelten amphibischen Gestalt.

Frühe Evolutionstheorien

Evolution der Theorien

Im Laufe der Menschheitsgeschichte haben viele Menschen einen Beitrag zur Evolutionslehre geleistet und so hat die Evolutionstheorie im Laufe der Zeit selbst eine Entwicklung durchlaufen. Es gab sozusagen eine Evolution der Evolutionstheorien. Entsprechend den zentralen Aussagen zur Artenentstehung können dabei einige grundsätzliche Ansätze unterschieden werden:

- **Kreationismus:** Diese Theorie geht von der Unveränderlichkeit der Arten aus und stützt sich auf den biblischen Schöpfungsbericht. Alle Arten wurden von einem Schöpfer – so wie sie sind – erschaffen.

Das 1908 entstandene Bronzerelief des Künstlers Léon Fagel (1851–1913) am Eingang des Jardin des Plantes in Paris vor dem Place Valhubert zeigt den französischen Botaniker und Zoologen Jean-Baptiste de Lamarck (1744–1829), Vater der evolutionswissenschaftlichen Abstammungstheorie, zusammen mit seiner Tochter Aménaïde Cornélie.

„Im Mittelalter – zur Zeit von Kopernikus und Galilei – dominierte die biblische Schöpfungsgeschichte."

- **Katastrophentheorie:** Nach dieser Theorie (von George Cuvier) entstehen Arten durch einen ständigen Wechsel von Neuschöpfung und Vernichtung durch große Naturkatastrophen. Mit jeder Neuschöpfung entstehen dann kompliziertere Lebewesen, nur der Grundbauplan bleibt immer gleich (Beweis: Homologie, das heißt Entsprechung der Skelettteile von Fossilien und lebenden Tieren).
- **Abstammungstheorie:** Diese Theorie besagt, dass die heutigen Arten von den früheren ausgestorbenen Arten abstammen. Der erste Vertreter dieser Theorie war Jean de Lamarck, der auch als Erster Stammbäume der verschiedenen Arten aufstellte.
- **Selektionstheorie:** Diese Theorie wurde von Charles Darwin aufgestellt und basiert auf der Abstammungstheorie. Sie erklärt die Entstehung der Arten dadurch, dass der jeweils am besten Angepasste überlebt und sich fortpflanzt, während die Ungeeigneten aussterben.
- **Systemtheorie:** Diese Theorie ist eine Zusammenfassung von Erkenntnissen der Biologie, Chemie, Genetik, Geologie, Kybernetik und Verhaltensforschung. Sie gründet auf der Selektionstheorie, bezieht die Abstammungstheorie mit ein, und auch die Katastrophentheorie hat insofern einen Platz bekommen, als große Naturkatastrophen tatsächlich zu Massensterben und Evolutionsschüben geführt haben. Diese früheren Vorstellungen wurden erweitert durch neuere Erkenntnisse wie z. B. den molekularen Mechanismen und der Plattentektonik (zentrale Theorie für die großräumigen Abläufe in der Erdkruste).

Anaximander und Demokrit

In der Frühzeit des Menschen waren es vor allem die verschiedenen Entstehungsmythologien, welche die Existenz des Menschen und der ganzen Welt erklären wollten. Eine erste nicht-mythologische Erklärung versuchte Thales von Milet (um

625–547 v. Chr.) mit seiner Idee, das Wasser sei der Ursprung aller Dinge. Thales' Schüler Anaximander (um 611–547 v. Chr.) entwickelte diese Idee weiter und sprach von einer Urzeugung, bei der erste Tiere und der Mensch im Wasser entstanden seien und später erst an Land gingen.

Der griechische Philosoph Demokrit (460–371 v. Chr.) vertrat die Lehre des Monismus, wonach Lebewesen rein stofflich zu erklären seien, während sein Zeitgenosse Platon (428–348 v. Chr.) den Dualismus lehrte. Danach sollte eine Welt der Ideen hinter einer Welt der Wirklichkeit existieren. Alle Lebewesen bestünden demnach aus zweierlei Bausteinen: stofflicher Materie und immateriellem Geist. Aristoteles (384–322 v. Chr.) wiederum deutete die Welt teleologisch (Glaube an einen Endzweck) und vermutete, dass eine lenkende Kraft, die er „Entelechie" nannte, die Lebewesen entstehen ließ. Diese schöpferische „Urzeugung" sollte ständig und überall stattfinden. So konnten seiner Meinung nach aus leblosem Schlamm Fische und Insekten entstehen und aus nasser Erde Würmer, Motten und Kröten. Aristoteles beschrieb mehr als 400 Tierarten, was ihm den Ruf einbrachte, der Begründer der Zoologie zu sein.

Denkansätze im Mittelalter

Im Mittelalter – zur Zeit von Kopernikus und Galilei – dominierte die biblische Schöpfungsgeschichte. Andersdenkende wurden schnell als Ketzer verfolgt. So blieb eine bedeutsame Erkenntnis völlig unbeachtet: Der Franzose Pierre Belon (1517–1564) erkannte, dass die Baupläne von Mensch und Vogel eine gewisse Ähnlichkeit aufwiesen und deshalb „vergleichbare" Teile besaßen: Schädel, Rippen, Becken, einen Oberarmknochen, zwei Unterarmknochen, mehrere Hand- und Fingerknochen. Solche Entsprechungen (Homologien) sind noch heute wichtige Kriterien zur Rekonstruktion von Stammbäumen und Verwandtschaftsbeziehungen. Stattdessen wurde die Theorie der spontanen Genese durch eine Beobachtung des Alchimisten Johan Baptista van Helmont (1579–

„Das Wasser ist der

Ursprung aller Dinge."

Thales von Milet

1644) scheinbar noch einmal bestätigt. Helmont streute Getreidekörner unter schmutzige Wäsche und beobachtete, dass diesem Gemenge nach einiger Zeit Mäuse entsprangen. Seine Schlussfolgerung: Irgendein Stoff in der verschmutzten Wäsche hatte unmittelbar zur Bildung der Mäuse geführt. Zusammen mit der Beobachtung, dass nach einiger Zeit aus toten Tierkörpern Fliegen und Maden kriechen, führte dies zu der Erkenntnis, dass die Abiogenese (Urzeugung) das Vorhandensein organischer Materie voraussetzte. Leben konnte demnach nur aus organischen Substanzen entstehen, denen eine geheimnisvolle Vitalkraft, die „vis vitalis" innewohnen sollte, nicht aber aus anorganischer, toter Materie. Dabei hatte der Italiener Francesco Redi diese Idee bereits 1650 widerlegt. Er konnte nachweisen, dass die plötzlich in faulendem Fleisch auftretenden Würmer nicht aus dem toten Fleisch sondern aus Fliegeneiern entstanden, und dass die Würmer in Wirklichkeit Fliegenlarven waren. Deshalb formulierte er den Satz: „Omne vivum ex ovo" (Alles Leben kommt aus dem Ei). Seine Erkenntnis wurde jedoch nicht weiterverfolgt.

Eindeutig und endgültig widerlegt wurde die Idee von der Urzeugung erst durch die Arbeiten des Franzosen Louis Pasteur (1822–1895), der auch den Satz prägte: „Omne vivum ex vivo" (Alles Leben entsteht aus Leben). Diese Erkenntnis hat bis heute Gültigkeit: Kein Lebewesen kann unter den gegenwärtig herrschenden irdischen Bedingungen spontan aus unbelebter – sei es aus organischer oder anorganischer – Materie entstehen.

Zu den ersten philosophischen Versuchen der Welterklärung gehört die monistische Lehre des Demokrit (460–371 v. Chr.) (Abbildung unten), wonach alle Lebewesen aus kleinsten unteilbaren Einheiten, den Atomen bestehen. In der Neuzeit prägte hingegen vor allem der französische Naturforscher und Mediziner Louis Pasteur (1822–1895) (Abbildung oben) mit seiner These, dass alles Leben aus Leben entsteht, die Wissenschaft. Beide Theorien sind bis heute unverändert einflussreich.

GALILEO
1564 - 1642

Reisen und geographische For-
schungshintergründe gehören
heute immer noch zur Wissenschaft von der Evolution wie
zu Darwins Zeiten. Auch wenn
die Mittel moderner geworden sind und sich der Aberglaube größtenteils verlaufen
hat, gegen den noch Galileo
(hier auf dem Astronomer's
Monument, Griffith Observa-
tory, L.A.) anzukämpfen hatte,
gibt es nach wie vor Versuche
wie die der heutigen Kreationisten, die herrschenden For-
schungstheorien zur Unter-
mauerung eigener Ansichten
zu benützen.

Große Namen in der Evolutionsbiologie

Von Linné bis Darwin

Mit dem Evolutionsgedanken lassen sich vor allem ab dem 18. Jahrhundert Namen großer Wissenschaftler verbinden, die noch immer Einfluss auf die heutige Vorstellung von der Evolution nehmen. Der schwedische Naturforscher Carl von Linné (1707–1778) entwarf als Erster ein einfaches, einheitliches System (Taxonomie) für die Bezeichnung von Pflanzen- und Tierarten. Sein System bildet bis heute die Grundlage der gültigen Bezeichnung von Tier- und Pflanzenarten: Die binominale (binäre) lateinische Nomenklatur mit einem zweiteiligen Namen, dem Gattungs- und dem Artnamen. So lautet beispielsweise die Bezeichnung für Wolf „Canis" (= Gattung) „lupus" (= Art) und der für die Honigbiene „Apis mellifera". Noch heute tragen viele Arten den wissenschaftlichen Namen, den Linné ihnen gegeben hat (erkennbar an dem „L." hinter dem Artnamen).

In einem hierarchischen System fasste er außerdem ähnliche Arten in Gattungen, ähnliche Gattungen in Ordnungen und diese schließlich in Klassen zusammen. Insgesamt teilte er alle bekannten Tierarten in sechs verschiedene Klassen ein: Säugetiere, Vögel, Reptilien, Fische, Insekten und „Vermes" (Würmer). Den Menschen stellte er zusammen mit Affen, Lemuren und Fledermäusen in die erste Ordnung der Mammalia (Säugetiere) und hier zu den Primaten (Herrentiere). Dabei ging Linné – gemäß der damaligen Vorstellung – von einer Artkonstanz aus. Eine Weiterentwicklung oder gar Evolution im heutigen Sinne war in seinem System noch nicht vorgesehen.

Der französische Naturwissenschaftler Jean Baptiste de Lamarck (1744–1829) veränderte Linnés System dahingehend, dass er die Tiere nach der Ausbildung einer Wirbelsäule in Wirbeltiere (Vertebraten) und wirbellose Tiere (Invertebraten) einteilte. Die Gruppe der Vertebraten schied er wiederum in Säugetiere, Vögel, Reptilien und Fische und die Gruppe der Invertebraten in Insekten und Würmer. Lamarck erkannte, dass es zwischen verschiedenen Arten fließende Übergänge gibt und entdeckte auch Übergangsformen zwischen fossilen (ausgestorbenen) und rezenten (in der heutigen Zeit lebenden) Tieren. Diese Übergangsformen besitzen sowohl Merkmale von der einen als auch von der anderen Art. Das bekann-

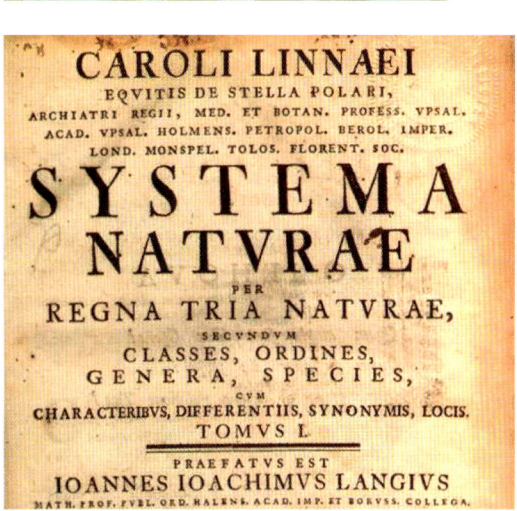

Grundlage der bis heute gültigen biologischen Bezeichnungen von Tier- und Pflanzenarten sind die Werke „Species Plantarum" und „Systema Naturae" (kleines Bild unten) des schwedischen Naturforschers Carl von Linné. Seine Einteilung der bekannten Tierarten in Arten, Gattungen, Ordnungen und Klassen wurde von Jean-Baptiste de Lamarck (kleines Bild oben) weiterentwickelt. Ging Linné noch von einer Artkonstanz aus, entwickelte Lamarck eine Theorie der Abstammung verschiedener Arten voneinander. Auf dieser Erkenntnis fußt auch die bis heute einflussreichste und bekannteste Evolutionstheorie des britischen Naturforschers Charles Darwin (große Abbildung links), auch wenn dieser Thesen Lamarcks – wie die der Vererbung erworbener Eigenschaften – verwarf.

teste Beispiel hierfür ist der Urvogel Archaeopteryx, der zahlreiche Merkmale von Vögeln aber auch Reptilien aufweist. Daraus schloss Lamarck auf eine gegenseitige Abstammung und veröffentlichte 1809 seine Evolutionstheorie, die erste Theorie, die eine wissenschaftliche Erklärung zur Artenvielfalt gab. Lamarck postulierte dabei, dass erworbene Eigenschaften weitervererbt werden können (Lamarckismus). Eine Theorie, die sich schon bald als falsch herausstellen sollte. Doch die Frage, ob die Entwicklung der Arten nicht irgendeiner Form der Lenkung bedürfe, ist noch immer nicht abschließend diskutiert und findet bis heute ihre Anhänger (Lamarckisten und Neolamarckisten). Lamarck hob außerdem hervor, dass für die Entstehung einer neuen Art deutlich mehr Zeit notwendig sein müsste, als die von der biblischen Geschichte zugestandenen und bis zum damaligen Zeitpunkt nicht angezweifelten 4.000 Jahre.

Georges Baron de Cuvier (1769–1832) begründete die Paläontologie, eine Wissenschaft, die vorgeschichtliche Lebensformen erforscht. Er erkannte, dass verschiedene geologische Schichten unterschiedliche Fossilien aufwiesen. Somit galt als gesichert, dass zahlreiche Arten ausgestorben waren. Cuvier erklärte dies mit seiner Katastrophentheorie. Wie Linné war er allerdings ein Anhänger der Artkonstanz.

Da Charles Darwin (1809–1882) von Beginn an seine Forschungsergebnisse nicht mit der Vorstellung von der Unveränderlichkeit der Arten in Einklang bringen konnte, versuchte er Belege für die Veränderlichkeit der Arten zu finden und die Ursachen des Artenwandels zu klären. Sein Werk, das die zu seiner Zeit vorhandenen Theorien und Hypothesen zur Evolution der Lebewesen zusammenfasste, überzeugte viele Zeitgenossen und baut auf insgesamt vier Hypothesen auf: Veränderlichkeit, gemeinsame Abstammung, Allmählichkeit der Evolution und natürliche Auslese. Mit seinen Thesen begründete Darwin die moderne Evolutionstheorie, den Darwinismus.

„Veränderlichkeit, gemeinsame Abstammung, Allmählichkeit der Evolution und natürliche Auslese: Mit seinen Thesen begründete Darwin die modernen Evolutionstheorien."

Die Entwicklung nach Darwin
Natürliche Selektion

Unabhängig von Darwin entwickelte auch Alfred Russel Wallace (1823–1913) eine Theorie zur natürlichen Selektion. Er erkannte aber Darwin als Erstbegründer an und prägte ihm zu Ehren den Begriff „Darwinismus". Ein Begriff, der in der folgenden Zeit für viele Theorien herhalten musste, da kaum zwei Wissenschaftler darunter das Gleiche verstanden.

In Deutschland machte unter anderem der Zoologe und Philosoph Ernst Haeckel (1834–1919) die Arbeiten von Darwin bekannt. Sein Lehrbuch über die generelle Morphologie von 1866 war weltweit das erste Lehrbuch der Biologie auf der Grundlage von Darwins Evolutionstheorie. Haeckel beschrieb Hunderte von neuen Arten und definierte die Begriffe Ökologie und Stamm. Es war auch Haeckel, der die ersten Stammbäume von Tier- und Pflanzenwelt zur Darstellung des Evolutionsverlaufes entwarf. Haeckel postulierte auch erstmalig den gemeinsamen Ursprung aller Organismen. Er baute Darwins Lehre hinsichtlich der Abstammung des Menschen weiter aus, indem er den Stammbaum des Menschen aus den Wirbeltieren rekonstruierte. Schließlich formulierte er sein „biogenetisches Grundgesetz": Die Ontogenie ist demnach die kurze und schnelle Rekapitulation der Phylogenie – die Entwicklung des Einzelindividuums ist also eine Wiederholung der gesamten Stammesentwicklung. Das entnahm er Merkmalen, die junge Embryonen parallel zu Merkmalen evolutionär früherer Arten aufweisen. Diese Regel gilt inzwischen als überholt, wie die meisten seiner Überlegungen vom Fortschritt der Wissenschaft eingeholt wurden.

Georges Baron de Cuvier (oben) erlangte als Entdecker der zeitlichen Abfolge von Fossilien in verschiedenen geologischen Schichten und Begründer der Paläontologie Bedeutung für die Grundlagenforschung in der Evolutionswissenschaft. Anders als Ernst Haeckel (unten), der als Darwin-Anhänger dessen Theorien in Deutschland verbreitete und seine Lehren unter anderem zum inzwischen als überholt geltenden sogenannten „biogenetischen Grundgesetz" weiter ausbaute, vertrat Cuvier die Lehrmeinung der Artkonstanz und erklärte die Abfolge der verschiedenen Arten ausgehend von einer Katastrophentheorie.

Haeckel war zudem Vordenker für eine der folgen-
reichsten Ideologien unserer jüngeren Vergangenheit: Eugenik bzw. Rassenhygiene. Nicht zuletzt auf
Haeckels Gedankengut stützte sich später die Naziideologie und begründete damit Rassismus und
„Sozial-Darwinismus". Somit stehen Haeckels wissenschaftliche Leistungen einer sehr problemati-
schen politischen Entwicklung gegenüber.

Moderne Theorien

August Weismann (1834–1914) gilt nach Darwin
als einer der bedeutendsten Evolutionstheoretiker
des 19. Jahrhunderts. In seiner Arbeit „Über die
Berechtigung der Darwin'schen Theorie" (1868)
stellt er den Schöpfungsglauben der Evolutionstheorie gegenüber. Weismann begründete
die Keimplasmatheorie, wonach die Zellen eines
Organismus in Geschlechtszellen (Keimzellen) und
Körperzellen (somatische Zellen) eingeteilt werden.
Körperzellen sind nur für körperliche Funktionen
zuständig und können Veränderungen – also auch
den Gebrauch und Nichtgebrauch der aus Körperzellen bestehenden Organe – nicht weitervererben.
Somit besitzen sie auch keinen Einfluss auf die
Evolution der Organismen. Solchen Einfluss haben
nur Veränderungen im Erbgut der Geschlechtszellen. Diese Idee der Trennung von Keim- und Körperzellen hat sich als richtig erwiesen. Allerdings
vermutete Weismann die Erbsubstanz im Zellplasma (Zellflüssigkeit). Heute wissen wir, dass die
Erbsubstanz im Zellkern, also den Chromosomen,
liegt. Seine Gedanken führten letztendlich zur Wie-
derentdeckung des Werkes von Gregor Mendel
und bereiteten dadurch den Weg für die Integra-
tion der Vererbungslehre (Genetik) in die Evolutionstheorie.
Der deutsche Zoologe Richard Hertwig (1850–
1937), ein Schüler Haeckels, entwickelte die Coe-
lomtheorie, die besagt, dass sich alle Organe und
verschiedenartigen Gewebe aus drei grundlegenden Gewebeschichten (die im frühen Embryonalstadium angelegt werden) entwickeln. Dies war

**„Auf Haeckels Gedankengut stützte
sich später die Naziideologie und
begründete damit Rassismus und
Sozialdarwinismus."**

eine wichtige Erkenntnis in der Embryologie und
ihrer stammesgeschichtlichen Interpretation. So
besitzen primitive Tiere wie die Hohltiere (z. B.
Schwämme) nur zwei dieser Gewebeschichten
(Keimblätter), während höher entwickelte Tiere ein
drittes Keimblatt haben, wie beispielsweise auch
der Ringelwurm. Durch die Keimblätter ist der Grad
der Verwandtschaft besser ableitbar. Hertwig war
außerdem der Erste, der den Befruchtungsprozess
als eine Verschmelzung von Ei- und Spermazelle
erklärte.

*Die Tafel aus Ernst Haeckels
Werk „Kunstformen der Natur"
(1904) zeigt Organismen, die
der Wissenschaftler in seinem
Werk als Acephala (Muscheln)
klassifizierte. Das Buch enthält
100 Drucke mit Bildtafeln verschiedener Lebewesen, die
größtenteils von Haeckel erstmals beschrieben wurden.*

Der Mönch und Naturforscher Gregor Mendel gilt als Begründer der Vererbungslehre. An ihn erinnert heute noch eine Gedenktafel der Universität im tschechischen Olmütz, an der er zwischen 1840 und 1843 studierte.

Mendels Vererbungslehre

Gegen Ende des 19. und zu Beginn des 20. Jahrhunderts setzte sich die Vererbungslehre immer mehr durch und wurde schließlich zur Genetik weiterentwickelt. Diese Entwicklung hatte großen Einfluss auf den Fortschritt der Evolutionstheorie. Erstmalig wurde es möglich, auf kleinster Ebene, im Molekularbereich, Verwandtschaftsverhältnisse der verschiedenen Lebewesen zu studieren und die Vererbungsmechanismen zu verstehen.

Als Begründer der Vererbungslehre gilt heute der österreichische Mönch und Botaniker Gregor Mendel (1822–1884), obwohl seine Arbeiten zu Lebzeiten unbeachtet blieben. Aus zahlreichen Experimenten mit Erbsen entwickelte er seine Grundregeln zur Vererbung. Doch erst 16 Jahre nach seinem Tod wurden seine Forschungen wiederentdeckt. Und erst in den 1920er- und 1930er-Jahren wurde seine Arbeit zur Basis der modernen Evolutionsbiologie und als „Mendelsche Gesetze" allgemein bekannt.

Im Jahre 1910 wies Thomas Hunt Morgen (1866–1945) nach, dass die Chromosomen die Träger der Erbanlagen sind. Durch seine genetischen Experimente mit der Fruchtfliege Drosophila melanogaster entdeckte er auch die geschlechtsgebundene Vererbung. Dass innerhalb der Chromosomen die Nukleinsäuren (Desoxiribonukleinsäure = DNS) die Erbinformationen enthalten, wurde aber erst 1952 durch Alfred D. Hershey (1908–1997) und Martha Chase (1928–2003) im berühmten Hershey-Chase-Experiment herausgefunden.

Schon kurze Zeit später, im Jahre 1953, präsentierten James D. Watson (geb. 1928) und Francis H. Crick (1916–2004) die Struktur der DNS als sogenannte Doppelhelix (Watson-Crick-Modell) und erhielten dafür den Nobelpreis. Watson und Crick konnten ihr Modell jedoch nur entwickeln, da eine von Rosalind Franklin (1920–1958) einige Jahre zuvor durchgeführte Röntgenstrukturanalyse zeigte, dass die Struktur der DNS der zweier umeinander gewundener Ketten ähnelt.

Entstehung der Populationsgenetik

Neben der Genetik entfaltete sich zu Beginn des 20. Jahrhunderts auch die Populationsgenetik zu einem immer komplexeren eigenen Fachgebiet. Während die Genetik sich mit den Erbvorgängen innerhalb eines Organismus beschäftigt, betrachtet die Populationsgenetik die Erbvorgänge innerhalb einer ganzen Population. Beide Fachbereiche hatten großen Einfluss auf die Entwicklung der Evolutionstheorien und trugen zur Erklärung der Vorgänge im Mikrobereich bei. Die Ursache für makroskopische Veränderungen sind vorangegangene Änderungen im mikroskopischen Bereich.

Des Weiteren wird deshalb auch oft zwischen Mikro- und Makroevolution unterschieden. Mikroevolution basiert auf Veränderungen im Erbgut. Sie geschieht in eher kleinen Zeiträumen von einigen

„Genetik und Populationsgenetik nahmen Einfluss auf die Entwicklung der Evolutionstheorien: Sie erklärten viele Vorgänge im Mikrobereich."

Generationen und führt daher zu eher dezenten Änderungen im Erscheinungsbild der Art (Farbveränderungen, Größe etc.). Die Makroevolution beschreibt dagegen deutlich sichtbare Veränderungen wie das Entstehen neuer Arten, und damit Veränderungen, die nur über sehr lange Zeiträume ablaufen. Neue Arten entstehen demnach durch viele kleine Schritte im Rahmen der Mikroevolution, die kaum merklich im Verborgenen ablaufen. Der Gebrauch der beiden Begriffe Mikro- und Makroevolution ist umstritten und viele Evolutionsbiologen lehnen diese Einteilung als zu künstlich ab.

Entwicklung der modernen Evolutionstheorien

Seit Darwin hat es einen enormen Zuwachs an Wissen in allen Teildisziplinen der Biologie, aber auch in angrenzenden Fachgebieten gegeben.

Zusammenspiel vieler Disziplinen

In die moderne Vorstellung über den Evolutionsablauf fließen nun die neuen Erkenntnisse aus Genetik und Populationsgenetik, aus Ökologie, Biogeografie (Verbreitung, Umweltbeziehungen und räumliche Muster von Lebensgemeinschaften), Paläontologie, Phylogenetik (Analyse und Vergleich von Genen zur Verwandtschaftsbestimmung) und Zellforschung ein. Neue Erkenntnisse und Befunde, verfeinerte molekularbiologische Methoden führten zu immer neuen Erklärungen der Evolution und auch zu neuen systematischen Einteilungen der Organismenwelt. Durch die neuen Methoden ergaben sich zum Teil ganz andere Verwandtschaftsverhältnisse als die, die zuvor mithilfe der klassischen Methoden (Paläontologie und Homologieforschung) aufgestellt worden waren.

Da die modernen Theorien eine Vereinigung (Synthese) unterschiedlichster Theorien bilden, werden sie unter dem Namen „Synthetische Evolutionstheorie" oder manchmal auch „Synthetischer Neo-

„Neue Arten entstehen durch viele kleine Schritte im Rahmen der Mikroevolution, die kaum merklich im Verborgenen ablaufen."

darwinismus" zusammengefasst. Die Synthetische Evolutionstheorie baut auf der Evolutionstheorie von Charles Darwin und dem Neodarwinismus auf und wird ebenfalls mit wichtigen Vertretern verbunden, welche diese Theorie immer wieder auf den neusten Stand brachten. Ab den 1970er-Jahren fand dann unter Einbeziehung der informationstheoretisch geprägten Systemtheorie eine Weiterentwicklung der Synthetischen Evolutionstheorie zur „Systemtheorie der Evolution" statt. Dabei wird vor allem der Begriff der Selektion kritisch hinterfragt, denn tatsächlich überleben Lebewesen auch dann, wenn sie nicht optimal angepasst sind. Unter Einbeziehung der Chaostheorie hat sich schließlich die „Synergetische Evolutionstheorie" entwickelt.

Die X-ähnliche Form der Chromosomen tritt nur in einem kurzen Abschnitt der Kernteilung auf. Strukturen im Zellkern, die aus heutiger Sicht auf Chromosomen hindeuten, wurden schon 1840 entdeckt, ihre Bedeutung für die Vererbung wurde jedoch noch nicht erkannt. 1888 entstand die Bezeichnung „Chromosom" für die im Zellkern befindlichen Strukturen. Die DNS als Träger der Erbinformation wurde jedoch erst 1952, ihre Struktur ein Jahr danach entdeckt.

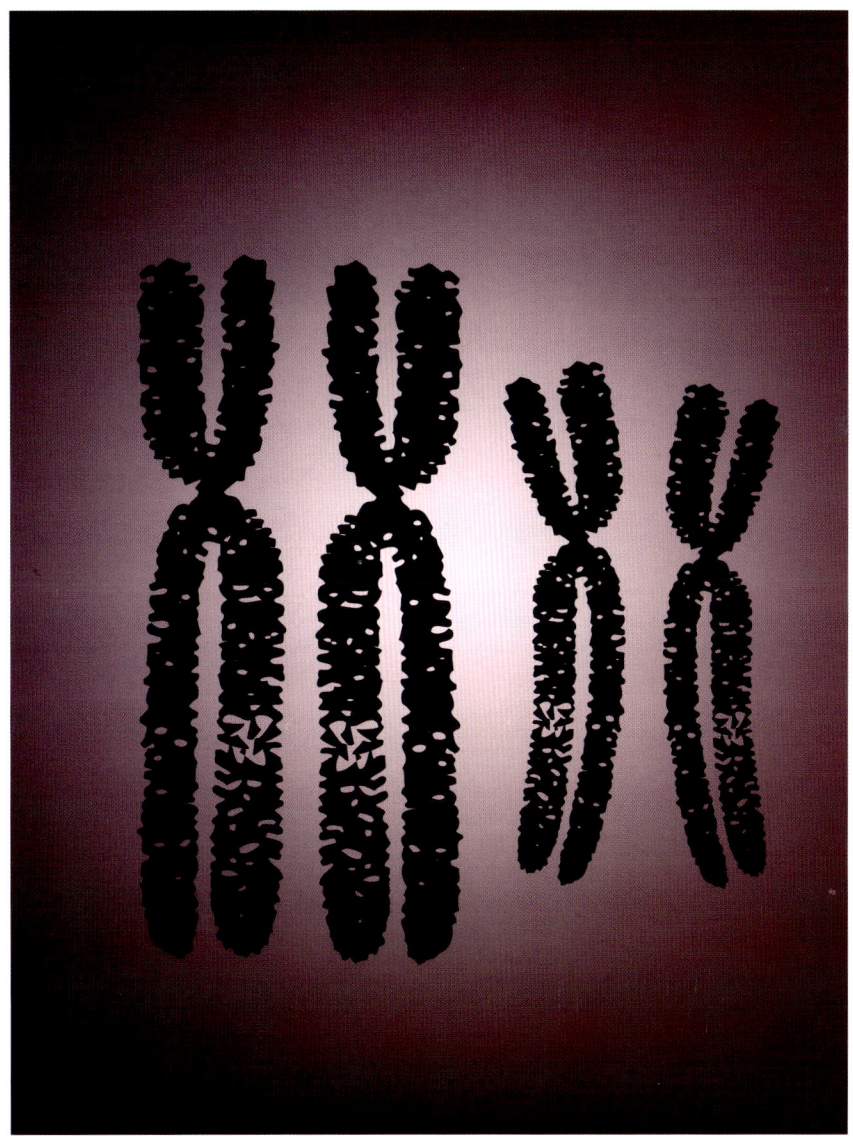

Vertreter moderner Theorien

Wichtige Namen der neuen Evolutionslehren sind:
- Theodosius Dobzhansky (1900–1975), russisch-amerikanischer Evolutionsbiologe
- Bernhard Rensch (1900–1990), deutscher Zoologe, Verhaltens- und Evolutionsbiologe
- George Gaylord Simpson (1902–1984), US-amerikanischer Zoologe und Paläontologe
- Ernst Mayr (1904–2005), deutsch-amerikanischer Biologe
- G. Ledyard Stebbins (1906–2000), US-amerikanischer Botaniker, Genetiker und Evolutionsbiologe, deckte den Teilbereich der Botanik ab.

Ernst Mayr gilt als einer der Hauptvertreter der modernen Synthetischen Evolutionstheorie und war Inhaber von etwa 20 Doktortiteln. 1967 veröffentlichte er sein grundlegendes Werk „Artbegriff und Evolution" mit einer Neuinterpretation des biologischen Artbegriffes. So definierte er die biologischen Arten als eine Fortpflanzungsgemeinschaft und erklärte die Artbildung durch geografische und reproduktive Isolation, wonach sie sich mit den Mitgliedern anderer Arten nicht fortpflanzen können. Darwins Vorstellung des kontinuierlichen Wandels einer Art in eine andere hatte das Problem, dass sich dadurch eine ununterbrochene Reihe ohne Einschnitte bildet, sodass sich keine biologisch

getrennten Arten mehr definieren ließen. Nach Mayrs Definition sind Arten dann voneinander getrennt zu sehen, wenn sie miteinander keine Nachkommen erzeugen. Entsprechend suchte er nach Mechanismen, welche die Fortpflanzung zwischen einzelnen Populationen unterbinden oder erschweren. Solche Mechanismen wären beispielsweise die geografische Separation oder eine zeitliche Separation (durch ungleichzeitige Fortpflanzungszeiten) oder Separation durch das Verhalten (unterschiedliches Balzverhalten oder Gesang).

Punktualismus

Neue Impulse zur Weiterentwicklung der Synthetischen Evolutionstheorie lieferten Stephen Jay Gould (1941–2002) und Niles Eldredge (geb. 1943) als sie 1972 den Punktualismus, sprich: „punctuated equilibrium" (unterbrochenes Gleichgewicht) vorschlugen. Der Punktualismus steht im Gegensatz zum Gradualismus, der Evolution in stetigen kleinen Schritten. Er besagt, dass sich lange Zeiträume

> **„Darwins Vorstellung, eine Art wandle sich kontinuierlich in eine andere, hatte ein Problem: Getrennte Arten ließen sich nicht mehr definieren."**

Blaufußtölpel verfügen über ein sehr komplexes Balzverhalten. Bei ihrem „Hochzeitstanz" recken sowohl das Männchen als auch das Weibchen ihre Schnäbel senkrecht nach oben, während sie die Oberseiten der Flügel nach vorne drehen. Unterschiedliches Balzverhalten und eine isolierte geografische Lage – Blaufußtölpel brüten in Kolonien auf Mittel- und Südamerikanischen Inseln, vor allem auf den Galapagosinseln – sind zwei Möglichkeiten, die Herausbildung und Aufrechterhaltung biologischer Arten als Fortpflanzungsgemeinschaft zu stören.

ohne Veränderung (Stasis) mit kurzen Phasen schneller Veränderung abwechseln. Doch diese Theorie bleibt unter den Evolutionsbiologen umstritten. Echte Beweise fehlen.

Richard Dawkins (geb. 1941) erlangte durch seine Theorie vom „egoistischen Gen" (The Selfish Gene), einem Begriff den er 1976 prägte, größere Bekanntheit. Diese Theorie betrachtet das Gen als die fundamentale Einheit der Selektion, die den Körper sozusagen nur noch als Vermehrungsmaschine benutzt. Zwischen den Genen wird eine Konkurrenz um ihre Verteilung in der nächsten Generation angenommen. Gene müssten deshalb immer egoistisch sein, das heißt, sie sind bestrebt ihre eigene Verbreitung auf Kosten von anderen Genen zu vergrößern. Entsprechend führt Dawkins die gesamte Entwicklung des Lebens auf die Selektion von Genen zurück, die jeweils die meisten Kopien von sich anfertigen konnten. Im Laufe der Evolution hätten sich diese Gene dann immer raffiniertere Überlebensmaschinen in Form von pflanzlichen oder tierischen (auch menschlichen) Körpern geschaffen.

Frankfurter Evolutionstheorie

Die von Wolfgang Friedrich Gutmann (1935–1997) mitentwickelte „Frankfurter Evolutionstheorie" baut auf seiner in den 1970er- und 1980er-Jahren verfassten „Kritischen Evolutionstheorie" auf und hat ein grundsätzlich anderes Verständnis zu Anpassung und Umwelt. Sie besagt: Die Lebewesen sind nicht an ihre Umwelten angepasst, sondern dringen in erreichbare Lebensräume vor und gestalten diese maßgeblich mit. Weitere wichtige Forschungsergebnisse sind eine grundsätzlich revidierte Betrachtung der Bauplanevolution, demzufolge von einer allmählichen Komplexitätssteigerung oder Höherentwicklung im Tierreich nicht mehr gesprochen werden kann. Daher ist z. B. die Konfiguration von Nervensystemen kein Kriterium mehr, um auf eine urtümliche oder abgeleitete

„Heutzutage findet die Evolution der Evolutionstheorien eher im Verborgenen statt, doch abgeschlossen ist sie noch lange nicht."

Der deutsch-amerikanische Biologe Ernst Mayr, hier nach Erhalt der Ehrendoktorwürde an der Universität Konstanz 1994 (Abbildung oben), gilt als einer der Hauptvertreter der modernen Synthetischen Evolutionstheorie, die eine Erweiterung der Darwin'schen Lehre mithilfe der Erkenntnisse der Zellforschung, Genetik und Populationsbiologie verfolgt. Anders als Mayr, der die Ausbildung der Arten durch geografische und reproduktive Selektion begründete, führt der britische Zoologe und Biologe Richard Dawkins (Abbildung unten), hier bei einer Buchvorstellung im Oktober 2006, die Selektion auf „egoistische Gene" zurück, die untereinander um ihre Verbreitung in der nachfolgenden Generation konkurrieren.

evolutionäre Stellung eines Tieres zu schließen. Die Entwicklung der Evolutionstheorien spiegelt nicht nur den jeweiligen Wissensstand, sondern auch den jeweiligen Zeitgeist wider, auch wenn ihre Schrittmacher diesem Zeitgeist häufig voraus waren. Mittlerweile entfernen sich die Gedankengebäude der Evolutionstheoretiker zunehmend von einer Allgemeinverständlichkeit, sodass die Evolution der Evolutionstheorien heute eher im Verborgenen stattfindet – bis zum nächsten sensationellen Fund, der nächsten imposanten Schlussfolgerung. So wenig wie die Evolution der Lebewesen als abgeschlossen gilt, so wenig ist die „Evolution der Evolutionstheorie" abgeschlossen. Dies zeigt eine Meldung vom April 2008 überdeutlich: Die Forschungsergebnisse zweier Evolutionsbiologen legen nahe, dass die Anpassung einer einzelnen Eigenschaft an die Umwelt die Initialzündung zur Entstehung einer ganz neuen Art sein kann.

Charles Darwin eröffnet neue Denkansätze

Die Begründung der modernen Evolutionstheorien

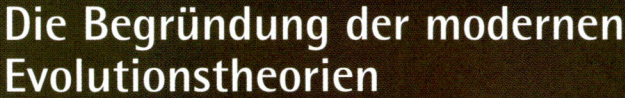

Charles Robert Darwin wurde am 12. Februar 1809 im englischen Shrewsbury als fünftes von sechs Kindern einer wohlhabenden Arztfamilie geboren. Seine Eltern waren Robert und Susannah Darwin, sein Großvater der bekannte Naturwissenschaftler Erasmus Darwin (1731–1802). Dieser beschäftigte sich besonders mit Fossilien und vertrat in seinem 1796 erschienenen Buch „Zoonomia" die Idee, dass sich die heute existierenden Lebewesen aus gemeinsamen Vorfahren entwickelt hätten. Charles Darwin beschäftigte sich schon als Junge mit der Naturgeschichte. Nach der Schule studierte er wie sein Vater zunächst Medizin, wandte sich dann aber der Theologie zu. Darwin hatte eine Abneigung gegen das Sezieren von Lebewesen und fand die damaligen Operationsbedingungen - die Narkose war noch nicht bekannt - äußerst grausam. Das Theologiestudium war damals für einen naturbegeisterten Menschen eine durchaus übliche Laufbahn. Darwin war seit jeher an der Biologie interessiert und schon während seines Studiums lernte er die Taxidermie kennen, das heißt, eine Kunst zur Haltbarmachung von Tierkörpern für Studienzwecke.

Lehrreiche Forschungsreise

Die Chance Neuland zu betreten

Nach seinem Studium erhielt Charles Darwin 1831 die einmalige Chance, auf dem Schiff „HMS Beagle" an einer fast fünf Jahre währenden Forschungsreise rund um die Erde teilzunehmen. Die Expedition ermöglichte ihm die geologischen Eigenschaften von Kontinenten und Inseln zu untersuchen, sowie eine Vielzahl von Lebewesen und Fossilien erstmalig zu erforschen. Auf dieser Reise sammelte Darwin jede Menge Muster und Proben, die er zusammen mit seinen verfassten Beschreibungen zurück nach Cambridge sandte. All die Fragen zu Flora und Fauna, die sich ihm auf der Reise gestellt hatten, waren Ausgangspunkt für seine spätere Evolutionstheorie, die ihn auf der ganzen Welt berühmt machen sollte.

Darwin wurde bereits während seiner Expedition von den Erkenntnissen des Geologen Charles Lyell (1797–1875) beeinflusst, dessen Bücher er auf die Reise mitgenommen hatte und mit dem er später eine freundschaftliche Beziehung unterhielt. Lyell knüpfte in seinem bekannten zweibändigen Werk „Principles of Geology (1830–1833)" an die Katastrophentheorie von Georges Cuvier an.

Dieser Katastrophentheorie zufolge entstehen neue Arten, indem sie nach einer Vernichtung durch Katastrophen beständig neu geschaffen werden.

Cuvier zufolge entstammten alle noch lebenden Wesen der Arche Noah, nachdem die Sintflut als vorläufig letzte Katastrophe alles zuvor Lebendige von der Erde gespült hatte. Lyell behauptete dagegen, dass sich die Erdoberfläche durch natürliche Kräfte dauernd verändere, dass sich dies aber nur sehr langsam und über lange Zeitepochen hinweg ereigne.

Weitere angesehene Wissenschaftler und einflussreiche Persönlichkeiten, mit denen Darwin sich freundschaftlich und intellektuell austauschte, waren Joseph Hooker (1814–1879), Thomas Huxley (1825–1895), Richard Owen (1804–1892) und der Ornithologe John Gould (1804–1881), der sich intensiv mit den auf den Galápagosinseln von Darwin gesammelten Vögeln beschäftigte und dabei erkannte, dass es sich bei den Vögeln um sage und schreibe 14 verschiedene Arten von Finken handelte: die berühmten Darwinfinken.

> **„All die Fragen zu Flora und Fauna, die sich ihm auf der Reise stellten, waren Ausgangspunkt für seine spätere Evolutionstheorie, die Darwin weltberühmt machen sollte."**

Charles Darwins fast fünfjährige Forschungsreise auf dem britischen Vermessungsschiff „HMS Beagle" führte vom britischen Plymouth aus über die Kapverden, Salvador de Bahia und Rio de Janeiro, bis das Schiff im Juli 1832 Montevideo anlief. Nach Stationen auf den Falklandinseln und in Valparaiso erreichte die Beagle 1835 die Galápagosinseln. Die Weltumseglung führte über Sydney, Hobart, Mauritius und Kapstadt zurück nach England.

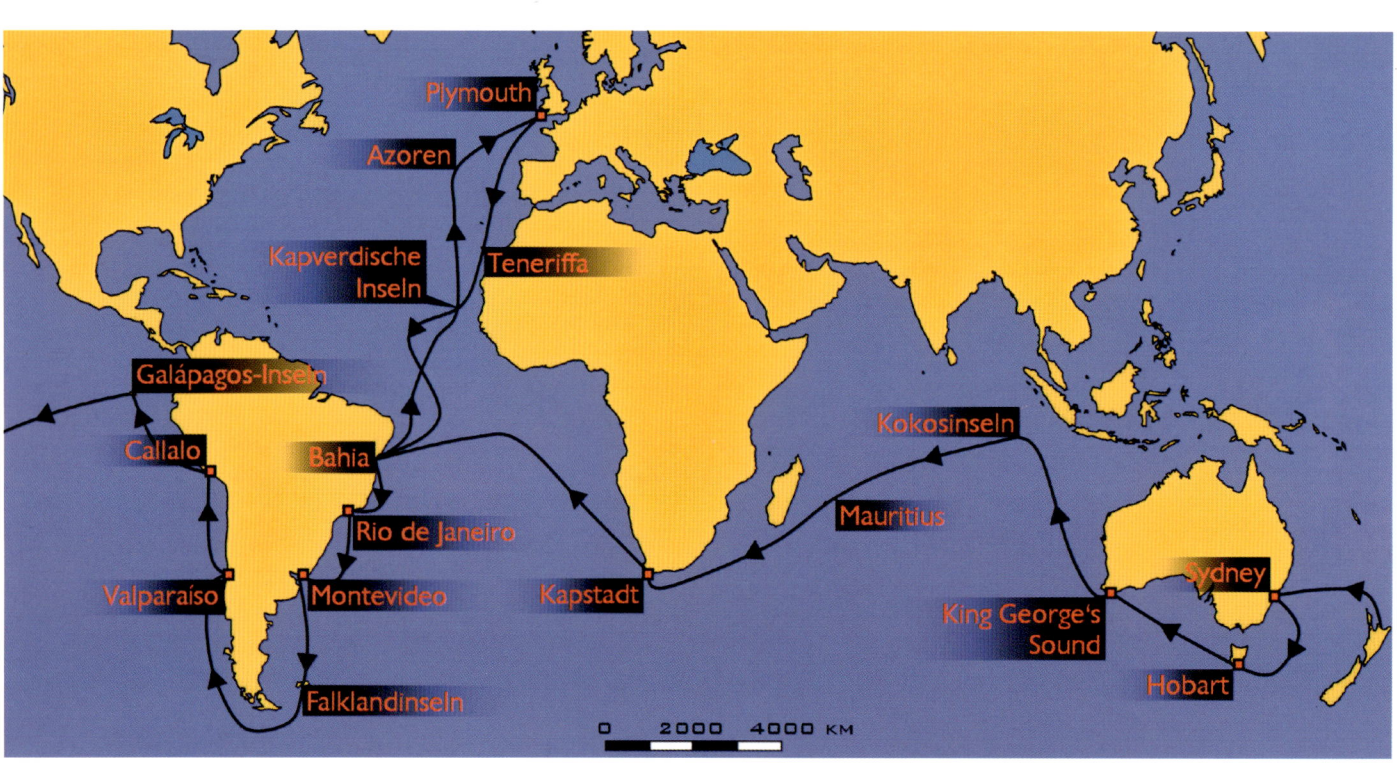

Darwins Evolutionstheorie

Suche nach Belegen

Darwins Forschungsergebnisse waren nicht mit der Vorstellung von der Unveränderlichkeit der Arten in Einklang zu bringen. Daher versuchte er ab 1837 intensiv Belege zu finden und die Ursachen des Artenwandels zu erklären. In dieser Frage arbeitete er auch eng mit Tierzüchtern und Gärtnern zusammen.

So kam Darwin schließlich zu seiner umfassenden Theorie über die Entstehung der Arten, die er mit Erkenntnissen aus den verschiedenen Wissenschaftsgebieten untermauern konnte. Damit war er der Erste, der die vorhandenen Theorien und Hypothesen zur Evolution der Lebewesen zusammenfasste und damit viele seiner Zeitgenossen überzeugte. Darwins Evolutionstheorie baut insgesamt auf vier Hypothesen auf: Veränderlichkeit, gemeinsame Abstammung, Allmählichkeit der Evolution und natürliche Auslese.

Im Einzelnen heißt das:
- **Veränderlichkeit:** Die Welt ist nicht unveränderlich, sondern wandelt sich kontinuierlich. Diese Wandlung zeigt sich in kleinen Veränderungen innerhalb kurzer Zeitläufe, beispielsweise auch durch Fossilien.
- **Abstammung:** Alle Organismen sind durch einen kontinuierlichen Verzweigungsprozess miteinander verbunden, das heißt, sie stammen alle von gemeinsamen Vorfahren ab.
- **Allmählichkeit:** Die Entwicklung der Arten erfolgt stets allmählich und ohne Stillstand, in kleinen Schritten mit geringen Modifikationen über eine Zeitspanne von vielen Generationen hinweg. Eine Entwicklung in Sprüngen oder unwahrscheinlich großen Schritten gibt es nicht. Diese Sichtweise wird heute auch Gradualismus genannt.
- **Auslese:** Der Mechanismus der Evolution wird durch die natürliche Auslese (Selektion) beschrieben.

Die Selektion, die den Mechanismus der Evolution darstellt, kann wiederum in folgenden Grundaussagen zusammengefasst werden:
- Alle Arten erzeugen mehr Nachkommen als zum Überleben notwendig sind und auch mehr als sich anschließend fortpflanzen (Überproduktion).
- Eine Population (alle Individuen einer Art, die zur selben Zeit leben) ist normalerweise über längere Zeiträume weitgehend stabil, das heißt, durch die Anzahl der Nachkommen wird die Gesamtheit der Population normalerweise weder vergrößert noch verkleinert. Die Überproduktion auf der einen Seite bedingt eine hohe Sterblichkeitsrate auf der anderen Seite.
- Die natürlichen Ressourcen (Mittel, die zum Leben benötigt werden) sind zwar begrenzt, aber relativ konstant.

„Darwins Evolutionstheorie baut insgesamt auf vier Hypothesen auf: Veränderlichkeit, gemeinsame Abstammung, Allmählichkeit der Evolution und natürliche Auslese."

Die rund 1.000 Kilometer westlich von Ecuador im Pazifik liegenden Galápagosinseln, die Darwin auf der „HMS Beagle" am 15. September 1835 erreichte, weisen neben einer beeindruckenden Landschaft und Pflanzenwelt aufgrund ihrer räumlichen Entfernung zu anderen Landmassen auch eine weltweit einzigartige Fauna mit einem großen Artenreichtum auf. Die Inseln sind vulkanischen Ursprungs und wurden erst nach und nach von verschiedenen Lebewesen besiedelt.

- Innerhalb einer Tier- und Pflanzenart sind die Individuen niemals gleich, sondern variieren in Bau, Lebensweise und Verhalten (phänotypische Variation). Damit ergibt sich innerhalb einer Population eine große Variabilität. Die Variationen entstehen zufällig.
- Die variierenden Merkmale sind in irgendeiner Form wenigstens zum Teil erblich und treten auch bei den Nachkommen auf.

Grundannahmen und Schlussfolgerungen

Aus den Grundannahmen der Selektionstheorie ergeben sich wiederum die folgenden Schlussfolgerungen:
- Durch die Überproduktion von Nachkommen werden die Ressourcen knapp. Daher besteht zwischen den Individuen einer Art und zwischen den Individuen verschiedener Arten ein permanenter Kampf um das Nahrungsangebot.
- Diesen „Kampf ums Dasein" (struggle for life) überleben die Träger vorteilhafter Merkmale bzw. die am besten angepassten Individuen mit höherer Wahrscheinlichkeit (survival of the fittest). Das ungleiche Überleben des „Tüchtigsten" stellt so einen Prozess der natürlichen Selektion dar, analog der Selektion (Zuchtwahl) in der Tier- und Pflanzenzucht.
- Die jeweils geeignetsten Individuen kommen auf diese Weise weitaus häufiger zur Fortpflanzung und können darum auch ihre vorteilhaften Anlagen vermehrt an die nächste Generation weitergeben. In dieser sind dann wiederum Individuen mit vorteilhaften Eigenschaften häufiger vertreten.

In der Universitätsstadt Cambridge – hier das einstige Wohnhaus Charles Darwins auf dem Universitätsgelände – liegen die Wurzeln der wissenschaftlichen Arbeit Darwins. Nachdem der Wissenschaftler ein Studium der Medizin in Edinburgh aufgegeben hatte, schrieb er sich 1827 am Christ's College zum Studium der Theologie ein und zog im Januar 1828 nach Cambridge. Während er seinem theologischen Studium wenig Begeisterung entgegenbrachte, interessierte er sich zunehmend für Geologie, Botanik und Zoologie. In Cambridge machte er Bekanntschaft mit Naturforschern und Botanikern und beschäftigte sich mit dem Studium naturwissenschaftlicher Literatur. Nach dem Abschluss seines Studiums 1831 führte ihn 1836 die Katalogisierungsarbeit der auf seinen Reisen genommenen Proben für einige Zeit zurück nach Cambridge.

- Durch die selektive Vererbung günstiger Eigenschaften verändert sich die Population allmählich im Verlauf mehrerer Generationen und auf lange Sicht wird schließlich die Entstehung neuer Arten ermöglicht.

Doch schon Darwin erkannte – nicht zuletzt im Rahmen seiner Entdeckung der Darwinfinken – dass es zwei Möglichkeiten gibt, diesem Kampf ums Dasein auszuweichen bzw. ihn wenigstens zu verringern:
- Einzelne Individuen wandern in Gebiete aus, wo ihre Art noch nicht vorkommt.
- Ein Teil der Art erschließt sich andere oder neue Nahrungsquellen.

Isolation kann so über die Besiedlung neuer Gebiete oder über die Erschließung neuer Nahrungsquellen innerhalb langer Zeiträume wiederum zu neuen Arten führen. Damit entwickelte Darwin die erste Theorie eines natürlichen Prinzips für die Entwicklung neuer Arten: Als Folge von Anpassungen an den Lebensraum spalten sich die Organismen langsam in viele verschiedene Arten auf.

Darwins Selektionstheorie ist die bekannteste seiner Hypothesen zur Evolution und wird häufig mit Darwins Evolutionstheorie gleichgesetzt, die tatsächlich aber viel umfassender ist.

Darwin selbst verwendete den Begriff Evolution übrigens noch gar nicht. Er sprach vielmehr von „descent with modification", was soviel wie Abstammung (Deszendenz) mit Veränderung heißt (Deszendenztheorie).

Kritik der Kirche

Darwins epochales Werk, eine Zusammenfassung seiner Forschungen und Theorien wurde am 22. November 1859 unter dem Titel „On the Origin of Species by Means of Natural Selection, or The Preservation of Favoured Races in the Struggle for

„Darwin verwendete den Begriff Evolution noch nicht, sondern sprach von „descent with modification", was etwa Abstammung mit Veränderung heißt."

THE ORIGIN OF SPECIES

BY MEANS OF NATURAL SELECTION,

OR THE

PRESERVATION OF FAVOURED RACES IN THE STRUGGLE FOR LIFE.

By CHARLES DARWIN, M.A.,

FELLOW OF THE ROYAL, GEOLOGICAL, LINNÆAN, ETC., SOCIETIES;
AUTHOR OF 'JOURNAL OF RESEARCHES DURING H. M. S. BEAGLE'S VOYAGE ROUND THE WORLD.'

LONDON:
JOHN MURRAY, ALBEMARLE STREET.
1859.

Life" veröffentlicht. Ein Jahr später erschien das Buch unter dem Titel „Die Entstehung der Arten" auch auf Deutsch. Für seine Theorien legte Darwin in seinem Werk zahlreiche Belege vor und seine Lehren bilden auch heute noch den Kern aller gültigen – variantenreichen – Evolutionstheorien.

Darwins Buch stieß jedoch nicht nur auf große Zustimmung sondern zog auch viel Kritik auf sich. Abgesehen davon, dass seine Lehre eine Provokation für Gläubige war, versuchten ihm seine Gegner zu unterstellen, dass er die Abstammung des Menschen vom Affen postulierte. Dabei vertrat Darwins Evolutionstheorie lediglich einen gemeinsamen Vorfahren von Affe und Mensch.

Interessant ist, dass Darwin noch keine wissenschaftliche Vererbungslehre kannte, obwohl Mendel seine Vererbungsregeln bereits 1853 zu entwickeln begann und 1865, wenige Jahre nach Darwins Evolutionstheorie, veröffentlichte. Doch Mendels Lehre wurde erst nach Darwins Tod anerkannt und in die Evolutionslehren mit einbezogen.

In seinem am 24. November 1859 erstmals veröffentlichten Werk „The Origin of Species" entwickelte Charles Darwin seine Evolutionstheorie. Die erste Auflage von 1.250 Exemplaren stieß auf großes öffentliches Interesse und war bereits am Tag des Erscheinens vergriffen. Ein Jahr später erschien das Werk unter dem Titel „Die Entstehung der Arten" auf Deutsch. Trotz teilweise heftiger Kritik konnten sich Darwins Theorien schon bald in weiten Teilen der wissenschaftlichen Welt durchsetzen.

Die Darwinfinken auf Galápagos

Charles Darwin hat während seiner Expeditionsreise auf den Galápagosinseln, die etwa 650 Meilen von der Küste von Ecuador liegen, eine einzigartige Tier- und Pflanzenwelt entdeckt. Diese Tier- und Pflanzenarten gab und gibt es sonst nirgends auf der Welt. Unter anderem gelang es Darwin eine Gruppe von Vögeln zu beobachten, die bis zum heutigen Tag den Namen Darwinfinken tragen. Finken sind kleine bis mittelgroße Vögel (9–26 cm lang) und besitzen einen kräftigen, meist kegelförmigen Schnabel, der bei den sogenannten „Kernbeißern" sehr groß ist. Sie ernähren sich hauptsächlich von Samen, Früchten und Knospen und sind fast weltweit verbreitet.

Auf den Galápagosinseln gab es jedoch nicht nur eine, sondern gleich 14 besondere Finkenarten, von denen keine einzige auf dem nahe gelegenem Festland oder woanders auf der Welt vorkommt. Eine Finkenart ist allerdings genau genommen nicht zu den Galápagosfinken zu zählen, denn sie lebt auf der in der Nähe gelegenen Cocosinsel, die schon zu Costa Rica gehört.

Da die 14 Arten viele verwandte Züge trugen, war Darwin schon 1845 der Ansicht, dass alle aus einer Stammart entstanden sein müssen. Weiterhin war er überzeugt, dass die ursprünglichen Finken vor langer Zeit vom Festland auf die Insel gekommen waren und deren Abkömmlinge sich über einen sehr langen Zeitraum zu den verschiedenen Arten entwickelt hätten. So leben heute acht dieser Finkenarten auf Bäumen, drei auf Kakteen und drei auf dem Boden. Sieben von ihnen sind nach wie vor Pflanzenfresser, die anderen sieben sind zu Insektenfressern geworden. Unter den Pflanzenfressern gibt es Körnerfresser und solche, die sich von weichen Pflanzenteilen ernähren. Einige bevorzugen eine bestimmte Samenart, andere wiederum eine ganz andere. Diese Nahrungsspezialisierung der Darwinfinken ist sehr auffällig und drückt sich auch in ihrer Gestalt und in ihrem Verhalten aus. Passend zu ihrer Lebensweise hatte jede Art einen entsprechenden Schnabel, eine besondere Größe und eine angepasste Lebensordnung entwickelt. Solche Entwicklungen gab es auf dem Festland nicht, diese Möglichkeit bot nur das relativ unbesiedelte Land der Galápagosinseln, wo sich die Arten ohne großen Konkurrenzkampf ihre Nischen suchen konnten.

In seinem Werk „Journal of researches into the natural history and geology of the countries visited during the voyage of H.M.S. Beagle round the world" beschreibt Charles Darwin die naturgeschichtlichen und geologischen Forschungsergebnisse, die er während seiner Reise auf der „HMS Beagle" zusammentrug. Die Illustration (Abbildung oben) des englischen Ornithologen John Gould (1804–1881) zur 1845 erschienenen zweiten Ausgabe des Werks zeigt die unterschiedlichen Schnabelformen bei verschiedenen Arten von Darwinfinken, die sich in vier Gattungen – Grundfinken (Geospiza), darunter auch der Kaktus-Grundfink (G. scandens) (große Abbildung), Baumfinken (Camarhynchus), Certhidea und Pinaroloxias – unterteilen lassen. Die verschiedenen Arten unterscheiden sich zwar in der Schnabelform, der Lebens- und Ernährungsweise und im Gesang voneinander, stammen jedoch alle von einem gemeinsamen Vorfahren ab.

Zu Beginn seines Studiums am Christ's College traf Darwin seinen Großcousin William Darwin Fox (1805–1880), der ihn in die Insektenkunde einführte und durch den er zu einem leidenschaftlichen Sammler von Käfern wurde. In seinem Werk „Descent of Man" werden seine Käfervergleichsstudien vorgestellt, die er sich in vielen Sommerexkursionen um Nord-Wales herum erarbeitet hatte.

Darwinismus und Neodarwinismus

Natürliche Selektion

Vor allem unter kirchlich geprägten Kritikern stießen Darwins Theorien auf Ablehnung, die immer wieder in diffamierenden Karrikaturen, u.a. im „La Petite Lune" gipfelten. In der Folgezeit zur Stützung sozialdarwinistischer Tendenzen missbraucht, hatte sein Werk maßgeblichen Einfluss auf die Evolutionswissenschaft.

Der Begriff Darwinismus wurde 1890 von Alfred Russel Wallace (1823–1913) geprägt. Dieser entwickelte unabhängig von Darwin ebenfalls eine Theorie zur natürlichen Selektion, erkannte dann aber an, dass Darwin seine Theorie vor ihm entworfen hatte.

Als Darwinismus wurde ursprünglich die gesamte Evolutionstheorie von Charles Darwin bezeichnet. Doch schon bald verstanden Autoren und Wissenschaftler unter Darwinismus völlig unterschiedliche Dinge. Während Darwin selbst seinen eigenen Theorien immer sehr kritisch gegenüberstand und von Wahrscheinlichkeiten sprach, formulierten die unterschiedlichsten Übersetzer, Befürworter und Gegner diese Lehre als Gesetz, reduzierten sie auf nur zwei oder gar einen Aspekt der Theorie und trugen so dazu bei, dass die Lehre des Darwinismus sich zu einem Dogma entwickelte. Viele betonten mit dieser Bezeichnung eine Evolution durch die natürliche Auslese und meinten mit Darwinismus Selektion. Das führte zu heftigen Auseinandersetzungen zwischen religiösen Anhängern und materialistisch orientierten Wissenschaftlern und bereitete die ideologische Spaltung der Evolutionstheo-

rie vor, die sich in der Folgezeit verstärkt fortsetzte und auch heute noch kein Ende gefunden hat. Daneben wird der Begriff Darwinismus auch immer wieder verwendet, um die Rolle von Charles Darwin als Vordenker der Evolution hervorzuheben, aber auch um eine Abgrenzung zu den nicht von Darwin einbezogenen Evolutionsmechanismen vorzunehmen. Solche Mechanismen sind beispielsweise Gendrift (Veränderung der Genverteilung innerhalb einer Population) und Genfluss (Austausch von Genen zwischen zwei Populationen).

Weiterhin wird die Bezeichnung Darwinismus auch in einer sehr universellen Bedeutung benutzt. Das Konzept dieses universellen Darwinismus verallgemeinert den Darwinismus und besagt, dass auch außerhalb der Biologie bei Vorhandensein von Evolutionsfaktoren (Replikation, Vererbung, Variation, Selektion) eine Evolution stattfindet. Ein Beispiel hierfür ist das Konzept der Weitergabe und Veränderung von Ideen, das von Richard Dawkins (geb. 1941) auf die Gene angewandt wurde und zu seiner Theorie der egoistischen Gene führte. Mit dem sogenannten Mem übertrug er diese Idee auf die menschliche Kultur. Mem ist dabei eine Analogiebildung zum Genbegriff und stellt den Replikator der kulturellen Evolution dar. In der Folge entstanden daraus immer wieder neue Begriffe wie beispielsweise Kulturdarwinismus oder Sozialdarwinismus: Darwins Evolutionstheorie wurde auf menschliche Gesellschaften übertragen. Von den Gegnern der Evolutionslehre wird die Bezeichnung Darwinismus meist abwertend gebraucht und auch deshalb heute von vielen Wissenschaftlern abgelehnt. Darwin selbst wäre nach den heutigen Interpretationen jedenfalls kein Darwinist.

Erweiterte Abstammungslehre

Der Begriff „Neodarwinismus" wurde gegen Ende des 19. Jahrhunderts von dem Zoologen August Weismann (1834–1914) begründet und stellt eine

„Heutige Evolutionstheorien arbeiten synthetisch, d. h. sie beziehen Darwinismus, Zellforschung, Genetik und Populationsbiologie ein."

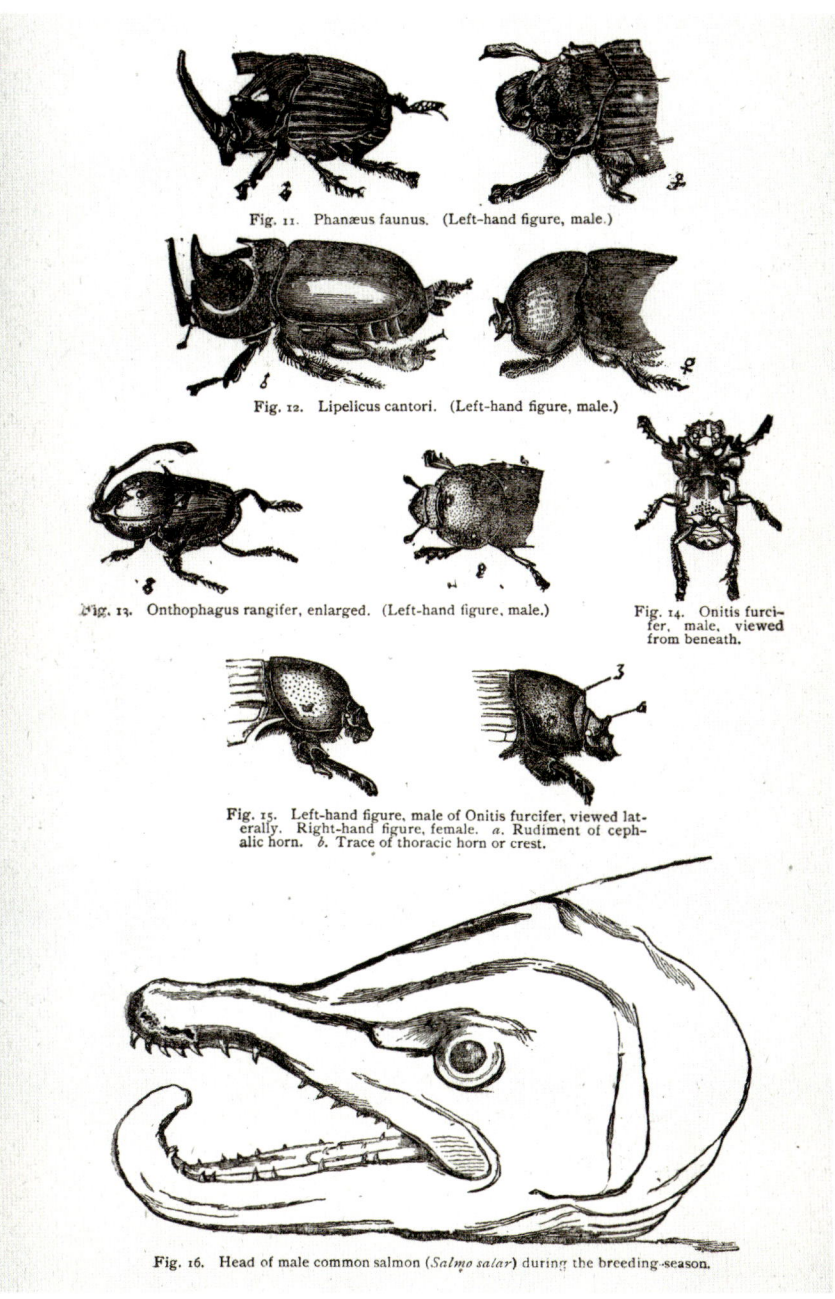

Fig. 11. Phanæus faunus. (Left-hand figure, male.)

Fig. 12. Lipelicus cantori. (Left-hand figure, male.)

Fig. 13. Onthophagus rangifer, enlarged. (Left-hand figure, male.)

Fig. 14. Onitis furcifer, male, viewed from beneath.

Fig. 15. Left-hand figure, male of Onitis furcifer, viewed laterally. Right-hand figure, female. a. Rudiment of cephalic horn. b. Trace of thoracic horn or crest.

Fig. 16. Head of male common salmon (Salmo salar) during the breeding-season.

Erweiterung der darwinistischen Abstammungslehre dar. Weisman lehnt dabei vor allem die von Darwin übernommene lamarckistische Theorie der Vererbung erworbener Eigenschaften ab und hebt die Bedeutung der Selektion als entscheidenden Evolutionsfaktor hervor. In der Folgezeit wurde die Bezeichnung Neodarwinismus für verschiedene weiterentwickelte Evolutionstheorien angewandt, die sich auf Darwins Theorie stützten, insbesondere auf die Erweiterung bzw. Synthese aus Darwinismus, Zellforschung, Genetik und Populationsbiologie. Heute werden diese Theorien unter dem Begriff der Synthetischen Evolutionstheorie zusammengefasst, der Begriff Neodarwinismus gilt mittlerweile als veraltet.

Die Tafel aus Charles Darwins Werk „Descent of Man" („Die Abstammung des Menschen") zeigt die Unterschiede verschiedener Käferarten und den Kopf eines männlichen Atlantischen Lachses (salmo salar) während der Laichzeit. In seinem Werk entwickelt Darwin nicht nur eine Anwendung seiner Evolutionstheorie auf den Menschen, sondern setzt seine Theorie von der „natürlichen Zuchtwahl" des Menschen auch in Beziehung zur Tierwelt.

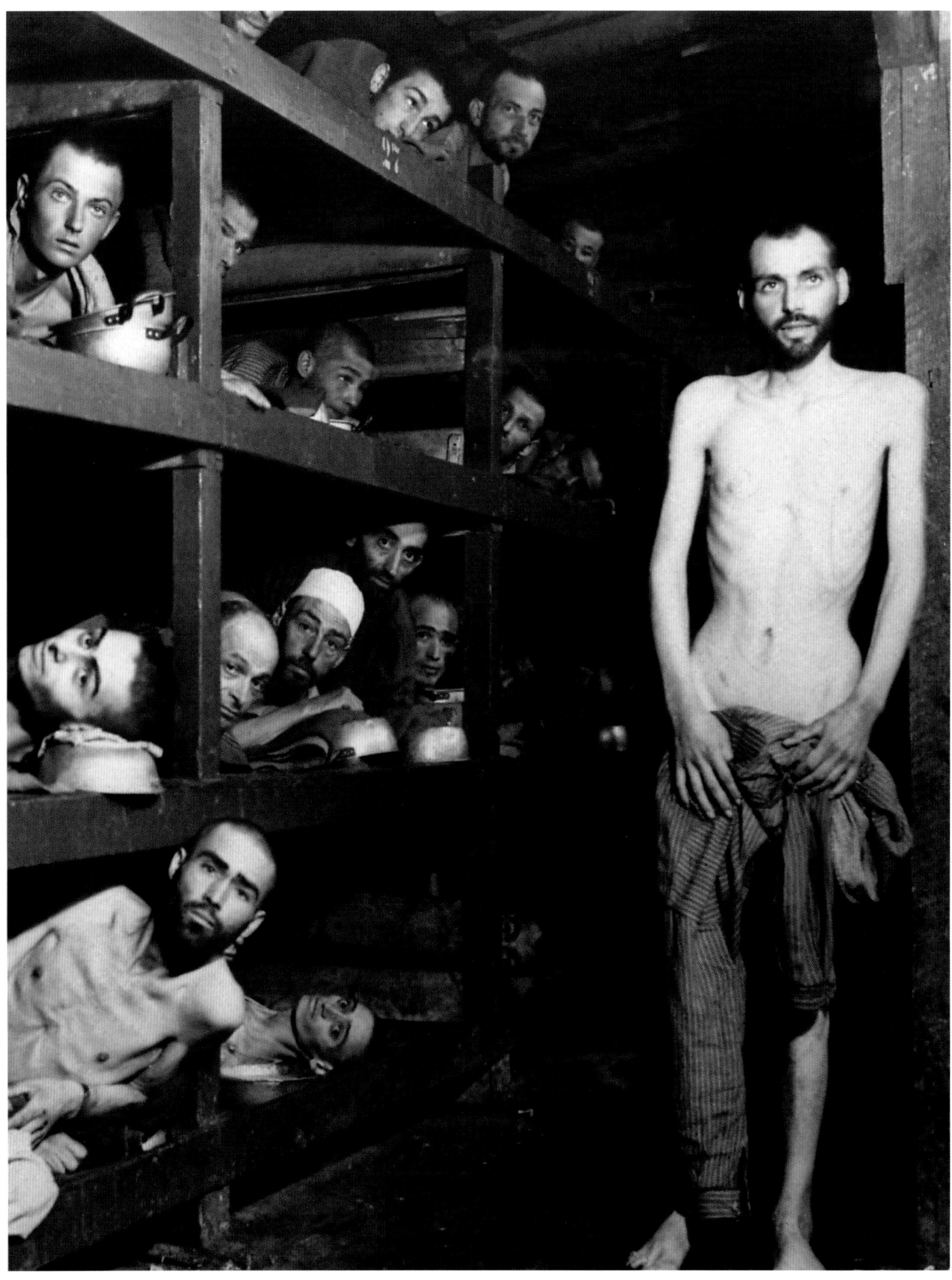

Rassenhygiene und Sozialdarwinismus

Missbrauch der Evolutionstheorie

Mit der Bezeichnung Sozialdarwinismus wird Darwins Evolutionstheorie auf menschliche Gesellschaften übertragen. Auch hier beruht der Schwerpunkt wieder auf der Auslese. Die Entwicklung menschlicher Gesellschaften wird bei dieser Theorie als Folge natürlicher Selektion beim „Kampf ums Dasein" aufgefasst und beruht auf der Annahme, dass Menschen von Natur aus ungleich sind und nur die Stärksten im Konkurrenzkampf bestehen können. Daraus wurde schließlich eine Unterscheidung von „wertvollem", „minderwertigem" und „wertlosem" menschlichem Leben abgeleitet. Die Grundthesen des Sozialdarwinismus waren allerdings vor Erscheinen von Darwins bahnbrechenden Arbeiten längst im Umlauf. Durch gewolltes Missverstehen seines Werks erhielten sie jedoch eine scheinbar seriöse wissenschaftliche Legitimation. Dabei gründet sich der Sozialdarwinismus in seinen Grundaussagen größtenteils auf lamarcksche (Lamarckismus) und nicht auf darwinistische Ideen. Die hier angeblich selektierten Eigenschaften sind hauptsächlich im Leben erworbene Eigenschaften, so wie Lamarck es postuliert hat. Der Begriff Sozialdarwinismus wird daher heute als irreführend abgelehnt.

In Deutschland wurde der Sozialdarwinismus vor allem durch den Zoologen Ernst Haeckel (1834–1919) gesellschaftsfähig. In der Folge bildete der Sozialdarwinismus dann in Verbindung mit der wissenschaftlich diskreditierten Theorie menschlicher Rassen einen Grundpfeiler der Ideologie des Nationalsozialismus und seiner „Lebensraum"-Doktrin. Er gilt deshalb auch als Wegbereiter der Eugenik und Rassenhygiene.

Der Begriff Rassenhygiene stammt von dem Arzt Alfred Ploetz (1860–1940) der ihn im Jahr 1895 in seinem Buch „Die Tüchtigkeit unserer Rasse und der Schutz der Schwachen" erstmals als deutsches Synonym für Eugenik verwendete. Francis Galton, ein Vetter ersten Grades von Charles Darwin, der den Begriff Eugenik prägte, verstand darunter eine Wissenschaft, deren Ziel es ist, durch „gute Zucht" den Anteil positiv bewerteter Erbanlagen zu vergrößern. Ploetz entwarf in seinem Werk das Bild einer Gesellschaft, in der die rassenhygienischen Ideen zur Anwendung kommen, das heißt, Prüfun-

Den furchtbarsten Missbrauch der Darwin'schen Selektionstheorie bildete die Rassenideologie Adolf Hitlers und seiner Anhänger im Reichstag (kleine Abbildung oben). Die Nationalsozialisten benutzten ihre Idee einer gesellschaftlichen Selektion unter dem Begriff der „Rassenhygiene" auch zur Rechtfertigung der Errichtung von Konzentrationslagern, in denen unter anderem „Angehörige minderwertiger Rassen", Erbkranke oder Behinderte inhaftiert und ermordet wurden. In den nationalsozialistischen KZs wie Buchenwald bei Weimar (große Abbildung) oder Ebensee in Österreich (kleine Abbildung unten) starben Tag für Tag Tausende von Menschen durch systematische Vernichtung, Misshandlung, Zwangsarbeit, Erschöpfung, Krankheit und Unterernährung.

gen der moralischen und intellektuellen Fähigkeiten entscheiden über die Heiratsmöglichkeiten und die erlaubte Kinderzahl. Unerlaubt erzeugte Kinder werden abgetrieben, Kranke und Schwache, Zwillinge und Kinder, deren Eltern nach Ploetz Ansicht zu alt oder jung sind, beseitigt. Einen besonderen Stellenwert räumte Ploetz der „nordischen Rasse" ein. 1905 gründete er die Deutsche Gesellschaft für Rassenhygiene, der auch der deutsche Zoologe und Philosoph Ernst Haeckel beitrat. Die Schriften von Ploetz übten starken Einfluss auf

„Mit der Bezeichnung Sozialdarwinismus wurde Darwins Selektionstheorie auf menschliche Gesellschaften übertragen."

Das heute in Polen liegende Konzentrationslager Auschwitz, in der heutigen Zeit eine Gedenkstätte, gemahnt an den rassenideologischen Terror der Nazizeit. Als Arbeitslager getarnt, diente es der systematischen Vernichtung. Großen Einfluss auf die nationalsozialistische Rassenideologie hatte der Arzt Alfred Ploetz, der die Zucht positiv bewerteter Erbanlagen durch die Vernichtung „lebensunwerten Lebens" unter staatlicher Steuerung befürwortete.

die nationalsozialistische Rassenlehre aus. Der von Ploetz verwendete Begriff Rassenhygiene schloss ausdrücklich eine staatliche Lenkung des Lebensrechtes ein und wurde von den Nazis mit dem Gedanken einer „zuchtmäßigen" Weiterentwicklung der „Herrenrasse" verknüpft.

So wurde auf gesellschaftlicher Ebene der Sozialdarwinismus zur Rechtfertigung von Imperialismus und Rassismus herangezogen und führte in Deutschland zu Bestrebungen, geistig Behinderten oder schwer Erbkranken das Lebensrecht abzusprechen. In den Zeiten des Nationalsozialismus gipfelte dies schließlich im Genozid (Völkermord), der massenhaften Ermordung als „lebensunwert" empfundenen Lebens oder vermeintlich „minderwertiger Rassen" wie der jüdischen Bevölkerung. Als Begründung reichte damals die als natürlich ange-

sehene Vormachtstellung einer ethnischen Gruppe über eine andere, infolge einer grundsätzlich geglaubten Überlegenheit der sich an der Macht befindlichen Gruppe.

Populations- und molekulargenetische Untersuchungen zeigen jedoch eindeutig, dass die Einteilung der Menschheit in Rassen keinerlei wissenschaftliche Grundlage besitzt.

„Populations- und molekulargenetische Untersuchungen zeigen eindeutig, dass die Einteilung der Menschheit in Rassen keinerlei wissenschaftliche Grundlage besitzt."

Darwins Lehre kritisch hinterfragt

Darwins Evolutionstheorie kontra Schöpfungslehre

Eine Auseinandersetzung mit der Evolutionstheorie bedeutet auch heute noch eine Auseinandersetzung mit der Evolutionstheorie von Charles Darwin, da die neueren Theorien von der Allgemeinheit kaum noch wahrgenommen werden. Viele Vorstellungen und Experimente haben sich mittlerweile so weit von der Allgemeinverständlichkeit entfernt, dass selbst führende Evolutionsbiologen nur mehr der Fachwelt bekannt sind. Abgesehen von vielen Verfeinerungen und Erweiterungen, gilt Darwins Theorie bis heute in ihren Grundzügen nicht als grundsätzlich überholt.

Zwei Fragen stehen bei der Beschäftigung mit der Evolutionslehre immer wieder im Vordergrund: „Widerspricht die Evolution der Schöpfungslehre?" und „Stimmt die Theorie vom survival of the fittest?".

Darwins Thesen sind nicht automatisch eine Abkehr von der Schöpfungslehre, auch wenn er selbst das so gesehen hat und viele andere ihn gerne dahin gehend interpretieren. Doch was sagt seine Lehre in Bezug zur Schöpfung aus? Tatsächlich macht Darwin über die Entstehung des Lebens in seiner Evolutionstheorie gar keine Aussagen. Darwins Lehre verbannt lediglich die Idee der Konstanz der Arten aus dem Bereich der vernünftigen biologischen Diskussion. Er zeigt, dass die Arten nicht getrennt voneinander geschaffen wurden, sondern von anderen Arten abstammen und schließlich alle von einer gemeinsamen Urform. Er zeigt, dass das Angepasstsein der Organismen durch natürliche Selektion zustande gekommen ist. Damit widerspricht er einer engen Auslegung der Schöpfungsgeschichte, welche die Bibel wörtlich nimmt und eine Abstammung der Arten bzw. eine Evolution ablehnt. In diesem Sinne stehen Darwins Theorien im Gegensatz zu den Ideen der Kreationisten, die eine Schöpfung aller Arten, so wie wir sie heute vorfinden, propagieren. Die kreationistische Bewe-

„Abgesehen von vielen Verfeinerungen und Erweiterungen, gilt Darwins Theorie bis heute in ihren Grundzügen nicht als grundsätzlich überholt."

gung, welche versucht mit Ihrer Ideologie, dem Intelligent Design, ihre Ideen zu belegen, bekämpft die Evolutionslehre von Darwin und deren Nachfolger aufs Heftigste. Die übrigen Kirchen, einschließlich der katholischen Kirche, haben aber mittlerweile die Evolutionslehre als solche akzeptiert und anerkannt. Auch moderne Christen empfinden keinen Widerspruch zwischen der Schöpfung durch einen Gott und der Evolution, wie die Naturwissenschaft sie lehrt. Schließlich ist auch in der Bibel von einem einmaligen Schöpfungsakt die Rede, die Evolution fand anschließend statt. Christen sehen in der Evolution immer noch die Führung ihres Gottes.

Ob ein Schöpfer mit der Entstehung von Leben und den naturwissenschaftlichen Prozessen etwas zu

Die biblische Vorstellung der Schöpfung der Welt, von der Darstellungen wie das berühmte Fresko Michelangelos „Die Erschaffung Adams" in der Sixtinischen Kapelle in Rom beeindruckende Zeugnisse ablegen, muss vor dem Hintergrund der Darwin'schen Evolutionstheorie neu überdacht werden. Viele moderne Christen können dabei Wissenschaft und Glauben durchaus miteinander in Einklang bringen.

Das Missverständnis, bei der Selektionstheorie Darwins handle es sich um eine Lehre vom „Überleben des Stärksten", wird durch die Tatsache widerlegt, dass gerade gut an ihre jeweiligen Lebensräume angepasste, starke und schnelle Tiere wie der Gepard inzwischen vom Aussterben bedroht sind.

tun hat oder nicht, darüber konnte und kann mit den damaligen und heutigen naturwissenschaftlichen Methoden gar keine Aussage gemacht werden.

„Survival of the fittest" oder überlebt auch der Mittelmäßige?

Im Kampf ums Dasein überleben nach Darwins Evolutionstheorie jeweils die Angepasstesten. Der Ausdruck „survival of the fittest" wurde oft – absichtlich oder unabsichtlich – missverstanden und missgedeutet. Besonders tauglich im Sinne der Evolutionstheorie ist nämlich nicht der jeweils Stärkste, sondern dasjenige Individuum, das die höchste Anzahl von Nachkommen hat, die dann ihrerseits wieder zur Fortpflanzung gelangen. Und

dieser Ausdruck stammt nicht einmal von Darwin selbst, sondern wurde im Jahre 1864 vom britischen Sozialphilosophen Herbert Spencer (1820–1903) geprägt. Spencer wandte als Erster die Evolutionstheorie auf die gesellschaftliche Entwicklung an. Damit begründete er das Paradigma des Evolutionismus (Entwicklung menschlicher Gesellschaften vom Einfachen zum Fortschrittlichen), das von manchen als Vorläufer des Sozialdarwinismus angesehen wird. Darwin übernahm in seinen späteren Werken diesen Ausdruck und trug nicht zuletzt dadurch zur Missinterpretation seiner Selektionstheorie bei, da dies seitens der Sozialdarwinisten mit „Überleben des Stärksten" übersetzt wurde. Spencers Theorie grenzte sich inhaltlich deutlich von der Darwin'schen Lehre ab. Doch da beide mit demselben Begriff arbeiteten, wurden auch die beiden Theorien gerne durcheinandergeworfen, und aus Darwins Selektionstheorie wurde ein darwinistischer Egoismus abgeleitet, was dann schließlich in der Begriffsschöpfung „Sozialdarwinismus" gipfelte. Dabei wurden Eigenschaften wie Altruismus von Darwins Evolutionstheorie durchaus unterstützt.

Dafür, dass nicht der jeweils Tüchtigste überlebt, gibt es viele Beispiele. So sind gerade manche der besonders schnellen, starken und angepassten Tiere vom Aussterben bedroht (z. B. Gepard) oder bereits ausgestorben (Anomalocaris, ein Fressmonster mit rasiermesserscharfen Zähnen).

Dagegen überleben viele vermeintlich schwache, schlecht ausgerüstete oder mit wenigen Sinnesorganen ausgestattete Lebewesen seit Millionen von Jahren (der Wurm Picaia, Ameisen, Pandabären). So sieht es ganz danach aus, dass Lebewesen immer dann überleben, wenn sie hinreichend – aber nicht unbedingt optimal – angepasst sind.

Selbst bei der Partnerwahl hat der jeweils Stärkste, Schönste, Beste oft nur vermeintlich einen Vorteil. Denn nicht selten kommen friedfertige Männchen beim Weibchen bereits zum Zuge, während zwei Starke noch um das Weibchen kämpfen. Bei den Pavianen, bei denen die Weibchen die Männchen auswählen, haben die besonders aggressiven Männchen weniger Chancen, als die ruhigeren.

In der Natur sind sowohl die von Sozialdarwinisten abgelehnte genetische Vielfalt als auch die Existenz altruistischer Verhaltensweisen weit verbreitet und wirken sich meist positiv auf die evolutionäre Fitness einer Art aus. Altruistisches Verhalten ist besonders ausgeprägt bei Tierarten, die in Sozialverbänden leben. Jeder hat schon Affen beim gegenseitigen Lausen gesehen. Beim reziproken Altruismus (wechselseitige Hilfeleistung) werden jedoch nicht nur Verwandte sondern auch Nichtverwandte Individuen in die Handlung mit eingeschlossen. So gibt es beispielsweise bei Schimpansen, bei Raben, bei Vampirfledermäusen und einigen anderen Tierarten ein Teilen des Futters mit andern. Doch immer wieder begegnet uns altruistisches Verhalten bei Lebewesen ganz verschiedener Arten. Sei es die Zeitungsmeldung, dass Delfine einem gestrandeten Wal ins offene Meer hinaus helfen, wobei fast jeder die Geschichten von Delfinen kennt, die sogar Menschen das Leben gerettet haben, oder sei es die Hundemutter die ein Katzenbaby adoptiert. Auch gibt es die Geschichten von Menschenbabys, die bei Tieren aufgewachsen sind und nicht alle gehören ins Reich der Fantasie. Solche spektakulären Verhaltensweisen erfüllen uns mit Staunen, wollen sie doch so gar nicht in unser Bild einer rein auf den eigenen Nutzen orientierten Tierwelt passen. Warum sollten Tiere so etwas tun? So wie es aussieht, müssen wir unsere Anschauung über die Tierwelt, über evolutionäre

Mechanismen und erfolgreiche Arten noch einmal gehörig revidieren. Tatsächlich spricht eine Menge dafür, dass die eher durchschnittlichen, vor allem aber kooperativen Individuen die besseren Überlebenschancen haben. Kooperation ist möglicherweise sogar die antreibende Kraft für eine Höherentwicklung der Lebewesen.

Zu dieser Auffassung gelangte vor allem eine Forschergruppe um Lynn Margulies (geb. 1938, Mitbegründerin der Gaia-Hypothese und der Endosymbiontenhypothese), welche die erfolgreiche Symbiose zwischen unterschiedlichsten Lebensformen als kooperativen Erfolg beschrieben. Und selbst die Entwicklung des Menschen hätte ohne Endosymbionten (kooperativ eingeschlossenen Bakterien, aus denen sich die Mitochondrien entwickelten) nicht stattfinden können. Dem entspricht auch, dass der moderne Mensch nur durch seine besonderen Formen der Kommunikation und Kooperation so erfolgreich geworden ist.

„Kooperation ist möglicherweise die antreibende Kraft für eine Höherentwicklung der Lebewesen."

Im Gegensatz zur Theorie des sozialdarwinistischen, eigennützigen Konkurrenzverhaltens ist es oft gerade das altruistische Sozialverhalten, das das Überleben einer in einem Sozialverband lebenden Gruppe sichert. So dient beispielsweise die Fellpflege der Affen wie z. B. der Japanmakaken nicht nur der Hygiene, sondern stärkt auch die Zusammengehörigkeit innerhalb der sich gegenseitig unterstützenden Gruppe.

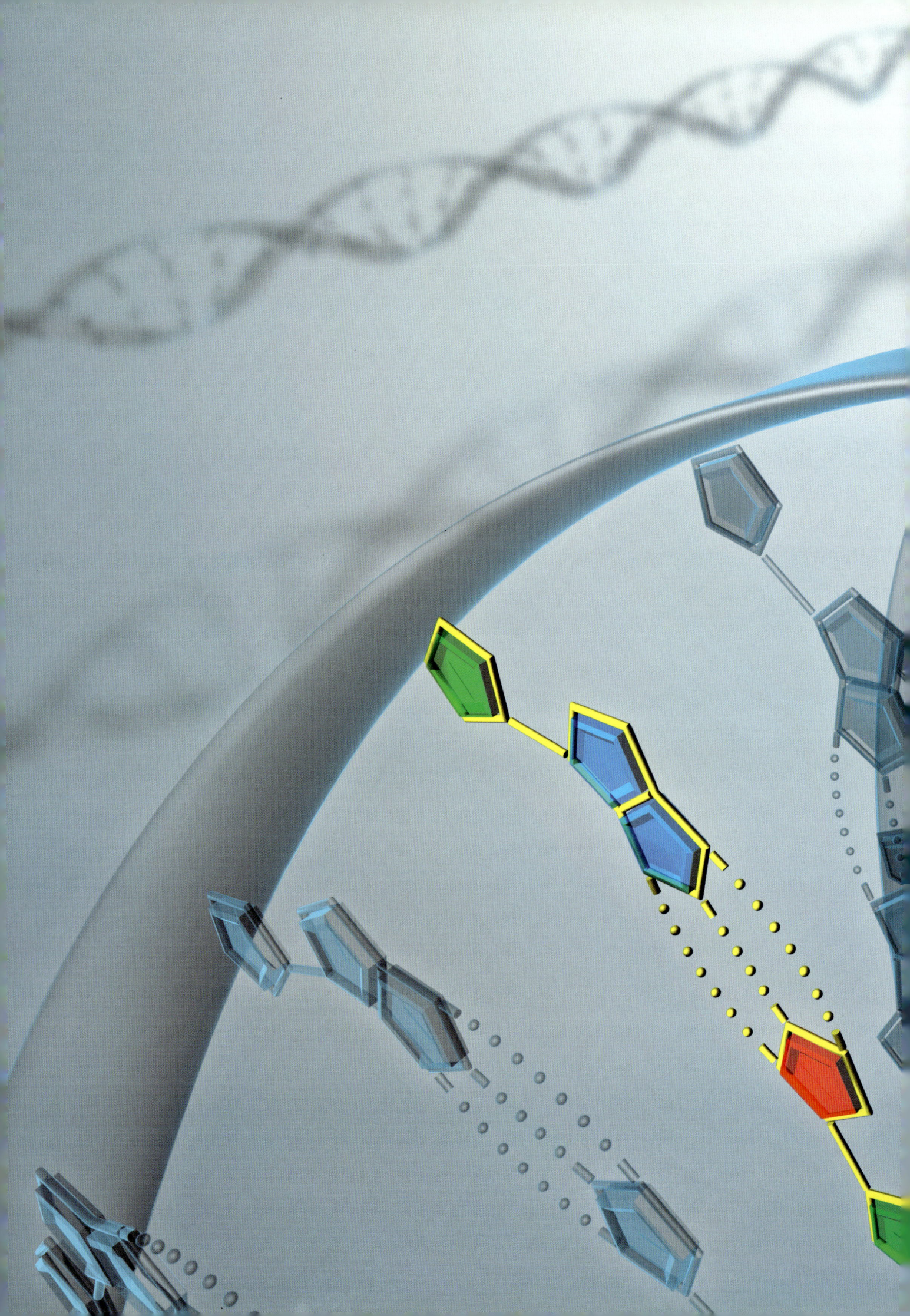

Evolutionsfaktor Genetik

Molekulare Grundlagen der Vererbung

Der Begriff „Genetik" leitet sich vom griechischen Wort „genetikos" ab und bedeutet so viel wie „Hervorbringung" bzw. „Abstammung." Er wurde 1905 vom britischen Genetiker William Bateson (1861–1926) für die Vererbungsforschung im molekularen Bereich geprägt. Damals war die chemische Natur der Erbanlagen (Gene) noch völlig unbekannt und das Wissen über die Vererbung steckte noch in den Kinderschuhen. Heute jedoch ist die Genetik ein umfassender Wissenschaftszweig, der sich mit Aufbau und Funktion der Gene sowie ihrer Weitervererbung beschäftigt. Auch die Wirtschaft hat inzwischen die Genetik als lukratives und zukunftsträchtiges Geschäftsfeld entdeckt. Die Möglichkeiten, aber auch die Gefahren dieser neuen Wissenschaft sind in ihren Auswirkungen gerade erst ansatzweise abzusehen.

Die Anfänge der Genetik

Vom Zellkern zum Gen

In den Jahren 1884–1888 hatten der deutsche Zoologe und Anatom Oscar Hertwig (1849–1922), der polnisch-deutsche Botaniker Eduard Strasburger (1844–1912) und der Schweizer Anatom und Physiologe Albert Kölliker (1817–1905) unabhängig voneinander entdeckt, dass die Erbsubstanz von Lebewesen im Zellkern, der sich in den Zellen der Eukaryonten befindet (Lebewesen mit abgegrenztem Zellkern, im Gegensatz zu Prokaryonten wie Bakterien und Archaeen, die keinen abgegrenzten Zellkern besitzen), liegt.

Die X-förmigen Chromosomen hingegen, die sich in den Zellkernen finden, wurden zwar schon 1842 vom Schweizer Botaniker Carl Wilhelm von Nägeli (1817–1891) bei der Zellteilung entdeckt, doch er missdeutete sie als transitorische Zytoblasten (kurzfristig auftauchende Zellkerne).

Dass die Chromosomen jedoch tatsächlich die Träger der Erbinformation sind, konnte 1910 der US-amerikanische Zoologe und Genetiker Thomas Hunt Morgen (1866–1945) nachweisen. Zusammen mit seinen Mitarbeitern untersuchte er in unzähligen Kreuzungen die Wahrscheinlichkeit, dass zwei Merkmale gemeinsam vererbt werden und zeigte, dass Gene an bestimmten Stellen auf den Chromosomen liegen und hintereinander aufgereiht sind. Die Bezeichnung „Gen" wurde schon 1909 vom dänischen Botaniker und Genetiker Wilhelm Johannsen (1857–1927) geprägt, der die Objekte,

„Die Chromosomen sind die Träger der Erbinformation. Dies konnte der Zoologe und Genetiker Thomas Hunt Morgen 1910 nachweisen."

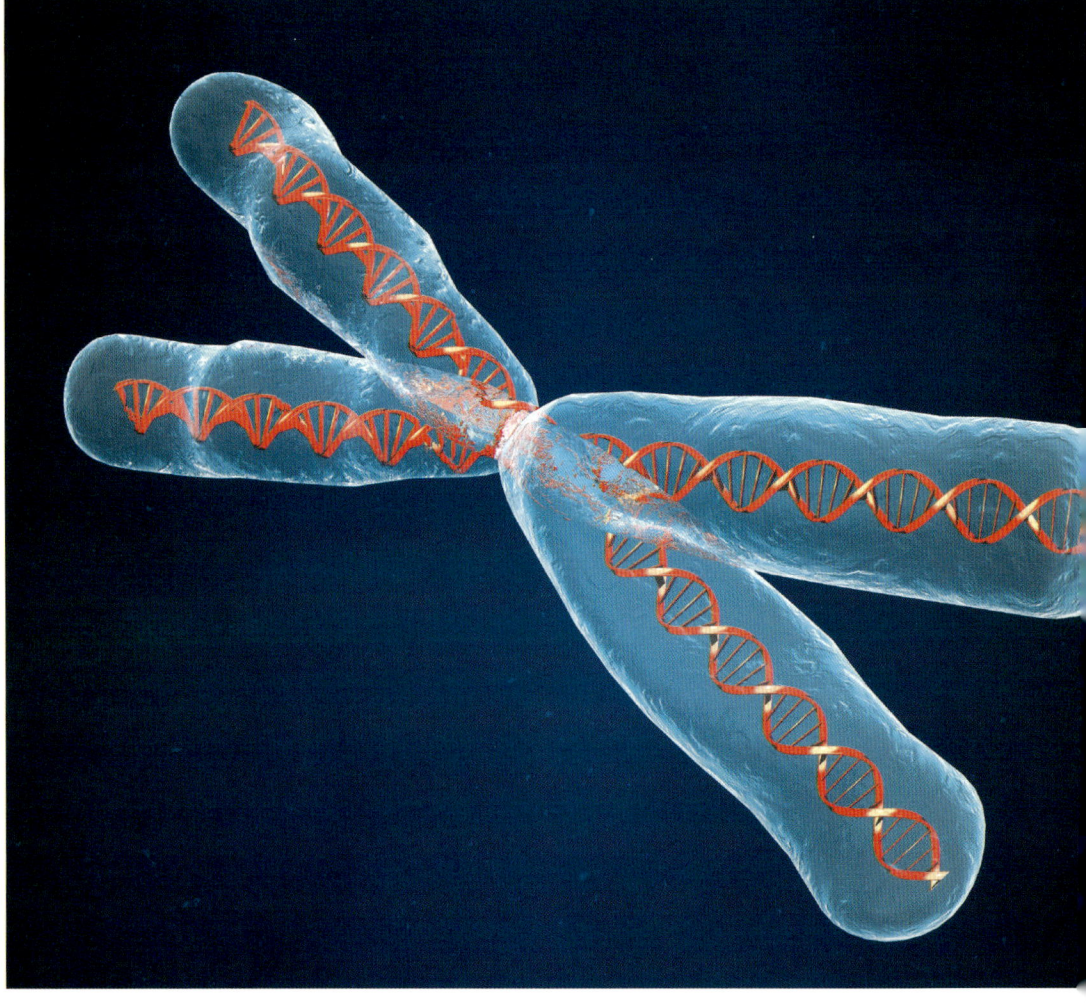

Im Zellkern von Eukaryotenzellen befinden sich Chromosomen, die während der Zellteilung (Mitose) kondensieren und dann eine meist mehr oder weniger deutliche X-Form aufweisen (Bild). Im Inneren der Chromosomen tragen die Gene, die als einzelne Abschnitte auf der doppelhelixförmigen DNS liegen, die gesamten Erbinformation eines Lebewesens.

Lange Zeit war unbekannt, durch welche Mechanismen bestimmte Ausprägungen wie z. B. die Fellfarbe von Elterntieren an die Nachkommen vererbt werden, und auch warum einige Merkmale weitervererbt werden und andere nicht.

mit denen sich die Vererbungslehre beschäftigt, nach dem griechischen Wort „genos" (Geschlecht) bezeichnete. Ein Gen ist demnach der (auf einem Chromosom liegende) Abschnitt im Erbmaterial eines Organismus, der die Information für ein bestimmtes Merkmal enthält (d. h. dieses kodiert). Gene werden daher auch ganz allgemein als Erbanlagen oder Erbfaktoren bezeichnet.

Mechanismen der Vererbung

Jede Art hat eine für sie typische Anzahl an Chromosomen pro Körperzelle – der Mensch besitzt beispielsweise 46, die Maus 40, die Erbse 14. Bei der Vererbung auf die Nachkommen, die jeweils von Vater und Mutter einen aus den Keimzellen beider stammenden halben Chromosomensatz erhalten, werden die Chromosomen neu zusammengesetzt. Dadurch mischen sich die Erbinformationen immer wieder neu. Jedes Gen (z. B. das Gen, das die Erbinformation für die Haarfarbe beinhaltet) ist an einer bestimmten Stelle auf einem Chromosom

„Jede Art hat eine für sie typische Anzahl an Chromosomen pro Körperzelle – der Mensch besitzt 46."

lokalisiert. Mögliche Ausprägungen, d. h. Varianten eines Gens (z. B. blond, schwarzhaarig) bezeichnet man als Allele.

Zur Beschreibung der verschiedenen Vererbungsmöglichkeiten werden heute folgende Begriffe verwendet:

- **Homozygot:** reinerbig; beide Elternteile haben das Allel für das gleiche Merkmal vererbt (z. B. schwarzes Haar).
- **Heterozygot:** mischerbig; jedes Elternteil hat ein anderes Allel (z. B. der Vater das für schwarzes und die Mutter das für blondes Haar) vererbt.

Welche Allele dabei kombiniert werden, bestimmt den Genotyp, also das Erbbild, d. h. die Gesamtheit der Gene bzw. die genetische Ausstattung eines Organismus. Die Vererbung unterschiedlicher Allele muss sich jedoch nicht zwingend auch im Phänotyp, also dem Erscheinungsbild, d. h. der Summe aller äußerlich feststellbaren Merkmale eines Organismus bemerkbar machen. Hierfür wirken bei einer heterozygoten Vererbung folgende Möglichkeiten von Erbgängen bestimmend:

- **Rezessive Vererbung:** Hier wird im Phänotyp ein Merkmal, das weitervererbt wurde, unterdrückt, sodass es im Äußeren des Individuums nicht in Erscheinung tritt (wird z. B. vom homozygot braunäugigen Vater das Allel für braune, von der homozygot blauäugigen Mutter das Allel für blaue Augen vererbt, ist die erste Folgegeneration im Genotyp heterozygot und erscheint im Phänotyp braunäugig, weil das Allel für blaue Augen rezessiv ist.).

- **Dominante Vererbung:** Hierbei setzt sich das Allel, das einem anderen im Genotyp vorhandenen überlegen ist (z. B. in obigem Fall das für braune Augen) im Phänotyp durch.
- **Intermediäre Vererbung:** gemischte Merkmalsausprägung, bei der keines der vererbten Allele dominant ist. Beide Merkmale sind gleich stark und es entsteht eine Mischung (sind z. B. bei der japanischen Wunderblume in Genotyp sowohl Allele für eine rote als auch für eine weiße Blütenfarbe vorhanden, werden im Phänotyp rosafarbene Blütenblätter ausgebildet).

Bei der intermediären Vererbung wird – wie bei diesen Hundewelpen – im Phänotyp eine Mischform z. B. eine weiß-schwarz gescheckte Fellfarbe ausgebildet, die sich auch in nachfolgende Generationen weitervererben und gezielt gezüchtet werden kann.

Gregor Mendel – Vater der Vererbungslehre

Die heutige Genetik ist die molekulare Erweiterung der einfachen Vererbungslehre, welche die Weitergabe von morphologisch sichtbaren Erbinformationen von einer Generation auf die nächste untersuchte. Obwohl seine Arbeiten lange Zeit unbeachtet blieben, ist der Beginn der Vererbungslehre heute untrennbar mit dem Namen des österreichischen Mönchs und Botanikers Gregor Johann Mendel (1822–1884) verbunden.

Mendel führte zahlreiche Kreuzungsversuche mit Erbsen und Bohnen durch und entwickelt daraus die ersten Grundregeln zur Vererbung. Innerhalb von acht Jahren führte er über 350 künstliche Befruchtungen durch, zog um die 13.000 Nachkommen heran und untersuchte etwa 35.000 Erbsensamen. Durch seine Kreuzungsversuche mit verschiedenen Pflanzen zeigte er, dass sich nicht alle

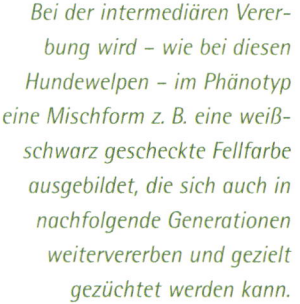

Merkmale mischen, sondern einige auch in einem dominant-rezessiven Erbgang weitergegeben werden. Das heißt, bei einer heterozygoten Vererbung setzt sich nur ein Allel (das dominante) der jeweils reinerbigen Eltern in der ersten Nachkommengeneration durch. Die rezessive Anlage ist aber nicht verschwunden und kann daher in einer der nächsten Generationen wieder auftauchen.

Aus seinen Experimenten leitete Mendel 1865 die nach ihm benannten Mendelschen Regeln ab.

Uniformitätsregel

Kreuzt man reinerbige (homozygote) Individuen, die sich in einem genetischen Merkmal unterscheiden, so sind alle Nachkommen der ersten Tochtergeneration (F1) untereinander gleich (uniform). Die Nachkommen der ersten Generation tragen nun alle eine Mischform des Gens (z. B. rote und weiße Blütenfarbe) als Genotyp in sich und gleichen in dieser Hinsicht im Phänotyp entweder – bei einem dominant-rezessiven Erbgang – alle einem Elternteil (z. B. alle rote Blüten, wenn rot dominant ist) oder sind – wenn das entsprechende Merkmal intermediär vererbt wird – als Mischformen ausgeprägt (z. B. alle rosa Blüten).

Spaltungsregel

Kreuzt man die mischerbigen (heterozygoten) Individuen der F1-Generation (Kindergeneration, erste Tochtergeneration), dann sind die Nachkommen der zweiten Tochtergeneration (Enkelgeneration, F2-Generation) nicht mehr gleichförmig, sondern spalten sich im Erscheinungsbild nach bestimmten Zahlenverhältnissen auf.

Bei einem dominant-rezessiven Erbgang sind ein Viertel der Individuen der F2-Generation homozygot rezessiv und zeigen im Phänotyp das entsprechende rezessive Merkmal (z. B. weiße Erbsenblüten), ein Viertel sind homozygot dominant und bilden das entsprechende Merkmal aus (z. B. rote Blüten) und die restlichen zwei Viertel sind heterozy-

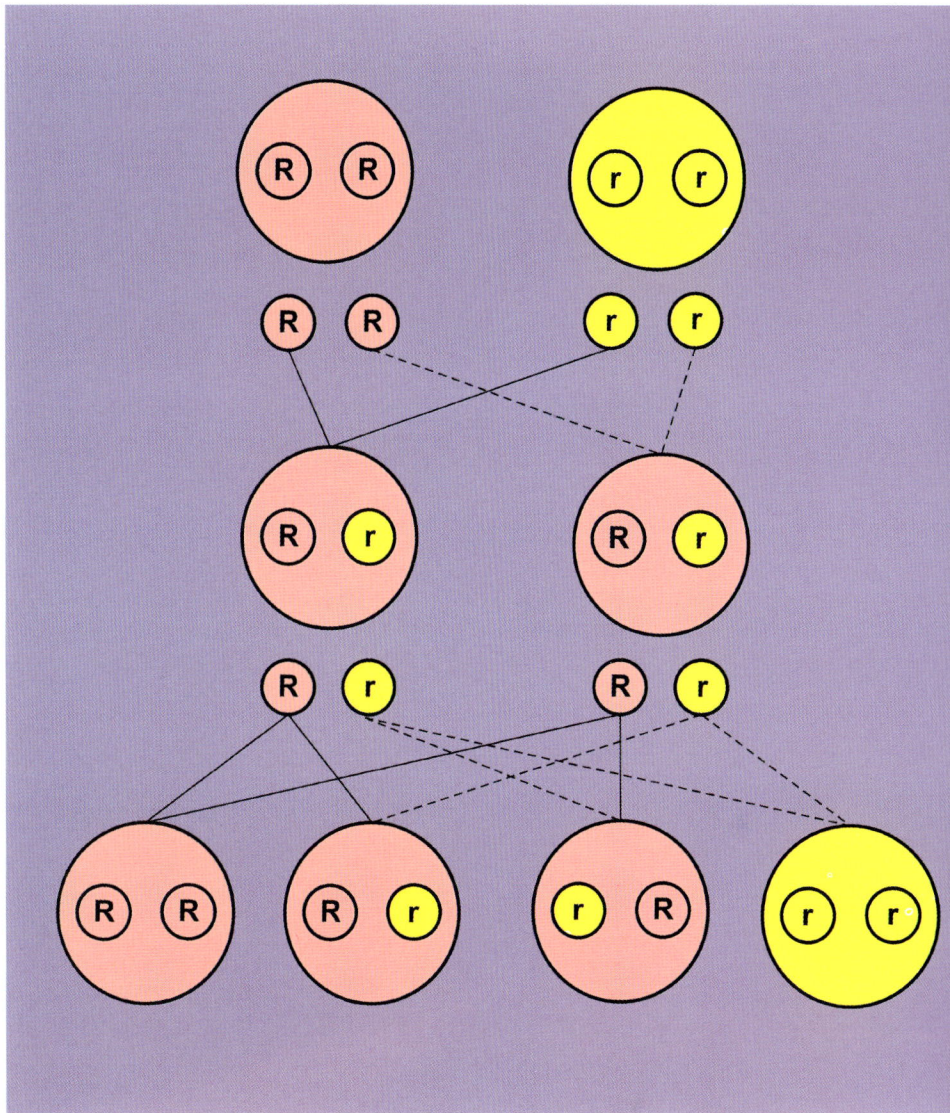

got und tragen im Phänotyp ebenfalls das Merkmal des dominanten Allels (z. B. rote Blüten). Die Verteilung des Merkmals im Phänotyp entspricht also einem Verhältnis von 3 : 1.

Wird das entsprechende Merkmal intermediär vererbt, dann zeigt die F2-Generation im Phänotyp zu je einem Viertel eine homozygot-dominante und eine homozygot-rezessive Ausprägung (z. B. ein Viertel rot, ein Viertel weiß), die restliche Hälfte der Individuen ist als heterozygote Mischform ausgeprägt (z. B. rosa). Das Verteilungsverhältnis ist hierbei 1 : 2 : 1.

Unabhängigkeitsregel oder Neukombinationsregel

Kreuzt man homozygote Individuen, die sich in zwei oder mehreren Merkmalen (z. B. Samenfarbe und Samenform oder weiße, lange Haare und schwarze, kurze Haare) voneinander unterscheiden, so werden die einzelnen Merkmale unabhän-

Die Uniformitätsregel von Gregor Mendel besagt: Werden zwei Individuen gekreuzt, die sich in einem Merkmal unterscheiden, aber reinerbig sind, so sind alle Nachkommen der ersten Generation (F1) gleich (uniform). In der nächsten Generation (F2) gehen aus den Mischtypen von F1 wieder Reinerbige hervor. Ist eines der beiden Merkmale dominant (hier z. B. rot = RR), setzt es sich im Phänotyp durch, d. h. alle Mischtypen sehen rot aus. Das unterdrückte Merkmal kann erst in F2 wieder in reinerbigen Nachkommen auftauchen. Phänotypisch ist das dominante Merkmal häufiger.

„Aus seinen Experimenten leitete Mendel 1865 die nach ihm benannten Mendelschen Regeln ab."

mal kurzes, weißes Fell und einmal langes, weißes Fell. Voraussetzung ist jedoch, dass sich die verschiedenen Gene auf unterschiedlichen Chromosomen befinden, denn sonst können sie gekoppelt vererbt werden.

Mendel und die Entdeckung plötzlicher Mutationen

16 Jahre nach dem Tod Mendels wurden seine Forschungen vom niederländischen Biologen Hugo de Vries (1848–1935), vom deutschen Botaniker und Pflanzengenetiker Carl Correns (1864–1933) und vom österreichischen Botaniker und Genetiker Erich Tschermak (1871–1962) unabhängig voneinander wiederentdeckt. Aber erst in den 1920er- und 1930er-Jahren wurde Mendels Arbeit zur Grundlage der modernen Evolutionsbiologie und als „Mendelsche Regeln" allgemein bekannt.
De Vries postulierte auch, dass Evolution aufgrund von plötzlichen Mutationen (Veränderungen in den Erbanlagen) stattfände. Der Begriff „Mutation" wurde daraufhin 1927 für physikalische bzw. chemische Veränderungen in den Genen geprägt.
Im Zuge sich erweiternder Erkenntnisse auf der molekularen Ebene der Genetik konnte schließlich der deutsche Biologe Theodor Boveri (1862–1915) zusammen mit dem US-amerikanischen Biologen und Genetiker Walter Sutton (1877–1916) zwischen 1902 und 1904 zeigen, dass Chromosomen sich wie die von Mendel postulierten Erbfaktoren verhalten. Die Wissenschaftler stellten die sogenannte „Chromosomentheorie der Vererbung" auf, die bewies, dass sich die materiellen Träger der Vererbung in Form von Chromosomen im Zellkern befinden.
1941 bewiesen die US-amerikanischen Genetiker George Wells Beadle (1903–1989) und Edward Lawrie Tatum (1909–1975), dass Mutationen in Genen für Defekte in Stoffwechselwegen verantwortlich sind. Dies bedeutet, dass spezifische Gene für bestimmte Proteine (Eiweiße, Grundbausteine aller Zellen eines Organismus, z. B. Enzyme) codieren. Diese Erkenntnisse führten zu der „Ein-Gen-ein-Enzym-Hypothese" (Enzym = Protein, das eine chemische Reaktion beschleunigen und steuern kann). Diese Hypothese ist aufgrund der Komplexität der heutigen Genetik in der allgemeinen Öffentlichkeit noch immer weit verbreitet.

Bei Albinos ist das Gen, das für die Pigmentierung sorgt, von einer Mutation betroffen, sodass die Tiere eine weiße Fellfarbe und rote Augen haben. Da das Gen für Albinismus rezessiv ist, sind Albinos selten. Eine derartige Häufung an Albinos ist in der Regel auf eine gezielte Züchtung mit homozygot-rezessiven Elterntieren zurückzuführen.

gig voneinander vererbt. Es kann dabei zu einer reinerbigen Neukombination der Erbanlagen in der F2-Generation kommen. Wenn z. B. das Muttertier reinerbig weiß und kurzhaarig ist, das Vatertier reinerbig schwarz und langhaarig, wobei „schwarz" und „kurz" die dominanten Allele sind, ist die F1-Generation für beide Merkmale heterozygot, wobei das jeweils dominante Merkmal ausgeprägt ist (also alle schwarz und kurzhaarig). In der F2-Generation herrscht jedoch phänotypisch ein Verhältnis von 9 : 3 : 3 : 1, also neunmal kurzes, schwarzes Fell, dreimal langes, schwarzes Fell, drei-

Entdeckung und Struktur der DNS

1952 fanden die US-amerikanischen Biologen Alfred D. Hershey (1908–1997) und Martha Chase (1928–2003) heraus, dass die Nukleinsäuren (Biomoleküle, bestehend aus Einfachzuckern Phosphorsäureestern und Nukleinbasen), genauer die Desoxiribonukleinsäuren (DNS), innerhalb der Chromosomen die Erbinformationen tragen. Die Chromosomen bestehen aus DNS, die Gene sind Abschnitte auf der DNS.

Die Struktur der DNS wurde kurz danach (1953) vom US-amerikanischen Biochemiker James D. Watson (geb. 1928) und vom englischen Physiker und Biochemiker Francis H. Crick (1916–2004) als Doppelhelix (Watson-Crick-Modell) vorgestellt. Die DNS besteht demnach aus zwei parallel verlaufenden Strängen von Makromolekülen (Nukleinsäuren), die schraubenförmig ineinander gewunden sind. Für diese Entdeckung erhielten die Forscher 1962 den Nobelpreis für Medizin.

Genetische Teilgebiete

Die vielen neuen Entdeckungen führten zu einer Unterteilung der Genetik in vier verschiedene Spezialgebiete:

- **Klassische Genetik** – eine Fortführung der klassischen Vererbungslehre, die sich mit der Vererbung bestimmter Merkmale und den dazugehörigen Genen beschäftigt.
- **Molekulargenetik** – ein Teilgebiet der Molekularbiologie, das sich mit dem Aufbau und der Funktion der Gene beschäftigt, z. B. mit den Fragen: Wie werden Gene ein- und ausgeschaltet? Wie werden sie kopiert?
- **Epigenetik** – beschäftigt sich mit der epigenetischen Vererbung, d. h. mit der Vererbung von Eigenschaften auf die Nachkommen, die nicht auf Abweichungen in den Genen (z. B. durch Mutationen), sondern auf eine vererbbare Änderung der Genregulation zurückgehen (z. B. ausgelöst durch Ernährungsbesonderheiten, Traumatisierung etc.).
- **Populationsgenetik** – beschäftigt sich mit den genetischen Strukturen und Prozessen auf der Ebene von Populationen, d. h. sie untersucht die Häufigkeit, mit der bestimmte Gene in einer Population auftreten, und die Gründe für diese Häufigkeit.

„Die DNS besteht aus zwei parallel verlaufenden Strängen von Makromolekülen, die schraubenförmig ineinander gewunden sind."

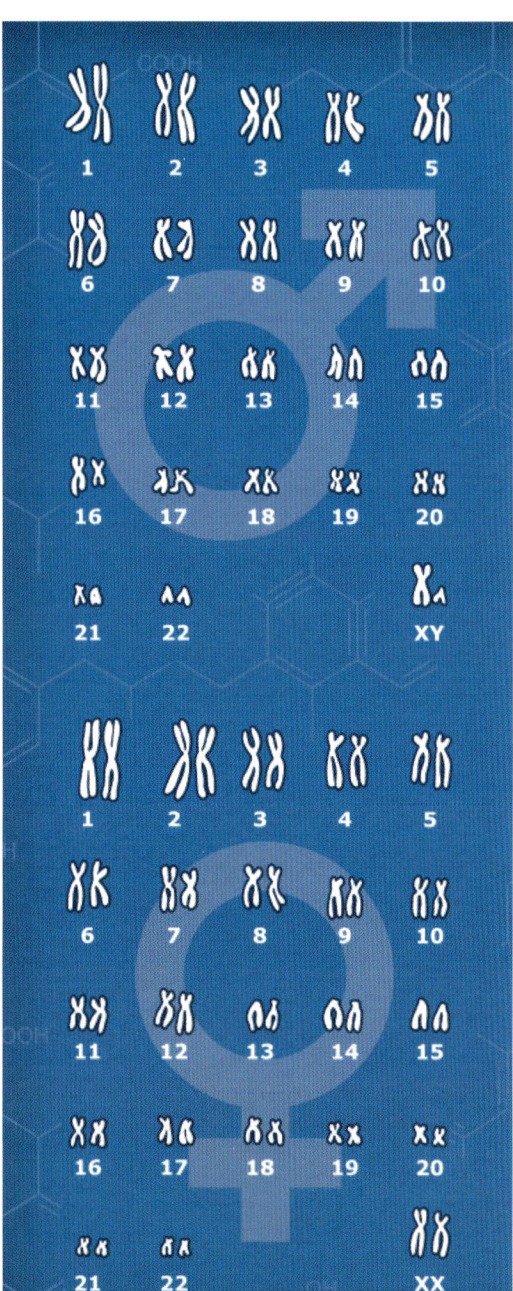

Heute lassen sich die intrazellulären Strukturen recht genau sichtbar machen. So können z. B. die verschiedenen Chromosomen eines Individuums, der sogenannte Karyotyp, zu diagnostischen Zwecken (z. B. der Geschlechtsbestimmung) mithilfe von Anfärbung im Lichtmikroskop sichtbar gemacht und fotografiert in einem Karyogramm dargestellt werden. Der Mensch besitzt beispielsweise 23 Chromosomenpaare (homologe, einmal von der Mutter, einmal vom Vater vererbte Chromosomen, die die gleichen Gene tragen), also 46 Chromosomen, darunter je zwei Geschlechtschromosomen – bei der Frau mit XX, beim Mann mit XY gekennzeichnet.

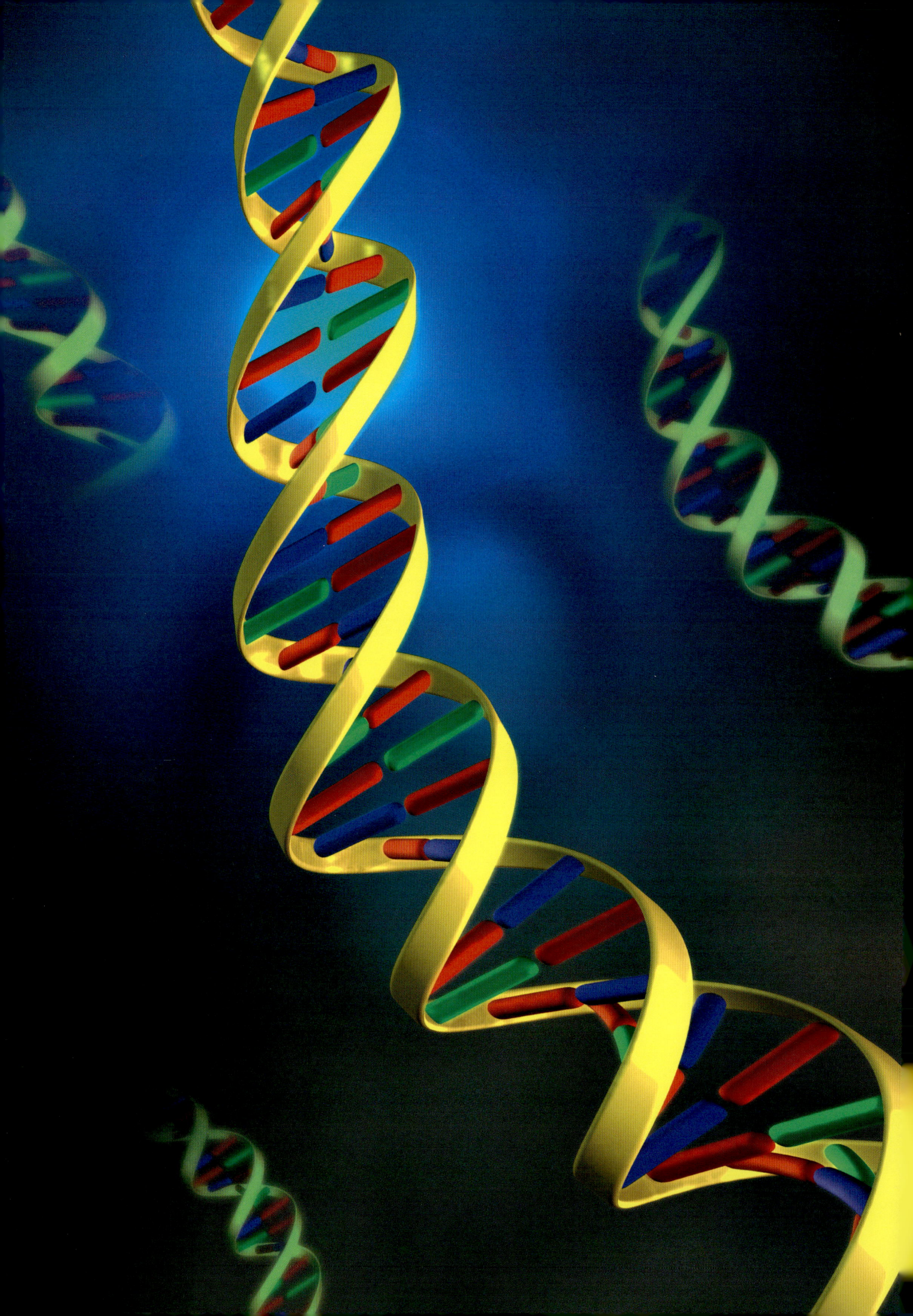

Der Genbegriff in der modernen Genetik

Kommunikation der Gene

„Das Leben ist Information." So formulierte der deutsche Biochemiker und Chemienobelpreisträger Manfred Eigen (geb. 1927) die Informationsübertragung, bei der die Gene (Genotyp) dem Organismus über chemische Reaktionen „mitteilen", welche Moleküle er verwenden muss, um bestimmte Merkmale (Phänotyp) hervorzubringen (z. B. blaue Augen, schwarze Haare oder grüne Blätter).

Wie codieren nun die Gene für den Aufbau von Proteinen? Der Inhalt der Erbinformation, die in der DNS angelegt ist, wird mit vier „Buchstaben" gekennzeichnet. Diese Buchstaben, die innerhalb der proteincodierenden Gene für die zu codierenden verschiedenen Aminosäuren (Bausteine der Proteine) auf dem jeweiligen DNS-Abschnitt immer wieder anders angeordnet sind, sind A, C, G und T und stehen jeweils für eine ganz bestimmte chemische Verbindung: die Basen Adenin, Cytosin, Guanin und Thymin. Jeweils drei der Buchstaben bilden ein „Wort" bzw. den genetischen Code, also beispielsweise GAG (Guanin – Adenin – Guanin). Bei der Proteinsynthese (Herstellung eines Proteins) wird dieser Code übersetzt (Transkription). Dabei steht jedes Wort für eine von 20 Aminosäuren. GAG beispielsweise codiert die Aminosäure Glutamin, die unter anderem eine wichtige Rolle beim Muskelaufbau und der körperlichen Regenerationsfähigkeit spielt.

Bei der Übersetzung des genetischen Codes wird die Wortkette (Sequenz, z. B. GAG) eines Gens abgelesen und komplementär hierzu eine Aminosäurenkette gebildet. Hierbei entsteht ein Peptid (kurze Kette von Aminosäuren), ein Polypeptid (längere Kette) oder ein Protein (sehr lange Kette), die dann im Körper entsprechende Aufgaben zu erfüllen haben (Strukturprotein, Enzym u. a.). Im einfachsten Fall steht ein Gen also für ein bestimmtes Protein.

Proteine wiederum bestimmen z. B. als Enzyme oder Hormone unsere Stoffwechselgeschehen oder als Strukturproteine unsere Gestalt (Augenfarbe, Körpergröße) und bestimmte persönliche Anlagen (Begabungen, Temperament, Krankheitsrisiken). Einige Gene codieren anstelle von Proteinen regulatorische Elemente. Diese entscheiden darüber, wann welches Gen aktiv ist (Genregulation), z. B., damit sich ein Organismus an wechselnde Umwelt-

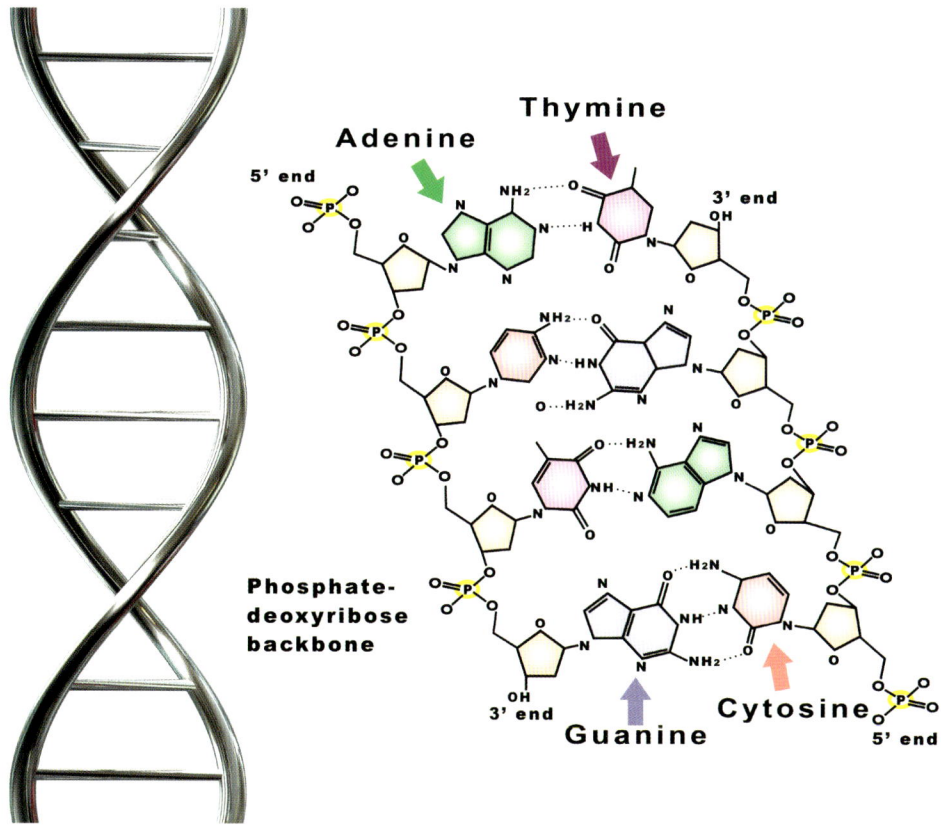

bedingungen wie verminderte Sauerstoff- oder Nährstoffangebote anpassen kann. Hierdurch kann ein Gen nach Bedarf an- oder abgeschaltet werden, d. h. ein Gen kann in ein Protein transkribiert werden oder die Transkription wird verhindert.

Molekularer Aufbau und Funktion bei der Proteinsynthese

Auf der molekularen Ebene besteht ein Gen aus unterschiedlichen Teilbereichen: An regulierende Teile, welche Proteine binden können, die zum Ablesen des Gens notwendig sind, und regulierende Elemente, welche das Gen aus- und einschalten, schließen sich Informationssequenzen (Exons) an, die in Proteine übersetzt werden und bei höheren Lebewesen mehr oder weniger häufig durch nicht-informative Sequenzen (Introns) unterbrochen werden.

Beim Ablesen des Gens werden in der Regel die Informationen der Exons in Proteine übersetzt und die Introns bei der Zusammensetzung der Proteine herausgeschnitten. Mithilfe der Introns werden die einzelnen Abschnitte dann aber

Die Struktur (große Bildseite) und der molekulare Aufbau (kleines Bild oben) der DNS konnten erst ab Anfang der 1950er-Jahren genauer entschlüsselt werden. Ein Phosphatrest und der Zucker Desoxyribose bilden das Rückgrat des Moleküls. Daran angehängt ist je eine der vier Basen Adenin, Cytosin (kleines Bild unten), Guanin und Thymin, die sich paarweise in der Mitte der beiden schraubenförmig gewundenen DNS-Stränge treffen. Die unterschiedliche Anordnung der vier Basen bestimmt den genetischen Code.

ganz unterschiedlich zusammengesetzt und führen dadurch zu verschiedenen Proteinen. Introns können auch alte Codes enthalten, also Teile eines Gens, die im Verlauf der Stammesgeschichte eines Lebewesens funktionslos geworden sind.

Zusammenspiel und Variabilität der Gene

Gene können auch in Clustern zusammengeschaltet sein (polycistronische Gene) und einer gemeinsamen Regulation unterliegen (Gencluster, Operon). Außerdem gibt es einerseits Merkmale, die durch das Zusammenspiel vieler Gene bestimmt werden, anderseits jedoch auch Gene, die mehrere Merkmale gleichzeitig beeinflussen. Eine Variabilität der Gene entsteht durch Mutation (Änderung in der Sequenzfolge) und Rekombination (Neuanordnung von genetischen Sequenzen) bei der Vererbung.

Ständige Anpassung des Gen-Begriffs

Die Definition des Gen-Begriffs wird im Verlauf der genetischen Erkenntnisgewinnung ständig verändert und angepasst. Sie ist mittlerweile so kompliziert, dass 2006 immerhin 25 Wissenschaftler zwei Tage benötigten, um ihn zu aktualisieren.
Doch schon bald machte das ENCODE (ENCyclopedia Of DNA Elements)-Projekt, ein Forschungsprojekt, das das Ziel verfolgt, alle funktionellen Elemente des menschlichen Genoms (Erbgut, Gesamtheit aller vererbbaren Informationen) zu identifizieren und zu charakterisieren, eine Neudefinition

„Eine Variabilität der Gene entsteht durch Mutation und Rekombination bei der Vererbung."

Die genetische Variabilität innerhalb einer Population, die die Evolution ausmacht, ist u.a. durch die Rekombination der Gene von Vater und Mutter bei der Vererbung und durch Mutationen gewährleistet. So gleichen z. B. Lämmer nie exakt dem Vater- oder Mutterschaf, und auch Geschwistertiere können sich in ihrem Äußeren oft erheblich voneinander unterscheiden.

notwendig, da neue, komplexe Regulationsmuster gefunden wurden. Danach lautete die Gendefinition folgendermaßen: „Ein Gen ist eine Einheit aus genomischer DNS-Sequenz, die einen zusammenhängenden Satz von potenziell überlappenden funktionellen Produkten codiert."

Genetik und Evolution

So kompliziert dies klingt, so einfach und interessant ist die biologische Konsequenz: Der genetische Code ist universell. Egal ob Mensch, Kaninchen, Ameise, Gänseblümchen oder Bakterium, sie alle benutzen den gleichen genetischen Code, und „GAG" bedeutet immer Glutamin.

Die genetischen Entdeckungen hatten in der folgenden Zeit großen Einfluss auf die Weiterentwicklung der Evolutionstheorie. Mithilfe der Genetik wurde gezeigt, dass alle Lebewesen auch auf molekularer Ebene miteinander verwandt sind. Mehr noch, es konnte dargelegt werden, dass die verwandtschaftlichen Verhältnisse häufig viel größer sind, als bisher angenommen. Nun war es möglich, die Verwandtschaftsverhältnisse der verschiedenen

Lebewesen auf molekularer Ebene zu studieren und so die verschiedenen Vererbungsmechanismen zu verstehen. Dies führte auch dazu, dass die bis dahin gefundenen Verwandtschaftsbeziehungen und Stammbäume zum Teil ganz neu formuliert werden mussten.

„Die einfache und interessante biologische Konsequenz: Der genetische Code ist universell."

Alle lebendigen Wesen bedienen sich der gleichen universellen genetischen Sprache. Aus Sicht der Evolution erklärt sich das so, dass sich der genetische Code schon früh in der Entstehungsgeschichte des Lebens ausbildete und daher auch an alle Lebewesen weitergegeben wurde.
Die organischen Basen A, G, C, T sind die Bausteine der DNS, die Abfolge von immer jeweils drei solcher Basen (Basentriplett) codieren jeweils eine Aminosäure. Aminosäuren wiederum sind die Bausteine der Proteine, also der organischen Makromoleküle.

Das Humangenomprojekt

Vorläufer des ENCODE-Projekts war das internationale Humangenomprojekt (Human Genome Project), das 1990 gegründet und 2003 abgeschlossen wurde. Es verfolgte das Ziel, das Genom des Menschen vollständig zu entschlüsseln, also die Abfolge der Basenpaare auf den einzelnen Chromosomen der menschlichen DNS durch Sequenzierung (Identifizierung der DNS-Sequenz) zu bestimmen.

Durch die Sequenzierung lassen sich charakteristische Abschnitte (vor allem Gene) der DNS-Sequenz ermitteln, die für die Codierung bestimmter Proteine notwendig sind, auch lässt sich näher bestimmen, welches Gen auf welchem Chromosom liegt. So kann Sequenzierung helfen, die Erforschung von Erbkrankheiten und molekularen Mechanismen der Krebsentstehung anzutreiben.

Durch den Vergleich des menschlichen Genoms mit den Genomen anderer Lebewesen könnten auch Erkenntnisse über den Ursprung anderer Krankheiten gewonnen und darauf basierend neue Therapien entwickelt werden. Die vollständige Sequenzierung des menschlichen Genoms gelang 2001, 2003 wurde das Projekt als erfolgreich abgeschlossen. Aufbauend auf den so gewonnenen Forschungsergebnissen konnte z. B. die bis dahin angenommene Anzahl der menschlichen Gene auf 20.000–25.000 korrigiert werden.

Epigenetik

„Vererbung ist mehr als die Summe der Gene. Mit diesem ‚mehr' beschäftigt sich die Epigenetik."

Zum Ein- und Ausschalten der Gene stehen der Zelle verschiedene Regulationsmechanismen zur Verfügung. Die wichtigsten sind die Methylierung der DNS (Anhängen einer chemischen Gruppe, der Methylgruppe durch Enzyme, z. B. zur Markierung aktiver und inaktiver Bereich der DNS, Unterscheidung der elterlichen Allele, sodass eins aktiv, das andere inaktiv ist) und die Histon-Modifikation (Abänderung an speziellen mit der DNS verbundenen Schutz-Proteinen, die umliegende DNS-Abschnitte aktivieren oder stilllegen können). Durch diese Änderungen des Methylierungs- oder Histonmusters können Gene nun bei der Protein-synthese besser, schlechter oder auch gar nicht abgelesen werden.

Eine kleine Gruppe an regulatorischen Molekülen, kleine chemische Schalter, können dafür sorgen, dass im großen genetischen Buch, der Erbsubstanz DNS, ganze Kapitel so verändert werden, dass sie beispielsweise nicht mehr lesbar sind. Sie können aber auch bestimmte Kapitel, also Gene, besonders betonen, sodass diese sehr viel mehr Genprodukte liefern, als notwendig und förderlich ist. Über epi-genetische Prozesse können sogar komplett neue Informationen erzeugt werden, indem sie Neukom-binationen von Genen bzw. Genabschnitten bewir-ken, so als würde jemand in einem Buch ganze Absätze oder komplette Kapitel neu anordnen.

Anfänge der Epigenetik

Der Begriff Epigenetik ist eigentlich schon sehr alt und wird dem britischen Biologen Conrad Hal Wad-dington (1905–1975) zugeschrieben, der ihn 1942 zur Definition der Interaktionen von Genen mit ihren Produkten verwendete. Aus der Zwillingsfor-schung, aber auch aus anderen Untersuchungen ist schon länger bekannt, dass sich trotz identischer Gene unterschiedliche phänotypische Eigenschaf-ten ausprägen können, ohne dass eine Mutation die Ursache hierfür wäre. So sind unter den Drosophi-la (Fruchtfliegen) trotz gleichen Genoms bei man-

Neben den genetischen Anlagen beeinflussen auch epigenetisch wirkende Umweltfaktoren die Entwicklung von Lebewesen. Sie können bewirken, dass bestimmte Schaltermoleküle und Eiweiße ein Gen aktivieren oder nicht, sodass sich beispielsweise Zwillinge im Lauf ihres Lebens verschieden entwickeln können.

Die etwas andere Vererbung

Der Begriff der Epigenetik lässt sich mit dem Satz umschreiben: „Vererbung ist mehr als die Summe der Gene". Mit diesem „mehr" beschäftigt sich die Epigenetik. Die Epigenetik untersucht weder die Sequenz noch die Organisation der Gene, sondern wie, wann und warum sie aktiv oder inaktiv sind. Über solche Mechanismen der Genregulation wird beispielsweise entschieden, welche Eigenschaften von der Mutter und welche vom Vater vererbt wer-den. Dazu gehören in erster Linie Schaltermolekü-le, Eiweiße und andere Signalstoffe der Zelle, die bestimmen, ob und wann Gene ein- oder ausge-schaltet werden.

Zwillingsforschung

Die Zwillingsforschung ist ein Forschungszweig der Humangenetik, aber auch der Psychologie, deren Hauptaugenmerk heute auf dem Zusammenhang zwischen der genetischen Anlage bestimmter Merkmale und deren tatsächlicher Ausprägung liegt. Durch Abweichungen von Merkmalen zwischen (auch getrennt aufgewachsenen) eineiigen Zwillingen und in Relation zu Vergleichsgruppen (zweieiige Zwillinge) kann z. B. das Ausmaß des genetischen Einflusses, die Wirkung epigenetischer Faktoren und der Anteil von Umwelteinflüssen an der Ausprägung eines Merkmals ganz allgemein geklärt werden. Da eineiige Zwillinge aus derselben befruchteten Eizelle entstehen, besitzen sie nahezu identische genetische Anlagen. Dennoch entwickeln sich die Geschwister nicht immer gleich und zeigen oft Abweichungen. Für diese Variationen machen viele Wissenschaftler epigenetisch wirkende Umweltfaktoren wie eine unterschiedliche Ernährung oder körperliche Betätigung verantwortlich.

chen Individuen weiße, bei manchen rote Augen ausgeprägt.

Nähe zum Lamarckismus

Können Informationen der Genregulation, die nicht in der DNS-Sequenz codiert sind und stattdessen auf Veränderungen wie DNS-Methylierung oder Histonmodifikationen beruhen, weitervererbt werden? Versuche eines australisch-amerikanischen Forscherteams zeigten, dass Avy-Mäuse, die mit zusätzlichen Nährstoffen wie Zink und Vitamin B_{12} gefüttert wurden, nicht wie ihre Eltern gelblich, sondern dunkel gefärbt waren. Die rußigbraune Farbe ist auf einen höheren Grad an Methylierung, die das Avy-Gen (viable yellow allele of agouti) deaktiviert, zurückzuführen. Trotz Ernährungsumstellung der Tochtergeneration war diese Veränderung auch in der Generation der Enkel noch vorhanden. Gleichzeitig war die dunkle Nachkommengeneration weniger anfällig für gesundheitliche Beeinträchtigungen wie Fettleibigkeit, Diabetes und Krebs.

Forschungsergebnisse schwedischer Wissenschaftler in der jüngsten Vergangenheit deuten darauf hin, dass beispielsweise die Überernährung einer Großvätergeneration das Erkrankungsrisiko der Enkel für Diabetes beeinflussen kann. Kanadische Forscher hingegen haben Anhaltspunkte dafür gefunden, dass frühe traumatische Erfahrungen beim Menschen das Erbgut durch Methylierung

von rRNS (ribosomale Ribonukleinsäure, an der Proteinsynthese beteiligt) dauerhaft verändern können.

Das alles bedeutet nichts anderes, als dass epigenetische Eigenschaften möglicherweise vererbt werden können. Damit wäre die moderne Genetik wieder ganz nahe am Lamarckismus, der „Vererbung erworbener Eigenschaften".

Ernährungsexperimente mit Mäusen konnten den Einfluss der Ernährung auf die Fellfarbe zeigen. Das Agouti-Gen ist für die Verteilung schwarzer und gelber Pigmente im Fell und somit für die hell-dunkle Bänderung einzelner Haare verantwortlich. Ist das Avy-Allel des Agouti-Gens aktiv, sind die Mäuse goldgelb. Zusätzliche Nährstoffe führen zu einer Methylierung der DNS und damit zur Stilllegung dieses Allels. Die Nachkommen der so gefütterten Mäuse waren überwiegend dunkel.

Genetische Besonderheiten

Springende Gene

Lange Zeit waren die Biologen davon überzeugt, dass die Gene in den Chromosomen bzw. auf der DNS fest an einen bestimmten Ort gebunden wären. Doch im Jahr 1949 brachte die US-amerikanische Genetikerin Barbara McClintock (1902–1992) dieses Dogma zu Fall. Sie hatte Gene gefunden, die ihre Position auf einem Chromosom, ja sogar das Chromosom wechseln konnten. Damit hatte sie die „springenden Gene" entdeckt und erhielt hierfür 1983 den Medizinnobelpreis.

McClintock konnte die springenden Gene, die Transposons (auch Insertionselemente oder IS-Elemente), zunächst im Mais nachweisen. Später entdeckte man sie auch in vielen anderen Organismen, so beispielsweise beim Menschen.

In der Folgezeit wurde eine ganze Reihe an Entdeckungen gemacht, die nicht nur wegen der begrifflichen Vielfalt das Bild einer chaotisch agierenden DNS heraufbeschwören: So gibt es beispielsweise Transposons, die aus der DNS herausgeschnitten werden und sich an anderen Stellen einfügen, die bisher bestimmte Gensequenzen eng aneinander gekoppelt hatten und nach Einfügen des Transposons weit auseinanderliegen, oder die Transposons fügen sich mitten in einem Gen ein, das hierdurch zerstört wird (konservative Transposition).

Daneben gibt es auch Transposons, die sich erst kopieren lassen, sich also verdoppeln, wobei das ursprüngliche Element an seiner Position bleibt und die Kopie in andere Bereiche der DNS eingefügt wird (replikative Transposition).

Retrotransposons nutzen Ribonukleinsäure (RNS) als Zwischenstufe. Die DNS-Abschnitte werden in RNS umgeschrieben, diese wird wieder in DNS transkribiert und an einem neuen Punkt im Genom eingebaut. Retrotransposons scheinen geradezu parasitär über die DNS herzufallen, sodass gelegentlich auch von „parasitären Sequenzen" die Rede ist.

Pseudogene

Retrotransposons werden auch als Ursache der Entstehung sogenannter Pseudogene diskutiert. Dies sind DNS-Sequenzen, die wie Gene aufgebaut sind, jedoch in der Regel nicht transkribiert werden und die Fähigkeit zur Proteinsynthese verloren haben. Diese DNS-Sequenzen leisten keinen Beitrag zum

Aussehen oder zum Überleben eines Individuums. Andere Erklärungen für die Entstehung von Pseudogenen sind, dass sie einst funktionierende Gene waren, die durch Mutationen außer Kraft gesetzt wurden, dass sie aufgrund von Fehlern bei der Duplikation funktionslos geworden sind oder dass sie zwar direkt nach der Duplikation funktionierten, im Lauf der Zeit jedoch durch Mutationen ihre Funktion verloren haben. Es wird vermutet, dass das menschliche Erbgut etwa 20.000 solcher Pseudogene enthält.

Junk-DNS?

All diese DNS-Sequenzen, wie Transposons, Retrotransposons und Pseudogene, die nutzlos und mitunter sogar als parasitär erscheinen, wurden in der Vergangenheit und werden immer noch oft als

Ausgangspunkt der Entdeckung springender Gene waren Maispflanzen (großes Bild). Der Anteil springender Gene am Genom von Mais beträgt 60 Prozent. Unterschiedlich gefärbte Maiskörner des Indianermaises (kleines Bild) sind die sichtbare Spur der Transposons. Mobile Elemente, wie jene, welche die Gene für die Farbstoffsysthese ein- oder ausschalten und somit für die Farbe der Maiskörner verantwortlich sind, lösen sich dabei aus ihrer ursprünglichen Position auf dem Chromosom und fügen sich an anderer Stelle wieder ein. So entwickeln sich die Körner von gelb über rot, bräunlich und blau bis hin zu milchig-weiß oder sogar in sich selbst gemustert. Die ursprüngliche Farbe von Mais ist bräunlich, die am häufigsten verbreitete gelbe Farbe ist ein Resultat der Wirkung von Transposons.

Junk-DNS oder Schrott-DNS disqualifiziert. Ihr Ursprung und ihre Funktion sind oft nicht vollständig geklärt. Spekuliert wird z. B. hierüber, ob Transposons, die ähnliche Verbreitungsmechanismen nutzen wie Viren, deren Erbinformation als RNS vorliegt und die als DNS ins Erbgut der Wirtszelle eingebaut wird, mit diesen einen gemeinsamen Vorfahren haben könnten.

Immer mehr Wissenschaftler, unter ihnen der renommierte Humangenetiker Eric Lander (geb. 1957), sind mittlerweile der Auffassung, dass diese DNS-Abschnitte als kreative Faktoren genetische Innovationen begünstigen und verbreiten. Aus Evolutionssicht dienen z. B. Retrotransposons dazu, die Anzahl der Gene eines Lebewesens zu vermehren. Viele dieser Gene sind funktionsfähig und ermöglichen die Entstehung neuer Eigenschaften. Da duplizierte DNS nicht dem gleichen Selektions-

druck ausgesetzt ist wie die Original-DNS, können sich hieran Mutationen erproben, die mitunter auch evolutionär positive Eigenschaften hervorbringen können. So existiert z. B. auch die Theorie, dass die Antikörper von Transposons abstammen. Als möglicher Nutzen von Pseudogenen werden z. B. regulatorische Funktionen bei der Transkription echter Gene diskutiert. Auch eine Reaktivierung von Pseudogenen zu funktionierenden Genen wurde beobachtet.

Plasmiden

Auch Gene, die nicht nur von Chromosom zu Chromosom springen, sondern sogar von Zelle zu Zelle wandern können, also vagabundieren, tragen insgesamt zu einer noch größeren Variationsfähigkeit von Organismen bei als Mutation und Rekombina-

Als möglicher Vorteil von Transposons wird die Theorie diskutiert, dass Antikörper, die in den Zellen von Wirbeltieren für die Immunabwehr zuständig sind (indem sie z. B. Erkältungsviren attackieren) von Transposons abstammen. Diese Hypothese wird beispielsweise durch die Beobachtung gestützt, dass die Rekombination, die zur Bildung der Antikörper führt, der Transposition ähnelt.

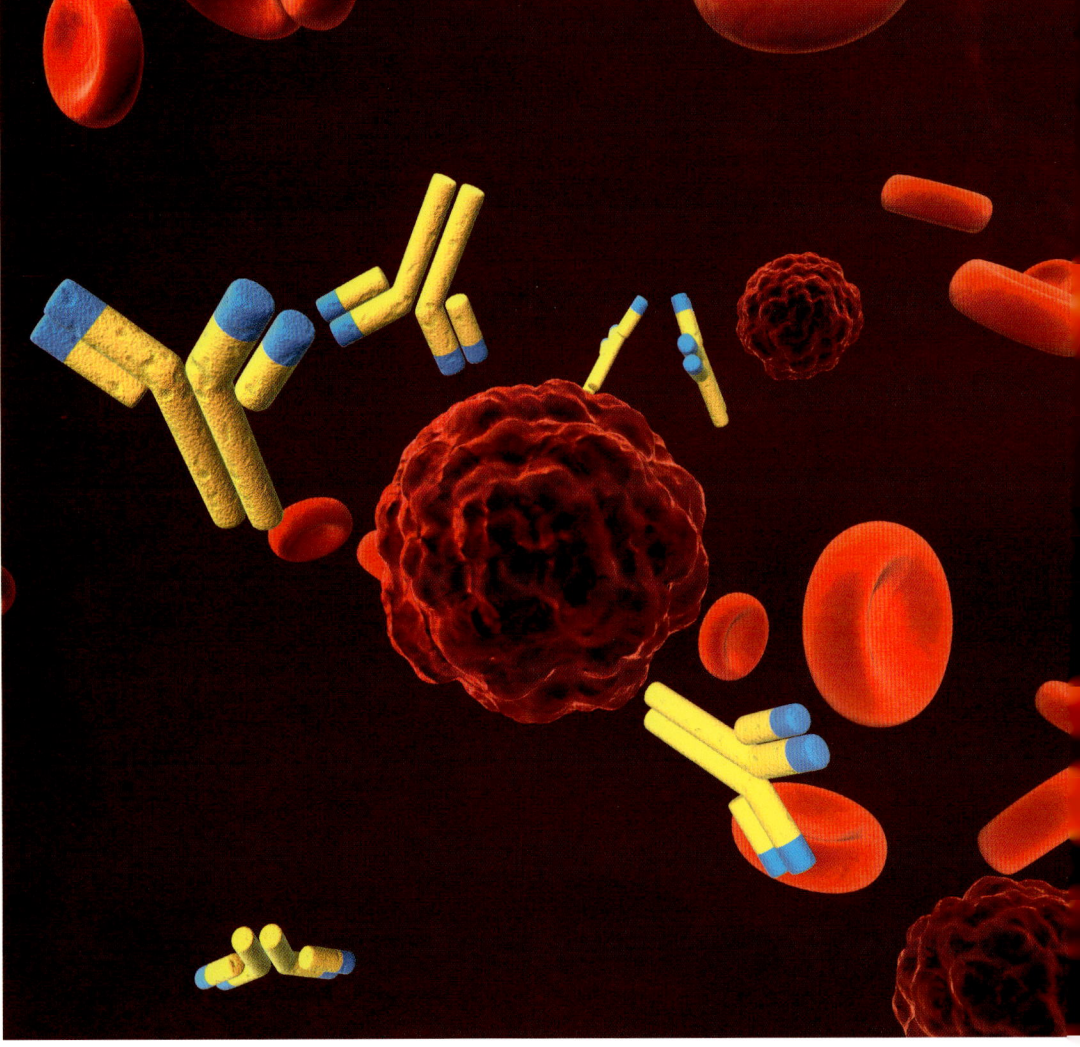

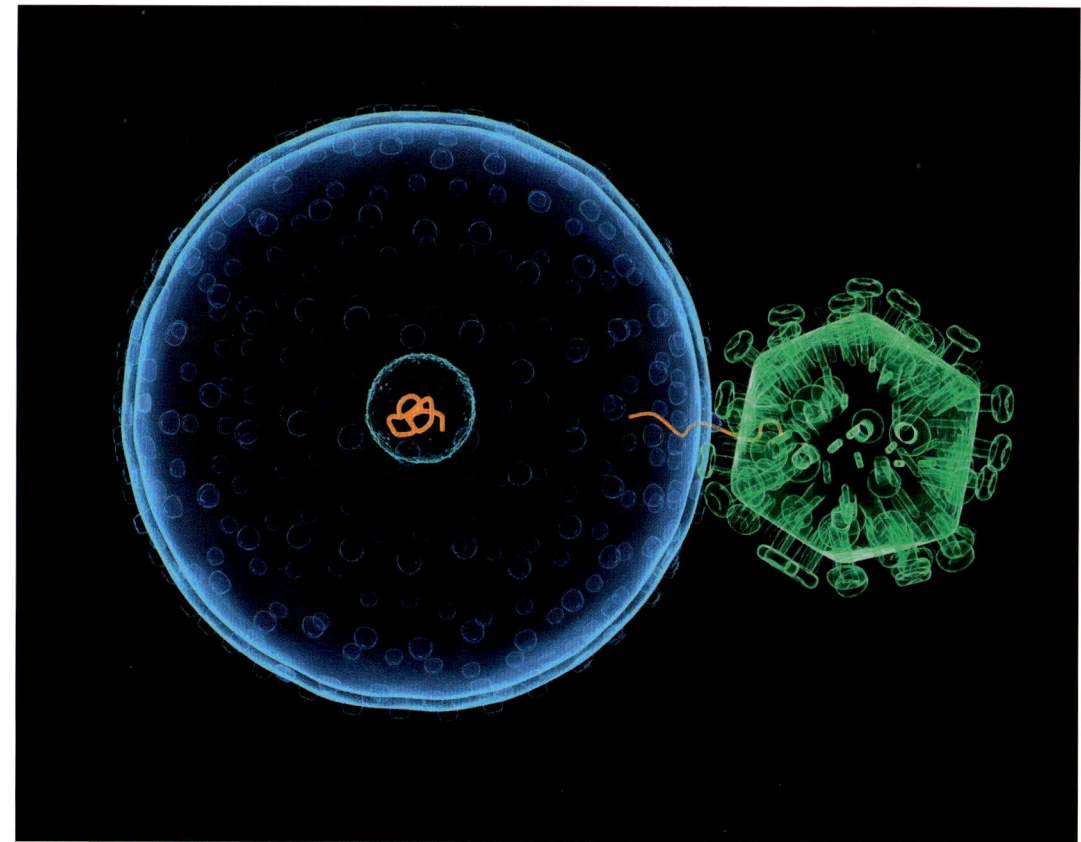

Viren werden vermehrt, indem sie ihre DNS (bzw. RNS) in das Erbmaterial einer Wirtszelle einbauen und diese dort replizieren (lassen). Die DNS der Wirtszelle ist hier im Zellkern dargestellt als Chromatinfaden, dem DNS-Protein-Komplex, aus dem die Chromosomen bestehen. In der Gentechnik wird die Fähigkeit der Viren zu wandern eingesetzt, um gezielt modifizierte Viren in Wirtszellen einzubringen, z. B. um durch Einschleusen fehlender Gene Gendefekte zu behandeln.

tion durch Vererbung. Sie spielen daher eine große Rolle in evolutionären Prozessen.

Diese mobilen genetischen Elemente kommen z. B. bei Bakterien vor: Die Plasmide sind zirkuläre, extrachromosomale (außerhalb des eigentlichen Chromosoms liegende) DNS-Moleküle. Plasmide können von einer Bakterienzelle auf eine andere übertragen werden (so übertragen sich beispielsweise Resistenzen, z. B. eine Antibiotika-Resistenz). Plasmide ähneln in ihrem Aufbau häufig den Transposons und werden gelegentlich auch als solche bezeichnet.

Viren

Zu den vagabundierenden Genen werden aber auch die Gene von Viren gezählt. Der Begriff „Virus" kommt aus dem Lateinischen und bedeutet „Gift, Saft, Schleim". Diese Bezeichnung lässt schon vermuten, dass Viren in erster Linie als Krankheitserreger gelten. Viren bestehen aus Erbmaterial (DNS

„Viren können sich wie andere vagabundierende Gene auch in das Wirtserbmaterial einbauen."

oder RNS), das häufig von einer schützenden Eiweißhülle umgeben ist. Um sich zu vermehren, brauchen sie andere Lebewesen, die alle nötigen „Werkzeuge" besitzen, um die Virus-DNS abzulesen, die DNS zu vervielfältigen, die Hüllproteine herzustellen und neue Viren zusammenzusetzen. Viren besitzen somit eine wandernde Erbinformation. Da die Virus-DNS dabei meist Krankheiten auslöst, wird sie auch als „infektiöse Nukleinsäure" bezeichnet.

Bei Bakterienviren, den Bakteriophagen (auf Bakterien und Archaeen spezialisierte Viren), fehlt oftmals sogar die schützende Proteinhülle, sodass hier tatsächlich reines Erbmaterial von Organismus zu Organismus wandert.

Viren können sich wie andere vagabundierende Gene auch in das Wirtserbmaterial einbauen. Viele Forscher sind daher der Ansicht, dass Viren überhaupt erst aus einstmals springenden Genen eines Organismus entstanden sind, die ihre Wanderschaft eines Tages ausdehnten und seither von Organismus zu Organismus springen. Andererseits ist ein Teil der menschlichen DNS (ca. 1 %) als Reaktion auf krankmachende Viren entstanden. Damit haben Viren maßgeblich zur Entwicklung des menschlichen Immunsystems beigetragen und hätten so ihren Platz in evolutionären Vorgängen und nicht nur zu unserem Nachteil.

Populationsgenetik

Die Populationsgenetik beschäftigt sich mit der Verbreitung von Genen innerhalb einer Population, u.a. in den Kolonien von Vögeln. So werden z. B. Tölpel heute – gestützt auf genetische Untersuchungen – in drei Gattungen unterteilt, weitere Gattungen sind im Lauf der Stammesgeschichte ausgestorben.

Auftreten und Häufigkeit

Mithilfe der Populationsgenetik werden zwei wesentliche Aspekte untersucht: zum einen die Häufigkeit, mit der Gene in einer Population auftreten, und zum anderen die Gründe, die zu diesem Verteilungsmuster geführt haben. Diese Gründe werden als Evolutionsfaktoren gewertet, weshalb die Populationsgenetik manchmal auch als Evolutionsgenetik bezeichnet wird. Sie durchleuchtet die genetischen Aspekte der Evolution auf der Ebene einer Population. Mit mathematischen

Modellen beschreibt sie die natürliche Anpassung und Artbildung.

Sie war damit ein notwendiger Bestandteil der modernen Synthetischen Evolutionstheorie – einer Erweiterung der Darwin'schen Evolutionstheorie unter Einbezug der Erkenntnisse der Zellforschung, Genetik und Populationsbiologie, die von den theoretischen Biologen und Genetikern Sewall Wright (1889–1988), J. B. S. Haldane (1892–1964) und Ronald Fisher (1890–1962) begründet wurde. Die drei Forscher schufen die Grundlagen für die quantitative Genetik. Diese untersucht die erblichen Komponenten von phänotypischen Merkmalen, die auf einer kontinuierlichen Skala gemessen werden können wie Größe oder Gewicht der Individuen einer Population.

Hardy-Weinberg-Gesetz

1908 stellten der Mathematiker Godfrey Harold Hardy (1877–1947) und der Mediziner Wilhelm Weinberg (1862–1937) das nach ihnen benannte Hardy-Weinberg-Gesetz auf. Die mathematische Formel geht von der konstruierten Annahme aus, dass in als ideal angenommenen Populationen (mit konstanter Häufigkeit aller Allele und Genotypen), in denen sich die Individuen zufällig paaren, die genetische Variabilität erhalten bleibt. D. h., die komplette Erbinformation aller Individuen, der sogenannte Genpool, bleibt ständig gleich. In dieser idealen Population, die gekennzeichnet ist durch eine große Anzahl an Individuen, uneingeschränkte Paarungserfolge und -wahrscheinlichkeiten sowie ein Fehlen der Faktoren Selektion, Mutation und Migration, findet auch keine Evolution statt. Eine Evolution gibt es nur, wenn das Gleichgewicht der Gene gestört wird.

Ideale Populationen sind in der Realität jedoch nicht anzutreffen, d. h., Evolution findet überall statt. Mit dem Hardy-Weinberg-Gesetz liegt jedoch ein mathematisches Modell zur Berechnung von Evolutionsvorgängen (z. B. Hinweise auf Abweichungen) vor.

Genetische Definition der Evolution

1930 veröffentlichte Ronald Fisher sein Werk „The genetical theory of natural selection" („Allgemeine Theorie der Natürlichen Selektion"), worin er Evolution als eine zeitliche Änderung der Anzahl bestimmter Gene innerhalb eines Genpools bezeichnet. Mit anderen Worten: In einem bestimmten zeitlichen Rahmen nimmt die Anzahl bestimmter Gene in der Population zu oder ab. Dabei beschränkt sich die Populationsgenetik bei ihrer Betrachtung auf die Gene, die im Phänotyp auftreten und so von der Selektion erfasst werden können.

Fitte Gene

Die Fähigkeit eines Gens, in die nächste Generation zu gelangen und damit möglichst häufig in deren Genpool vertreten zu sein, wird als Fitness bezeichnet. Gut an die Umweltfaktoren angepasste Individuen, die somit über eine hohe genetische Fitness verfügen, vererben ihren Genotyp in höherem Maße an die Folgegeneration als Individuen, die schlechter an ihre Umweltbedingungen angepasst sind. Genotypen mit hoher Fitness steigern daher mit der Zeit ihre Häufigkeit im Genpool der Population. Diese Definition der Fitness ist ein zentraler Begriff der Evolutionstheorie, da die Verbesserung der Fitness den Motor von evolutiven Veränderungen darstellt.

Die Verteilung der Blutgruppen

Bereits 1937 lieferte Theodosius Dobzhansky (1900–1975) mit seinem Werk „Genetics and Origin of Species" einen der Eckpfeiler der Synthetischen Evolutionstheorie. In diesem Werk verband er die wichtigsten Elemente der Genetik mit der Systematik der Evolutionsbiologie und machte damit die evolutionäre Genetik einer breiten Öffentlichkeit zugänglich. Nach Dobzhansky ist die Evolution ein Wechsel der Allelfrequenzen (Allelhäufigkeiten) in einem Genpool.
Ein Beispiel für sich im Lauf der Entwicklung verändernde Ausprägungen genetischer Merkmale und deren Verbreitung innerhalb einer Population

„Nach Dobzhansky ist die Evolution ein Wechsel der Allelfrequenzen (Allelhäufigkeiten) in einem Genpool."

ist die Verteilung der menschlichen Blutgruppen. Der Wechsel der Blutgruppen-Allelhäufigkeiten in den menschlichen Populationen ist demnach eine Evolution der Blutgruppen.
Bei den Blutgruppen gibt es drei verschiedene Ausprägungen (Allele) ein und desselben Gens: A, B und 0. Je nachdem, welche Allele durch die Vererbung kombiniert sind, hat der Mensch die Blutgruppe A (Kombination der Allele AA oder A0), B (BB, B0), AB (AB) oder 0 (00).
Die Blutgruppen spielen eine wichtige Rolle innerhalb des Immunsystems. Die roten Blutkörperchen der Blutgruppe A besitzen Antigene (Stoffe, an die sich Antikörper binden können) vom Typ A, die der Blutgruppe B Antigene vom Typ B, bei Blutgruppe AB sind beide Arten von Antigenen vorhanden, bei Blutgruppe 0 keine der beiden Antigene.
Die Blutgruppe 0 war die erste menschliche Blutgruppe und schon vor 70.000–40.000 Jahren beim Cro-Magnon-Menschen zu finden. Auch heute noch ist sie in allen Bevölkerungsgruppen mit gro-

Antigene lösen Immunreaktionen auf bestimmte Krankheitserreger aus. Die roten Blutkörperchen der Blutgruppe A besitzen Antigene vom Typ A, die der Blutgruppe B solche vom Typ B. Bei Blutgruppe AB sind beide Antigentypen (A und B) vorhanden, bei Blutgruppe 0 keines der beiden Antigene.

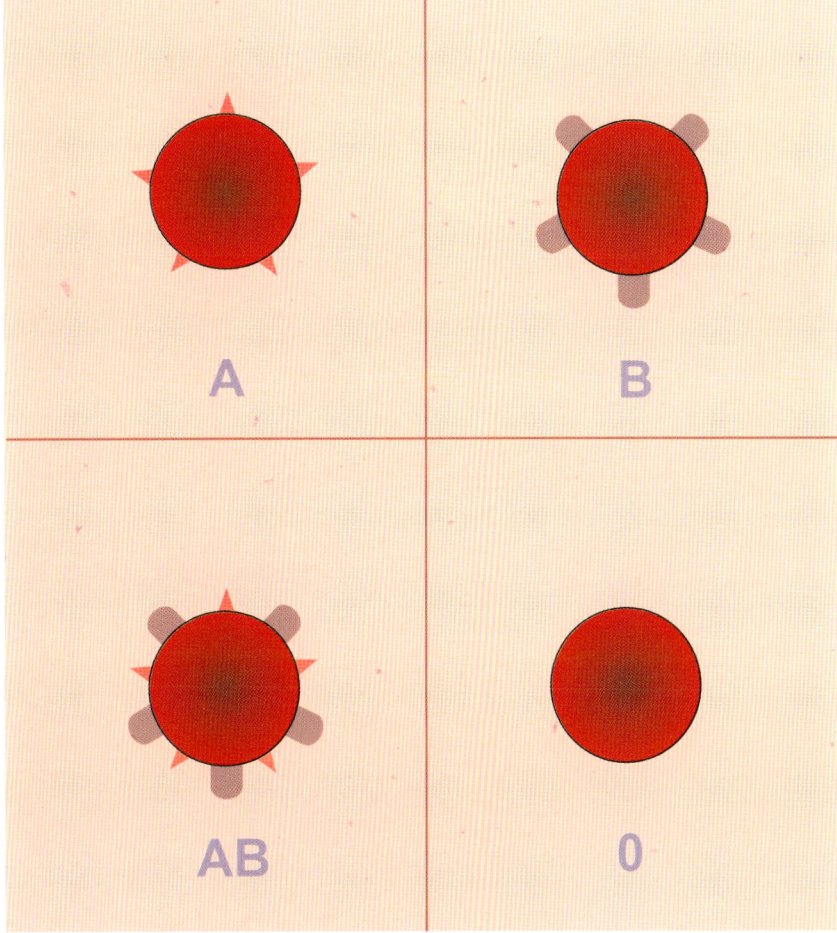

ßer Häufigkeit verbreitet. Sie soll mit den ersten modernen Menschen in Afrika entstanden sein und sich von dort aus in Europa und Asien ausgebreitet haben. In den USA ist diese Blutgruppe heute noch der häufigste Typ und überwiegt in der schwarzen Bevölkerung und bei den Indios.

Die Blutgruppe A bildete sich erst vor etwa 20.000 Jahren und bot im Verlauf der Menschheitsentwicklung schließlich vor allem der wachsenden städtischen Bevölkerung, die regelmäßig unter Epidemien litt, einen Überlebensvorteil. Sie erwies sich als besonders widerstandsfähig gegenüber Pest, Cholera und Pocken. Die Blutgruppe A soll sich von Asien und dem Nahen Osten ausgehend nach Europa ausgebreitet haben, heute gibt es sie besonders häufig in Europa, Grönland, Kanada und Australien.

Die Blutgruppe B entstand vor rund 10.000–15.000 Jahren durch einen Klimawechsel im Hochland des Himalaja aufgrund einer Mutation aus der Blutgruppe 0. Menschen mit dieser Blutgruppe sind besonders anpassungsfähig gegenüber verschiedenen Umweltbedingungen. Nachgewiesen ist z. B. auch die größere Resistenz der Blutgruppe B gegenüber Cholera im Vergleich zur Blutgruppe 0, weshalb man sie in Indien vermehrt im Gangesbereich findet. Die Blutgruppe hat sich in der Folge-

zeit von Asien aus bis ins östliche Europa verbreitet. Die größte Dichte an Blutgruppe B gibt es heute in Indien, gefolgt von Nord-China und Korea. Blutgruppe A tritt hier sehr selten auf, wohingegen auf dem amerikanischen Kontinent und in Australien Blutgruppe B praktisch nicht vorkommt. Man geht davon aus, dass Letzteres dadurch bedingt ist, dass die Entstehung der Blutgruppe B zeitlich mit dem sich hebenden Meeresspiegel und der Beseitigung der Landbrücke zwischen Nordamerika und Asien zusammenfällt, die eine Wanderung des B-Typs nach Nordamerika verhindert hat. Hierdurch soll sich hier die frühere Blutgruppe 0 weitgehend erhalten haben.

Die Blutgruppe AB ist eine Mischung von Blutgruppe A und B und kommt seit etwa 1.000–1.200 Jahren vor. Sie beruht auf der Einwanderung von Bevölkerungsgruppen aus Asien und dem östlichen Europa in Westeuropa und der Vermischung der Blutgruppen A (Kaukasier) und B (Mongolen). Menschen mit der Blutgruppe AB haben ein sehr starkes Immunsystem, die Blutgruppe ist in hohem Maß resistent gegen Bakterien und Mikroben und weniger anfällig für Autoimmunerkrankungen als die Blutgruppen A und B. Ihre Verbreitung liegt weltweit jedoch unter 5 %.

Die Verbreitung der Blutgruppen in der Bevölkerung hängt eng mit den Umweltbedingungen des Verbreitungsgebiets zusammen. Heute geht man davon aus, dass sich die Cholera seit etwa 600 v. Chr. im indischen Gangestal stark verbreitet hat. Da die Blutgruppe B gegenüber dieser bakteriellen Infektionskrankheit, die vorwiegend über fäkalienbelastetes Trinkwasser verbreitet wird und zu Durchfall und Erbrechen führt, als besonders resistent gilt, hatten Menschen mit dieser Blutgruppe hier einen evolutionären Vorteil, weshalb man diese Blutgruppe auch heute noch vermehrt im Gangesbereich findet.

Gentechnologie – ein Evolutionsfaktor?

Der menschliche Einfluss

Mithilfe der Gentechnologie kann der Mensch unmittelbar in evolutionäre Prozesse eingreifen. Er kann mithilfe von Enzymen die DNS selbst in einzelne Teil zerschneiden und neu zusammensetzen und Gene mithilfe von Plasmiden von einem Organismus in einen anderen übertragen. Damit ist es ihm möglich, die genetische Variabilität innerhalb kurzer Zeit um ein Vielfaches zu erhöhen. Außerdem kann er Mutationen, Rekombinationen sowie springende Gene simulieren und quasi über Nacht einen neuen Organismus schaffen. Damit beschleunigt er die Evolution in einem Maße wie kein anderer Evolutionsfaktor.

Ethische Vertretbarkeit

Hierbei werden jedoch immer wieder auch Fragen über die ethische Vertretbarkeit der Gentechnik laut. Aber lassen sich diese Fragen überhaupt schlüssig beantworten? Im Sinne der Natur hat sich der Mensch im Lauf seiner Entwicklung als ein Wesen erwiesen, das mit den Fähigkeiten ausgestattet ist, die Variabilität des genetischen Materials noch weiter zu erhöhen. Damit würde er sich nahtlos in den Prozess, den die Natur selbst eingeleitet hat, einfügen. Er wäre somit nur ein weiterer Baustein der natürlichen Evolution, die immer wieder neue Modelle für die genetische Variation hervorgebracht hat.

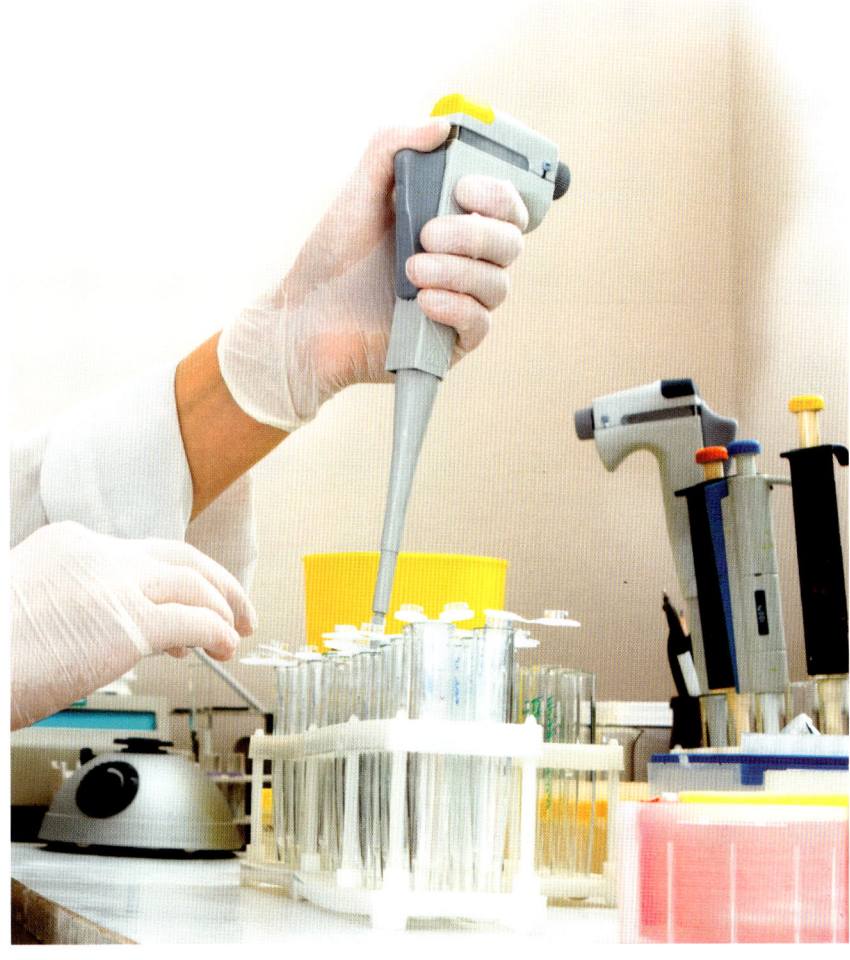

Probleme der Gentechnik

Doch was die Natur noch spielerisch erprobt, könnte in Menschenhand auf rein menschlich „wertvolle" Ziele gerichtet werden. Eine vermeintlich auf den Menschen maßgeschneiderte Evolution birgt die Gefahr, dass er hier zu klein denkt und/oder zu egoistisch handelt. Evolution in Menschenhand könnte so zu einer Reduktion von Genmaterial auf vermeintlich Wünschenswertes verkommen. Eine

> **„Evolution in Menschenhand könnte so zu einer Reduktion von Genmaterial auf vermeintlich Wünschenswertes verkommen."**

Verknappung genetischer Ressourcen hieße aber, dass sich eine Population auf Veränderungen in Natur und Umwelt möglicherweise nicht mehr adäquat einstellen kann. Stirbt sie dann aus, geht noch mehr Genmaterial verloren. Die andere Gefahr ist, dass ein Organismus wie z. B. eine Nahrungspflanze so schnell so dominant wird, dass er andere verdrängt und komplizierte Gleichgewichte in der Natur zerstört. Dies hat der Mensch auch in der Vergangenheit schon getan und musste häufig einsehen, dass ein zu starkes Eingreifen in natürliche Systeme auf Dauer keine Vorteile bringt, auch nicht für die Menschheit selbst.

Große Verantwortung

Die Verantwortung, die der Mensch mit genetischen Manipulationen übernimmt, ist groß, die nötige Balance zu halten nicht leicht. Doch der bereits eingeschlagene Weg ist nicht mehr rück-

Gentechnische Methoden ermöglichen Wissenschaftlern z. B. die Veränderung und Neukombination von DNS-Sequenzen im Reagenzglas.
Durch derartige Eingriffe des Menschen in die genetische Variabilität wirkt der Mensch als evolutionsbedingender und -beschleunigender Faktor und trägt damit eine große ethische Verantwortung.

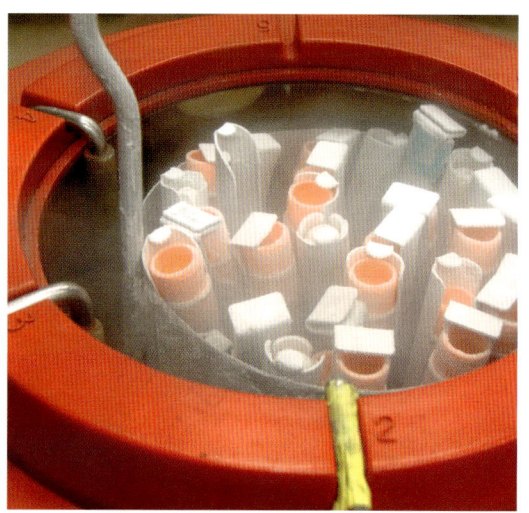

Im Zuge der Genmanipulation greift der Mensch in das Erbgut von Organismen ein, indem er z. B. gentechnisch verändertes Material in eine Zelle einbringt (großes Bild). Durch das Einfrieren von Zellen in flüssigem Stickstoff (kleines Bild) können diese bis zur weiteren Verwendung konserviert werden. Diese Methode wird auch zur Lagerung von manipulierten E.-coli-Bakterien angewendet, beliebte „Versuchstiere", da sie eine höhere Fähigkeit besitzen, fremde, künstlich eingebrachte DNS aufzunehmen. Flüssiger Stickstoff dient auch der Konservierung von Stammzellen, die ebenfalls gentechnisch verändert werden können.

„Daher liegt es in der Verantwortung aller Menschen, den ethischen Anspruch in der Gentechnologie hochzuhalten."

gängig zu machen. Bakterien, die Insulin herstellen, Klonschafe und Genmais, dies alles gibt es bereits.

Die positiven Aspekte künftiger Entwicklungen sind verlockend und könnten ein Segen für die Menschheit sein: Krankheiten könnten geheilt, Nahrungs- und Energieprobleme gelöst und Umweltbelastungen beseitigt werden. Gegen die positiven Aspekte der Gentechnik können sich viele nicht verschließen.

Daher liegt es in der Verantwortung aller Menschen, den ethischen Anspruch in der Gentechnologie hochzuhalten und jede neue Grenzüberschreitung wohl zu überlegen. Die Evolution maßgeblich zu beeinflussen, ist ein Schritt, der möglicherweise jenseits unseres Vorstellungsvermögens liegt und den nachfolgende Generationen zutiefst bedauern oder büßen könnten.

Künstliche Befruchtung

Innerhalb der Biotechnologie, welche die Erkenntnisse aus Biologie und Biochemie technisch nutzbar macht, kombiniert man häufig Methoden der Gentechnik mit denen der **Reproduktionstechnologie** wie der künstlichen Befruchtung. Reproduktionsmedizin ist selbst jedoch vom Begriff der Gentechnik abzugrenzen.

Bei der **künstlichen Befruchtung** wird das Sperma des Samenspenders entweder während der fruchtbaren Tage gezielt in die Gebärmutter eingebracht (intrauterine Insemination), in die Eizelle injiziert (intrazytoplasmatische Spermieninjektion) oder im Reagenzglas mit der entnommenen Eizelle zusammengebracht (In-vitro-Fertilisation), wonach die aus den befruchteten Eizellen entstandenen Embryonen in die Gebärmutter eingepflanzt werden.

Als Methode für eine gezielte **Züchtung** und Vervielfältigung erwünschter Eigenschaften bei Nutztieren ist die künstliche Befruchtung zum einen eine Art Vorläufer der Gentechnik, zum anderen können seit der Entwicklung gentechnischer Verfahren gentechnisch manipulierte Tiere mithilfe der künstlichen Befruchtung kontrolliert gezüchtet werden, sodass eine möglichst große Zahl an Nachkommen entsteht, die möglichst viele als nützlich eingestufte Eigenschaften besitzen (z. B. Milchleistung bei Kühen).

Neben der kommerziellen Anwendung in der Tierzucht ist die künstliche Befruchtung jedoch ein wichtiges Mittel, um kinderlosen Paaren mit Kinderwunsch zu Nachwuchs zu verhelfen. 1978 kam das erste durch künstliche Befruchtung gezeugte Kind zur Welt, bis 2006 erblickten weltweit rund 3 Millionen Babys auf diese Weise das Licht der Welt.

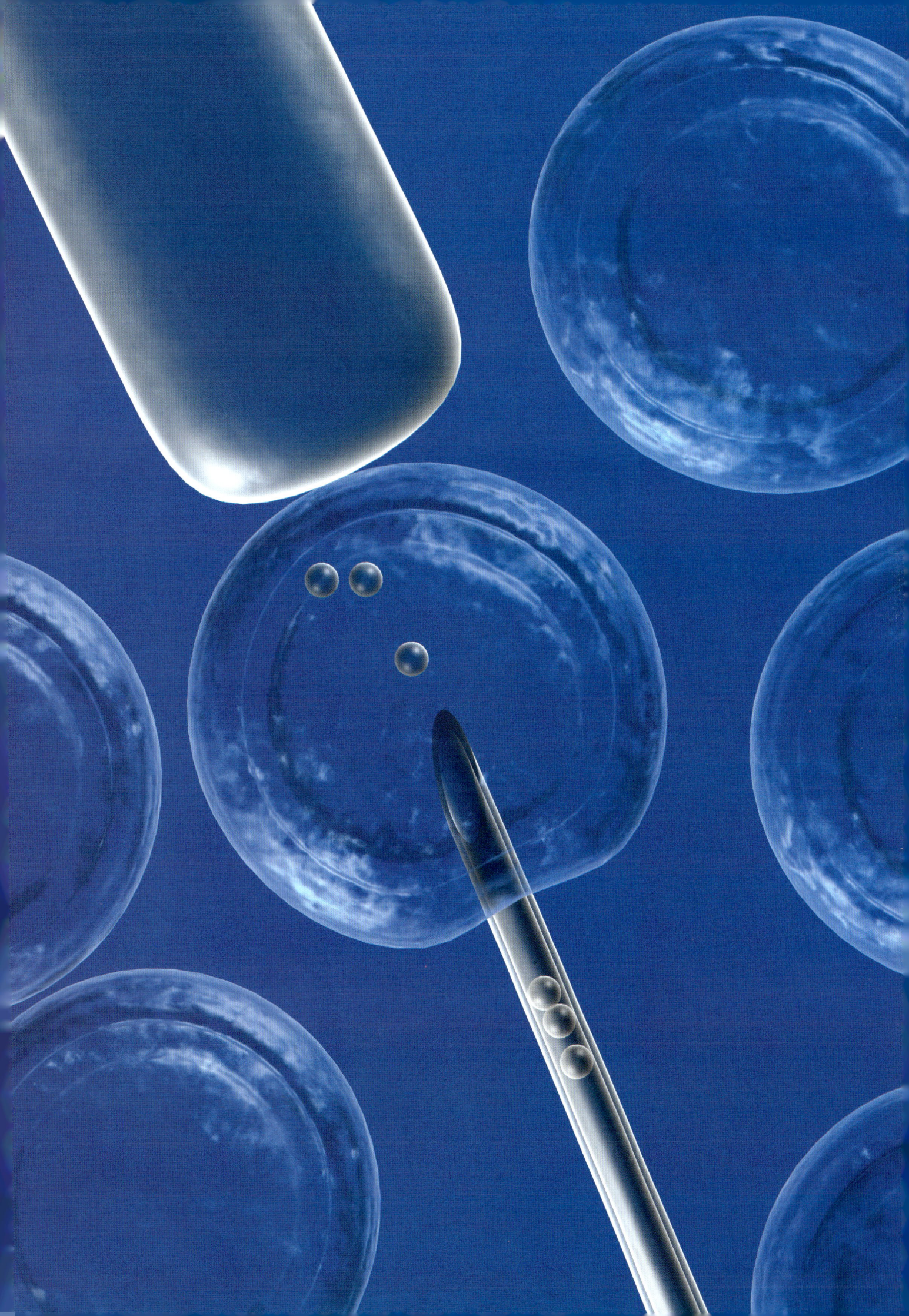

Evolutionsmechanismen und –faktoren

Was hält die Evolution in Gang?

Die Evolutionsforscher beschäftigen sich nicht nur mit der Rekonstruktion des Evolutionsablaufes sondern auch mit den Mechanismen, die den Evolutionsprozess in Gang halten. Dabei lautet eine Grundregel: Evolution findet in Populationen statt, die sich nicht im Hardy-Weinberg-Gleichgewicht befinden. Als Population wird dabei eine Gruppe von Individuen definiert, die alle zur selben Zeit am selben Ort leben und sich miteinander fortpflanzen können, das heißt, ein und derselben Art angehören.

Das Hardy-Weinberg-Gleichgewicht

Konstante Häufigkeit

Das Hardy-Weinberg-Gleichgewicht besagt, dass sich eine Population immer dann im Gleichgewicht befindet, wenn sich die Häufigkeiten der Gene innerhalb dieser Population nicht verändern, sich also im Gleichgewicht befinden. Eine solche Population wird auch als ideale Population bezeichnet. In idealen Populationen findet keine Evolution statt. Ihre Kennzeichen sind:

- Panmixie: Alle möglichen Paarungen zwischen den einzelnen Individuen einer Population sind gleich wahrscheinlich und auch gleich erfolgreich.
- Große Individuenzahl (mehr als 10.000): Es gibt so viele Einzelorganismen, dass der Verlust eines Individuums den Genpool (Gesamtheit aller Gene in der Population) statistisch nicht verändern kann.

- Fehlende Selektion: Kein Individuum hat aufgrund seiner Gen-Zusammensetzung einen Selektionsvor- oder -nachteil.
- Fehlende Mutation: In der ganzen Population finden keine Mutationen statt
- Fehlende Migration: Es finden weder Zu- noch Abwanderungen statt, sodass auch von dieser Seite her der Genpool nicht verändert wird.

Die ideale Population ist, wie auf den ersten Blick erkennbar, nur ein theoretisches Konstrukt. In der Realität existieren keine solchen Populationen. Ein Hardy-Weinberg-Gleichgewicht stellt sich in kei-

> **„Die ideale Population ist, wie auf den ersten Blick erkennbar, nur ein theoretisches Konstrukt."**

In großen Populationen sorgt die hohe Anzahl der einzelnen Individuen dafür, dass sich der Genpool der Kolonie nicht verändert. So kommen etwa bei den brachialen Paarungsmethoden der Seeelefanten jährlich etliche Jungtiere ums Leben, und auch von Fressfeinden wie Orkas oder weißen Haien wird die Population oft erheblich dezimiert. Dennoch fallen diese Verluste aufgrund der großen Populationsdichte genetisch nicht ins Gewicht.

ner Population ein, denn mindestens eine der oben genannten Bedingungen fehlt immer, meist sind es aber gleich mehrere Komponenten, die das Gleichgewicht „stören", wie z. B. Mutation, Selektion und Migration. Evolution findet daher immer und überall statt und bedeutet, dass sich, in Abhängigkeit von der Zeit, die Genhäufigkeit im Genpool ändert. Bestimmte Gene setzten sich mehr und mehr durch, ihre entsprechenden Merkmale tauchen immer häufiger auf, während andere Gene/Merkmale weniger werden und eventuell sogar ganz verschwinden.

Gestörtes Gleichgewicht

Das Hardy-Weinberg-Gleichgewicht wurde im Jahre 1908 unabhängig voneinander vom englischen Mathematiker Godfrey Harold Hardy (1877–1947) und dem deutschen Arzt Wilhelm Weinberg (1862–1937) formuliert. Es beschreibt den Zusammenhang zwischen der Häufigkeit der einzelnen Gene und der Evolution. Mithilfe des dazugehörigen Hardy-Weinberg-Gesetzes, einer algebraischen Formel, lassen sich auch relative Häufigkeiten von bestimmten Genen in einer Population berechnen und dann mit denen in anderen Populationen vergleichen. Daraus lässt sich dann wiederum der Grad der Übereinstimmung bzw. Verwandtschaft ableiten.

Evolution erfolgt also durch Mechanismen, die das Hardy-Weinberg-Gleichgewicht stören. Solche Mechanismen werden als Evolutionsfaktoren bezeichnet. Sie sind die wichtigsten Ursachen für die phylogenetische (stammesgeschichtliche) Veränderung der Organismen und die Entstehung neuer Arten. Zu den Evolutionsfaktoren gehören im Einzelnen:

- **Genetische Variabilität**, erzeugt durch:
    - Mutation
    - Segregation und Rekombination
    - Genfluss
    - alternatives Splicen
- **Selektion:** Natürliche Auslese von neuen Eigenschaften
- **Gendrift:** Zufallswirkungen
- **Isolation:** Trennung von Populationen, sodass es zwischen ihnen nicht mehr zu einer Fortpflanzung kommt.

Zu den wichtigen evolutionsbestimmenden Faktoren gehört die Isolation: Aufgrund von geografischen Barrieren kommt es zwischen Populationen bestimmter nahe verwandter Spezies wie dem nordamerikanischen Bison (oben) und dem eurasischen Wisent (unten) nicht mehr zur Fortpflanzung. In freier Wildbahn begegnen sich die Vertreter dieser Spezies nicht, in Gefangenschaft kann es jedoch durchaus zu Vermischungen kommen. Derartige Populationen werden auch als Allospezies bezeichnet.

„Evolution erfolgt also durch Mechanismen, die das Hardy-Weinberg-Gleichgewicht stören."

Genetische Variabilität

Mutationen

Durch die genetische Variabilität werden neue Eigenschaften in dem jeweiligen Individuum erzeugt. Genetische Variabilität tritt entweder ein, wenn Gene, die zusammenwirken neu gemischt oder Genabschnitte neu kombiniert werden aber auch, wenn neue Gene in sich selbst verändert wurden.

Eine dieser Möglichkeiten zur Veränderung ist die Mutation. Mutationen sind Veränderungen in der Erbinformation und meist zufällig. Treten sie in den Körperzellen auf (die sogenannten somatischen Mutationen) betreffen sie nur das jeweilige Individuum. Um dagegen an die Nachkommen vererbt werden zu können, muss sich die Mutation in den Keimzellen abspielen. Diese Keimbahnmutationen nehmen dann mehr oder weniger starken Einfluss auf die Evolution.

Der Weiße Pfau ist eine spezielle Zuchtform des sonst so farbenprächtigen Blauen Pfaus, die auf einer rezessiven Mutation beruht. Oft werden diese Zuchtformen für Albinos gehalten, deren Erscheinung eine Mutation in den Genen des Melanin-, also Pigmentstoffwechsels, zugrunde liegt, ihre Augenfarbe ist jedoch nicht rot, sondern dunkel.

Bilden sich Mutationen ohne erkennbare äußere Ursache, werden sie als Spontanmutationen bezeichnet. Sie können aber auch durch Mutagene (mutationsauslösende Faktoren wie z. B. UV- und Röntgenstrahlung, Chemikalien oder Medikamente) ausgelöst, das heißt induziert, werden. Sie werden dann induzierte Mutationen genannt. Weiterhin können Mutationen durch sogenannte Replikationsfehler verursacht werden. Dies sind Ablesefehler, die bei der Zellteilung auftreten, wenn die DNS verdoppelt (repliziert) wird. Sie werden von dem ablesenden Enzym verursacht (DNS-Polymerase). Fehler entstehen dann aber auch bei der Fehlerkorrektur. Die Zelle besitzt eine Anzahl an Reparaturmechanismen, welche die Fehler bzw. Mutationen auf der DNS wieder beseitigen können, doch das funktioniert nicht immer und vor allem nicht immer richtig. Die Mutation wird zwar ausgeschnitten, dann aber möglicherweise ein falscher

Baustein eingefügt. Fehler passieren auch bei der Aufteilung der Chromosomen bei der Keimzellbildung. Bei diesem Vorgang werden die Chromosomenpaare zunächst getrennt (Segregation), sodass jede Keimzelle nur einen halben Chromosomensatz erhält, um dann bei der Befruchtung wieder einen vollständigen Chromosomensatz zu bilden (Rekombination). Fehlerhafte Chromosomentrennungen führen dazu, dass beispielsweise in einer Zelle entweder ein Chromosom zu viel landet und dann nach der Befruchtung dreifach vorhanden ist (z. B. Trisomie 23 oder Downsyndrom) oder in einer Keimzelle zu wenig Chromosomen sind (z. B. nur ein X-Chromosom: Turner-Syndrom). Die Chromosomenpaare können sich aber vorher auch übereinanderlagern und Stücke austauschen (Crossing-over). Auch hierbei können Fehler bzw. Veränderungen entstehen. Durch die sogenannten springenden Gene (Transposons) ist die Veränderungshäufigkeit noch einmal deutlich erhöht. Wenn sie in eine Gensequenz hinein- und wieder herausspringen, können sie Spuren (footprints) hinterlassen, das heißt, eine Veränderung der Gensequenz bzw. Mutation. Da diese mobilen DNS-Elemente ein größeres Störpotenzial besitzen als die anderen Mechanismen, gelten sie als Beschleuniger der Evolution.

Durch all diese Mutationen werden die im Chromosom gespeicherten Informationen variiert und somit einzelne Merkmale verändert. Die Mutationen können einzelne Gene oder auch ganze Chromosomen betreffen. Entsprechend werden drei Typen unterschieden:

- Gen- und Punktmutation: Solche Mutationen bleiben auf einen Genabschnitt beschränkt. Als Folge ist ein einzelnes Gen verändert.
- Chromosomenmutation: Sie betreffen einen größeren Abschnitt auf einem Chromosom, der z. B. herausbricht. Als Folge sind mehre Gene verändert oder sogar verloren gegangen.
- Genommutation: Solche Mutationen bedeuten, dass ganze Chromosomen verloren gehen oder vermehrt werden. Als Folge sind anschließend

„Durch all diese Mutationen werden die im Chromosom gespeicherten Informationen variiert und somit einzelne Merkmale verändert."

weniger oder mehr Chromosomen vorhanden (wie z. B. bei der Trisomie 23, dem Downsyndrom).

Individuelle Genmischung

Eine weitere Variationsmöglichkeit der Gene entsteht durch die bereits erwähnte genetische Segregation und Rekombination, die Trennung und zufällige Mischung bzw. Neukombination von Genen. Auch ohne Mutationen wird durch die Neukombination in erster Linie bei der geschlechtlichen Fortpflanzung eine genetische Variabilität bewirkt (Keimzellbildung). Dadurch können bei jedem Nachkommen mütterliche und väterliche Gene immer wieder neu gemischt werden, weshalb schon unter Geschwistern die Variation sehr groß sein kann. Die Variation wird bereits bei der Segregation also der Trennung der Chromosomenpaare auf zwei verschiedene Zellen eingeleitet, denn jede Zelle erhält eine andere Zusammensetzung von mütterlichen und väterlichen Chromosomen. Bei der Bildung der Keimzellen werden in einem Indi-

Durch Mutationen werden bestimmte Erbinformationen und somit auch einzelne Erscheinungsmerkmale variiert. Bei dieser Ziege ist die Erbanlage, die normalerweise für die Ausbildung zweier Hörner sorgt, mutiert.

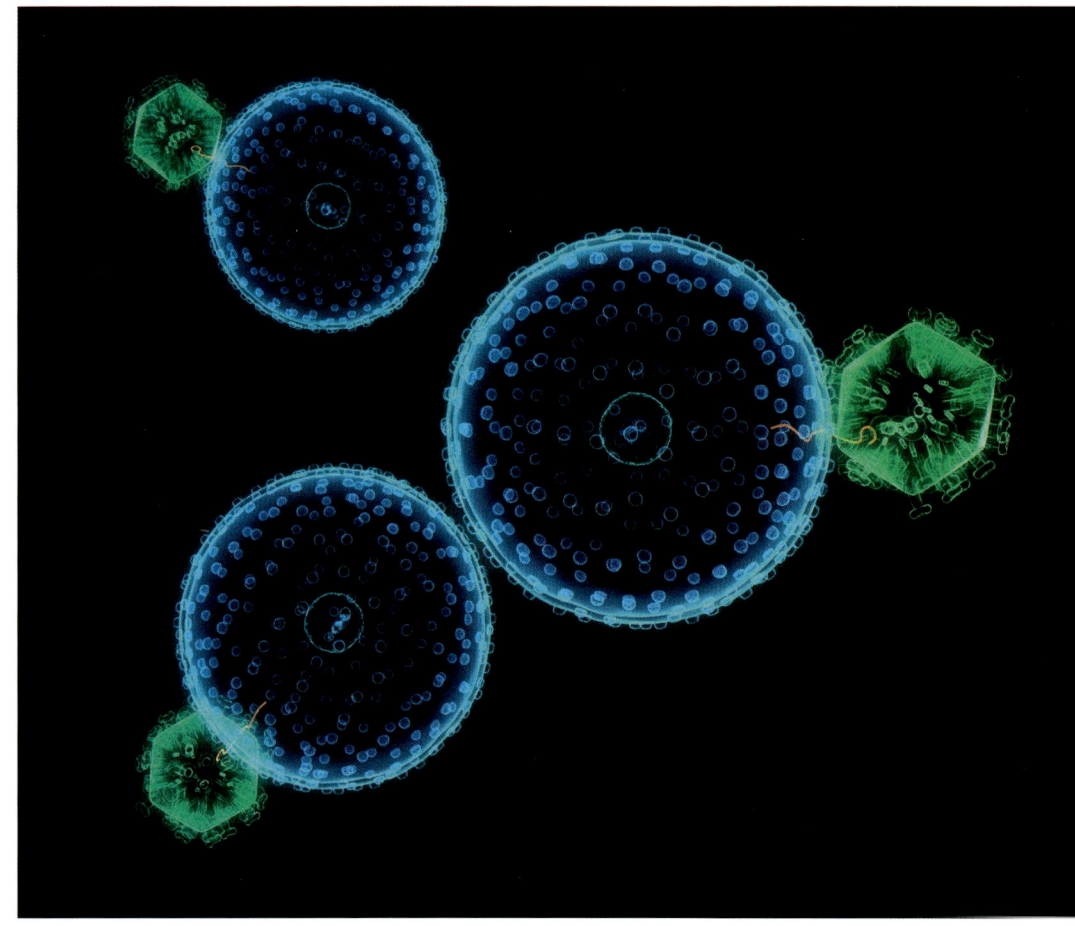

Viren wie das HI-Virus
können vermehrt werden,
indem sie ihr genetisches
Material in die DNS ihrer
Wirtszellen einbauen. Sie
verändern auf diese Weise
nicht nur die Struktur der
Wirts-DNS, auch ihre
Erbsubstanz selbst
ist hochgradig wandelbar.
Ihre Mutationsfähigkeit
während der Replikation
in der Wirtszelle bietet
die Möglichkeit für eine
mitunter rasch fortschreitende,
genetisch vielfältige
Entwicklung.

viduum seine von Vater und Mutter geerbten Chromosomen getrennt, jedoch nicht so, dass genau eine Hälfte nur aus väterlichen und die andere nur aus mütterlichen Chromosomen besteht. Jede erdenkliche Mischung ist möglich. Darüber hinaus können die Chromosomenpaare bei dieser Trennung – wie ebenfalls weiter oben schon beschrieben – durch intrachromosomale Rekombination auch entsprechende Stücke austauschen (Crossing-over), sodass nun ein väterliches Chromosom ein kleines Stück mütterliches enthält und umgekehrt. Dadurch können jetzt auch ganz neue, bisher nicht existente Merkmale entstehen. Merkmale, die Eltern später manchmal Kopfzerbrechen bereiten, da sie sich nicht erklären können, woher eine familienfremde Eigenschaft kommt. Bei der interchromosomalen Rekombination, die bei der Befruchtung von zwei Keimzellen geschieht, finden ganz neue Chromosomenpaare von zwei verschiedenen Individuen zusammen. Die mögliche Vielfalt multipliziert sich noch einmal durch die jetzt erdenklichen Kombinationen.

Eine Rekombination durch parasexuelle Prozesse, also ohne geschlechtliche Fortpflanzung ist bei Bakterien und Pilzen anzutreffen. Bei diesen Prozessen findet ein Transfer von genetischem Material zwischen zwei Zellen statt, so tauschen Bakterien etwa über eine Verbindung, Konjugation, Antibiotika-Resistenzen aus. Bei der Übertragung von genetischem Material können allerdings auch Viren als Vektoren beteiligt sein. Sie nehmen gelegentlich nicht nur ihre eigene Erbmasse, sondern auch ein Stück der Wirts-DNS mit und bauen sie beim neuen Wirt mit ein (Transduktion). Damit tragen Viren zur Vergrößerung der genetischen Vielfalt bei und sind ein wichtiger Evolutionsfaktor (hierbei können natürlich auch wiederum Mutationen entstehen).

In der Gentechnik werden Viren übrigens ganz gezielt als Vektoren von bestimmten genetischen Materialien eingesetzt, da sie ohne Probleme DNS in eine fremde Zelle schleusen können. Manchmal verschmelzen auch zwei Zellen komplett miteinander (Fusion). Wird dann auch noch eine Erbsubstanz in eine andere integriert, spricht man von Transformation.

Auch bei höheren Lebewesen kommt es zu einer Rekombination außerhalb der Keimzellen. So eine DNS-Umgruppierung (DNS-Rearragement) findet unter anderem bei der Produktion von Immunglobulinen statt, aber auch beim Springen von Transposons.

Natürliche Auslese

Durch die natürliche Auslese, welche die Fortpflanzungsrate oder Überlebenswahrscheinlichkeit der verschiedenen Individuen unterschiedlich beeinflusst, werden neue Eigenschaften eines Individuums entweder eliminiert oder durch Vererbung an die nächste Generation weitergegeben. Die Selektion wird durch äußere Faktoren (Umwelt) beeinflusst und kann nur an Merkmalen angreifen, die im Phänotyp (Summe aller äußerlich feststellbaren Merkmale eines Individuums) ausgebildet sind. Werden solche Merkmale durch mehrere Gene übertragen, sind durch die Selektion auch alle diese Gene betroffen. Diese Form wird natürliche Selektion genannt. Daneben gibt es noch eine sexuelle Selektion, die durch die Auswahl der Individuen durch die Sexualpartner erfolgt. Eine dritte Form ist die künstliche Selektion, die bei der Züchtung stattfindet. Durch das Eingreifen des Menschen werden evolutionäre Vorgänge in eine bestimmte Richtung gelenkt und beschleunigt.

Je höher der Selektionsdruck, umso schneller tritt eine Veränderung ein. Dafür bieten die flügellosen Fliegen auf den Kerguelen ein gutes Beispiel: Bei Fliegen kommen immer wieder Mutationen vor, die zu Stummelflügeln führen. In der Regel haben diese stummelflügligen Fliegen keine Überlebenschancen. Falls sie doch durchkommen, haben sie deutlich weniger Fortpflanzungschancen und somit auch weniger Nachkommen als ihre geflügelten Artgenossen. Nicht so aber auf den Kerguelen-inseln. Auf dieser zwischen Südafrika und der Antarktis gelegenen Inselgruppe im südindischen Ozean herrschen ständig starke Stürme, die die geflügelten Fliegen weit auf das Meer hinauswehten. Dadurch hatten die stummelflügligen Mutanten einen Selektionsvorteil und haben sich durchgesetzt. Die geflügelten Fliegen unterliegen dem Druck des Selektionsfaktors „Sturm" und kommen hier praktisch nicht mehr vor.

„Durch die natürliche Auslese werden neue Eigenschaften eines Individuums entweder eliminiert oder durch Vererbung an die nächste Generation weitergegeben."

Ein anderes Beispiel für Selektionsdruck ist der sogenannte Industriemelanismus (Melanismus = übermäßige Pigmentierung/Schwarzfärbung) beim Birkenspanner, der tagsüber gerne am Stamm von Birken ausruht. Durch seine charakteristische Färbung – weiß mit dunklen Punkten und Streifen – fällt er auf diesem Untergrund kaum auf, und ist deshalb vor Fressfeinden sicher. Schon immer aber gab es eine Mutante, die durch Melanismus dunkel gefärbt und deshalb für Vögel ein leichtes Opfer war. Als zu Beginn der industriellen Revolution schwarzer Ruß die Birkenrinde dunkel färbte, waren plötzlich die schwarzen Mutanten im Vorteil. Sozusagen über Nacht hatten sie eine wirksame Tarntracht und damit einen Selektionsvorteil erhalten, während die hellen Falter den Vögeln jetzt ein gutes Ziel boten. 1895 waren fast 95 Prozent aller Falter dunkel gefärbt, was unter dem Namen Industriemelanismus weltweit berühmt wurde. Mittlerweile hat sich die Situation für die weißen Falter wieder entschärft. Der Selektionsnachteil liegt wieder aufseiten der dunkel gefärbten Falter.

Der Eingriff des Menschen in den natürlichen Evolutionsmechanismus der Selektion durch Züchtung kann auch problematische Formen annehmen. Vor allem in der Hundezucht bringen einige Konsequenzen der Selektion vom Menschen erwünschter Merkmale für die Tiere vermehrt Nachteile mit sich. Ursprünglich als agile Arbeitshunde gezüchtet, werden so beispielsweise einige Shar-Peis durch übertrieben ausgeprägte Falten behindert und sind zudem anfällig für rassetypische, vermutlich genetisch bedingte Hauterkrankungen.

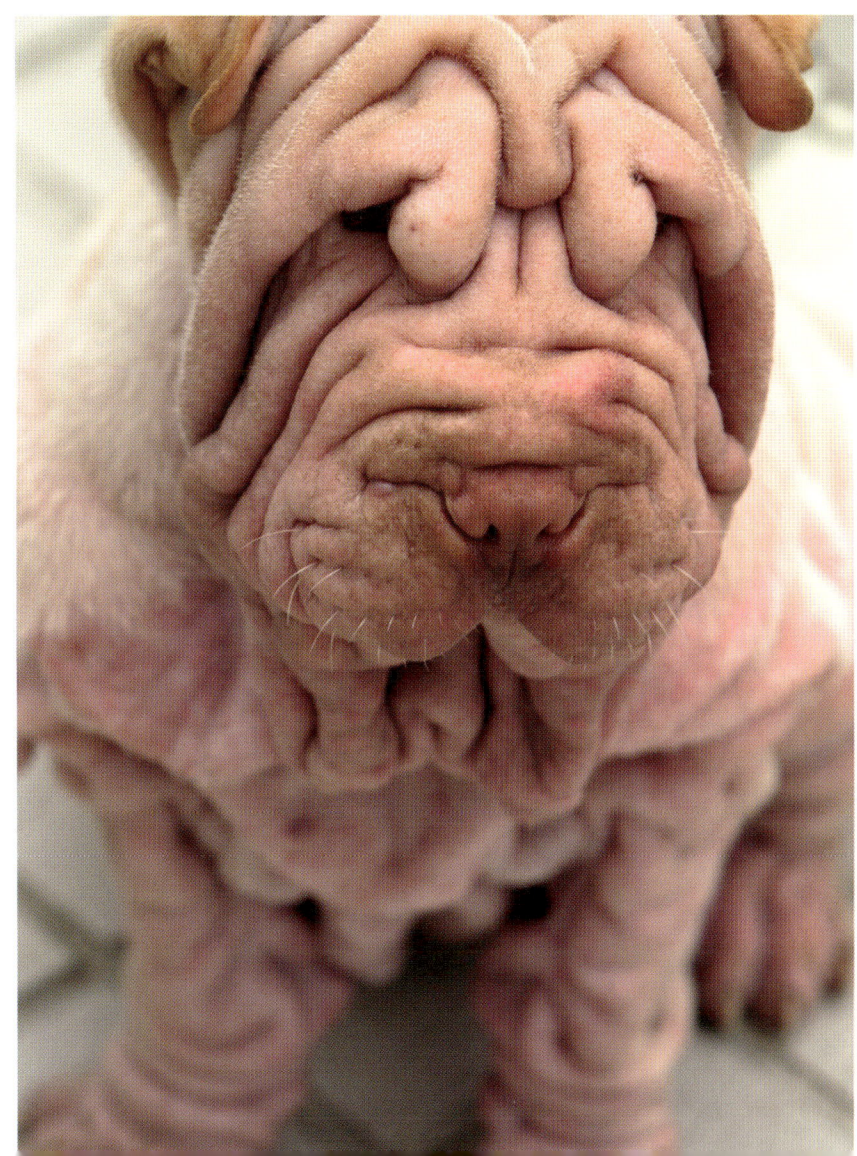

Selektion durch Abhängigkeit

Einen ganz anderen Selektionsdruck üben Arten aufeinander aus, die über einen sehr langen Zeitraum stark miteinander interagieren, wie dies bei Beutegreifern und ihren Beutetieren der Fall ist. Eine solche gegenseitige Beziehung mit Selektionsdruck wird Koevolution genannt, denn beide bewirken beim jeweils anderen evolutionäre Veränderungen. So kann die Bedrohung durch Fraßfeinde beispielsweise dazu führen, dass die schnellsten Tiere die besten Überlebenschancen haben, was wiederum auf die Räuber einen Selektionsdruck ausübt. Eine Koevolution durchlaufen aber auch Parasiten und ihren Wirte sowie Symbiosen. Eine Symbiose ist beispielsweise die Beziehungen zwischen bestäubenden Insekten und den von ihnen bestäubten Pflanzen. So haben sich zwischen Blüten und ihren Bestäubern im Laufe der Zeit zahlreiche Anpassungen entwickelt. Der gegenseitige Einfluss bei Symbiosen ist besonders groß, sodass diese ebenfalls als Evolutionsbeschleuniger gelten. Dies wird besonders deutlich bei Flechten, eine Symbiose aus Pilzen und Grünalgen. Pilze, die im Verband mit Grünalgen leben, weisen eine sehr viel schnellere Evolution auf, als ihre verwandten Formen, die ohne Symbiosepartner leben.

Insgesamt kann man drei verschiedenen Arten von Selektionsdruck unterscheiden:

- **Transformierender** (verschiebender, verändernder) **Selektionsdruck**: Er tritt bei veränderten Umweltbedingungen auf. Wenn dann ein bestimmtes Merkmal gegenüber einem anderen begünstigt ist, werden die besser angepassten Individuen bevorzugt und der Genpool verändert sich (Kerguelen-Fliegen).
- **Disruptiver** (aufspaltender) **Selektionsdruck**: Ein solcher Selektionsdruck entsteht z. B. aufgrund von Parasiten, Krankheiten oder Fressfeinden. Hier wird der größte Teil der Population zurückgedrängt, ausgerottet und nur einige

„Eine gegenseitige Beziehung mit Selektionsdruck wird Koevolution genannt."

wenige Individuen mit seltenen Merkmalen haben jetzt einen Überlebensvorteil und vermehren sich unter den veränderten Bedingungen sehr rasch. Eine disruptive Selektion lässt sich auch bei Nahrungsknappheit beobachten, wenn Individuen mit seltenen Merkmalen ökologische Nischen besetzen. Die disruptive Selektion kann zu einer Aufspaltung von Populationen führen und letztlich in zwei getrennte Arten münden. Diese Form der Artenbildung wird auch adaptive Radiation genannt, aus lateinisch adaptere (anpassen) und Radiation (Auffächerung). Bestes Beispiel für solch eine adaptive Radiation sind die berühmten Darwinfinken auf den Galápagos.

- **Stabilisierender Selektionsdruck**: Ein stabilisierender Selektionsdruck tritt immer dann ein, wenn die Individuen einer Population über viele Generationen hinweg unter konstanten Umwelt-

Eine symbiotische Lebensweise wie bei Insekten (kleines Bild oben) oder Flechten (z. B. die Landkartenflechte, kleines Bild unten), die aus einer Symbiose von Pilzen und Algen bestehen, beschleunigt die gegenseitige Weiterentwicklung der beteiligten Arten. Einen künstlichen Selektionsdruck erzeugte die industrielle Revolution: Die auf den damals rußgefärbten Birken gut getarnten dunklen Mutanten (großes Bild unten) hatten gegenüber den typischerweise weiß gefärbten Birkenspannern (großes Bild oben) einen Selektionsvorteil.

bedingungen leben. Unter solchen Bedingungen setzen sich Extreme bzw. vom Mittelwert abweichende Merkmale kaum durch.

Für Charles Darwin (1809-1882) war die Selektion das Kriterium für Artenbildung: Er stellte sich dies folgendermaßen vor: Eine Spezies verbreitet sich über ein großes Areal. Innerhalb dieses großen Gebietes wirken dann auf die Individuen je nach Standort unterschiedliche Einflüsse bzw. Umweltbedingungen. Sie werden also unterschiedlichem Selektionsdruck ausgeliefert und entwickeln bald lokal ganz unterschiedliche Spezies.

Heute ist allgemein anerkannt, dass es tatsächlich auch Veränderungen gibt, die keiner Selektion unterliegen, so wie die neutralen Mutationen. Die Entdeckung der neutralen Mutationen führte in den 1960er-Jahren zur Formulierung der Neutralen Evolutionstheorie durch Motoo Kimura (1924–

1994) die aber keine große Bedeutung erlangte. Da sie keinem Selektionsdruck unterliegen, können neutrale Mutationen über viele Generationen hinweg erhalten bleiben und eignen sich daher zur Zeitmessung um evolutionäre Ereignisse, z. B. eine Artenbildung, zu datieren. Je mehr Mutationen in der Zwischenzeit entstanden sind, umso länger hat ihre Entwicklung gedauert, umso weiter zurück liegt das Ereignis, etwa die Aufspaltung in verschiedene Arten. Dieser Zeitmesser wird auch molekulare Uhr genannt, ein Begriff, der 1962 von Emile Zuckerkandl (geb. 1922) und Linus Pauling (1901–1994) geprägt wurde.

„Heute ist allgemein anerkannt, dass es tatsächlich auch Veränderungen gibt, die keiner Selektion unterliegen, so wie die neutralen Mutationen."

Die molekulare Uhr dient dazu, Artenaufspaltungsereignisse im Evolutionsverlauf und die Evolutionsdauer mithilfe von Gen-Mutationen zu bestimmen, die durch vergleichende DNS-Analysen ermittelt werden. Die schnell tickenden molekularen Uhren der Fruchtfliege mit ihrer kurzen Generationsdauer und somit gut belegbaren Mutationsraten machen diese zu dankbaren Forschungsobjekten.

Gendrift

Zufällige Veränderungen

Der Begriff „Gendrift" leitet sich vom englischen „drift" (Strömung) ab und bezeichnet eine zufällige Veränderung des Genpools einer Population. Diese Veränderungen werden weder durch Mutation noch durch Selektion bewirkt, sondern durch zufällige Ereignisse. Das können kleine Begebenheiten sein, wie der zufällige Verlust oder Erwerb eines Gens unabhängig davon ob es vorteilhaft oder nachteilig war. Solche Vorgänge können aber auch Umweltkatastrophen wie Feuer, Überschwemmungen, Orkane oder Blitzeinschläge sein. Diese Katastrophen führen zu mehr oder weniger großen Verlusten innerhalb einer Population, bei denen sowohl gut an die Umwelt angepasste Individuen wie auch weniger gut angepasste sterben. Das Überleben eines Individuums ist hier eher vom Zufall abhängig. So können ganze Gruppen von Trägern bestimmter Merkmale sterben, der überlebende Teil verbreitet sich anschließend mit etwas anderer genetischer Zusammensetzung. Das unterscheidet diese Population von den Populationen, die unter einem disruptiven Selektionsdruck dezimiert wurden. In dieser hat der Selektionsdruck ein bestimmtes Merkmal begünstigt und die anderen ausgerottet, in jener hat der Zufall die Zusammensetzung des Genpools bestimmt.

Der Genpool der überlebenden Population hat sich nach einer Katastrophe durch den Zufallseffekt meist verändert. Manche Gene haben sich nur in der Häufigkeit verändert, andere sind mit ihren Trägern ganz verloren gegangen. Je kleiner die Population – oder je schwerwiegender das Ereignis – um so größer auch die Wirkung auf die Zusammensetzung im Genpool. Bei sehr kleinen Populationen reicht es manchmal sogar, wenn ein einzelnes Individuum (zufällig) nicht alle seine Gene an die Nachkommen weitergibt, vor allem dann, wenn das Individuum der einzige Träger eines Gens (oder mehrerer Gene) war. Dieses Gen geht durch den Tod des Trägers somit der ganzen Population verloren.

„Der Genpool der überlebenden Population hat sich nach einer Katastrophe durch den Zufallseffekt meist verändert."

Diese Art von Gendrift ist besonders für Gründerpopulationen schwierig. Denn dies sind in der Regel sehr kleine Populationen, die mit nur wenigen Individuen einen neuen Lebensraum besiedeln. Man nennt diese Gendrift auch Gründereffekt. Gendrift und Gründereffekt werden durch Isolation (z. B. bei Inselpopulationen) zusätzlich verstärkt. Wenn eine Population – wodurch auch immer – auf eine sehr kleine Größe zusammenschrumpft und dann wieder anwächst bezeichnet man dies auch als genetischen Flaschenhals. In diesem Fall kann eine Gendrift ganz ohne Selektionsdruck zu dramatischen Veränderungen in der Genfrequenz führen. Die anschließende Population verändert sich dann gegenüber der ursprünglichen sehr stark. Gehen dabei allerdings zu viele vorteilhafte Veränderungen verloren, führt dies unter Umständen auch zum Aussterben einer Population.

Bei der genetischen Drift werden prinzipiell nachfolgende Möglichkeiten unterschieden:

Umweltkatastrophen wie verheerende Überschwemmungen können Auslöser eines Gendrifts sein, der die natürliche Entwicklung einer Population entscheidend beeinflusst. Nicht der Anpassungsgrad bestimmter Eigenschaften an die Umwelt, sondern der Zufall – die überwiegende Verbreitung bestimmter Merkmale bei den überlebenden Individuen oder der gänzliche Verlust von Merkmalen im Genpool – entscheidet über die weitere Entwicklung und bewirkt auf diese Weise häufig Veränderungen des Genpools.

Infolge genetischer Untersuchungen wird vermutet, dass alle heute lebenden Geparde von einer sehr kleinen Stammgruppe abstammen, d. h. im Lauf ihrer Entwicklung durch einen „genetischen Flaschenhals" gegangen sind. So kann Gewebe ohne Abstoßungsreaktion von einem Tier aufs andere übertragen werden, dies ist sonst nur bei eineiigen Zwillingen der Fall.

„Gendrift und Selektion führen zu Veränderungen im Genpool."

- **Kontinuierliche Drift**: Weil die Population zahlenmäßig klein bleibt, wirken Zufallsereignisse in jeder Generation.
- **Zeitweilige Drift**: Die Population wird nur gelegentlich so stark reduziert (z. B. durch besonders harte Winter), dass eine genetische Drift nur punktuell wirksam werden kann, dann aber sehr stark (Flaschenhalseffekt).
- **Einmalige Drift**: Eine Population wird durch eine einmalige Naturkatastrophe reduziert oder besiedelt mit einer kleinen Population neue Gebiete (Flaschenhals oder Gründereffekt).

Gendrift und Selektion wirken jeweils gleichzeitig auf eine Population. Beide führen zu Veränderungen im Genpool. Dabei spielt in sehr großen Populationen die Gendrift eine kleinere Rolle als die Selektion, doch je kleiner die Population, umso größer die Auswirkungen der Gendrift. In sehr kleinen Populationen übertrifft sie die selektionsbedingten Veränderungen sogar.

Getrennte Weiterentwicklung

Wenn Gruppen von Individuen einer Art voneinander getrennt werden, entwickeln sie sich unterschiedlich weiter. Solche Trennungen können durch verschiedene Ereignisse herbeigeführt werden und verlangen von den betroffenen Populationen neue Anpassungen, wie etwa bei Klimaveränderungen. Auch wenn eine Teilpopulation neue Gebiete besiedelt und dadurch eine räumliche Trennung (Separation) eintritt, bilden sich gesonderte Populationen. Nach der Separation und Isolation entwickeln sich die Populationen unterschiedlich weiter, denn zwischen ihnen findet kein Genaustausch mehr statt. Der Genpool wird aufgetrennt. Die getrennten Populationen zeigen deshalb nach einiger Zeit immer mehr Merkmalsunterschiede, da

- jede Population von Anfang an eine etwas andere Genzusammensetzung im Genpool besitzt.
- unterschiedliche Mutationen auftreten, die zu weiterer Variabilität im Genpool führen.
- eine unterschiedliche Selektion wirkt (verschiedene Umwelten).
- unterschiedliche Zufallswirkungen eintreten (Gendrift).

Solange diese voneinander getrennten Populationen noch fruchtbare Nachkommen miteinander zeugen können, spricht man von unterschiedlichen Rassen. Wenn aber diese gemeinsame Fortpflanzung nicht mehr möglich ist, entwickeln sich verschiedene Arten.

Isolation trägt also zunächst einmal dazu bei, dass bestimmte Teilpopulationen sich nicht mehr miteinander fortpflanzen und der Genfluss zwischen ihnen gestoppt wird. Dies geschieht häufig aus einem Selektionsdruck heraus. Die Wege, die dabei eingeschlagen werden, sind oft zufällig. Als isolationsfördernd bzw. als Isolationsmechanismen können dabei wirken:

> „Isolation trägt dazu bei, dass bestimmte Teilpopulationen sich nicht mehr miteinander fortpflanzen können und der Genfluss zwischen ihnen gestoppt wird."

- **Jahreszeitliche bzw. tageszeitliche Isolation** (zyklische I.): Die Populationen könnten sich rein theoretisch paaren, haben jedoch unterschiedliche Paarungszeiten entwickelt.
- **Genetische Isolation** (reproduktive I.): Mutationen verhindern die Fortpflanzung mit der Ursprungspopulation. Eine neue Art ist entstanden.
- **Geografische Isolation** (Separation): Hierbei werden zwei Populationen durch geografische Barrieren voneinander getrennt (Naturereignisse, Abwanderung).
- **Ökologische Isolation**: Verschiedene Populationen einer Art leben zwar im selben Gebiet, doch sie nutzen die Ressourcen auf unterschiedliche Weise. So kann beispielsweise Nahrungs-

Beim westaustralischen Seepferdchen Hippocampus subelongatus paaren sich nur gleich große Tiere, weil sie dadurch ihre Fortpflanzungserfolge erhöhen. Die langfristige Konsequenz ist die Aufspaltung in zwei Arten: große und kleine Seepferdchen.

mangel dazu führen, dass sich verschiedene Teilpopulationen auf unterschiedliche Ernährungsweisen spezialisieren, also unterschiedliche ökologische Nischen besetzen.

Die Isolation ist ein sehr wichtiger Evolutionsfaktor bei der Artbildung (Speziation). Sie wirkt oftmals sogar evolutionsbeschleunigend. Diese Beschleunigung lässt sich sehr deutlich bei der Artentwicklung auf isolierten Inseln beobachten. Sowohl Pflanzen- als auch Tierwelt entfalten sich hier deutlich schneller als die Verwandten auf dem Festland. Die Artenbildung erreicht dann Geschwindigkeiten, die sonst nirgends zu beobachten sind, sodass ein großer Artenreichtum schon nach relativ kurzer Zeit erreicht wird.

Auch der Mensch trägt immer wieder zur Isolation von Teilpopulationen bei, indem er verschiedene Arten in fremde Lebensräume einschleppt: Dingos nach Australien, Ratten nach Neuseeland, Stare nach Amerika, Papageien, Waschbären und die ursprünglich in Nordamerika beheimatete, Allergie auslösende Ambrosiapflanze nach Europa. Der Mensch ist geradezu ein Meister im Verbreiten von Arten rund um die Welt, womit er nicht nur zur Isolation einer Teilpopulation beiträgt, sondern teilweise auch einen enormen Selektionsdruck auf heimische Arten ausübt. Insofern ist der Mensch selbst zu einem beschleunigenden Evolutionsfaktor geworden.

Kurze Geschichte der Beuteltiere

Beuteltiere unterscheiden sich von den Höheren Säugetieren vor allem dadurch, dass sie ihre Jungtiere in einem frühen embryoähnlichen Stadium zur Welt bringen, und diese danach im Beutel der Mutter heranwachsen. Die meisten Wissenschaftler gehen davon aus, dass Beuteltiere und Höhere Säugetiere als Theria bezeichnete gemeinsame Vorfahren haben.

Spätestens vor 125 Millionen Jahren kam es dieser Theorie zufolge zur Aufspaltung der beiden Unterklassen. Während – wie im Lauf der Entwicklungsgeschichte aus verschiedenen Gründen auch in Asien und der Antarktis – in Nordamerika ab dem Ende der Kreidezeit die meisten Beutelsäuger durch aus Asien eingewanderte Säugetiere verdrängt wurden und auch in Südamerika nach der Verbindung mit Nordamerika vor rund 2,5 Millionen Jahren viele Beuteltiere ausstarben, konnte sich in der geografisch isolierten Lage Australiens eine große Artenvielfalt entwickeln.

Große Bildseite: Beuteltiere wie Wombat (l.o.), Opossum (r.o.), Känguru (l.u.) oder Beutelteufel (r.u.) sind durch geografische Isolation heute nur noch auf dem australischen und z. T. auf dem amerikanischen Kontinent beheimatet. Auch der Mensch verursacht durch das Einschleppen fremder Arten in artuntypische Lebensräume Isolations- und Selektionsfaktoren. Z. B. das ursprünglich vom indischen Subkontinent stammende drüsige Springkraut und auch der Mönchssittich, ursprünglich in Südamerika beheimatet, sind inzwischen auch in den USA und Westeuropa heimisch.

Genfluss

Eine andere Form der Neumischung von Genen findet durch Genfluss statt. Dies bedeutet, dass die Gene zwischen verschiedenen Populationen ausgetauscht werden. Dabei wandern einzelne Individuen aus einer Population ab (in eine andere Population), während aus anderen Populationen neue Individuen hinzukommen. Dadurch verschwinden auch Gene aus der Population (seltene Gene können der Population so ganz verloren gehen), während anderseits ganz neue Gene dazukommen, die sich nun mit den „Daheimgebliebenen" neu mischen.

Je nach Größe der beteiligten Populationen kann zwischen verschiedenen Modellen unterschieden werden:

- **Kontinent-Insel-Modell**: Genfluss zwischen einer sehr großen und einer sehr kleinen Population. Ein effektiver Genfluss geschieht hier nur in eine Richtung. Evolutionäre Veränderungen sind nur in der kleinen Population zu erwarten.
- **Insel-Modell**: Zufälliger Genfluss zwischen verschiedenen kleinen Populationen.
- **Trittstein-Modell**: Ein Genfluss erfolgt ausschließlich zwischen den Nachbarpopulationen.
- **Isolation-durch-Entfernen-Modell**: Ein Genfluss findet nur zwischen lokalen Nachbarschaften statt in einer ansonsten kontinuierlich verteilten Population.

Für die menschliche Population können solche Modelle nur bedingt angewendet werden. Vor allem in der westlichen Welt führt die große Mobilität der Menschen zu einem permanenten Genfluss auch über große Entfernungen hinweg. Dennoch haben wir Kulturen und Volksstämme, die relativ isoliert leben. In diesen Kulturen herrscht ein mehr oder weniger deutliches Trittstein-Modell vor, wobei die Öffnung zu den westlichen Industrienationen dann zum Kontinent-Insel-Modell führt.

Vor allem bei kleineren Populationen wie bei den Amerikanischen Bisons, deren Bestand heute wieder etwa 350.000 Tiere umfasst, kann die Abwanderung mehrerer Tiere entscheidenden Einfluss auf die Neuverteilung von Erbanlagen im Genpool und somit die weitere Entwicklung dieser Gruppen haben. Kälber und Kühe der Bisons leben in etwa 50 Tiere umfassenden Herden, Bullen als Einzelgänger oder in kleinen Gruppen, die zu Beginn der Paarungszeit im August und September eine Herde aufsuchen. In Präriegegenden waren Wanderbewegungen zur Erschließung neuer Weidegründe und Wasserstellen unerlässlich. Größere Wanderbewegungen gibt es heute nur noch in Alberta, wo Bisonherden sich zweimal jährlich über 250 km weit von ihrem Ausgangsort entfernen.

Kosmische und physikalische Evolution

Die Bausteine des Lebens

Die biologische Evolution beginnt mit den ersten Lebewesen, doch die Bausteine dafür entstanden schon früher. Es sind größtenteils hochkomplexe Moleküle, die ebenfalls einer Entwicklung unterlagen. Diese begann mit einfachen Strukturen, die aus Atomen und Atombausteinen entstanden, welche sich im Laufe der Zeit zu immer größeren Verbindungen zusammenschlossen. Die vorbiologische Evolution beginnt bereits mit der Entstehung von Materie, also mit den Anfängen unseres Universums. Sie wird daher als kosmische bzw. physikalische Evolution bezeichnet.

Der Begriff Evolution wird von Biologen häufig auf die Entwicklungsgeschichte von Lebewesen begrenzt. Die davor liegende Evolution wird dagegen eher als Entwicklung bezeichnet. Angesichts der imposanten Vorgänge bei der Geburt des Universums und bei der Entstehung von Materie kann das Wort Entwicklung hier jedoch durchaus als zu profan empfunden werden. Wer schon versucht hat, in die Geheimnisse der Entstehung unseres Weltalls vorzudringen, wird auch hier wohl treffender von Evolution sprechen wollen.

Urknall und frühes Universum

Der Anfang des Universums

Der Begriff Urknall, oder „Big Bang", war ursprünglich die spöttische Erwiderung von Fred Hoyle (1915–2001) auf die Idee, das Universum könne durch eine gewaltige Explosion entstanden sein. Ein Gedanke, der erstmals von Georges Edouard Lemaître (1894–1966) geäußert wurde, der sich das Universum quasi als „kosmisches Ei" vorstellte, in dem bereits die gesamte, heute im Universum vorhandene Materie auf einen kleinen heißen Punkt zusammengepresst war. Dieser Anfangszustand, den er „primordiales Atom" oder „Uratom" nannte, sollte im Moment der Entstehung explodieren, um alle Materie herauszuschleudern, die durch die Wucht der Explosion auseinander stob und auch heute noch expandiert. Seine Idee stand ganz im Widerspruch zu der damals vorherrschenden Meinung, dass sich das Universum in einem statischen Zustand befinde. Selbst Albert Einstein (1879-1955) befürwortete noch bei der Entwicklung seiner Relativitätstheorie die Idee des Steady-State Universums. Erst als Edwin Hubble (1889-1953) im Jahre 1929 nachwies, dass sich das Universum tatsächlich ausdehnt, entwickelte sich die Urknalltheorie zum Standardmodell der Kosmologie. Denn etwas, dass sich kontinuierlich ausdehnt, muss schließlich irgendwann einmal im „Kleinen" ausgelöst worden sein: dem Urknall.

Die Expansion des Weltalls wurde später durch moderne Messmethoden noch häufiger bestätigt,

> **„Erst als Hubble nachwies, dass sich das Universum tatsächlich ausdehnt, entwickelte sich die Urknalltheorie zum Standardmodell der Kosmologie."**

Nach dem Standardmodell der Kosmologie ist der Urknall der Beginn des Universums. Er bezeichnet im strengen Sinn keine „Explosion" in einem bestehenden Raum, sondern die gemeinsame Entstehung von Zeit, Materie und Raum. Zu Beginn ist, vereinfacht ausgedrückt, alles Eins: Materie, Energie, Raum und Zeit, alles ist vereint. Erst nach der Ur-Explosion beginnt das Universum zu expandieren und macht dies bis heute.

sodass sich diese Theorie immer mehr verfestigen konnte. Die Geschwindigkeit, mit der sich das Universum ausdehnt (Hubble-Konstante), wurde unter anderem dazu benutzt, in der Zeit rückwärts zu schauen, um den Anfang der Ausdehnung und die Zeit des Urknalls zu extrapolieren. Mit den Methoden von heute wird das Alter des Universums auf 14-15 Mrd. Jahre geschätzt.

Ein weiteres Indiz für die Urknalltheorie ist die kosmische Hintergrundstrahlung, die Anfang der 60er-Jahre des 20. Jh. entdeckt wurde, ein Überrest des Urknalls. Die kosmische Hintergrundstrahlung ist eine elektromagnetische Strahlung im Mikrowellenbereich. Sie wird manchmal auch 3-Kelvin-Strahlung genannt, denn sie strahlt mit einer Temperatur von 3 Kelvin (das entspricht –270° C, da 1 Kelvin, der absolute Nullpunkt, –273° C ist). Diese „Wärmestrahlung", deren Quelle der Urknall ist, füllt unser gesamtes Universum aus.

Im Gegensatz zu Lemaître geht das Urknall-Modell heute nicht mehr von einer einfach zusammengepressten Materie aus. Materie wie wir sie kennen ist unter den Bedingungen, die beim Urknall vorherrschten, nicht existent gewesen.

Aber welche Bedingungen herrschten zur Zeit des Urknalls? Diese Frage konnten Astronomen, Astrophysiker und Physiker bis heute nicht endgültig beantworten. Wohl aber sind sie der Stunde Null oder dem Punkt Null, wie der Urknall auch genannt wird, in den letzten Jahren bis auf wenige Sekundenbruchteile auf den Leib gerückt und haben dazu immer wieder neue Modelle entworfen. Modelle, welche manchmal selbst die Vorstellungskraft der sich damit beschäftigenden Wissenschaftler übersteigt.

Vereinfacht ausgedrückt war zum Zeitpunkt Null alles Eins: Materie und Energie, Raum und Zeit, alles war vereint. Dichte und Druck waren unendlich groß und keine der heute gültigen naturwissenschaftlichen Gesetze kamen zur Wirkung. Dieser einzigartige, schwer vorstellbare Zustand der absoluten Formlosigkeit wird in der Wissenschaft als Singularität und im Falle des Urknalls auch als

„Mit den Methoden von heute wird das Alter des Universums auf 14–15 Mrd. Jahre geschätzt."

Anfangssingularität bezeichnet (schwarze Löcher werden ebenfalls oft als Singularität beschrieben). Die Geschichte des Universums beginnt aber „erst" 10-43 Sekunden nach Null. Das heißt, 10-43 Sekunden nach dem Urknall beginnt die beschreibbare Welt und die kosmische Zeit. 10-43 Sekunden sind ein unfassbar kleiner Teil einer Sekunde – eine Sekunde, die geteilt wurde durch eine Zahl, die aus einer 1 mit 43 Nullen besteht! Und doch ist genau dies die Grenze, wo die Physik aufhört, eine Grenze, die in Wahrheit für Physiker eine gewaltige Mauer darstellt, über die sie nur zu gerne hinüberschauen würden. Doch in der Physik gibt es keine kleinere Zeiteinheit als diese 10-43 Sekunden, die auch Planck-Zeit genannt wird. In dieser Dimension fließt Zeit nicht, sie hüpft in winzigen Sprün-

Schwarze Löcher sind streng genommen gar keine Löcher, sondern Überreste von toten Sternen. Nach ihrem Tod werden sie so stark zusammengepresst, dass unendlich viel Materie in einem Punkt konzentriert wird. Dabei wird ihre Anziehungskraft so groß, dass ihnen nicht einmal Licht entkommen kann – daher auch der Name „schwarzes Loch". Hier eine grafische Darstellung eines schwarzen Loches. Eine Singularität, ähnlich der Singularität des Urknalls.

gen, nämlich um genau die besagten 10-43 Sekunden. Zwischen diesen Sprüngen existiert Zeit nicht. Für Nichtwissenschaftler eine absurde Vorstellung. Doch im Allerkleinsten sind auch die naturwissenschaftlichen Gesetze kleiner und feiner. Mit unserer groben Betrachtungsweise können wir hier nichts mehr messen und erkennen. Dieses Hüpfen der Zeit kennen Physikinteressierte übrigens schon von der Energie, die sich im Kleinen betrachtet, ebenfalls nur in den berühmten Quantensprüngen fortbewegt.

Die zeitliche Grenze, die der Physik gesetzt ist, ist eng verbunden mit einer räumlichen Grenze. Das ist die Strecke, die das Licht in 10-43 Sekunden durchläuft, und das sind 10-35 cm, die Planck-Länge. Die Mauer, die Physikern gesetzt ist beträgt also 10-43 Sekunden in der Zeit und 10-35 cm in der Länge und wird gelegentlich als Planck-Mauer bezeichnet.

Innerhalb dieser Mauer herrschte die Planck-Ära. Sie hat weder eine Dauer, da in ihr keine Zeit herrscht, noch eine räumliche Eigenschaft, da sie überhaupt keine Dimensionen hat.

Die Beschreibung der kosmischen Evolution beginnt daher nicht bei Null, sondern ab dem Ende der Planck-Ära. Für den Normalbürger eine vernachlässigbare Größe. Doch kaum eine Hürde ist schwerer zu überwinden und für Physiker, Mystiker und Philosophen daher ein unerschöpfliches Gebiet für Theorien und Spekulationen. Einige dieser Theorien setzen den Anfang mit einer Idee gleich, einer Information und meinen das physikalisch. Für andere ist diese Idee aber bereits mit einem Bewusstsein ausgestattet, und für wieder andere sind wir damit bei Gott angelangt.

Die Zeit nach der Planck-Ära lässt sich wissenschaftlich beschreiben. Das winzige Universum war

Wie weit wir auch letztlich mit Hilfe hochentwickelter Teleskope (hier das Weltraumteleskop Hubble) in den Weltraum – und damit in die Vergangenheit – hineinblicken können, der Punkt Null des Urknalls wird sicher noch lange unergründet bleiben.

extrem heiß, es hatte eine Temperatur von 1.032 Kelvin, die Planck-Temperatur. Man ahnt es schon, dies ist ebenfalls eine Grenze. Es handelt sich um die höchstmögliche Temperatur, die wir kennen. Eine schlagartige Expansion folgte, in der sich Zeit und Raum ausdehnten, letzterer auf die uns bekannten drei Dimensionen. In dieser als inflationär bezeichneten Phase hat sich das Universum innerhalb von Sekundenbruchteilen um einen Faktor von etwa 1.050 ausgedehnt, wobei es deutlich abkühlte und schließlich etwa einen Meter Durchmesser besaß. Diese Ausdehnung konnte nur mit Überlichtgeschwindigkeit erfolgen, brach jedoch keine physikalischen Gesetze, denn sie betraf die Entkrümmung und Streckung des gesamten Kosmos, während naturwissenschaftliche Gesetze nur für Vorgänge innerhalb des Universums gelten. Materie gab es zu dieser Zeit noch nicht. Es explodierte also nicht Masse, sondern Raum und Zeit. Nach der inflationären Phase verlangsamte sich die Geschwindigkeit, die Expansion des Universums reduzierte sich auf die Geschwindigkeit, die wir auch heute noch messen.

Die Vorstellungsschwierigkeit zementiert sich in der Frage wohin sich das Universum denn ausgedehnt hat und noch immer ausdehnt, da es ja vor ihm gar keinen Raum gab und gibt. Von den Physikern erhält man gern zur Antwort: „Es dehnt sich in sich selbst aus". Oder man bekommt die Gegenfrage: „Wo fängt die Kugel an und wo hört sie auf?", was nichts anderes demonstriert, als dass was wissenschaftlich beschreibbar ist, noch lange nicht begreifbar sein muss.

Die Entstehung von Materie

Das Universum ist nur Bruchteile von Sekunden alt, nämlich 10-33 Sekunden, als sich die Grundbausteine der heutigen Materie bilden, Quarks und Antiquarks. Diese Phase wird als Quark-Ära bezeichnet. Aus diesen ersten Elementarteilchen werden später die Protonen und Neutronen aufgebaut. Die Tem-

„Die Beschreibung der kosmischen Evolution beginnt nicht bei Null, sondern ab dem Ende der Planck-Ära."

peratur war aber noch so hoch, dass sich keine stabilen schwereren Teilchen bilden konnten. Vielmehr war eine besondere und exotische Materienform entstanden, wie sie unter normalen, irdischen Bedingungen nicht vorkommt: das „Quark-Gluon-Plasma".

Gluonen sind „Klebeteilchen" ohne Masse, die später den Zusammenhalt zwischen den Quarks bewirken und die starken Kräfte in der Kernphysik verursachen. Im Quark-Gluon-Plasma aber schwammen quasi freie Quarks und Gluonen herum. Ein Zustand wie er heute höchstens in Neutronensternen vermutet wird. Mit dem Quark-Gluon-Plasma begann auch die physikalische Evolution, die Entwicklung von den ersten Materie-Bausteinen bis hin zu den großen Planeten, Sternen und Galaxien.

Grafische Darstellung eines Pulsars, eines schnell rotierenden Neutronensterns. Man nimmt an, dass heutzutage höchstens im Zentrum solcher Neutronensterne noch Quark-Gluon-Plasma existiert.

*Die Europäische Organisation
für Kernforschung (CERN) hat
ihren Sitz in der Schweiz, nahe
der Stadt Genf. Am CERN wird
in erster Linie physikalische
Grundlagenforschung betrieben, wobei die Einrichtung vor
allem durch ihren Teilchen-
beschleuniger bekannt
geworden ist.*

„Die nächsten 300.000 bis 400.000
Jahre passierte außer der dauernden
Expansion des Universums nicht viel."

Elektromagnetische Kraft. Außerdem konnten, je weiter die Abkühlung voranschritt, Protonen, Neutronen, Elektronen und andere Elementarteilchen entstehen.

Rund 10 Sekunden nach dem Urknall begann dann die sogenannte „primordiale Nukleosynthese" (auch Nukleogenese oder Elemententstehung), die nur etwa drei Minuten dauerte. In dieser Phase bildeten sich durch Kernfusion die ersten stabilen Atomkerne: Wasserstoff, das zuerst entstand und Helium (alle schwereren Elemente stammen aus Fusionsreaktionen in den späteren Sternen, bei der „stellaren Nukleosynthese"), in einem Verhältnis von etwa 75 % Wasserstoff und 25 % Helium. Somit begann das Zeitalter der atomaren Materie und zwar mit dem Element Wasserstoff.

Nach den ersten drei Minuten fielen Temperatur und Dichte des expandierenden Universums unter die für Kernfusionen kritische Grenze. Das heißt, die Phase der Nukleosynthese wurde beendet.

Die „Materie-Ära" hatte begonnen und löste damit die auch als Strahlungs-Ära bezeichnete Phase ab, in der elektromagnetische Strahlung den Hauptanteil der Energiedichte im Kosmos ausmachte. Diese Energie stand noch sehr lange in Wechselwirkung mit der Materie, bildete quasi eine Art „Lichtbrei", doch da ohne Atome kein Licht entweichen konnte, war der Kosmos selbst undurchsichtig und dunkel.

Die nächsten 300.000 bis 400.000 Jahre passierte außer der dauernden Expansion des Universums nicht viel. Dann, nach etwa 400.000 Jahren, war die Temperatur so weit abgekühlt – auf etwa 3.000 Kelvin – dass Atomkerne mit Elektronen stabile Atome bilden konnten. Nun konnten sich auch die Fotonen, die Lichtteilchen, und damit das Licht selbst ungehindert ausbreiten. Das Universum wurde durchsichtig. Es bestand nun aus allem, was es auch heute noch ausmacht: Strahlung und Materie in Form von Atomen. Mit der Ausdehnung des Universums kühlte das Licht weiter ab. Heute können wir es als Nachwärme oder Nachglühen des Urknalls in Form von Radiostrahlung wahrnehmen, die mittlerweile auf 3 Kelvin abgekühlt ist. Es handelt sich

Im Jahre 2000 konnte am europäischen Zentrum für Elementarteilchenforschung CERN bei Genf erstmals ein solches Quark-Gluon-Plasma künstlich erzeugt werden. Es bildet sich nur unter extremen Bedingungen: extrem hohe Dichte und extrem hohe Temperaturen. Der Triumph für die Physiker besteht unter anderem darin, einmal mehr den Nachweis geliefert zu haben, dass ein theoretisch bzw. aus physikalischen Gesetzen heraus postuliertes Modell tatsächlich existieren kann, wodurch sich die darauf beruhenden Theorien erhärten.

Im Zuge der weiteren Ausdehnung des Universums und der damit einhergehenden Abkühlung spaltete sich auch die sogenannte „Urkraft" nach und nach in die vier Grundkräfte der Physik auf: Schwerkraft, Starke und Schwache Kernkraft und dabei um die kosmische Hintergrundstrahlung. Es erzählt den Physikern und Astronomen von der Zeit 400.000 Jahre nach dem Urknall, als das Licht sich von der Materie trennte.

Entstehung von Sternen und Planeten

Durch die Trennung von Strahlung und Materie geriet letztere stärker unter den Einfluss der Schwerkraft (Gravitation). Schon zuvor, während der inflationären Phase, sollen räumliche Dichteschwankungen durch Quantenfluktuation entstanden sein. Mit dem Begriff Quantenfluktuation versucht man einen schwer vorstellbaren Prozess mit einem Wort zu erfassen. Wir sollen uns vorstellen, dass selbst dann, wenn eigentlich (noch) nichts da ist – wie in einem Vakuum oder im Urknall – Veränderungen bzw. Schwankungen (Fluktuationen) in diesem Nichts stattfinden können. Diese Schwankungen führen letztlich zu einer Veränderung des gesamten Nichts (Quantenschaum), was sich auf spätere Prozesse auswirkt. Im Falle des Urknalls führten sie zu einer späteren ungleichen Aufteilung der räumlichen Dichte. Räumliche Dichteschwankungen und Gravitation formten im Universum nach etwa einer Million Jahren einfache, großräumige Strukturen. Hätte es diese Asymmetrie nicht gegeben, wäre nie ein Universum mit Sternen und Planeten entstanden. In Raumgebieten mit höherer Massedichte begann Materie dann zu kollabieren, in Folge davon entstanden Gaswolken, die überwiegend aus Wasserstoff bestanden.

Solche Gas- oder Staubwolken sind die Geburtsstätten von Sternen und Planeten. Aufgrund ihrer Schwerkraft können sie kollabieren und sich so zu Sternen verdichten. Da diese Nebel unterschiedliche Größen haben, haben auch die aus ihnen entstehenden Sterne und Planeten unterschiedliche Größen.

Die ersten Sterne sind tatsächlich schon sehr früh entstanden, nämlich vor ca. 13,7 Milliarden Jahren.

„Räumliche Dichteschwankungen und Gravitation formten im Universum nach etwa 1 Millionen Jahren einfache, großräumige Strukturen."

Daneben bildeten sich Kugelsternhaufen und die ersten Galaxien. Unsere eigene Milchstraße ist etwa 13,6 Milliarden Jahre alt.

Bei der Sternenentwicklung verdichteten sich die Wasserstoffwolken so stark, dass der Druck im Zentrum dazu führte, dass sich die Wasserstoffatome zu Heliumatomen verbanden (Kernfusion). Damit war der Stern „gezündet", dass heißt, er begann zu strahlen. Die erste Generation von Sternen bestand, im Gegensatz zu den heutigen, überwiegend aus Wasserstoff und Helium, denn die schwereren Elemente gab es noch nicht, sie wurden erst durch diese Fusionen gebildet.
Wenn der Wasserstoff in einem Stern zu Helium „verbrannt" ist, dann beginnt das Helium zu brennen und es entsteht Kohlenstoff. Danach verbrennt Kohlenstoff und so weiter. So entstanden und entstehen alle schweren Elemente bis zum Eisen, das sind 27 Elemente. Dabei werden Elemente wie Eisen

Sterne faszinieren uns Menschen seit Jahrtausenden. Ihre Entstehung ist ein komplexer Vorgang, bei dem sich riesige Gasnebel, welche im Weltall umhertreiben, zu Gaskugeln zusammenziehen. Der Druck innerhalb einer solchen Kugel führt dazu, dass das Gas im Inneren zu schmelzen beginnt und dabei glüht.

nur in schweren Sternen gebildet. Ein mittelgroßer Stern wie unsere Sonne bringt es höchstens bis zum Kohlenstoff oder Sauerstoff. Da Eisen nicht mehr weiter verbrannt werden kann, stoppt hier der Prozess. Die noch schwereren Elemente entstehen dann beim Sternensterben.

Viele Sterne explodieren am Ende ihres Lebenszyklus in Form einer Supernova. Dabei werden hochenergetische Neutronen freigesetzt, die von anderen Elementen eingefangen werden können. Da sie dadurch schwerer werden, werden so die schweren Elemente jenseits von Eisen gebildet.

So gesehen, bestehen wir tatsächlich alle aus Sternenstaub. Denn jedes Atom in unserem Körper, wie auch die Atome der uns umgebenden Materie verdanken wir der Elementsynthese in den Sternen. Der Wasserstoff in uns wurde allerdings schon in den ersten drei Minuten nach der Entstehung des Universums gebildet. Daher kann man sagen, dass wir alle einen Teil des ganz frühen Universums in uns tragen.

Die Häufigkeitsverteilung der Elemente im Universum spiegelt ihre Entstehungsgeschichte wider. Am häufigsten tauchen Wasserstoff und Helium auf. Je schwerer ein Element ist, desto umfangreicher ist sein Entstehungsprozess, desto später ist seine Entstehung anzusetzen und desto weniger häufig ist es aufzufinden.

Nach der Explosion eines Sternes bleiben Nebel aus Gas und Staub übrig. Aus ihnen kann sich eine neue Generation von Sternen bilden. Die Sterne ab der zweiten Generation haben dann eine andere Zusammensetzung als die der ersten Generation, denn sie besitzen von Anfang an auch schwerere Elemente.

Zur Bildung von Planeten sind auf jeden Fall schwerere Elemente nötig. Planeten konnten deshalb nicht mit der ersten Generation von Sternen gebildet werden. So ein System aus Stern und Planeten (Sonnensystem) bildete sich also frühestens ab der zweiten Sternengeneration. Damit ist auch unser Sonnensystem bzw. Planetensystem ein Kind der zweiten Generation der Sternenbildung. Es entstand vor etwa 4,5 Milliarden Jahren.

Als Planetensystem wird eine Ansammlung von massereichen Körpern bezeichnet, die sich – durch die Schwerkraft gebunden – um wenigstens einen Zentralstern bewegen. Große Körper werden Plane-

ten genannt. Daneben gibt es Satelliten, Zwergplaneten, Planetoiden und andere Kleinkörper wie Kometen, Asteroiden, Meteoroiden sowie Staub und Gasteilchen, welche alle durch die Anziehungskraft des Zentralgestirns in einem System zusammengehalten werden. Manche Planetensysteme haben auch mehr als eine Sonne. Unser Sonnensystem mit nur einer Sonne gehört zu den Einfach-Sternensystemen.

Nach der heutigen Vorstellung haben sich Sonnensysteme wie das unsere aus einem ausgedehnten interstellaren Nebel (Urnebel) gebildet, der aus Gas und Staubpartikeln bestand. Dieser Urnebel oder diese Urwolke war das Überbleibsel einer Supernovaexplosion und daher mit schwereren Elementen angereichert. Irgendwann stürzte fast die gesamte Materie der Urwolke ins Zentrum und bildete den Protostern. Um die rotierende Wolke hatte

In einer einzigen Galaxie wie der Spiral-Galaxie M51 (großes Bild links) kommen unzählige Sterne und Planeten in ganz unterschiedlicher Masse, Zusammensetzung und Größe vor. In dieser Vielzahl von Erscheinungsformen ist die Erde (kleines Bild oben in der Mitte) nur eine Möglichkeit unter unendlich vielen.

In unserem Sonnensystem wird die Sonne von den Planeten Merkur, Venus, Erde, Mars, Jupiter, Saturn, Uranus, Neptun und fünf Zwergplaneten, zu denen nach neuerer Definition auch Pluto gehört, umkreist. Für ein Planetensystem ist es ungewöhnlich nur eine Sonne zu haben, die meisten anderen Systeme besitzen zwei Sonnen, um die sich alles dreht.

sich aber auch, durch die nach außen wirkenden Fliehkräfte, eine rotierende Scheibe aus der verbliebenen Materie gebildet, eine protoplanetare Scheibe oder Akkretionsscheibe. Aus dieser protoplanetaren Scheibe entstanden durch Verklumpung von Staubteilchen über mehrere Zwischenstufen die Planeten. Vor ca. 4,5 Mrd. Jahren entstand mit unserer Sonne auch unser gesamtes Planetensystem, also auch unsere Erde. Sie entstand acht Lichtminuten von der Sonne entfernt wie die anderen Planeten auch über ein sogenanntes Planetensimal, ein Körper, der sich über Akkretion (Wachstum durch Anlagerung), also über die chemische Bindung und Oberflächenhaftung aufeinanderprallender Teilchen bildet. Beschleunigt durch die zunehmende Gravitation wuchs sie weiter auf die Größe eines Protoplaneten. Durch häufige Einschläge von Meteoriten und Asteroiden – das frühe Sonnensys-

tem enthielt noch viel mehr planetenungebundenes Material als das heutige – nahm sie weiter Masse auf, und eine weißglühende Kugel mit zähflüssigem Magma wurde geformt. Dann wurde ein Teil der Magmamassen durch den Einschlag von Theia – einen marsgroßen Protoplaneten – weggeschleudert und bildete fortan unseren Mond. Der Mond wiederum bewirkte eine Beschleunigung der Erdrotation, sodass durch den nunmehr verkürzten Tag-Nacht-Wechsel die Temperatur sank. Damit war eine der vielen Vorraussetzungen geschaffen, um auf der Erde weitere evolutionäre Entwicklungen in Gang zu setzen.

Die Evolution geht weiter

Das Universum ist nicht statisch

Noch heute werden ständig neue Sterne und Planeten geboren, auch in unserer Milchstraße. Andere Sterne sterben, explodieren als Supernova und hinterlassen wieder „Kinderstuben" für neue Sterne. Neben der Expansion des Universums, der Bewegung von Sternen, Planeten und Galaxien mit ihren Eigenrotationen herrscht im Weltall ein ständiges Werden und Vergehen. Das Universum ist alles andere als statisch, es wirkt sogar sehr lebendig.

Und dabei entwickelt sich das Universum weiter, dehnt sich weiter aus. Die bisher vorherrschende Meinung war, dass irgendwann alle Sterne gestorben sind, denn irgendwann ist aller Wasserstoff verbrannt und alles Helium und alle folgenden Elemente ebenfalls. Oder, die Sterne kollabieren zu schwarzen Löchern, bis das Universum eine gähnende Leere mit vereinzelten schwarzen Löchern ist, die sich ebenfalls irgendwann auflösen. Mit der Expansion treibt die Materie immer weiter auseinander, irgendwann zerfällt sie wieder in ihre Elementarteilchen, die ebenfalls auseinandertreiben. Das Universum würde ereignislos und damit wieder zeitlos und überschreitet damit die Grenze zur Unendlichkeit.

Daneben gab und gibt es immer wieder auch andere Modelle. Eine entgegengesetzte Theorie ist die eines kollabierenden Kosmos, ein Universum, dessen Expansion sich verringert, endet und umgekehrt wird, da die Schwerkraft der Materie es zu einem neuen Kollaps drängt. So stürzt alles wieder in sich zusammen wie in ein schwarzes Loch, um dann womöglich wieder ein neues Universum zu gebären.

Welches Schicksal unserem Universum tatsächlich bevorsteht, wird nicht zuletzt von seiner Masse- und Energiedichte mitbeeinflusst.

Seitdem sie die Sterne erforschen, dringen die Menschen mit Hilfe von neuen Techniken immer weiter in die Geheimnisse des Kosmos vor. Auch heutzu-

„Welches Schicksal unserem Universum tatsächlich bevorsteht, wird nicht zuletzt von seiner Masse- und Energiedichte mitbeeinflusst."

tage kann es noch vorkommen, dass bisher sicher geglaubte Annahmen ins Wanken geraten. So scheint die Expansion des Universums gar nicht so gleichförmig zu verlaufen, wie bisher angenommen, jedoch verlangsamt sie sich nicht, sondern scheint im Gegenteil immer schneller zu werden. Eine Erklärung dafür soll Dunkle Energie sein, der die Forscher schon lange auf der Spur sind. Diese Energie wird als „dunkel" bezeichnet, weil sie nicht aus elektromagnetischen Wellen besteht. Daher leuchtet sie nicht und ist auch (bisher) nicht direkt messbar. Diese Nichtfassbarkeit teilt sie sich mit der Dunklen Materie, die ebenfalls schon lange postuliert wird, da der Weltraum mit seiner sichtbaren Materie und Energie für viele Prozesse und Phänomene zu „leer" erscheint. Nach neueren Erkenntnissen macht Dun-

Mithilfe neuer Techniken gelingt es den Menschen immer häufiger Geheimnisse unseres Weltalls zu lüften. So erkannte man jüngst, dass die Expansion des Universums nicht gleichförmig verläuft, sondern an Geschwindigkeit zunimmt.

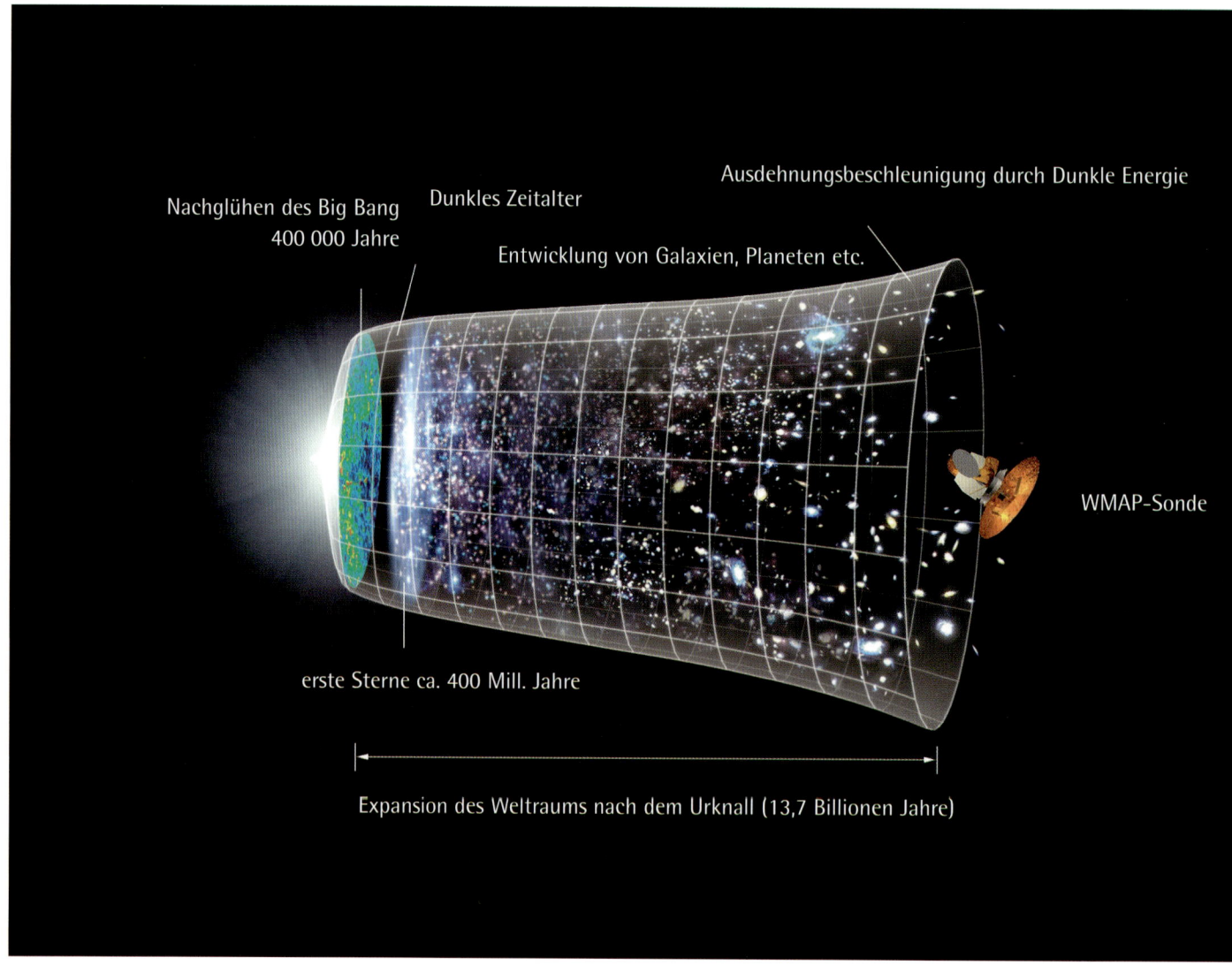

Nachglühen des Big Bang
400 000 Jahre

Dunkles Zeitalter

Ausdehnungsbeschleunigung durch Dunkle Energie

Entwicklung von Galaxien, Planeten etc.

WMAP-Sonde

erste Sterne ca. 400 Mill. Jahre

Expansion des Weltraums nach dem Urknall (13,7 Billionen Jahre)

Unbemannte Flugkörper, sogenannte Sonden, wie auf dieser schematischen Darstellung die WMAP-Sonde, sind ein wichtiges Instrument zur Erkundung des Weltraums. Im Gegensatz zu Erdsatelliten verlassen Sonden die Umlaufbahn der Erde und fliegen bestimmte Ziele im Weltraum an, um diese zu erforschen.

Mit der bemannten Raumfahrt (großes Bild) und dem Bau von Raumstationen werden die Möglichkeiten der Wissenschaft, bis an die Anfänge des Universums zurückzublicken, noch vielfältiger.

kle Energie etwa 75 % des Universums aus, Dunkle Materie etwa 21 % – die uns bekannte sichtbare Materie dagegen nur 4 % der universalen Masse. Die Dunkle Energie treibt den Raum ständig weiter auseinander. Aussagen über das Ende unseres Universums sind sehr spekulativ. So postulieren einige Forscher Paralleluniversen, die sich ab und zu berühren und immer wieder neue Universen produzieren. Die Idee, dass unser Weltall nicht einzigartig ist, hat es immer wieder gegeben. Unter anderem durch die Theorien über Dunkle Energie und Dunkle Materie hat der Gedanke neue Nahrung erhalten. Das Modell der Paralleluniversen kann diese Phänomene sogar erklären.

Im Juni 2008 erschien sogar die Nachricht, dass Messungen mit der WMAP-Sonde (Wilkinson Microwave Anisotropy Probe) es erlauben, das frühe Universum in seiner Zusammensetzung anders zu beurteilen als bisher. Vor allem aber sollen sie einen Hinweis darauf ergeben haben, dass unser Universum aus einem zuvor existierenden Universum

entstanden sein könnte. Dabei geht es um die Asymmetrie im früheren Universum, welche die Entstehung von Sternen überhaupt erst möglich machte. Bisher wurde sie mit den Quantenfluktuationen, dem Quantenschaum erklärt, der während der Inflationsphase des Universums vorherrschte und zusammen mit der Schwerkraft zur Sternenbildung führen sollte. Doch diese Asymmetrie kann möglicherweise durch eine einzige Inflationsphase gar nicht erklärt werden. Die Lösung: Die Asymmetrie ist teilweise ein Überbleibsel aus einer Zeit vor der inflationären Phase, vor dem Urknall, ein Überbleibsel aus einem vormals existierenden Universum.

Ist unser Universum Teil einer noch größeren Evolution?

„Ist unser Universum per Urknall aus einem bereits vorher existierenden Universum entstanden?"

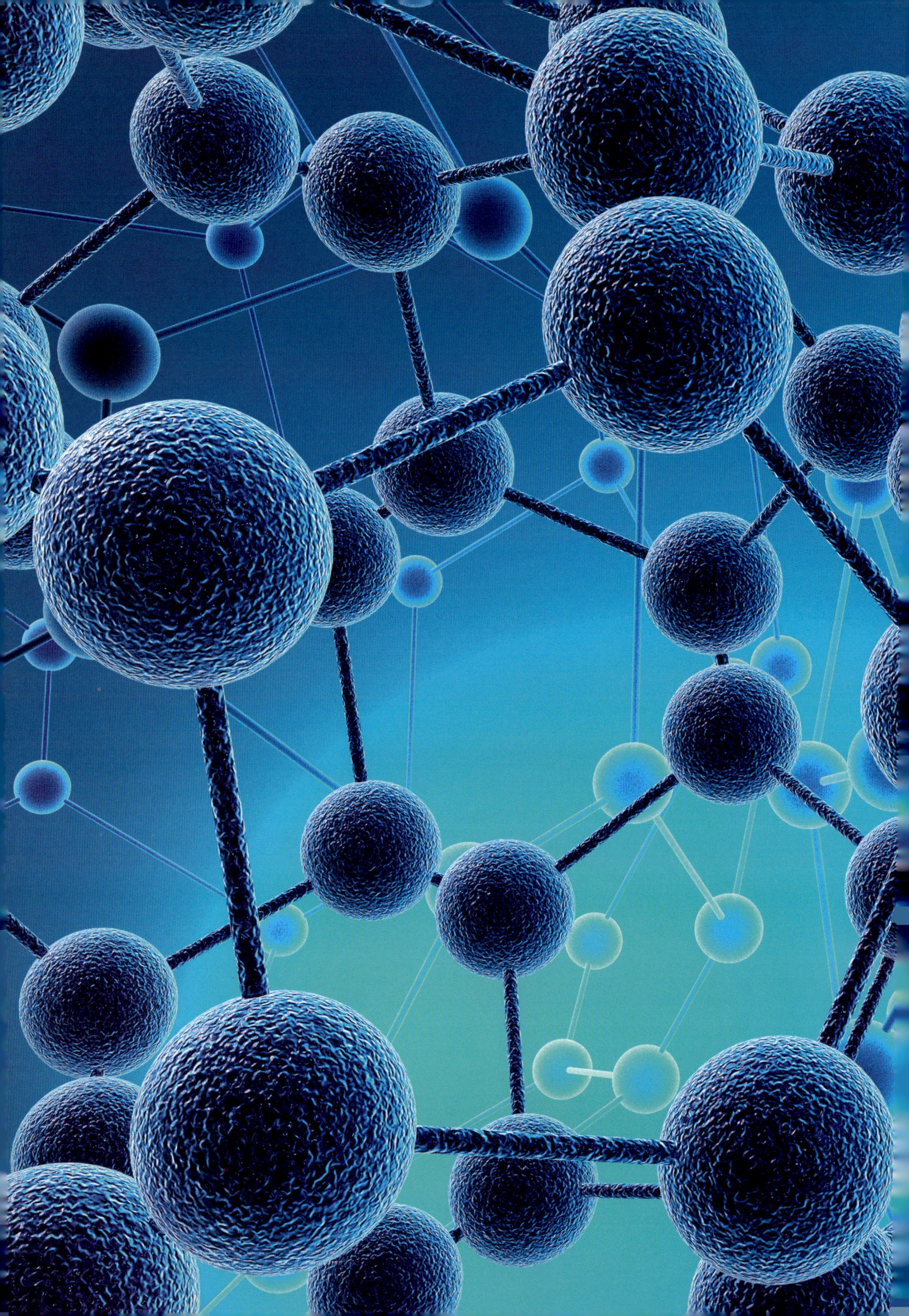

Chemische und biochemische Evolution

An der Schwelle zum Leben

Nachdem das Universum im Rahmen der kosmischen und physikalischen Evolution Materie und daraus Sterne und Planeten gebildet hatte, war das Weltall voller chemischer Elemente, die zu einer Vielzahl von unterschiedlichen Reaktionen fähig waren. Sterne entstanden und starben in Supernova-Explosionen. Planetensysteme bildeten sich, Galaxien und ganze Galaxienhaufen. Das Weltall war und ist von einer unglaublichen Dynamik erfüllt, immer wieder kommt es zu Kollisionen: Asteroiden und Meteoriten bombardieren die um sich selbst rotierenden Himmelskörper, die dabei häufig noch um andere Himmelskörper kreisen und mit denen zusammen um eine Galaxis. Bis schließlich auf unserem Planeten Leben auftauchte, vergingen aber noch einmal mehrere 100 Millionen Jahre. Wissenschaftler beschäftigen sich schon lange mit den Fragen, wie das Leben entstand und wo es herkam. Wurde es tatsächlich durch einen Schöpfer auf die Erde gesetzt oder ist auch eine naturwissenschaftliche Erklärung möglich?

Molekulare Evolution

Die Entstehung von einfachen Molekülen

Als kleinste Lebenseinheit wird die Zelle betrachtet, in ihr befindet sich alles, was ein Lebewesen braucht, um zu wachsen, sich zu bewegen und sich fortzupflanzen: Das unterscheidet das Leben von der unbelebten Natur. Entsprechend komplex ist eine Zelle aufgebaut. Aber schon lange gilt die Zelle den Naturwissenschaftlern mehr als Ursprung des Lebens. Die Suche nach diesem Ursprung ist für sie immer auch eine Suche nach einfachen organischen Strukturen, die als Vorstufen zum Leben oder als einfachste Lebensäußerung gedeutet werden können, aus denen sich alle weiteren Lebewesen entwickelt haben könnten.

Manche Wissenschaftler gehen dabei von einer Zufallsentwicklung aus. Zufällig sei eine Entwicklung in Gang gekommen, an deren Ende aus biochemischen Vorstufen Leben entstand. Ein berühmter Vertreter des Zufallsprinzips war der Biochemiker Jacques Monod (1910-1976), der mit seinem Buch „Zufall und Notwendigkeit" im Jahre 1970 für Furore sorgte. Für ihn war die gesamte Höherentwicklung – von einfachen Strukturen bis hin zum Menschen – einem einzigen Zufall zu verdanken.

Für Mathematiker ist so eine Zufallsentstehung mit den Gesetzen der Wahrscheinlichkeit berechenbar. Demnach ist die Wahrscheinlichkeit, dass eine Entwicklung von Leben bis hin zum Menschen zufällig in Gang kommt, gleich null. Man muss allerdings dagegenhalten, dass selbst aus einer Wahrschein-

„Die Zelle gilt den Naturwissenschaftlern schon lange nicht mehr als Ursprung des Lebens."

Längst ist die Wissenschaft im Zuge wachsender technischer Möglichkeiten in der Erforschung des Lebensursprungs von der Zellebene zu den molekularen Bausteinen der Zelle sowie deren Strukturen und Funktionen fortgeschritten. Inzwischen wurden bestimmte biochemische Vorstufen des Lebens entdeckt, auf denen verschiedene Modelle zur Entstehung des Lebens auf der Erde aufbauen.

lichkeit Null nicht zwingend folgt, dass das damit gemessene Ereignis tatsächlich nie eintritt. Schon gar nicht kann man daraus folgern, dass dieses Szenario dadurch unwahrscheinlicher ist, als irgendein anderes.

Mit verschiedenen Modellen können Wissenschaftler eine Entwicklung von chemischen Elementen bis hin zu den Bausteinen aufzeichnen, aus denen eine Zelle aufgebaut ist. Die so aufgezeichnete Entwicklung erscheint nicht nur plausibel, sondern kann sowohl experimentell als auch durch Beobachtungen untermauert werden.

Bevor aus den Atomen auf einem unbelebten Planeten wie der damaligen Erde die Bausteine für eine Zelle entstehen konnten, waren viele Zwischenschritte nötig: eine abiotische Entwicklung der Atome und Elemente.
Atome mussten sich zu größeren Einheiten zusammenlagern, zu Molekülen. Aus den Molekülen mussten vielschichtige Makromoleküle (Biomoleküle) werden, denn nur solche sind in der Lage, so komplizierte Strukturen wie eine Zellwand oder Zellorganellen aufzubauen. Nur sie können Informationen speichern und sich selbst, bzw. eine Information auf einem Makromolekül vervielfältigen. Nur solche Moleküle können den Bauplan eines ganzen Lebewesens speichern.
Diese verblüffenden Leistungen können chemische Elemente als Solisten nicht erbringen. Doch ein Verbund aus verschiedenen Elementen mit unterschiedlichen Eigenschaften konnte diese neue Entwicklung durchaus anstoßen: Die chemische und biochemische Evolution, die den Weg zur belebten Natur einleitete.

Insgesamt gibt es mehr als 100 chemische Elemente, von denen etwa 80 stabil sind. Stabil heißt, dass sie – im Gegensatz zu den instabilen (radioaktiven) Elementen – im Laufe der Zeit nicht zerfallen. Die meisten von ihnen reagieren mehr oder

„Bevor aus Atomen die Bausteine für eine Zelle entstehen konnten, waren viele Zwischenschritte nötig: eine abiotische Entwicklung der Atome und Elemente."

weniger leicht mit anderen Elementen, da sie dadurch einen energetisch günstigen Zustand erreichen, und können somit kleine Moleküle aus zwei und mehr Atomen bilden.
Reaktionen wie diese fanden zunächst vermutlich in der Uratmosphäre statt, die zuallererst nur aus Wasserstoff bestand. Doch nach der Abkühlung des heißen Erdplaneten und der Entstehung einer festen Erdkruste kamen nach und nach neue Elemente hinzu und es bildeten sich schon bald aus Kohlenstoff und Sauerstoff die Moleküle Kohlenmonoxid (CO) und Kohlendioxid (CO_2), aus Kohlenstoff und vier Wasserstoffatomen das Molekül Methan (CH_4) und aus Stickstoff und Wasserstoff Ammoniak (NH_3). Die chemische Evolution betrifft auch die Bildung der frühen Atmosphäre, die sich aus Wasserdampf und den Gasen, Ammoniak, Me-

Elementare Bausteine der Moleküle (Bild unten), aus denen sich das Leben auf der Erde entwickelt haben muss, sind die Atome (Bild oben). Zwischen einem einfachen Atom und einem komplexen Molekül, mit dessen Hilfe Zellstrukturen ausgebildet werden können, steht eine vielschichtige abiotische und biochemische Entwicklung.

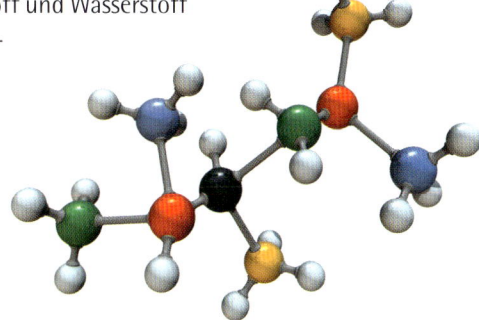

than, Wasserstoff, Kohlendioxyd, Kohlenmonoxid, Stickstoff sowie schließlich Schwefelwasserstoff aufbaute – sie unterlag ebenfalls einem permanenten Wandel. Diese ersten Moleküle, die entstanden waren, bildeten die Basis für die spätere Entstehung komplexer Biomoleküle.

Unter allen Elementen ist nur eine einzige Elementgruppe in der Lage, längerkettige Moleküle zu bilden: die Kohlenstoffgruppe. Innerhalb dieser Gruppe ist es der Kohlenstoff selbst, dem dabei praktisch keine Grenzen gesetzt sind. Silizium und Germanium, die ebenfalls Ketten bilden können, kommen dagegen schon recht bald an ihre Obergrenze (9-15 Kettenglieder). Die anderen Elemente dieser Gruppe spielen bei der Kettenbildung keine Rolle mehr. Langkettige Moleküle sind allerdings eine Grundvoraussetzung für die Bildung von Biomolekülen, die nicht nur chemisch reagieren, sondern auch biologische Vorgänge steuern können. So ist es nicht verwunderlich, dass das Leben sich aus der schier unerschöpflichen Quelle an Kohlenstoffverbindungen herausgebildet hat. Die Chemie des Kohlenstoffs wird entsprechend auch organische Chemie genannt.

Oder anders gesagt: Ohne die Eigenschaften des Kohlenstoffs hätten sich keine Biomoleküle bilden und hätte sich kein Leben entwickeln können.

„Diese ersten Moleküle bildeten die Basis für die spätere Entstehung komplexer Biomoleküle."

Die Zusammensetzung der Biomoleküle ist von bestimmten äußeren Entstehungsbedingungen abhängig. Erst die Abkühlung der Erde und die Bildung einer festen Erdkruste ermöglichten den Aufbau einer aus verschiedenen chemischen Elementen zusammengesetzten frühen Atmosphäre, in der sich erste Moleküle überhaupt entwickeln konnten, die als Vorläufer späterer Biomoleküle betrachtet werden können.

Die Bildung von Makromolekülen

Die Anfänge der biochemischen Evolution

Die Bildung von Makromolekülen bis hin zu den komplexen Strukturen, die Lebewesen ausmachen und die daher auch als Biomoleküle bezeichnet werden, wird als biochemische Evolution oder auch als präbiotische Entwicklung bezeichnet. Manche Wissenschaftler wiederum zählen sie einfach zur chemischen Evolution dazu. Zusammen mit der physikalischen Evolution (der Bildung von Materie bis hin zu den einzelnen Elementen) gehört alles zur abiotischen Entwicklung, also zu der Phase, die vor der Entstehung der ersten Lebewesen ablief und die ihnen den Weg bereitete. Eine einheitliche Begriffsverwendung gibt es diesbezüglich nicht. Im Folgenden wird die Bildung von komplizierten Makro- bzw. Biomolekülen als biochemische Evolution bezeichnet.

Auch bei der Entstehung der Biomoleküle geht die Entwicklung vom Einfachen in Richtung Komplexität. So entstanden zunächst einfache organische Verbindungen wie Alkohole, organische Säuren, Purine und Pyrimidine (Verbindungen aus denen später einmal Nukleotide und schließlich unsere Erbsubstanz aufgebaut werden). Aus diesen einfachen organischen Verbindungen entstanden wiederum die Grundbausteine (Biomonomere) der Lebewesen, wie einfache Zucker (Grundbausteine für Kohlenhydrate), Aminosäuren (Grundbausteine der Eiweiße oder Proteine und Enzyme), Fettsäuren und Nukleotide (Grundbausteine der Erbsubstanz DNS). Dabei verbinden sich Kohlenstoffe nicht nur mit sich selber, sondern auch mit anderen Elementen. Ein Kohlenstoffatom kann insgesamt mit bis zu vier verschiedenen Partnern eine stabile Verbindung (chemische Bindung) eingehen. Dies ist ebenfalls eine wichtige Eigenschaft, um eine möglichst große Variationsbreite bei der Bildung von Molekülen zu erreichen. Beim Aufbau der Fettsäuren wird eine weitere Eigenschaft der Koh-

„Auch bei der Entstehung der Biomoleküle geht die Entwicklung vom Einfachen in Richtung Komplexität."

lenstoffatome benutzt: Sie können mit sich selbst (und bestimmten anderen Atomen) Doppelbindungen eingehen. So entstehen beispielsweise gesättigte (nur C-C-Einfachbindungen) und ungesättigte Fettsäuren (mit einigen C=C-Doppelbindungen). Beim Aufbau der Nukleotide zeigt sich noch eine interessante Eigenschaft der Kohlenstoffverbindungen: Sie können Ringe bilden, ja ganze Ringsysteme. So besteht auch unsere DNS nicht einfach nur aus langen Ketten, sondern die Ketten sind aus Ringen aufgebaut.

Lange Ketten und Ringsysteme aus Kohlenstoffverbindungen können sich später zusammenfalten und vielschichtige, dreidimensionale Strukturen bilden. Neben dem Kettenaufbau bietet dieses räumliche Konstrukt weitere Variations- und Informationsmöglichkeiten. Mit der Entstehung einfacher organischer Moleküle und einfacher Grundbausteine von hochkomplexen Biomole-

Obwohl sich auf dem Neptun ähnliche atmosphärische Bedingungen vorfinden lassen wie in der Uratmosphäre der Erde – es gibt Wasserstoff, Methan, Ammoniak, Wasser und Schwefelwasserstoff, dazu Ethan und Helium – herrschen hier lebensfeindliche Bedingungen, die das Überleben komplexer Organismen unmöglich machen: Der Gasriese besitzt keine feste Oberfläche und mit einer mittleren Sonnenentfernung von etwa 4,5 Milliarden km eisige Temperaturen von unter -210° C.

*In der ozonfreien Ur-
atmosphäre konnten die
UV-Strahlen der Sonne
ungehindert auf die Erdoberfläche treffen. Wissenschaftler
nehmen an, dass diese starke
Strahlung, die unter heutigen
Bedingungen kaum als lebensfreundlich zu bezeichnen ist,
als entscheidender Energie-
lieferant und Katalysator
gerade zur Entstehung von
Biomonomeren aus anorganischem Material beigetragen
haben könnte.*

külen waren die ersten wichtigen Schritte zur Entstehung von Leben auf der Erde getan. Dies alles
geschah allerdings unter Bedingungen, die als
zutiefst lebensfeindlich bezeichnet werden müssen. Möglicherweise waren es jedoch gerade diese
Bedingungen, die dazu beitrugen, eine Vielzahl
solcher Biogrundbausteine hervorzubringen. Denn
die Bildung von Molekülen dieser Größenordnung
läuft nur mit der Hilfe von entsprechender Energie bzw. von entsprechenden Katalysatoren ab (ein
Stoff, der diese Reaktion fördert), Energien, welche die Atmosphäre der jungen Erde bieten konnte. So beinhaltet auch eine herrschende Vorstellung, dass sich die ersten Biomonomere in der
Atmosphäre unter Einwirkung von hochenergeti-
scher Strahlung aufbauen konnten.

Die damalige Atmosphäre enthielt noch kein
Ozon, die UV-Strahlung konnte ungehindert bis
auf die Erde vordringen und war dadurch etwa hun-
dertmal stärker als heute. Neben dieser intensiven
und gefährlichen Sonneneinstrahlung waren die
Moleküle in der Erdatmosphäre auch der Hitze zahlreicher Vulkane und heftiger elektrischer Ladungen

durch Blitze ausgesetzt, denn das damalige Wetter
war von ständigen Gewittern geprägt.

Die als „Ursuppe" bezeichnete Uratmosphäre könnte somit durch die zweifache Wirkung als Energie-
lieferant und Katalysator die Verbindungen von einfachen Molekülen zu Biomonomeren bewirkt haben.
Das wohl berühmteste Experiment hierzu stammt
von Harold Urey (1893-1981) und Stanley Miller
(1930-2007) aus dem Jahre 1953, das über einen
langen Zeitraum als möglicher Lebensursprung diskutiert wurde. Bei diesem Experiment handelt es
sich um ein geschlossenes Reaktionssystem, eine
Apparatur, die mit den Gasen der Uratmosphäre in
unterschiedlichen Mischungsverhältnissen und
Konzentrationen gefüllt werden konnte. Diesem
Gemisch konnte man Energie in Form von Blitzen
zuführen. Nach unterschiedlich langen Reaktions-
zeiten von jeweils einigen Tagen oder Wochen
konnten die Wissenschaftler dann eine Vielzahl
organischer Moleküle nachweisen, wie z. B. For-
maldehyd, organische Säuren und Aminosäuren.
Dieses Experiment wurde später häufig von vielen
Wissenschaftlern in unterschiedlichen Varianten
wiederholt. Als Energiequellen wurden statt Blitze, mal Hitze, mal UV-Licht oder auch Neutronen-
strahlen, Licht, Schockwellen und Katalysatoren
eingesetzt. Je nach Variation des Experiments
änderte sich die Konzentration der entstanden Biomonomere: Neben Aminosäuren entstanden auch
Kohlenhydrate, Fettsäuren und Cyanide.

Cyanide, die bei dem Experiment entstanden, können außerdem nach UV-Bestrahlung Purine bilden,
also Nukleotide und damit die Grundbausteine von
DNS, der Erbsubstanz.

Auch wenn das Experiment von Urey und Miller
umstritten blieb, vor allem bezüglich der Frage, ob
es die Verhältnisse der damaligen Erde richtig wie-
dergibt, konnte es doch zeigen, dass unter bestimmten extremen Bedingungen aus anorganischen Materialien alle Grundbausteine des Lebens
entstehen können (abiogenetische bzw. abiotische
Entstehung).

**„Die Moleküle in der Erdatmosphäre
waren auch der Hitze zahlreicher
Vulkane und heftiger elektrischer
Blitzladungen ausgesetzt."**

Biochemische Vorstufen von Leben

Die Entstehung von Biomolekülen und Zellvorläufern

Makromoleküle wie Einfachzucker, Fettsäuren, Aminosäuren und Nukleotide konnten in einem nächsten Schritt, bei dem sich die Grundbausteine zu größeren Ketten (Polymere) verbanden, die verschiedenen Biomoleküle wie Zellulose, Fette, Proteine und Nukleinsäuren aufbauen. Im Rahmen der Selbstorganisation von solchen Makromolekülen und Polymeren zu komplexen Aggregaten könnten noch größere Gebilde entstanden sein. Die Selbstorganisation von Makromolekülen im Weltall kann nicht nur experimentell nachgewiesen werden, sie wird sogar technisch vielfach ausgenutzt (in der Textilindustrie, bei der Herstellung anderer Biomaterialien).

Ursuppe

Durch die stetige Abkühlung der Erde konnte schließlich der Wasserkreislauf, so wie wir ihn heute kennen, in Gang kommen. Der Wasserdampf kondensierte in der Atmosphäre und die Reaktionsprodukte wie organische Moleküle und Biomonomere konnten mit dem Regen auf die Erdoberfläche fallen und sich in den entstehenden Urmeeren sammeln. Alle weiteren Schritte der biochemischen Evolution hätten dann im Meer stattfinden können und müssen, denn sehr große Moleküle sind unter UV-Strahlung instabil. Erstes Leben wäre im Meer aufgetaucht, genau so, wie es sich auch tatsächlich herausgestellt hat.

Die Erbsubstanz des Lebens

Für Forscher besonders interessant ist dabei die Entstehung von Nukleinsäuren. Ohne Nukleinsäuren gibt es kein Leben. Nukleinsäuren sind der zentrale Bestandteil der Erbsubstanz, ohne die sich Leben nicht fortpflanzen könnte. Denn Nukleinsäuren können (Erb-)Informationen tragen und

„Die Bildung von einfachen Grundbausteinen hochkomplexer Biomoleküle waren die ersten Schritte zur Entstehung von Leben auf der Erde."

weitergeben. Die Nukleinsäuren enthalten wie ein Buch den kompletten Bauplan eines Lebewesens. Ohne dieses „Buch" könnte kein Lebewesen Nachkommen „zusammenbauen". Damit erfüllen die Nukleinsäuren eine elementare Bedingung, die ein Lebewesen von lebloser Materie unterscheidet. Nur wenn sich unter den damaligen Bedingungen Nukleinsäuren auch wirklich hätten bilden können, wäre eine Entstehung von Leben aus Vorstufen denkbar.

In der „Ursuppe" von Urey-Miller entstanden neben den Aminosäuren eine Vielzahl anderer organischer Moleküle, von denen einige hochreaktiv sind. Einige dieser Moleküle (Cyanide) bilden, wie gezeigt werden konnte, unter abiotischen (lebensfeindlichen) Bedingungen und UV-Bestrahlung immerhin die Grundbestandteile der Nukleinsäuren, die Nukleotide.

Im Jahre 2003 konnte dann eine Wissenschaftsgruppe um den Biophysiker Armen Mulkidjanian (geb. 1958) nachweisen, dass durch Bestrahlung

Die heutige Erdatmosphäre schützt die Erde und die darauf lebenden Organismen vor einer übermäßigen UV-Einstrahlung, unter der große Biomoleküle instabil sind. Zudem konnte durch die Abkühlung der Erde ein Wasserkreislauf entstehen, der biochemische Vorgänge in Gang gesetzt haben könnte. Diese könnten wiederum die Entwicklung von lebensfähigen Organismen in den Urmeeren begünstigt haben.

Bei der DNS, einem elementaren Zellbestandteil und Trägerin der Erbinformation jedes Lebewesens, handelt es sich chemisch gesehen um eine Nukleinsäure, genaugenommen um zwei Nukleinsäurenstränge die wie eine Strickleiter miteinander verbunden sind, wobei sie sich noch umeinander winden und eine sogenannte Doppelhelix bilden. Die Nukleinsäure ist ein aus Nukleotiden aufgebautes kettenförmiges Makromolekül. Die Nukleotide wiederum bestehen aus Phosphorsäureestern und Einfachzuckern, an denen jeweils eine Nukleinbase – Adenin, Guanin, Cytosin oder Thymin – hängt, die in bestimmten Paarungen in der Mitte der beiden Einzelstränge feste chemische Verbindungen eingehen.

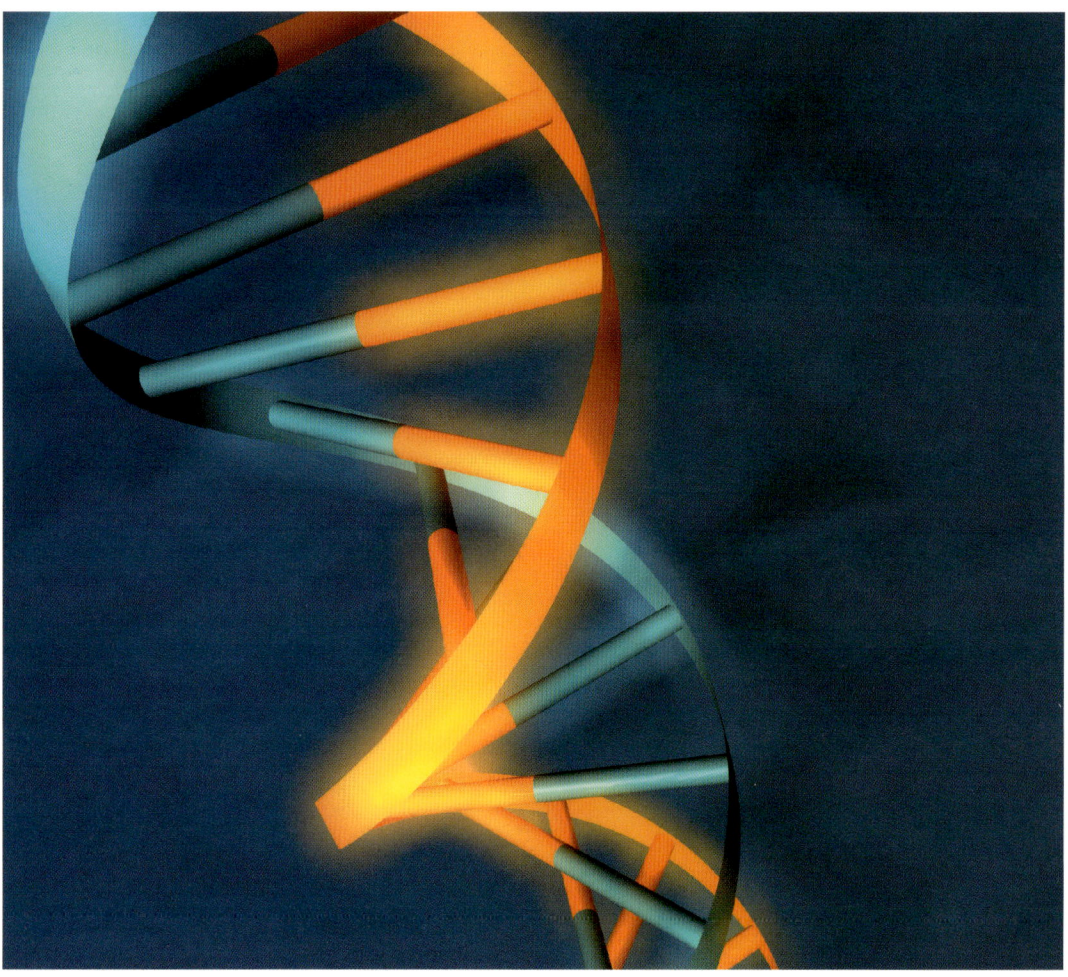

mit UV-Licht auch eine ganz bestimmte Nukleinsäure entstehen kann. Bis dahin war man davon ausgegangen, dass Nukleinsäuren nur unter Lichtausschluss entstanden sein konnten, da UV-Strahlung die großen Biomoleküle nachweislich schädigt. Diese Nukleinsäure, eine Ribonukleinsäure (RNS), tritt in Zellen als Regulator und als Vermittler zwischen der DNS und der Proteinsynthese auf. In einigen Viren kann sie aber sogar an Stelle von DNS die Rolle der Erbsubstanz übernehmen. Und diese RNS ist nun unter UV-Licht nicht nur erheblich stabiler als ihre Einzelbestandteile, sie übertrifft auch die Stabilität der anderen großen Biomoleküle. Dies könnte zu einem natürlichen Vorteil und damit zu einer selektiven Bevorzugung und Entwicklung von RNS geführt haben und es bedeutet, dass tatsächlich ausgerechnet die lebensfeindlichen

> **„Die Ribonukleinsäure (RNS), tritt in den Zellen als Regulator und als Vermittler zwischen der DNS und der Proteinsynthese auf."**

Bedingungen der frühen Erde die Wahrscheinlichkeit für eine spontane Bildung von RNS erhöht haben.

Nukleinsäuren könnten nach einem Modell, dem autokatalytischen Hyperzyklus von Manfred Eigen (geb. 1927) auch erste lebensähnliche Vorgänge gebildet haben. In der einfachsten Form finden zwei Nukleinsäure-Moleküle zusammen, die sich selbst durch gegenseitige Wechselwirkung entstehen lassen und sogar „vermehren". Zwei oder auch mehrere dieser Moleküle können sich so über einen langen Zeitraum zusammenkoppeln, sich dabei selbst am „Leben" erhalten (Autokatalyse) und immer wieder kopieren, also vermehren. Eigens Hyperzyklus zeigt damit bereits elementare Grundzüge des Lebens beispielsweise Vererbung, Stoffwechsel und auch Mutation (Veränderungen in der Information). Solche Hyperzyklen könnten damit direkte Vorläufer von ersten Zellen gewesen sein.

Mikrosphären

Zellen erhalten ihre Lebensvorgänge dadurch aufrecht, dass sie die verschiedenen Stoffwechselvorgänge räumlich voneinander trennen, damit diese sich gegenseitig nicht stören können. Innerhalb der Zelle gibt es daher verschiedene Reaktionsräume (Kompartimente). Bei der Suche nach Zellvorläufern wird deshalb nach solchen Reaktionsräumen gesucht, in denen erste Stoffwechselvorgänge ablaufen können bzw. abgelaufen sein könnten.

Mit solchen künstlich hergestellten Reaktionsräumen arbeitete Alexander Iwanowitsch Oparin (1884-1980) von 1922 bis zu seinem Tode und konnte zeigen, dass sich Biomakromoleküle in einer Flüssigkeit, der man Salz zugegeben hat, zu Tröpfchen anhäufen. Gibt man dann noch ein Enzym dazu und ein passendes Substrat als „Nahrung", dann läuft in diesen Tröpfchen der entsprechende Stoffwechsel ab. Oparin nannte seine Gebilde Koazervate.

In die gleiche Richtung gingen 1970 Experimente von Sidney Fox (1912-1998), der solche Koazervat-ähnliche Gebilde aus Aminosäuren herstellte: Mikrosphären. Durch Erwärmen entstehen aus Aminosäuregemischen proteinartige Produkte (Proteinoide), die wiederum durch Selbstaggregation (self-assembly) in wässriger Lösung hohlkugelförmige Gebilde, die Mikrosphären formen können. Von der Umgebung grenzen sie sich durch eine halbdurchlässige, so genannte semipermeable Membran ab. Semipermeabel bedeutet, dass ein gerichteter Stoffaustausch stattfindet bzw. dass sich auf beiden Seiten der Membran unterschiedliche Stoffkonzentrationen aufbauen können: eine wichtige Voraussetzung für Stoffwechselvorgänge. Und tatsächlich haben diese Systeme, ohne dass noch einmal extra Enzyme zugegeben werden müssen, bereits einfache enzymatische Eigenschaften, betreiben also Stoffwechsel. Mikrosphären können durch Einlagerung weiterer Proteinoide wachsen und auch miteinander fusionieren. Sie weisen damit eine Menge Eigenschaften von Leben auf. Sie leben zwar selbst (noch) nicht, könnten aber eine Vorstufe von Leben sein.

Ganz ähnliche Mikrosphären wurden von einer japanischen Forschergruppe hergestellt. Diese simulierten dabei jedoch Bedingungen, wie sie in der Tiefsee herrschen. Es bildeten sich ebenfalls Mikrosphären mit Stoffwechsel, die wachsen und sich durch Knospung sogar vermehren konnten. Damit versuchte diese Forschergruppe eine Theorie zu untermauern, welche die biochemische Evolution in die Tiefsee verlegt. Tatsächlich konnte

„Nukleinsäuren könnten nach einem Modell von Manfred Eigen auch erste lebensähnliche Vorgänge gebildet haben."

Analog zu den Fossilien von komplexen Organismen wie z. B. Pflanzen lassen sich von den Lebewesen aus sehr frühen Zeiten manchmal chemische Spuren (sog. Chemofossilien) nachweisen. Zu den typischen Chemofossilien gehört Chlorophyll, das auf einzellige Cyanobakterien hindeutet, die im Archaikum (vor 3.800–2.500 Millionen Jahren) gelebt haben. Cyanobakterien waren die ersten Lebewesen, die Chlorophyll, einen natürlichen Farbstoff, bilden und damit Fotosynthese betreiben konnten. Diese neue Art der Energiegewinnung wurden von den später entstehenden Pflanzen übernommen.

man inzwischen bei Grönland etwa 3,8 Mrd. Jahre alte Fossilien in petrifizierten (zu Stein gewordenen) Meeressedimenten finden, die den Mikrosphären sehr ähnlich sehen und die man auch Chemofossilien nennt. Sie liefern den Beleg, dass es solche, den Mikrosphären ähnliche Strukturen tatsächlich gab.

Ur-Pizza

Es gibt aber noch mehr Hinweise, dass das Leben in der Tiefsee entstanden sein könnte.

So entwickelte Günter Wächtershäuser (geb. 1938) Anfang der 1980er Jahre seine „Theorie des Oberflächen-Metabolismus" oder des „Biofilms". Sie besagt, dass organische Moleküle und primitive Einzeller nicht in einer Ursuppe entstanden, sondern auf der Oberfläche von Eisen-, Nickel- und Schwefel-Mineralien tief im Meer. Diese Mineralien haben ganz besondere Funktionen. Sie können selektiv bestimmte chemische Reaktionen ermöglichen oder sogar beschleunigen (Katalyse). Die dabei entstehenden Moleküle sind an die Oberfläche der Mineralien gebunden und dadurch viel stabiler, als wenn sie in einer Lösung oder Ursuppe frei herumschwimmen. Dieser Theorie zufolge entstehen durch das Mineral aus einfachen, oberflächengebundenen Zuckermolekülen Verbindungen, die als Vorläufer von Nukleinsäuren und anderen biologischen Molekülen gedient haben könnten. Dieses Modell wird mitunter auch als "Ur-Pizza" bezeichnet, weil es davon ausgeht, dass erste Stoffwechselprozesse von Molekülen ausgeführt wurden, die, wie ein Belag, an die mineralischen Oberflächen gebunden waren und so in den Weiten des Urozeans ihre Reaktionspartner finden konnten. Damit stand der „Suppenhypothese" von Urey-Miller die „Pizza-Hypothese" von Wächtershäuser gegenüber.

Interessant sind in dem Pizza-Modell die vielen Metall- und Schwefelverbindungen, denn Proteine, die solche Komponenten enthalten, sind in den

„Erste Stoffwechselprozesse könnten von Molekülen ausgeführt worden sein, die wie ein Belag an die mineralischen Oberflächen gebunden waren."

heute existierenden Lebewesen tatsächlich weit verbreitet, weshalb man davon ausgeht, dass es sich dabei um sehr ursprüngliche Formen von Proteinen handelt.

Die Theorie von Wächtershäuser wird gestützt durch die Entdeckung der „Schwarzen Raucher" und der „Weißen Raucher", hydrothermaler Quellen in der Tiefsee, sogenannte Unterwasserkamine, wo es Metalle, Mineralien und thermische Energie im Überfluss gibt. Da die Mineralien aus den heißen Quellen bei der Vermischung mit Meerwasser abkühlen, werden sie ausgefällt und bilden eine „Rauchfahne", die bis zu 60 m hoch werden kann. Diese hydrothermalen Tiefseequellen, von denen einige sogar heiße Schwefelquellen sind, bilden mit ihrer Umgebung ein ganz eigenes Biotop mit vielen, meist nur in dieser Umgebung lebenden Arten: Urtümliche Bakterien und Archaeen, die sich unter diesen extrem lebensfeindlichen Bedingungen wohlfühlen. Diese Quellen werden heute vielfach als die Geburtsstätten von Leben betrachtet, das sich hier aus Vorstufen bzw. Vorläuferzellen, den Protobioten, Protobionten oder auch Präcysten gebildet haben könnte.

Als Beleg für die Pizza-Hypothese könnte die Entdeckung sog. Schwarzer oder Weißer Raucher wie des untermeerischen Vulkans Eifuku (gr. Bildseite o. r.) dienen. Aktive untermeerische Hydrothermalquellen wie dieser Schlot im westpazifischen Ozean (gr. Bildseite u. l.) oder der hydrothermale Schlot auf einem mittelozeanischen Atlantikrücken (gr. Bildseite u. r.) stoßen Mineralien- und Metallverbindugen aus (kl. Bild), die chemische Reaktionen in Gang setzen. Auf der Oberfläche von Unterwasserkaminen wie hier in den Gewässern vor den Marianen (gr. Bildseite o. l.), in deren Umgebung sich ganz eigene Biotope bilden, könnten auch erste organische Moleküle entstanden sein.

Molekülspuren, die im All gefunden wurden, legen die Vermutung nahe, das Leben auf der in ihrer Frühzeit sehr unwirtlichen Erde sei kosmischen Ursprungs und vor über vier Milliarden Jahren durch einen Meteoriteneinschlag auf die Erde gelangt (kleines Bild). Inzwischen sucht man mit Weltraumsonden auch auf sehr kalten Himmelskörpern wie auf dem -179° C kalten Saturn-Mond Titan, der eine ähnliche Atmosphäre besitzt wie die Urerde, nach Spuren von Leben. Tatsächlich sind zur Entstehung lebender Strukturen niedrige Temperaturen notwendig. So beruht die sog. Kältetheorie auf der Annahme, Lebensvorstufen seien in den feinen, lang gestreckten Hohlräumen im Meereis zu suchen, wo chemische Reaktionen – wie die zur Entstehung von Biomolekülen – nachgewiesen werden konnten (großes Bild rechts).

Die Kältetheorie

Im Frühjahr 2005 stellte Hauke Trinks (geb. 1943) aufgrund seiner Forschungen eine neue Theorie, die Kältetheorie auf: Vorstufen des Lebens sollten nach dieser Theorie im gefrorenen Meerwasser am Meeresgrund entstanden sein, da zur Entstehung lebender Strukturen niedrige Temperaturen nötig seien. Unter warmen Temperaturen würden komplexe Moleküle schnell zerstört. Seine Untersuchungen winziger Kapillaren, die sich im Meereis bilden, zeigten, dass in diesen Kapillaren tatsächlich komplexe chemische Reaktionen ablaufen können und die für das Leben notwendigen Kettenmoleküle entstehen. Die Strukturen im Eis bieten einen idealen, schützenden Rahmen, um solche komplexen Prozesse ablaufen zu lassen, welche zur Bildung von Biomolekülen führen.

Leben aus dem All

Doch alle Moleküle und Lebensvorstufen könnten auch außerhalb der Erde entstanden sein, nämlich irgendwo im Weltraum, und dann mit Meteoriten, Kometen oder kosmischem Staub auf die Erde gelangt sein (Panspermie). Auch dafür sprechen sowohl experimentelle Untersuchungen als auch die Spuren von Molekülen, die im All gefunden worden sind. Möglicherweise gibt es den einen und einzigen Ursprung des Lebens nicht. Vielleicht wurden all diese verschiedenen Möglichkeiten ausgeschöpft und es entstanden überall auf der Erde und im Weltall Biomoleküle und Protobionten, die in einem nächsten Schritt durch Synthese mit einem Partner zum Leben erwachten.

Wann und wie Protobionten zu ihrer Erbsubstanz kamen, oder Nukleinsäuren zu einer schützenden Hülle, können wir nur spekulieren. Doch als die Nukleinsäuren erst einmal innerhalb von schützenden Membranstrukturen „eingefangen" waren, hatte sich ein ungeheuer effektives System zur Selbsterhaltung und Weiterentwicklung etabliert: die Zelle. Mit ihr konnte die biologische Evolution beginnen.

„Vielleicht entstanden überall auf der Erde und im Weltall Biomoleküle und Protobionten, die in einem nächsten Schritt durch Synthese mit einem Partner zum Leben erwachten."

Die kohlenstoffbasierte, organische Biologie gilt als Haupterfahrungswert für das Leben und seine Entstehung. Das irdische Leben basiert also hauptsächlich auf Kohlenstoff bzw. auf langkettigen Kohlenstoffverbindungen.

Dennoch kann man nicht ausschließen, dass es im Universum auch alternative Elemente für die Basis von Leben gibt. Tut man das jedoch kategorisch, so spricht man in der Wissenschaft und in der Philosophie von Kohlenstoffchauvinismus.

Silizium ist das zweithäufigste chemische Element nach Sauerstoff und besitzt ähnliche Eigenschaften wie Kohlenstoff. Viele Halbedelsteine (z. B. Quarz, oberes Bild) bestehen aus Siliziumdioxid, auch Sand (großes Bild) besteht vorwiegend daraus. Silizium ist das Grundmaterial schlechthin für die Mikroelektronik, es findet Anwendung in Computer- und Speicherchips, als Transistoren, etc.

Silizium findet sich in gebundener Form auch im menschlichen Körper, mangelt es daran, kann es zu Wachstumsstörungen im Knochengerüst kommen.

Die biologische Evolution beginnt

Das beeindruckende Leben der Einzeller

Um ein „System" als lebendig bezeichnen zu können, müssen drei Grundbedingungen erfüllt sein:

- **Selbstreproduktion**: Es muss sich ohne Hilfe von außen vermehren können, eine Bedingung, die beispielsweise Viren nicht erfüllen. Sie brauchen die Existenz anderer Lebewesen.
- **Stoffwechselgeschehen**: Es muss Stoffe von der Umgebung aufnehmen, zu eigenen Stoffen umwandeln und nicht verwertbare Produkte wieder abgeben können.
- **Mutagenität**: Die weitergegebene Information (Erbgut) muss Veränderungen (Mutationen) als Evolutionspotential ermöglichen.

In den verschiedenen lebenden Populationen findet Evolution (Weiter- und Höherentwicklung), Adaptation (Anpassung) und Innovation (Entstehung von vollkommen Neuem) statt. Darüber hinaus können sich Lebewesen durch getrennte Fortpflanzungswege von anderen isolieren und abspalten, und so neue Arten bilden. Die einzelnen Arten wiederum bilden Gesellschaften von Verwandten und parasitäre oder symbiotische Gemeinschaften mit anderen Arten.

Erstaunliche Unwahrscheinlichkeit Leben

Galaktische Voraussetzungen

Eine Art biochemische Evolution fand offensichtlich im gesamten Weltall statt, dafür sprechen im Universum entdeckte Moleküle, die als Grundbausteine des Lebens gelten. Von dieser Warte aus gesehen scheint es nur folgerichtig, dass es viele Planeten mit Leben geben müsste. Allein unsere Milchstraße beherbergt zwischen 100 und 200 Mrd. Sonnen. Selbst wenn nur 1 Promille von ihnen Planetensysteme hätten, wären das 100 Millionen Systeme. Wahrscheinlich sind etliche von ihnen obendrein auch erdähnlich. Die Spekulationen darüber bewegen sich zwischen null und 10 Millionen. Mit erdähnlich wird dann schnell verbunden, dass es Leben, womöglich intelligentes Leben geben könnte, dabei war unsere Erde selbst über einen langen Zeitraum alles andere als lebensfreundlich. Bevor sich auf ihr das heutige Leben entwickeln konnte,

musste sich eine ganze Reihe von begünstigenden Bedingungen einstellen.

Die Grundvoraussetzungen, die gegeben sein müssen, damit sich auf einem Planeten Leben, vor allem höheres Leben entwickeln kann, sind so vielschichtig, dass ihr gleichzeitiges Zusammentreffen auf einem einzigen Planeten beinahe ausgeschlossen werden kann.

Galaxienplatz: Viele Galaxien und Kugelsternhaufen haben nicht genug Eisen, um einen Planeten wie die Erde entstehen zu lassen. Unsere Heimatgalaxie ist diesbezüglich genau richtig ausgestat-

> **„Offensichtlich fand eine Art biochemische Evolution im gesamten Weltall statt, dafür sprechen Moleküle, die als Grundbausteine des Lebens gelten."**

Der dritte Planet unseres Sonnensystems ist die ca. 4,6 Milliarden Jahre alte Erde. Sie ist der einzige bekannte Planet, auf welchem nachweislich Leben existiert. Sie befindet sich in der idealen Konstellation zur Sonne, damit das Leben von ihrer Energie profitiert, aber nicht durch ihre Strahlung gefährdet wird.

tet. Im Zentrum einer Galaxie ist es zu heiß und zu turbulent, am Rand gibt es zu wenig Metalle, zu wenig schwere Elemente, um günstige Planeten zu bilden, geschweige denn eine biochemische oder biologische Entwicklung in Gang zu setzen. Unser Sonnensystem hat genau in dem Areal unserer Galaxie seinen Platz gefunden, in dem die Entstehung von Leben prinzipiell möglich ist.

Sonne-Erde-Konstellation: Unser Sonne hat genau die richtige Größe. Eine zu große Sonne würde zu schnell verbrennen, für Evolution wäre gar keine Zeit. Bei einer zu kleinen Sonne wäre es zu kalt. Die Erdumlaufbahn befindet sich im genau richtigen Abstand zur Sonne, in der sogenannten grünen Zone. Hier sind wir weit genug von der zerstörerischen Energie und Hitze der Sonne entfernt, die das Wasser kochen und verdunsten lassen würde, und doch nah genug, um ihre Energie ausnutzen zu können, uns von ihr wärmen lassen zu können und Wasser nicht gefrieren zu lassen. Außerdem hat die Erde genau die richtige Geschwindigkeit beim Umlauf der Sonne, die sie auf einer stabilen Bahn hält.

Planetenkonstellation: Die weiter außen liegenden Großplaneten schützen die Erde vor einem Dauerbombardement von Asteroiden, Meteoriten und Kometen. Vor allem Jupiter ist ein starker „Abfangjäger", doch auch Saturn, Uranus und Neptun, sowie nicht zuletzt unsere Erdtrabant, der Mond, fangen viele der umherschwirrenden Himmelskörper ab, die sonst die Erde treffen und immer wieder Leben zerstören würden. Die Großplaneten befinden sich wiederum im richtigen Abstand zur Erde, nah genug, um die Erde zu beschützen, doch auch weit genug weg, um sie nicht durch ihre Schwerkraft aus der Bahn zu werfen.

Mond: Ohne Mond gäbe es auf der Erde kein Leben. Der Mond stabilisiert sowohl die Erdachse als auch ihre Eigenrotation, sodass die Erde nicht torkelt und extreme Klimaschwankungen ausbleiben. Ohne Mond würde es auch keine Gezeiten geben. Gezeiten fungieren zudem als Evolutionsbeschleuniger,

„Unser Sonnensystem hat genau in dem Areal unserer Galaxie seinen Platz gefunden, in dem die Entstehung von Leben prinzipiell möglich ist."

da sie immer wieder die Lebensräume von Land und Wasser durchmischen. So konnten sich auch Küstenzonen bilden, die von Organismen einst für den Sprung an Land als Trittsteine benutzt werden konnten.

Planetare Voraussetzungen

Erdmasse: Die Erde hat genau die richtige Größe: Wäre sie ein bisschen kleiner, könnte sie aufgrund der zu geringen Schwerkraft weder eine Atmosphäre, noch flüssiges Wasser halten. Wäre sie schwerer, würde ihre Schwerkraft Leben erdrücken.
Erdrotation: Die Erde dreht sich weder zu schnell, noch zu langsam. So haben wir ein günstiges Tag-

Der Mond bewegt sich in nahezu kreisförmigen Bahnen um die Erde, wobei er diese maßgeblich beeinflusst; so ist zum Beispiel seine Gravitation für den Zyklus von Ebbe und Flut, die sogenannten Gezeiten, verantwortlich. Ohne ihn gäbe es auf der Erde kein Leben, so wie wir es kennen.

Nacht-Verhältnis, dass sowohl die Hell-Dunkelphasen als auch die Temperaturverhältnisse in einem lebensfreundlichen Bereich hält. Um Wasser im flüssigen Zustand auf einem Planeten zu halten, müssen sowohl die Temperatur als auch die Eigenrotation des Planeten stimmen.

Magnetfeld: Die Erde hat ein starkes Magnetfeld, das einen wichtigen Schutz gegen den hochgefährlichen Partikelstrom der Sonne, dem sogenannten Sonnenwind, bietet.

Wasser: Nur ein wassertragender Planet kann Leben hervorbringen. Ungefähr 75 % unserer Erdoberfläche ist mit Wasser bedeckt. Um so viel Was-

"Die Erde dreht sich weder zu schnell, noch zu langsam. So haben wir ein günstiges Tag-Nacht-Verhältnis."

ser flüssig zu halten, müssen auf einem Planeten mehrere Bedingungen zusammenkommen (genügend schwere Elemente, passende Schwerkraft, Sonnennähe, Eigenrotation), doch es muss überhaupt erst einmal eine so große Menge Wasser auf einem Planeten entstehen bzw. sich ansammeln.

Einer der wichtigsten Faktoren der eine beständige Versorgung der Erdoberfläche mit Mineralien und Nährstoffen aus dem tiefen Reservoir des flüssigen Erdinneren gewährleistet, ist der Vulkanismus. Er erfüllt damit eine entscheidende Rolle bei der Schaffung von Lebensvoraussetzungen auf der Erde. Dies geschieht in Form von mineralhaltiger Asche bzw. durch die Verwitterung der erkalteten Magma.

Die große Menge Wasser auf der Erde lässt sich nur zum Teil mit Ausgasen aus dem Erdinnern erklären. Neuere Erkenntnisse weisen darauf hin, dass große Wasseranteile durch Einschläge von Kometen und/oder wasserreichen Asteroiden auf die Erde gebracht wurden. Nur durch dieses viele Wasser in flüssiger Form konnte tatsächlich Leben entstehen.
Vulkanismus und Plattentektonik: Vulkane und Plattentektonik bringen laufend die lebenswichtigen Elemente und Nährstoffe an die Erdoberfläche. Die Kontinentaldrift schafft zusätzlich die nötigen sich verändernden Lebensräume für Leben und Evolution. Aus dem heißen Kern und dem flüssigen Erdmantel wird außerdem die Magnetosphäre generiert, an welcher der schädliche Sonnenwind abprallt. Diese dynamische Erdkruste stellt mit der Erdatmosphäre ein wichtiges Gleichgewichtssystem dar.
Atmosphäre: Die Erdatmosphäre bietet heute mit ihrer Zusammensetzung 78 % Stickstoff und 21 % Sauerstoff Schutz, und durch den natürlichen Treibhauseffekt lebensfreundliche klimatische Bedingungen. Die CO_2-Konzentration sank im Laufe der Zeit von einem 15-fach höheren Wert auf heute 0,037 %. Die Ozonschicht hält die UV-Strahlung der Sonne ab. Der nicht zu hohe Anteil an molekularem Sauerstoff, ermöglicht seine Energieausnutzung, ohne das Leben zu vergiften. Diese Atmosphäre können wir atmen (Mensch und Tier O_2, Pflanzen CO_2) und sie lässt so viel Sonne durch, dass wir ihr Licht und ihre Wärme ausnutzen und genießen können. Denn nur auf Planeten mit durchsichtiger Atmosphäre wird es auch taghell, da hier die Lichtteilchen streuen können. Unsere für uns günstige Atmosphäre hat sich erst durch entsprechend günstige Prozesse in der chemischen und biologischen Evolution aus einer zunächst giftigen Atmosphäre entwickelt.

Die Biosphäre

Vor etwa 4 Mrd. Jahren geschah es, dass die Erde abkühlte, die Erdoberfläche erstarrte und eine Entwicklung, die wir chemische Evolution nennen, begann. In der Folgezeit konnte sich auf der Erde eine dünne Schicht bilden, die auch als Biosphäre bekannt ist. Die Biosphäre ist die Schicht, in der sich Leben entwickelt. Sie beginnt etwa 10 km über der Erde und reicht bis tief in die Ozeane hinein. Heute

tummeln sich in diesem Bereich um die 5 Millionen verschiedene Lebensarten. Hier existieren Temperaturen, bei denen Lebewesen überleben können, hier kommt flüssiges Wasser vor, hier können chemische Reaktionen ablaufen. Organismen finden in diesem Bereich die zum Leben nötige Energie und sind durch die etwa 500 km dicke Atmosphärenschicht vor der zerstörerischen Strahlung aus dem Weltraum geschützt.

Vor etwa 3,8 Mrd. Jahren tauchte dann auch erstmals Leben auf der Erde auf, allerdings zu einem Zeitpunkt, als die Bedingungen für die meisten der heute lebenden Arten immer noch tödlich waren. Welche Art von Leben konnte das sein?

„Vor etwa 4 Mrd. Jahren kühlte die Erde ab, die Erdoberfläche erstarrte und eine Entwicklung, die wir chemische Evolution nennen, begann."

Die gasförmige Hülle um unseren Planeten entstand im Verlauf der chemischen Evolution der Erde. Die bodennahen Schichten bestehen hauptsächlich aus Stickstoff, Argon und Sauerstoff. Die Erdatmosphäre hält die energiereiche UV-Strahlung zurück. Genau diese elektrisch geladenen Teilchen der Sonnenstrahlung bringen die oberen Schichten der Atmosphäre zum Leuchten. Dieses Phänomen wird Polarlicht oder Aurora borealis genannt.

Die irdische Atmosphäre ist ein fragiles Kunstwerk der Natur.
Aufgrund vieler innerer und äußerer Einflüsse, wie der Abhängigkeit von
der Temperatur verschiedener chemischer Vorgänge oder der Entfernung
von der Erdoberfläche und der Strahlendurchlässigkeit, kann man die
Erdatmosphäre in Schichten unterteilen:

1. Troposphäre: Sie beginnt an der Planetenoberfläche und in ihr
findet die Übertragung thermischer Energie von einem Ort zum ande-
ren statt.

2. Stratosphäre: Hier befindet sich das Ozon, das UV-Strahlung absor-
biert und Strahlungsenergie in Wärme umwandelt.

3. Mesosphäre: V. a. durch Kohlenstoffdioxid wird hier Energie abge-
strahlt, sodass eine starke Abkühlung stattfindet.

4. und 5. Thermosphäre und Ionosphäre: Hier werden die meisten Mole-
küle durch die kosmische Strahlung in Ionen und freie Radikale gespal-
ten. Die Ionosphäre ist für den weltweiten Funkverkehr von großer
Bedeutung, weil sie kurze Funkwellen reflektiert.

6. Exosphäre: In der äußersten Schicht können atomare bzw. ionisierte
Teile des planetaren Schwerefeldes entweichen.

Morgen- und Abenddämmerung gibt es nur auf Planeten mit Atmo-
sphäre, durch die in den hohen Schichten der Erdatmosphäre stattfin-
dende Streuung des Sonnenlichtes an vorhandener Luft und eventuell
vorhandenen Partikeln.

Die ersten Lebenserscheinungen

Heiße Schwefelquellen bieten, so unwirklich und lebensfeindlich sie scheinen, den Urformen des Lebens ideale Voraussetzungen. Schwefel, ein chemisches Element der Sauerstoffgruppe, ist für Lebewesen essentiell, sowohl Aminosäuren als auch Koenzyme beinhalten dieses Element.

Extremophile – die ersten einzelligen Lebewesen?

Mit der Entstehung von Leben löste das Archaikum das Zeitalter des unbelebten Hadaikums ab. Selbst die ursprünglichsten Lebensformen, so primitiv sie uns auch erscheinen mögen, erfüllten alle Forderungen, welche die belebte von der unbelebten Natur unterscheiden. Die ersten Lebewesen bestanden aus einer einzigen einfachen Zelle: Nukleinsäure als Informationsträger, umgeben von

„Die ersten Lebewesen bestanden aus einer einzigen einfachen Zelle."

einer Zellmembranhülle, innerhalb derer auch die Stoffwechselvorgänge abliefen, welche sie am Leben hielten. Der Theorie nach haben sich zu irgendeinem Zeitpunkt Protobionten solch eine DNS einverleibt, z. B. nach Fresszellenart „verschluckt" oder sie wurden nach Virusmanier von einer DNS „infiziert". Oder es passierte beides und es entstanden an den unterschiedlichen Stellen verschiedene Spezialisten. Das würde gut in das Bild passen, dass man heute von den urtümlichen Einzellern hat: gut angepasste Individualisten in extremen örtlichen Zuständen. In der damaligen toxischen Umwelt konnten nur Zellen entstehen, denen diese Gifte nichts anhaben konnten, bzw. die sich die Gifte sogar zunutze machen konnten. Tatsächlich gibt es auch heute noch solche Lebewesen. Sie werden unter dem Begriff Extremophile zusammengefasst, da sie unter extremen Bedingungen leben können: im kochenden Wasser von Geysiren, unter dem kilometerdicken Eis der Antarktis, in ätzenden Säuretümpeln oder in hochgiftigem radioaktivem Abfall. Sie alle gewinnen ihre Energie aus Gärungsprozessen und leben anaerob (ohne molekularen Sauerstoff, den es vor den Pflanzen ja noch nicht gab).

Eine dieser skurrilen Mikroben ist das primitive Bakterium vom Stamm der Thermoacidophilen mit Namen Sulfolobus, das in fast kochend heißen (ca. 90° C) Schwefelquellen zu finden ist. Das heiße, giftige Wasser, in dem es sich offensichtlich wohl fühlt, ist außerdem so sauer, dass es Löcher in Textilien ätzen würde. Thermoacidophile können nur unter Ausschluss von Sauerstoff (anaerob) existieren und gewinnen ihre Energie aus dem Schwefelwasserstoff. Sie können also unter Bedingungen leben, die denen auf der frühen Erde ähneln. Dass sie auch tatsächlich schon zu Urzeiten auf der Erde gelebt haben, darauf weisen die in uralten Gesteinsablagerungen gefundenen Fossilien hin, die den heutigen Thermoacidophilen gleichen. Thermoacidophile gibt es auch an speziellen Orten in der Tiefsee und zwar in den Bruchzonen zweier auseinanderdriftender ozeanischer Platten am Grunde der Ozeane. Hier baden sie in heißen

Schwefelquellen, die das Wasser auf bis zu 350° C erhitzen und „Wolken" aus schwerlöslichen schwarzen Metallverbindungen entstehen lassen. Der Druck in diesen Zonen beträgt teilweise mehr als das 300-Fache des Atmosphärendrucks. Damit könnten sie die ersten Lebewesen auf der Erde sein, denn diese Verhältnisse lassen sich in den hydrothermischen Spalten, den „Schwarzen Rauchern" finden, die nach dem „Pizza-Modell" von Wächtershäuser als Entstehungsorte für Leben auf der Erde in Frage kommen. Schwefelliebende Mikroben sind offensichtlich weiter verbreitet, als ursprünglich gedacht, denn im Jahre 2008 wurden in einem nordspanischen Salzsee eine andere Art von Schwefelbakterien gefunden, die fadenförmige Beggiatoa, welche aber die gleichen zellinternen Mechanismen zur Energiespeicherung verwenden wie ihre Verwandten aus der Tiefsee.

Daneben haben Extremophile auch das Gestein erobert. So wurden Anfang 2008 in über 400 Millionen Jahre alten Basaltschichten des Rheinischen Schiefergebirges versteinerte Reste von Bakterien gefunden, die sich vermutlich vom Gestein selbst ernährt haben und ihre Lebensenergie durch die biochemische Umwandlung von Eisen bezogen. Bereits 2007 fanden Forscher ein seit 20 Millionen Jahren abgeschnittenes Kollektiv von Mikroorganismen, die zum Leben nur Wasser, Gestein und ein wenig radioaktive Strahlung besaßen. Völlig abgeschnitten von Sonnenlicht und Luft haben sie sich im 60° C heißen, salzigen Wasser in den Hohlräumen der Felsen angesiedelt.

Ein anderes System extremer Lebensweise wurde im Jahre 2007 entdeckt: In einem Riff, umgeben von trostloser Einöde, leben Bakterien und Schwämme zusammen. Die Bakterien ernähren sich dabei offensichtlich von dem Methan, das nahe des Riffs aus dem Meeresboden austritt. Die Schwämme ernähren sich dann wiederum von den Bakterien. Im gleichen Jahr wurden aus marinen Sedimenten Bakterien isoliert, die Sulfat zur Atmung und Pro-

pan und Butan als Kohlenstoff- und Energiequelle verwenden, wofür sie einen bislang völlig unbekannten Mechanismus benützten.

Andere Einzeller wurden in 11 km Meerestiefe auf dem Boden des Marianengrabens gefunden, wo sie einen 1.000-fachen Atmosphärendruck aushalten, und wiederum andere Bakterien leben sozusagen in heißer Seifenlauge, bei 65° C und einem pH-Wert von 8,5.

Manche der Extremophilen (Halobakterien) bevorzugen auch das salzige Wasser im Toten Meer oder die Verdunstungsbecken von Salinen. Den Lebewesen, die wir kennen, würde unter solchen Bedingungen das Wasser entzogen, sodass sie verschrumpelten. Die genannten salzliebenden Zellen dagegen verhindern das mit einem „Trick", sie haben in ihrem Inneren massenhaft kleine Moleküle angelagert und so einen Ausgleich zur konzentrierten Lösung außerhalb geschaffen, wodurch sie den osmotischen Druck (der ihnen sonst das Wasser entziehen würde) ausgleichen.

Bei der Salzgewinnung unterscheidet man zwischen Meerwassersalinen, die Salz durch die Verdunstung von Meerwasser gewinnen und Siedesalinen. Diese verdampfen sogenannte Sole, dabei bleibt als Rückstand Salz übrig. In diesen extremen Umweltbedingungen des salzhaltigen Wassers können nur einige besonders spezialisierte Lebensformen wie Extremophile leben.

„2007 fanden Forscher ein seit 20 Mio. Jahren abgeschnittenes Kollektiv von Mikroorganismen, die zum Leben nur Wasser, Gestein und etwas radioaktive Strahlung besaßen."

Aufgrund der zahlreichen Funde von Extremophilen, glauben viele Forscher mittlerweile, dass die Mehrheit aller bakterienartigen Mikroorganismen im Inneren der Erde, in einer „tiefen Biosphäre", lebt. Der von ihnen gespeicherte Kohlenstoff soll Schätzungen zufolge sogar zwischen zehn und 30 % der gesamten Biomasse ausmachen.

Die vielen verschiedenen Extremophilen zeigen deutlich, dass ein lebensfeindlicher Planet kein Hindernis für die Entstehung von ersten Zellen war. Welcher von diesen kleinen Überlebenskünstlern dann aber tatsächlich die Urzelle war, ist aus heutiger Sicht nicht zu entscheiden. Manche Forscher plädieren für mehrere Urzellen, andere meinen, der universelle genetische Code spreche dagegen. Der hätte sich dann nämlich mehrmals auf die gleiche Weise bilden müssen. Wer denn nun recht hat, kann (vorerst?) leider nicht beantwortet werden.

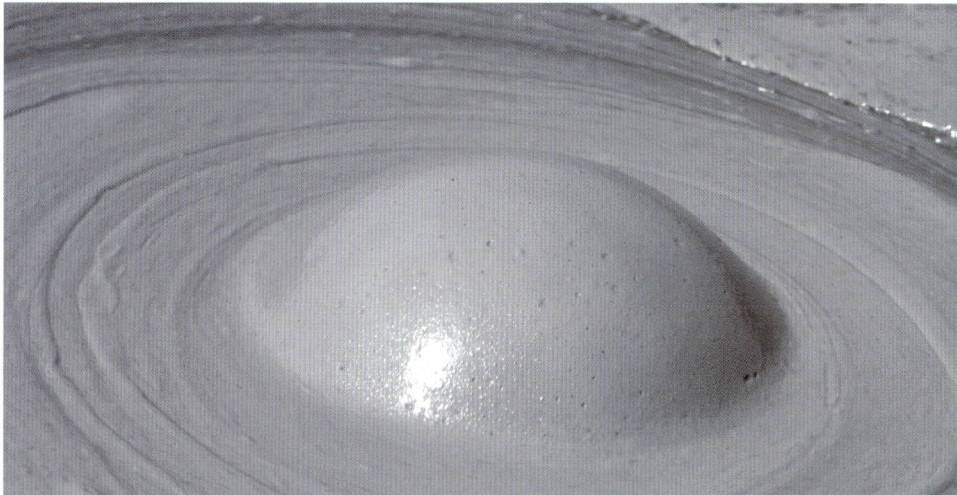

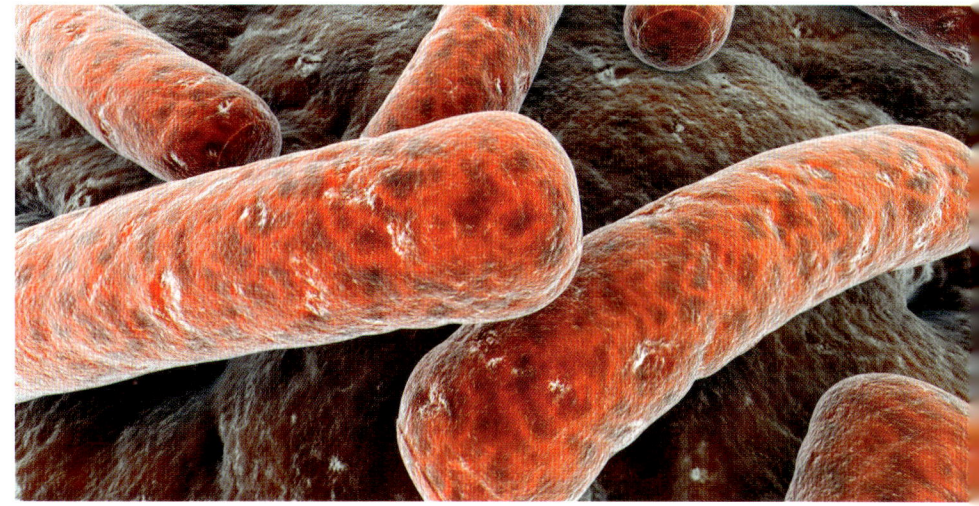

Archaeen und Bakterien – Wegbereiter für lebensfreundliche Bedingungen

Die ursprünglichen Organismen gehören alle zu den Prokaryoten. Mit diesem aus dem Griechischen kommenden Begriff wird eine ihrer wesentlichen Eigenschaften betont: Sie besitzen keinen Zellkern. „Pro" steht für „bevor" und „karyon" für Kern. Die DNS liegt als einzelnes Chromosom frei im Zytoplasma. Prokaryoten besitzen auch keine Unterteilung in verschiedenen Reaktionsräume.

Sie werden heute nochmals unterteilt in Archaea (früher Archebakterien = ursprüngliche Bakterien) und Bakterien (früher Eubakterien = echte Bakterien). Lange Zeit wurden die Archaea (Archaeen) als Urzellen betrachtet, aus denen sich die „modernen" echten Bakterien entwickelt haben. Diese Theorie wurde noch dadurch untermauert, dass die meisten der etwa 80 heute bekannten Archaeen-Arten zu den Extremophilen zählen. Doch Archaea besitzen einige Merkmale, über die auch höherentwickelte Lebewesen verfügen, Bakterien jedoch nicht.

„Viele Forscher glauben mittlerweile, dass die Mehrheit aller bakterienartigen Mikroorganismen im Inneren der Erde lebt."

Auch kann man mittlerweile unter den Bakterien Extremophile finden. Damit ist eine Abstammungsreihe Archaea, Bakterien, höhere Organismen nicht mehr stimmig.

Prokaryoten können sehr klein sein und damit der Größe von Viren nahekommen. Ein Vertreter dieser manchmal als Nanobakterien bezeichneten Gruppe ist das 2002 entdeckte Nanoarchaeum equitans. Dieser „reitende Urzwerg", wie sein Name übersetzt lautet, gehört zu den Archaeen und ist nur 400 Nanometer (nm) groß, das sind 0,0004 mm bzw. 0,4 Tausendstel Millimeter. Es besitzt auch das kleinste aller bekannten Genome (Genom = gesamtes Erbgut) und hat fast keinen Stoffwechsel, weshalb es von anderen Archaeen abhängig ist, auf denen es lebt (reitet). Ob diese weder rein parasitische noch symbiotische Form einer Entwicklung entspricht oder im Gegenteil sogar eher urtümlich

Extremophile haben sich unter eigentlich lebensfeindlichen Umweltbedingungen angesiedelt. Heiße Quellen wie im Yellowstone Nationalpark (großes Bild) oder im brodelnden, nährstoffreichen, aber giftigen Vulkanschlamm (kleines Bild oben) beispielsweise sind für eine Vielzahl dieser Organismen der natürliche Lebensraum. Manche Nanobakterien, wie das Nanoarchaeum equitans sind so winzig, dass sie auf der Oberfläche von anderen Archaeen und Bakterien leben (kleines Bild unten).

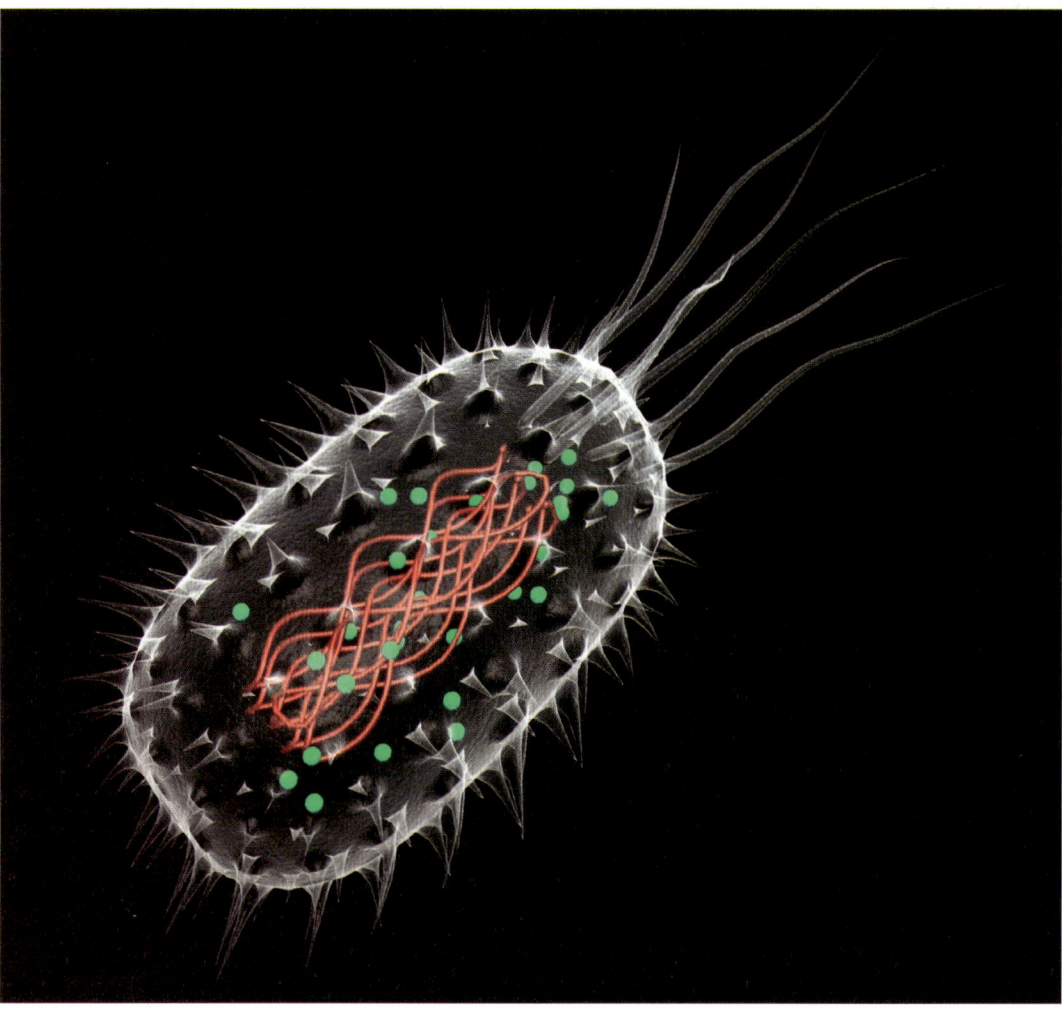

Allen Bakterien gemein ist die Zellwand, das Cytoplasma, die Cytoplasmamembran, Ribosomen und DNS. Lebensweise und Stoffwechsel hingegen können sehr verschieden sein, so gibt es Bakterien, die Sauerstoff benötigen, also aerob leben und Bakterien, welche ohne ihn leben, also anaerob sind. Manche können sich sogar, wie dieses Flagella-Bakterium, mithilfe von Geißeln fortbewegen.

ist, konnte bisher nicht geklärt werden. Der bisher größte Prokaryot ist ein Bakterium und heißt Thiomargarita namibiensis. Es ist mit dem bloßen Auge sichtbar und ca. ein Drittel bis drei Viertel Millimeter groß.

Archaeen und Bakterien vermehren sich durch Zellteilung. Gemäß den Gesetzmäßigkeiten von Leben kann sich ihr Erbgut dabei verändern. Wie die Extremophilen zeigen, unterlagen auch schon die urtümlichsten Zellen einem enormen Selektionsdruck. Evolution fand bereits bei diesen ersten Lebensformen statt. Entsprechend haben sich die heute lebenden Bakterien in der Regel von den Ursprungsformen weg und höher entwickelt. Einige Bakterien tragen für ihre Fortbewegung Geißeln, andere haben neben der Zellteilung eine weitere Möglichkeit gefunden, Genmaterial auszutauschen: Zwei Bakterien (auch unterschiedlicher

„Lange Zeit wurden die Archaea als Urzellen betrachtet, aus denen sich die echten Bakterien entwickelt haben."

Arten) gehen eine Verbindung miteinander ein (Konjugation) und tauschen über kleine Fortsätze (Pili) Erbmaterial aus. Damit hatten sie für sich einen Evolutionsbeschleuniger gefunden.

Heute gibt es nicht nur einzellige Bakterien, sondern auch solche, die sich zu Aggregaten zusammengefügt haben (z. B. Staphylokokken, Cyanobakterien). Im Alltag kennen wir Bakterien eher als negative Erscheinung, als pathogene Keime, die Krankheiten bei Mensch und Tier auslösen. Doch ohne Bakterien gäbe es überhaupt kein entwickeltes Leben.

Bakterien leben in unserem Darm und helfen uns bei der Verdauung. Auf unserer Haut bilden sie einen wichtigen Schutzfilm und wehren pathogene Keime ab. Bakterien sorgen überall für die Beseitigung und Wiederverwertbarkeit von organischem Abfall und führen die Grundbausteine des Lebens wieder in den Nahrungskreislauf ein. Zudem sind viele geologische Prozesse, die bislang auf rein chemische Vorgänge zurückgeführt wurden, nach neueren Erkenntnissen womöglich die Folgen von Mikroben-Aktivitäten.

„Die vielleicht wichtigsten Wegbereiter für die Evolution höherer Organismen waren die Cyanobakterien, die vor ca. 3,5 Mrd. Jahren auf der Erde auftauchten."

Wichtige, wenn nicht gar die wichtigsten Wegbereiter für die Evolution höherer Organismen waren die Cyanobakterien, die vor ca. 3,5 Mrd. Jahren auf der Erde auftauchten. Cyanobakterien kommen einzellig und mehrzellig vor und gehören zu den „echten" Bakterien. Wegen ihrer bläulichen Farbe und ihrer Ähnlichkeit mit Algen wurden sie früher zu ihnen gerechnet und Blaualgen genannt.

Cyanobakterien haben die Fotosynthese „erfunden". Unter Fotosynthese versteht man die Umwandlung der Lichtenergie in chemische Energie, welche dann wiederum eingesetzt wird, um aus Wasser und Kohlendioxid Zucker herzustellen. Zum „Einfangen" (Absorption) der Lichtenergie werden Farbstoffe (Chlorophyll) verwendet, die quasi ein Solarkraftwerk auf molekularer Ebene darstellen. Mit Hilfe von vielen grünen Farbpigmenten, die sie vermutlich zunächst mehr oder weniger zufällig aufgenommen hatten, waren Cyanobakterien damit unabhängig von dem „Ursuppenfutter" und schafften sich so einen Überlebensvorteil in anderen, auch nahrungskargen Regionen. Zudem erschlossen sie sich über die Sonnenstrahlen eine unerschöpfliche Energiequelle. Ohne diese Möglichkeit wäre höheres Leben auf der Erde nicht möglich. Denn über den Nahrungskreislauf nutzen alle höheren Lebewesen, einschließlich des Menschen, die Sonnenenergie, die von Pflanzen in chemische Energie umgewandelt wird.

Infolge der Fotosynthese haben Cyanobakterien die Atmosphäre mit „giftigem" Sauerstoff „verschmutzt". Für viele Bakterienarten war das eine Katastrophe, die sie nicht überlebten. Doch wer lernte, den Sauerstoff für sich zu nutzen, hatte eine glänzende Zukunft vor sich. Die Atmosphäre änderte sich dramatisch, CO_2 wurde von den Cyanobakterien abgebaut, Sauerstoff wurde angereichert. Damit konnte sich endlich auch die schützende Ozonschicht aufbauen, die späteres Landleben vor den gefährlichen UV-Strahlen der Sonne schützt. Eine Vielzahl von Prokaryoten begann aerob zu leben, dass heißt, sie verarbeiteten zur Energiegewinnung diesen in der Atmosphäre angereicherten molekularen Sauerstoff (O_2).

Cyanobakterien werden auch Blaualgen genannt und zählen zu den ältesten Lebewesen überhaupt. Im Gegensatz zu anderen Bakterienformen sind sie zur Fotosynthese fähig und konnten so unsere Uratmosphäre mit Sauerstoff anreichern. Ohne sie hätte es kein höherwertiges Leben geben können. Vor allem in verschmutztem und überdüngtem Wasser können sie aber auch in solchen Massen auftreten und zum Problem für andere Wasserlebewesen werden („Wasserblüte").

Chloroplasten besitzen sowohl eine eigene DNA, als auch eigene Ribosomen und als Hülle zwei Biomembranen. Eine Biomembran ist nicht nur eine passive, trennende Schicht, sie spielt auch eine aktive Rolle beim Transport von Molekülen und Informationen von einer Seite der Membran zur anderen. Jede organische Zelle hat eine Biomembran, aber nur in bestimmten Arten von Zellorganellen (Zellkern, Mitochondrium, Plastid) treten Biomembranen als Doppelmembran auf. Innerhalb der Zelle sorgen die Biomembranen für eine Unterteilung der Zelle in Reaktions- und Speicherräume (Kompartimente), wie z. B. die Zellorganellen und Vakuolen mit sehr unterschiedlichen chemischen Eigenschaften.

Die Zellwand einer pflanzlichen Zelle ist immer vollpermeabel, d. h. sie ist durchlässig für alle Stoffe. Im Inneren der Zelle befindet sich das Stroma (die Matrix). Es ist durchzogen von Thylakoidmembranen (Membraneinstülpungen), die meist als Stapel vorliegen (Granum). In den Membranen der Thylakoide und der Grana ist der grüne Farbstoff Chlorophyll eingelagert.

Ein Evolutionssprung

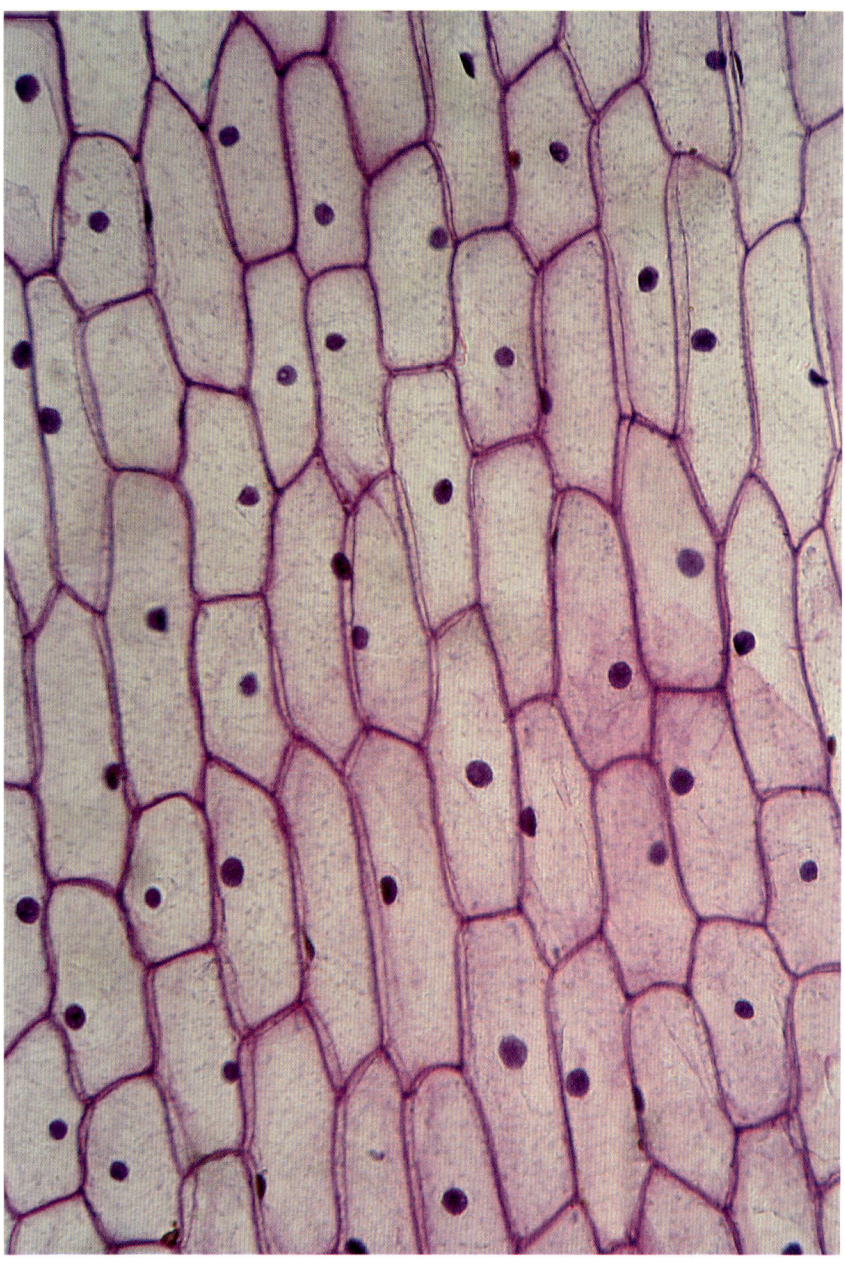

Als Eukaryoten bezeichnet man Lebewesen mit Zellkern und Zellmembran. Im Unterschied zu Prokaryoten besitzen „echte" Zellen mehrere Chromosomen. Hier Pflanzenzellen einer Zwiebel.

„Eukaryoten besitzen als Erste einen doppelten Chromosomensatz."

Zellkern, sie sind auch meist um das 10- bis 100-Fache größer und insgesamt sehr viel komplexer aufgebaut. Eukaryoten besitzen verschiedene Zellorganellen, die Organen ähnlich sind und unterschiedliche Aufgaben haben. Eine davon ist der Zellkern, der nun mehrere Chromosomen beherbergt. Außerdem sind Eukaryoten in der Regel diploid, bzw. besitzen diploide Phasen, das heißt sie besitzen einen doppelten Chromosomensatz. Prokaryoten haben dagegen nur ein einfaches Chromosom, sie sind haploid. Andere Organellen sind z. B. die Plastiden und Mitochondrien, die Kraftwerke der Zelle mit eigenem DNS-Material. Eine ganze Reihe weiterer Reaktionsräume (Kompartimente) trennen verschiedene Stoffwechselvorgänge voneinander und betreiben Proteinsynthese. Das zellstabilisierende Zytoskelett ist ebenfalls sehr viel komplexer als bei Prokaryoten.

Eine weitere Besonderheit der Eukaryoten liegt in ihrer Proteinbiosynthese: Sie sind im Gegensatz zu Prokaryoten in der Lage, aus ein und derselben DNS-Information (Gen) unterschiedliche Proteine (alternatives Splicing) herzustellen.

Dieser riesige Unterschied zwischen Prokaryoten und Eukaryoten markiert einen evolutionären Sprung, womit sich sofort die Frage verbindet: Woher konnten plötzlich so hochentwickelte Zellen kommen?

Tatsächlich finden wir so gut wie keine Übergangsstufen zwischen Prokaryoten und Eukaryoten. Am ehesten könnte man noch Archaezoa und Diplomonaden, eukaryotische Zellen, die keine Mitochondrien und Plastiden besitzen, dafür jedoch manche den Prokaryoten ähnliche Eigenschaften, als eine Art Ur-Eukaryot betrachten. Aber auch sie könnten keine allmähliche Entwicklung von Prokaryoten zu Eukaryoten erklären.

Eine gute Erklärung für einen solchen Sprung bietet die Endosymbiontentheorie. Die Endosymbiontentheorie besagt, dass sich Eukaryoten aus Prokaryoten über Endozytose von anderen Prokaryoten entwickelt haben. Große Prokaryoten bzw. Ur-Eukaryoten, die ihre Energie aus Gärungsprozessen gewannen, fraßen andere Prokaryoten, mit denen

Eukaryotische Einzeller

Fast 2 Milliarden Jahre lang herrschten Prokaryoten über die Erde. Dann tauchte plötzlich eine neue Gruppe von Lebewesen auf, die Eukaryoten, Zellen mit einem Zellkern, die auch als „echte" Zellen bezeichnet werden. Eukaryoten bildeten neben den Archaeen und Bakterien die dritte Domäne im Reich der Lebewesen. Aufgrund der gemeinsamen Merkmale werden Archaeen auch als Vorläufer der Eukaryoten diskutiert. Eukaryoten unterscheiden sich von den Prokaryoten aber nicht nur durch den sie im Zellinnern eine Symbiose aufbauten, statt sie – zufällig oder absichtlich – zu verdauen. So wurden aus Sauerstoff verarbeitenden (aeroben) Prokaryoten im Zellinnern die Mitochondrien und aus Cyanobakterien die Chloroplasten der Pflanzen. Die Sauerstoff verarbeitenden Prokaryonten verhalfen der Ur-Eukaryotenzelle auf diese Weise zu mehr Energie, waren selbst wiederum geschützt und wurden mit Nahrung versorgt. Die Endosymbiose war so leistungsfähig, dass sie sich durchsetzte. Immerhin liefert die Verbrennung von Sauerstoff (Zellatmung) etwa 20-mal so viel Energie wie ein Gärungsprozess. Aus den intrazellularen Prokaryoten bildeten sich im Laufe der Zeit die „Kraftwerke" der Eukaryoten, die Mitochondrien (Tiere) oder Plastiden (Pflanzen), die bald nur noch innerhalb der Zelle existieren konnten. Je nach Energieverbrauch kann eine eukaryotische Zelle mehrere Hundert Mitochondrien enthalten.

Was im ersten Moment etwas exotisch anmutet, hat nach genauerer Betrachtung eine Menge zwingender Anhaltspunkte:
- Es gibt eine große Ähnlichkeit zwischen Mitochondrien bzw. Chloroplasten und bestimmten frei lebenden Prokaryoten.
- Es gibt einige wenige Eukaryotenzellen, die keine Mitochondrien oder andere Zellorganellen besitzen, also den angenommenen Eukaryoten-Vorläuferzellen ähneln (Archaezoa).
- Die verschiedenen Zellorganellen haben von Aufbau und Funktionsweise her andere Vorfahren als die eukaryotische Wirtszelle.

Mitochondrien (und Chloroplasten) ähneln in vielerlei Hinsicht frei lebenden Prokaryoten: Sie haben unter anderem ungefähr die gleiche Größe wie Prokaryoten und der innere Teil der sie begrenzenden Doppelmembran trägt die für Prokaryoten typischen Bausteine, während die äußere Membran eukaryotische Merkmale hat. Weiterhin verfügen sie über eine eigenständige Erbsubstanz, eine ringförmige DNS, die, typisch für Prokaryoten, frei im

Plasma schwimmt und nicht mit den für Eukaryoten charakteristischen Proteinen (Histone) verbunden ist. Außerdem können sie sich innerhalb der Zelle selbstständig durch Teilung vermehren (Autoreduplikation). Die Diploidie im Zellkern kann durch die Verschmelzung von Erbmaterial erklärt werden, dass entweder von den aufgenommenen Prokaryoten oder aus einer kompletten Zellfusion stammt. Auch in dieser Beziehung können Diplomonaden als ursprüngliche Eukaryoten bzw. Vorstufen angesehen werden, denn sie besitzen zwei separate haploide Zellkerne.

Bestechende Argumente für den Wahrheitsgehalt der Endosymbiontentheorie liefern Organismen, bei denen noch heute verschiedene Stadien von Symbiose und Endosymbiose beobachtet werden können:
- Viele Korallenpolypen leben in Symbiose mit einzelligen Algen. Die Algen sind nur ein Hundertstel Millimeter groß und leben in beachtlicher

Korallenpolypen (Bild oben) wie z. B. bei der Steinkoralle (Bild unten) gehören zum Stamm der Nesseltiere. Sie leben symbiotisch mit Fotosynthese treibenden Algen zusammen. Diese nehmen das von den Nesseltieren produzierte Kohlendioxid auf und wandeln es in die Hauptnahrung ihrer Partner um: Kohlenhydrate.

> „Aus den intrazellularen Prokaryoten bildeten sich im Laufe der Zeit die ‚Kraftwerke' der Eukaryoten, die Mitochondrien oder Plastiden."

Anzahl in den Zellen der Koralle – in Ausnahme-fällen bis zu einer Million Algeneinzeller pro Quadratzentimeter Gewebe.

- Wenn Amöben (einzellige Lebewesen) ausgehun-gert sind, können sie Symbiosen mit Cyanobak-terien eingehen, indem sie sie normalerweise fressen und verdauen. Das gefressene Cyanobak-terium beginnt sich zu teilen bis etwa zehn Bak-terien im Zellinnern liegen. Dies kostet die Amöbe erst einmal zusätzliche Energie, doch dann kann sie ohne Nahrung von außen auskom-men, denn die Bakterien liefern ihr über die Foto-synthese die notwendige Energie. Die Amöbe unterscheidet sogar zwischen „eigenen" und „fremden" Cyanobakterien, die sie weiterhin frisst und dann auch verdaut. Die Symbiose kann auch wieder rückgängig gemacht werden. Dass heißt, wenn die Cyanobakterien die Amöbe wie-der verlassen, sind beide getrennt lebensfähig. Nur wenn die Bakterien über mehrere Genera-tionen hinweg in der Amöbe leben, ist die Endo-symbiose nicht mehr umkehrbar; nach einer Trennung sterben dann sowohl die Amöbe als auch die Bakterien.
- Selbst höhere Organismen leben häufig in endo-symbiotischer Beziehung: So können Termiten die Zellulose des Holzes, von dem sie sich haupt-sächlich ernähren, gar nicht selbst verdauen. Das übernehmen einzellige Geißeltierchen, die in den Termiten, in einer sogenannten Gärkammer, leben. Ohne diese Geißeltierchen müssten die Termiten verhungern. Und auch bei den Kolibak-terien, die im Darm von Mensch und anderen Wirbeltieren leben, handelt es sich im Grunde genommen um Endosymbionten. Die Bakterien verdauen für uns die Nahrung mit und erhalten im Gegenzug selbst Nahrung und gute Lebens-bedingungen.

Endosymbiosen sind in der belebten Natur ein weit verbreiteter Mechanismus, um den Partnern Über-

„Die heute lebenden einzelligen Eukaryoten sind hoch entwickelte Organismen und können untereinan-der zum Teil nur noch eine geringe Verwandtschaft aufweisen."

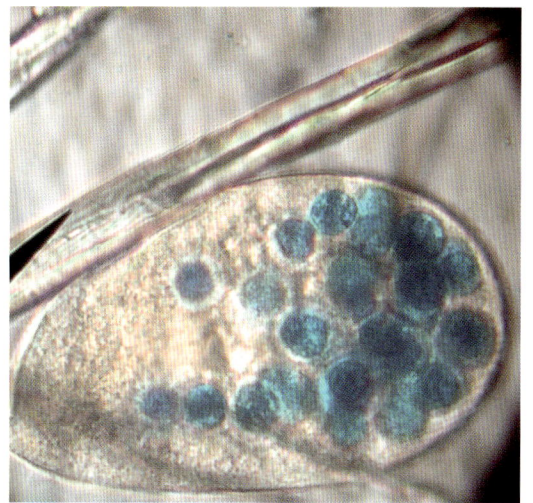

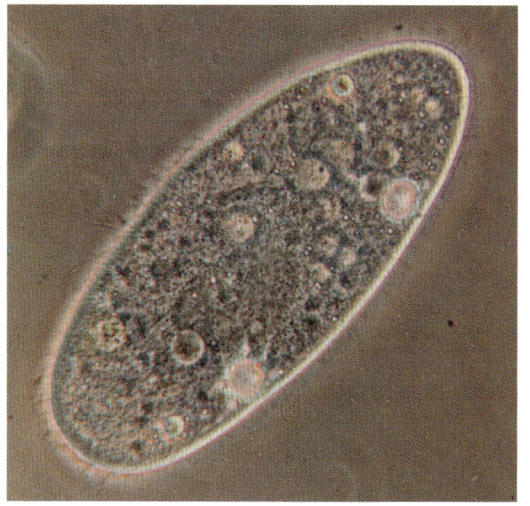

Auch höher entwickelte Lebe-wesen, wie etwa Termiten (gro-ßes Bild) benützen Einzeller um ihre Nahrung vorzuverdauen und für ihren Organismus ver-wertbar zu machen.

Zu den einzelligen Lebewesen gehört auch das Pantoffeltier-chen (kleine Bilder). Durch eine Einbuchtung im Mundfeld, weist es eine gewisse Ähnlich-keit mit einem Pantoffel auf. Seine Nahrung besteht haupt-sächlich aus Bakterien, welche mit Wimpernschlägen zum Mundfeld befördert werden.

lebensvorteile zu sichern und neue Wege zu ermöglichen. Entsprechend konnten die einmal entstandenen Eukaryoten ganz neue Wege bestrei-ten. Die Effizienz der Energiegewinnung erlaubte eine Höherentwicklung ungeheuren Ausmaßes, die anders nicht möglich gewesen wäre. Deshalb sind auch alle höheren Lebewesen Eukaryoten.

Die heute lebenden einzelligen Eukaryoten sind hoch entwickelte Organismen und können unter-einander zum Teil nur noch eine geringe Verwandt-schaft aufweisen. Da gibt es die einzelligen „ech-ten" Algen, wie z. B. die Kieselalgen, einzellige Pilze, wie die Hefepilze oder auch das Pantoffeltierchen, das Geißeltierchen oder die Amöbe. Einige von ihnen sind uns auch als Krankheitserreger bekannt: Trypanosomen verbreiten z. B. die Schlafkrankheit und Leishmanien die Leishmaniose. Weitere von eukaryotischen Einzellern verbreitete Infektionen sind Toxoplasmose, Malaria und Amöbenruhr.

Vom Einzeller zum Vielzeller

Organisationsformen des Lebens

Die Entwicklung von den ersten Lebensformen bis hin zum Menschen verlief weder geradlinig noch problemlos. Vielmehr gab es immer wieder schwierige Hürden zu meistern. Hürden, die durch sogenannte Schlüsselereignisse („major transitions") überwunden wurden. Nach der Bewältigung solcher Hürden konnten völlig neue Organisationsformen des Lebens entstehen. Eine dieser Hürden war die Entstehung der Viel- oder Mehrzelligkeit. Dafür mussten sich einzelne Zellen umorganisieren, um spezialisierte Aufgaben übernehmen zu können und zu koordinierter Arbeitsteilung fähig zu sein.

Mehrzelligkeit

Voraussetzung komplexen Lebens

Einzellige Organismen hatten sich schon früh immer wieder auch zu kleineren Ansammlungen oder Aggregaten verbunden. So finden wir das Bakterium Staphylococcus (verursacht Entzündungen wie Lungenentzündung, Furunkel u. a. m.) meist zu mehreren in Traubenform angeordnet. Bei diesen mehrzelligen Kolonien bleibt jedoch die einzelne Zelle autonom.

Der Entwicklungssprung setzt da ein, wo Vielzeller auftauchen, die aus spezialisierten (differenzierten) Zellen bestehen. Solche höherentwickelte Vielzeller bilden zusammen einen ganz neuen Organismus, der nicht nur anders aussieht als eine einfache Kolonie, sondern auch mit neuen, teilweise kombinierten Funktionen und Fähigkeiten ausgestattet ist. Bis so ein neuer Vielzeller entstand, mussten allerdings entsprechend umfangreiche Veränderungen innerhalb der Zellen und der Zellverbände stattfinden. Nicht nur, dass sich die einzelne Zelle umorganisieren musste, um sich auf ihre Spezialaufgaben zu konzentrieren, der ganze Zellverband musste sich koordiniert organisieren und neu formieren. Es mussten neue Stoffwechselwege gefunden werden und neue Wege der Vermehrung. Eine einfache Zellteilung kann bei einem Vielzeller nur noch das Wachstum und die Regeneration einzelner Organe beeinflussen, ein neuer mehrzelliger Organismus entsteht auf diesem Wege nicht mehr. Mit der Vielzelligkeit ist daher neben der Spezialisierung einzelner Zellen auch ein

„Der Entwicklungssprung setzt da ein, wo Vielzeller auftauchen, die aus spezialisierten (differenzierten) Zellen bestehen."

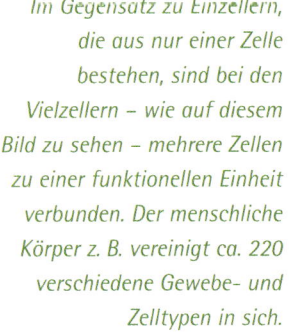

Im Gegensatz zu Einzellern, die aus nur einer Zelle bestehen, sind bei den Vielzellern – wie auf diesem Bild zu sehen – mehrere Zellen zu einer funktionellen Einheit verbunden. Der menschliche Körper z. B. vereinigt ca. 220 verschiedene Gewebe- und Zelltypen in sich.

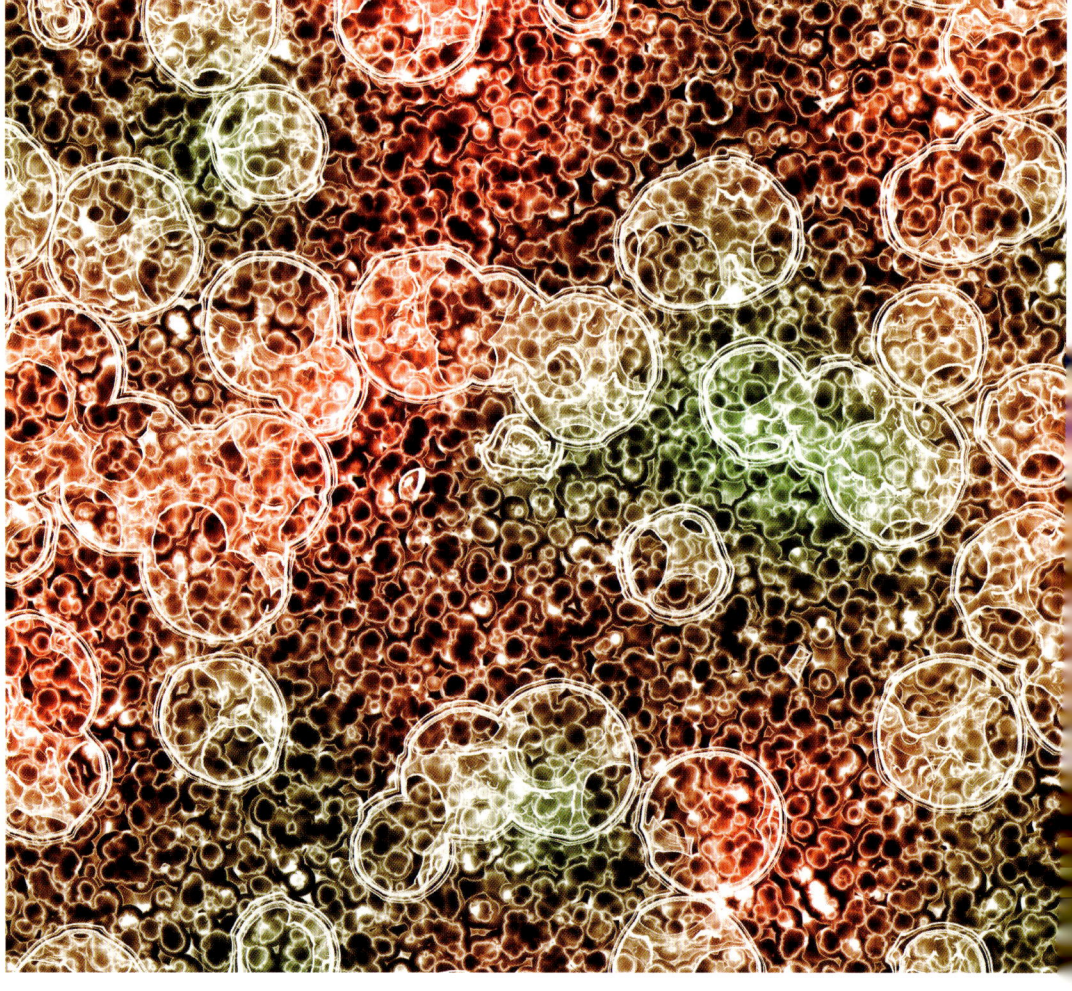

Entwicklungsstadium der einzelnen Individuen verbunden. Komplexe Organismen entstehen nicht länger als mehr oder weniger fertige Lebewesen, sie müssen sich selbst erst wieder aus einfachen Strukturen organisieren und aufbauen. Bei der Vermehrung wird nur noch der Bauplan weitervererbt. Zur Vielzelligkeit gehört auch die Weiterentwicklung von Sexualität und die Erfindung des Todes, denn die einzelnen Zellen der Vielzeller können nicht mehr alleine existieren.

Insgesamt dauerte es etwa 500.000 Jahre bis die ersten Vielzeller auftraten, die mehr waren als eine bloße Ansammlung von Einzellern. Und doch waren diese Ansammlungen ein möglicher Mechanismus auf dem Weg zur Vielzelligkeit.

Evolutionäre Mechanismen zur Entstehung von Mehrzelligkeit

Die Entstehung von mehrzelligen Lebewesen ist nach der Entstehung des Lebens selbst und der Entwicklung von Eukaryoten das dritte Schlüsselereignis in der Evolutionsbiologie auf dem Weg zum höherentwickelten Lebewesen.

Prinzipiell konnte man vier verschiedene Mechanismen ausmachen, die diesen Sprung zum Vielzeller eingeleitet haben könnten:

- Zusammenlagerung gleichartiger Zellen zu Kolonien und Zellverbänden.
- Zellteilung ohne anschließende Trennung: Die Tochterzellen bleiben zusammen und wachsen in einem Zellverband weiter.
- Kernteilung ohne Trennung: Hier teilt sich nicht mehr die Zelle, sondern nur noch der Kern. Daraus entstehen große vielkernige Zellen mit einem einheitlichen Plasma.
- Zygotenbildung: Zwei verschiedene Zellen fusionieren miteinander, tauschen Genmaterial aus. Die daraus entstehenden Tochterzellen sind von den Eltern verschieden. Ein wichtiger Mechanismus auf dem Weg zur Spezialisierung.

„Insgesamt dauerte es etwa 500.000 Jahre bis die ersten Vielzeller auftraten, die mehr waren als eine bloße Ansammlung von Einzellern."

Mehrzellig organisierte Organismen

Diese Möglichkeiten existieren nicht nur in der Theorie, sie sind auch bei heute lebenden (rezenten) Organismen zu finden. Gerade die lebendigen Beispiele lassen diese Mechanismen als Schritte zur Vielzelligkeit plausibel erscheinen:

Einige der einfachsten mehrzellig organisierten Organismen sind in der Gruppe der Grünalgen zu finden:

Chlamydomonas: Chlamydomonas ist eine einzellige Grünalge, die im Süßwasser und im feuchten Boden lebt. Sie kann sich durch einfache Zellteilung vermehren. Dabei sind beide Tochterzellen identisch. Zwei Algenzellen können aber auch miteinander verschmelzen und Kern- bzw. Genmate-

Einzellige Grünalgen, genannt Chlamydomonas, leben in feuchter Erde oder im Süßwasser. Sie gehören zu den viel genutzten Objekten der pflanzlichen Grundlagenforschung und können sich auf zweierlei Arten vermehren: Es erfolgt entweder eine ungeschlechtliche Teilung (Mitose) oder die Bildung von Gameten (Keimzellen), welche zu einer Zygote (Eizelle) verschmelzen.

rial austauschen. Die bei der anschließenden Teilung gebildeten Tochterzellen besitzen dann unterschiedliche Erbanlagen. Solche Zellverschmelzungen sind unter Einzellern recht häufig zu finden, unter anderem auch beim Augentierchen Euglena. Gonium: Gonium ist eine Zellkolonie aus vier bis 16 einzelligen Grünalgen, die durch Teilung einer Mutterzelle entstanden sind. Die Tochterzellen bleiben nach der Teilung in losen Verbänden zusammen. Sie sind alle miteinander identisch und können auch einzeln weiterleben. In der Kolonie sind sie von einer gallertartigen Masse umgeben, über die ein Stoffaustausch zwischen den Zellen möglich ist. Sie sind auch zu gemeinsamen Leistungen fähig. So können sie als Kolonie z. B. gemeinsam in eine Richtung schwimmen. Vergleichbare Koloniebildungen finden sich auch bei der Maulbeergrünalge Pandorina und bei vielen anderen Einzellern.

Volvox: Volvox ist eine Gattung von mehrzelligen Grünalgen, die eine Kolonie aus vielen Tausend Einzelzellen bilden. Dieser Organismus ist schon um einiges komplexer aufgebaut, als die einfachen Zellkolonien. Die Zellen (Flagellaten) von Volvox besitzen zur Fortbewegung Geißeln und formen zusammen eine Hohlkugel. Die Kugel bewegt sich durch Drehung um die Längsachse. Bei ihr findet man bereits eine Polarisierung, dadurch dass sich die Zellen in zwei verschiedenen Gruppen aufteilen lassen: Die Zellen im vorderen Bereich dienen nur der Fortbewegung, während die größeren Zel-

„In der Zellkolonie Gonium sind alle Tochterzellen miteinander identisch und können auch einzeln weiterleben."

Volvox, eine Gattung von mehrzelligen Grünalgen, lebt im Süßwasser. Sie bildet kugelförmige Kolonien mit einem Durchmesser von 0,15 bis 1 mm. Diese enthalten mehrere Tausend Einzelzellen, die den Zellen von Chlamydomonas ähneln. Sie können sich ebenfalls geschlechtlich und ungeschlechtlich fortpflanzen.

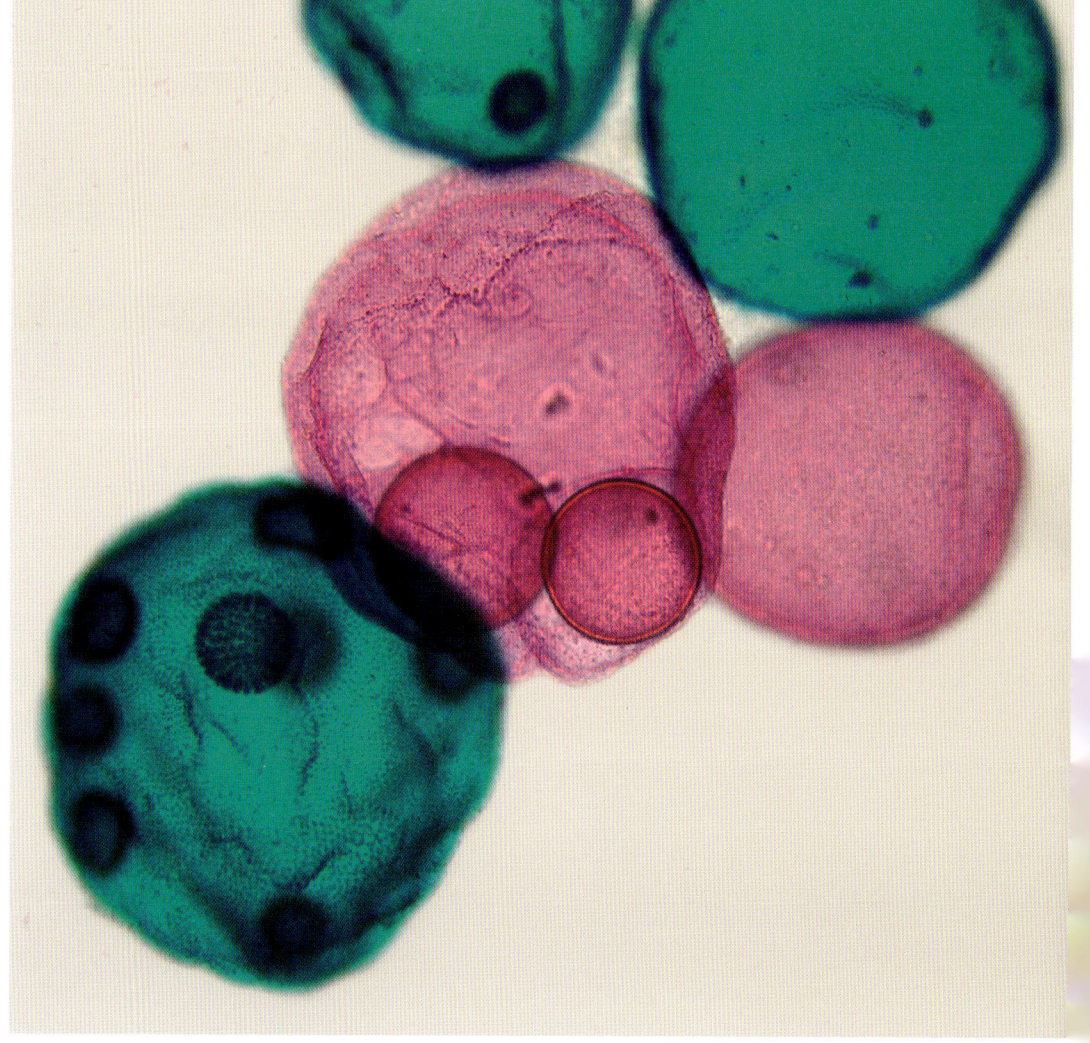

len (Gonidien) im hinteren Bereich auch für die Fortpflanzung zuständig sind. Bei der Vermehrung bilden diese größeren reproduktiven Zellen durch einfache Zellteilung oder durch Verschmelzung von Zellen eine neue Generation von Volvoxkugeln, die sich zunächst innerhalb der alten Kugel formieren. Dann stülpt die Kugel einfach ihr Inneres nach außen und die nicht mehr benötigten kleineren Flagellaten der alten Kugel sterben. Damit ist Volvox auch einer der ersten primitiven Organismen mit somatischen Zellen, also Zellen, die sich nicht fortpflanzen und sterben.

Sowohl Grünalgen als auch Braunalgen bilden riesige Seetangpflanzen aus, die mit Haftorgan, Stängel und blattähnlichen Wedeln (Thallus) bereits höheren Pflanzen ähneln, aber erst über eine anfängliche Zelldifferenzierung ohne echtes Gewebe verfügen. Braunalgen können dabei unter der Meeresoberfläche riesige Wälder (Kelpwälder) bilden.

Erste Zellspezialisierungen

Einen besonders komplizierteren Mechanismus findet man bei den sogenannten Schleimpilzen (Myxomyceten): Schleimpilze können sowohl ein- als auch mehrzellig auftreten. Die Einzelwesen sind amöboide Zellen namens Myxamöben. Sie ernähren sich von Bakterien bis sie auf eine andere Myxamöbe treffen. Die beiden Amöben fusionieren, wobei auch ihre Kerne verschmelzen. Anschließend verdoppeln sich die Kerne in regelmäßigen Abständen und eine vielkernige Riesenzelle entsteht: eine große schleimige und gefräßige Plasmamasse (Plasmodium). Plasmodien verspeisen neben Bakterien und Algen sogar ihre eigenen Verwandten. Sie werden meist etwa so groß wie Handteller, doch das Plasmodium des Schleimpilzes Physarum kann sogar bis zu 80 cm groß werden. Plasmodien produzieren Schleim, daher auch ihr Name. Der zweite Teil des Namens ist allerdings irreführend, denn eigentlich lassen sie sich gar nicht einordnen, sie sind weder Pflanze, Tier noch Pilz. Die schleimigen Vielfraße können sich fortbe-

„Organismen wie die Grünalgen, Schleimpilze und andere weisen darauf hin, wie Vielzelligkeit entstanden sein kann."

wegen und dabei sogar Hindernisse überwinden. Irgendwann hört der Schleimpilz auf zu fressen, wird hart und bildet einen Fruchtkörper. Dieser entlässt Sporen, die mit dem Wind verteilt werden. Aus den Sporen können wieder Myxamöben entstehen. So überstehen Schleimpilze auch Zeiten von Nahrungsmangel und Trockenheit. Die Vielzelligkeit sichert ihm also sein Überleben bei ungünstigen Umweltbedingungen.

Organismen wie die Grünalgen, Schleimpilze und andere weisen darauf hin, wie Vielzelligkeit entstanden sein kann. Bei diesen Organismen kommen bereits erste Spezialisierungen von Zellen vor (Beispiel Volvox, Schleimpilz) und Zellverschmelzungen mit DNS-Informationsaustausch (Beispiel Chlamydomonas). Somit finden wir auch bereits bei diesen einfachen mehrzelligen Organismen Sexualität und Tod. Zwei Entwicklungen, die bei Einzellern nur bedingt vorkommen, für höherentwickelte Lebewesen aber charakteristisch sind.

Ein Algenwald (oben) ist ein Ökosystem unterhalb des Meeresspiegels und gilt als submarines Gegenstück zum Regenwald, weil er ebenso reich an Arten ist und eine ähnlich vertikale Struktur besitzt.
Schleimpilze (unten) treten einzellig und mehrzellig auf. Etwa 1.000 verschiedene Arten dieser heterotrophen Organismen sind bekannt.

Hier sieht man die Fruchtkörper eines Schleimpilzes, also seine Vortpflanzungsorgane. Viele Schleimpilzarten können auf Rinden gezüchtet werden: Wenn die Rinde in einem geschlossenen Gefäß auf Zellstoff gelegt wird, erscheinen meist nach wenigen Tagen bis Wochen die Fruchtkörper. Die meisten Schleimpilzarten kommen allerdings während der Vegetationsperiode an unterschiedlichen Substraten vor, zum Beispiel an abgestorbenem Holz und toten Pflanzenteilen, an Gras und Moos.

Einige Schleimpilzarten werden sogar vom Menschen gegessen, wie in der Gegend von Veracruz in Mexiko. Dort ist einer unter der Bezeichnung „caca de luna" als Delikatesse bekannt und wird gegrillt verspeist. Auch in der Medizin finden Schleimpilze Anwendung und zwar als Modellorganismen, um z. B. die Legionärskrankheit zu erforschen.

Anfang 2006 gelang eine kleine wissenschaftliche Sensation: Einem an der Universität Köbe und an der Universität Southampton entwickelten Versuch zufolge wurde eine Schleimpilzzelle verwendet, um aus deren intrazellulärer Kommunikation Bewegungsanweisungen für einen autonomen Roboter zu erstellen. Das lichtscheue Verhalten des Schleimpilzes wurde so auf den Roboter übertragen, der sich wenn irgend möglich in dunklen Ecken aufhielt.

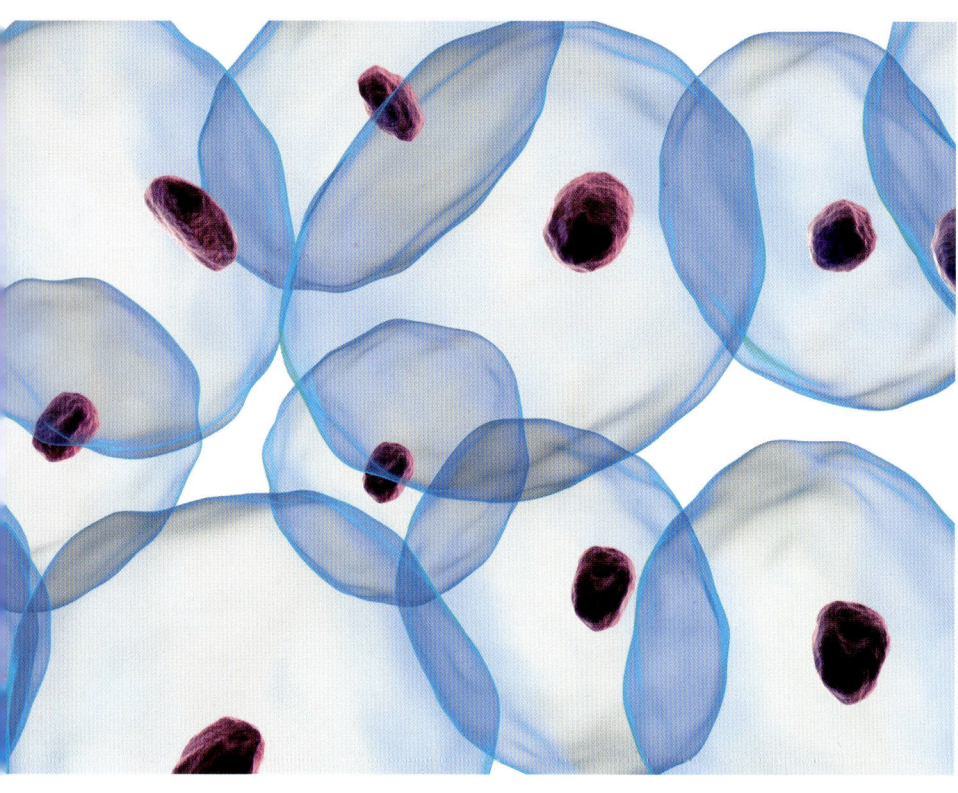

wurden, das Erbmaterial öfter, schneller und umfassender zu durchmischen. Eine solche Durchmischung von Erbmaterial gelang erstmals Bakterien. Über Verbindungsbrücken (Pili) können sie Genmaterial tauschen. Diesen als Konjugation bezeichneten Mechanismus kennen unter anderem auch Pantoffeltierchen. Als erstmals Viren auftraten (bei Bakterien Bakteriophagen), konnten sie zu einem Gen-Transport von Zelle zu Zelle (interzellulär) beitragen. Auch durch die Aufnahme von Einzellern, die nicht verdaut werden (Endosymbionten), kann neues Erbmaterial in die Zelle kommen. All diese Mechanismen haben auf der untersten Ebene der Lebewesen die Evolution beschleunigt. Doch erst bei den Eukaryoten wurde dieser Austausch von Kernmaterial erweitert, optimiert und zum Prinzip erhoben. Eukaryoten pflegen eine komplette Gendurchmischung über die Verschmelzung von Zellen inklusive ihrer Kerne, über die Zygotenbildung, und konnten auf diese Weise in kürzester Zeit unglaublich viele Veränderungen anstoßen.

Meiose

Da sich bei der Kern-Verschmelzung die Chromosomensätze jeweils verdoppeln, mussten Eukaryoten einen Mechanismus finden, der die Chromosomenzahl wieder auf die normale Anzahl reduziert. Dafür haben sie eine besondere Form der Zellteilung erfunden, bei welcher der Chromosomensatz halbiert wird: die sogenannte Meiose. Sie findet immer vor der Zellverschmelzung (also vor der Befruchtung) statt. Im Laufe der Meiose entstehen aus einer einzelnen Zelle mit doppeltem (diploiden) Chromosomensatz zwei Zellen mit einem einfachen (haploiden) Chromosomensatz, also haploide Keimzellen oder Gameten. Üblicherweise folgt nach der Meiose noch eine ungeschlechtliche Zellteilung (Mitose), sodass aus einer Zelle jeweils vier Gameten entstehen. Gameten können miteinander fusionieren (in der Befruchtung) und bilden dann eine Zygote, in der jetzt die Chromosomen aus zwei verschiedenen Zellen das neue Chromosomenpaar bilden. Auch Chlamydomonas (einzellige Grünalge) und Euglena (Augentierchen) bilden nach der Verschmelzung Zygoten. Allerdings erfolgt sofort nach der Fusion eine Mitose, die zu vier neuen haploiden Gameten führt. In diesem Fall ist der Diploid, die Zygote, nur sehr kurzlebig.

Die einfache Zellteilung wie z. B. die Verdopplung von Einzellern (Bild oben) bezeichnet man als Mitose (Bild unten). Diese ungeschlechtliche Vermehrung, bei der die Zelle ihre Erbsubstanz verdoppelt, läuft in acht Phasen ab.

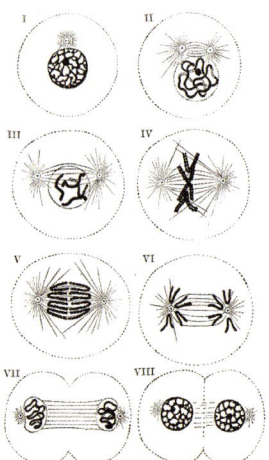

Elemente geschlechtlicher Fortpflanzung

Mitose

Die ersten Einzeller vermehrten sich durch einfache Zellteilung (Mitose). Bei dieser ungeschlechtlichen bzw. vegetativen Vermehrung verdoppelt die Zelle ihre Erbsubstanz, verteilt alles gleichmäßig auf zwei Hälften, schnürt sich ungefähr in der Zellmitte ein und bildet zwei identische Tochterzellen, die sich nach einiger Zeit – meist verbunden mit Größenwachstum – wiederum teilen können. Auf diese Weise entstehen viele identische Kopien von einer Ursprungszelle (Klone). Eine Veränderung kann nur durch Mutation im Erbmaterial eintreten. Daher dauerte auch die Evolution der ersten Einzeller Milliarden von Jahren, denn eine Evolution über Mutation ist ein sehr langsamer Prozess, der über minimale Veränderungen nach dem Prinzip „Versuch und Irrtum" läuft.

Eine evolutionäre Beschleunigung konnte erst eintreten, nachdem – neben der Aufnahme von Endosymbionten (einzelliges Lebewesen verleibt sich anderes einzelliges Lebewesen ein und es entsteht eine komplexere Lebensform) – Wege gefunden

Dieses Prinzip ist in der Pflanzenwelt weit verbreitet. Menschen und die meisten Tiere sind diploid, nur die Keimzellen sind haploid. Bei Einzellern und Pilzen kommen viele haploide Organismen vor, bei denen nur die Zygote diploid ist. Häufig entstehen aus den Gameten sogar vielzellige Organismen, sogenannte Gametophyten (z. B. Moose). Bei höheren Pflanzen wechseln sich Haploidie und Diploidie meist ab, weshalb sie auch als Diplo-Haplonten bezeichnet werden.

Auf der unteren Entwicklungsstufe verschmelzen zwei gleichartige Gameten miteinander (Isogamie). Infolge der Höherentwicklung der Lebewesen entstanden bewegliche Gameten unterschiedlicher Größe (Heterogamie, Anisogamie) und die Sexualität mit verschiedenen Geschlechtern, also entsprechend mit männlichen (kleine bewegliche Spermien) und weiblichen Keimzellen (unbewegliche, große Eizelle), Oogamie genannt.

Der sexuelle Vorteil

Diese Art der Erbgutverdopplung mit sexueller Fortpflanzung hat vermutlich vor etwa 1,5 Mrd. Jahren begonnen. Durch diesen Mechanismus konnten sich die verschiedenen Organismen viel schneller auseinander entwickeln und sich viel schneller neuen Umweltbedingungen anpassen. Die Organismen im selben Lebensraum mussten auch nicht mehr um die gleichen Lebensgrundlagen konkurrieren, wie es genetisch identische Lebensformen tun, denn sie konnten sich durch Weiterentwicklung unterschiedliche ökologische Nischen erobern. Mit der Erfindung von Sexualität hatte die Evolution an Fahrt gewonnen. Sie war der eigentliche Startschuss für die Entwicklung höherer Lebewesen. Dabei hatte sich Ausbildung von zwei Geschlechtern als die erfolgreichste Variante herausgestellt, alles andere ist wohl auch zu kompliziert. So hat der Schleimpilz insgesamt 13 Geschlechter und jeder Schleimpilz kann sich mit jedem paaren, nur nicht mit seinem eigenen Geschlecht, wobei es allerdings eine komplizierte Hierarchie gibt, die darüber entscheidet, wer bei welcher Verbindung seine Gene weitergeben darf. Nicht auszudenken, wenn sich ein solches System bis zu den Menschen hin durchgesetzt hätte.

„Die Erbgutverdoppelung mit sexueller Fortpflanzung begann vermutlich vor etwa 1,5 Mrd. Jahren. Damit hatte die Evolution an Fahrt gewonnen."

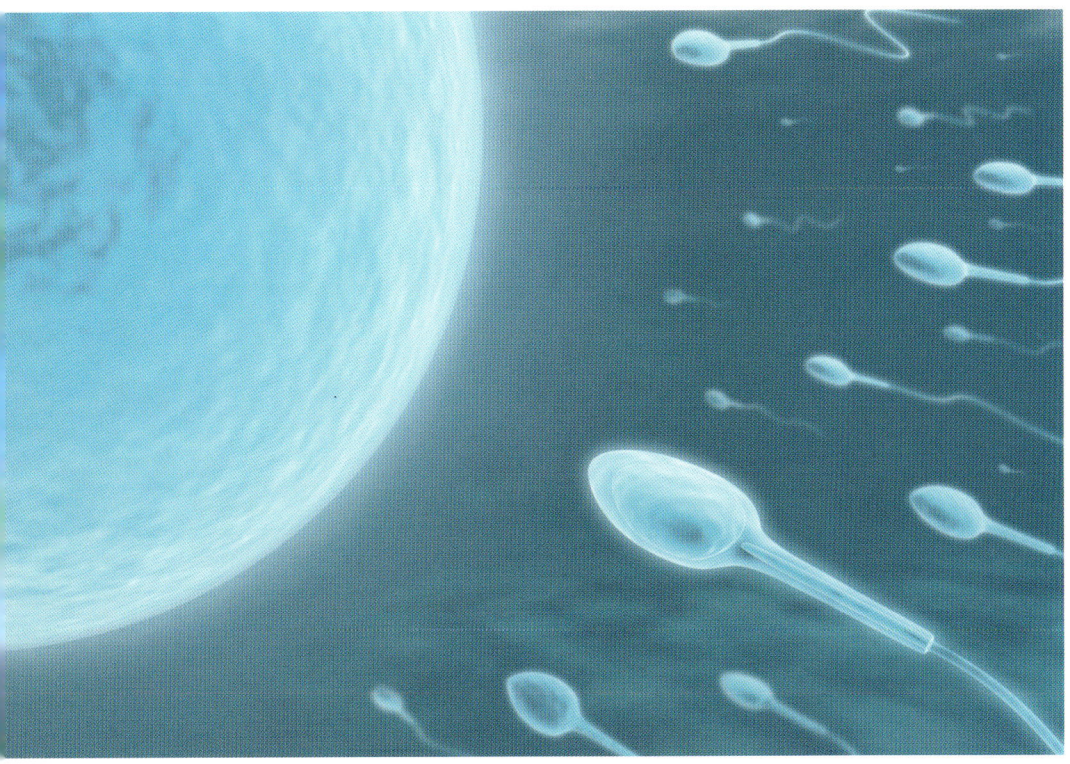

Die männliche Keimzelle (Spermium, Samenfaden oder Samenzelle) dient der Befruchtung der weiblichen Eizelle (Oozyte). Im Gegensatz zur Eizelle enthalten Spermien keine größeren Plasmamengen und dotterhaltigen Nährstoffe, sie sind daher wesentlich kleiner als die zu befruchtende Eizelle und werden vom männlichen Körper in viel größerer Zahl produziert, als Eizellen vom weiblichen Körper.

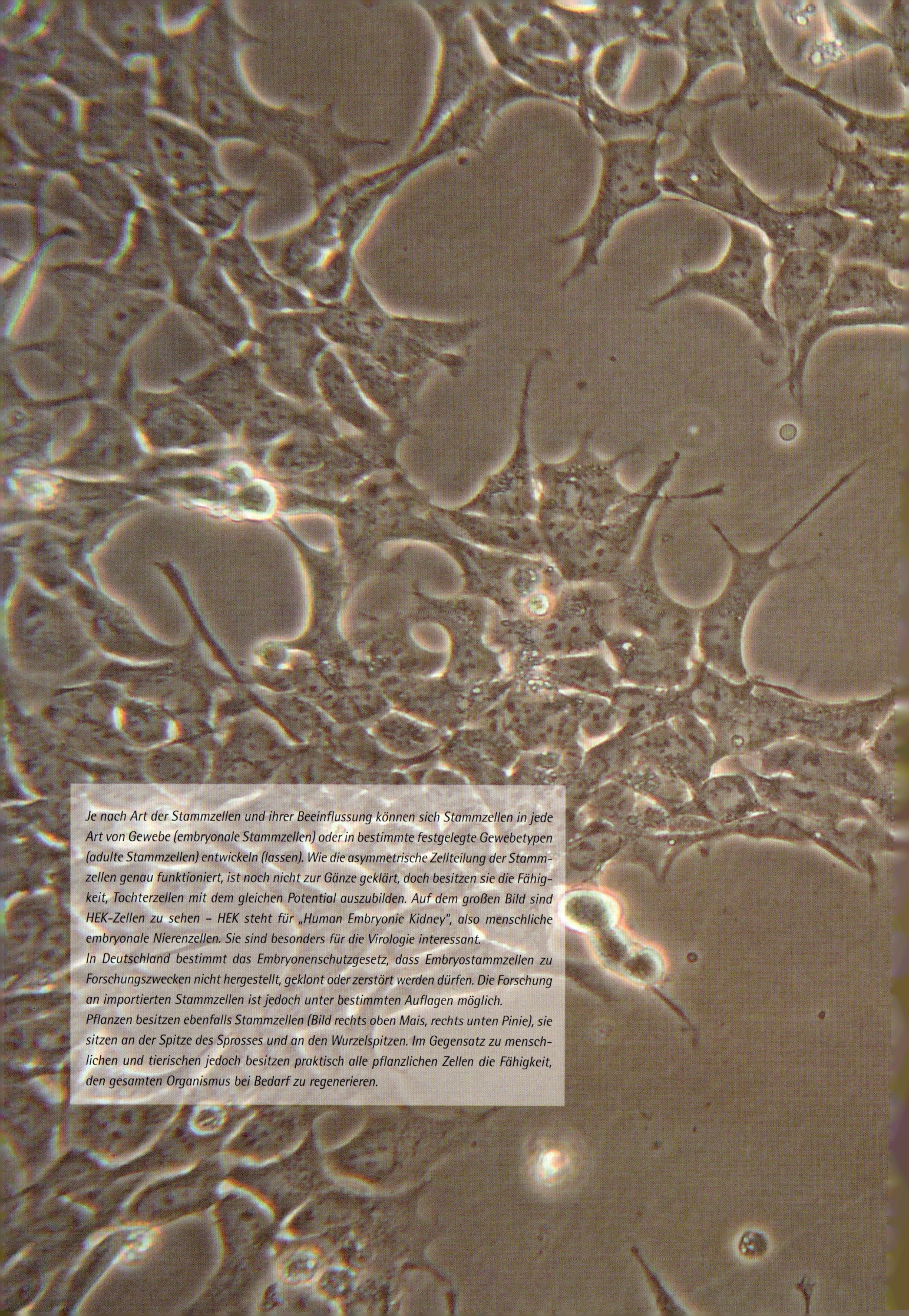

Je nach Art der Stammzellen und ihrer Beeinflussung können sich Stammzellen in jede Art von Gewebe (embryonale Stammzellen) oder in bestimmte festgelegte Gewebetypen (adulte Stammzellen) entwickeln (lassen). Wie die asymmetrische Zellteilung der Stammzellen genau funktioniert, ist noch nicht zur Gänze geklärt, doch besitzen sie die Fähigkeit, Tochterzellen mit dem gleichen Potential auszubilden. Auf dem großen Bild sind HEK-Zellen zu sehen – HEK steht für „Human Embryonic Kidney", also menschliche embryonale Nierenzellen. Sie sind besonders für die Virologie interessant.

In Deutschland bestimmt das Embryonenschutzgesetz, dass Embryostammzellen zu Forschungszwecken nicht hergestellt, geklont oder zerstört werden dürfen. Die Forschung an importierten Stammzellen ist jedoch unter bestimmten Auflagen möglich.

Pflanzen besitzen ebenfalls Stammzellen (Bild rechts oben Mais, rechts unten Pinie), sie sitzen an der Spitze des Sprosses und an den Wurzelspitzen. Im Gegensatz zu menschlichen und tierischen jedoch besitzen praktisch alle pflanzlichen Zellen die Fähigkeit, den gesamten Organismus bei Bedarf zu regenerieren.

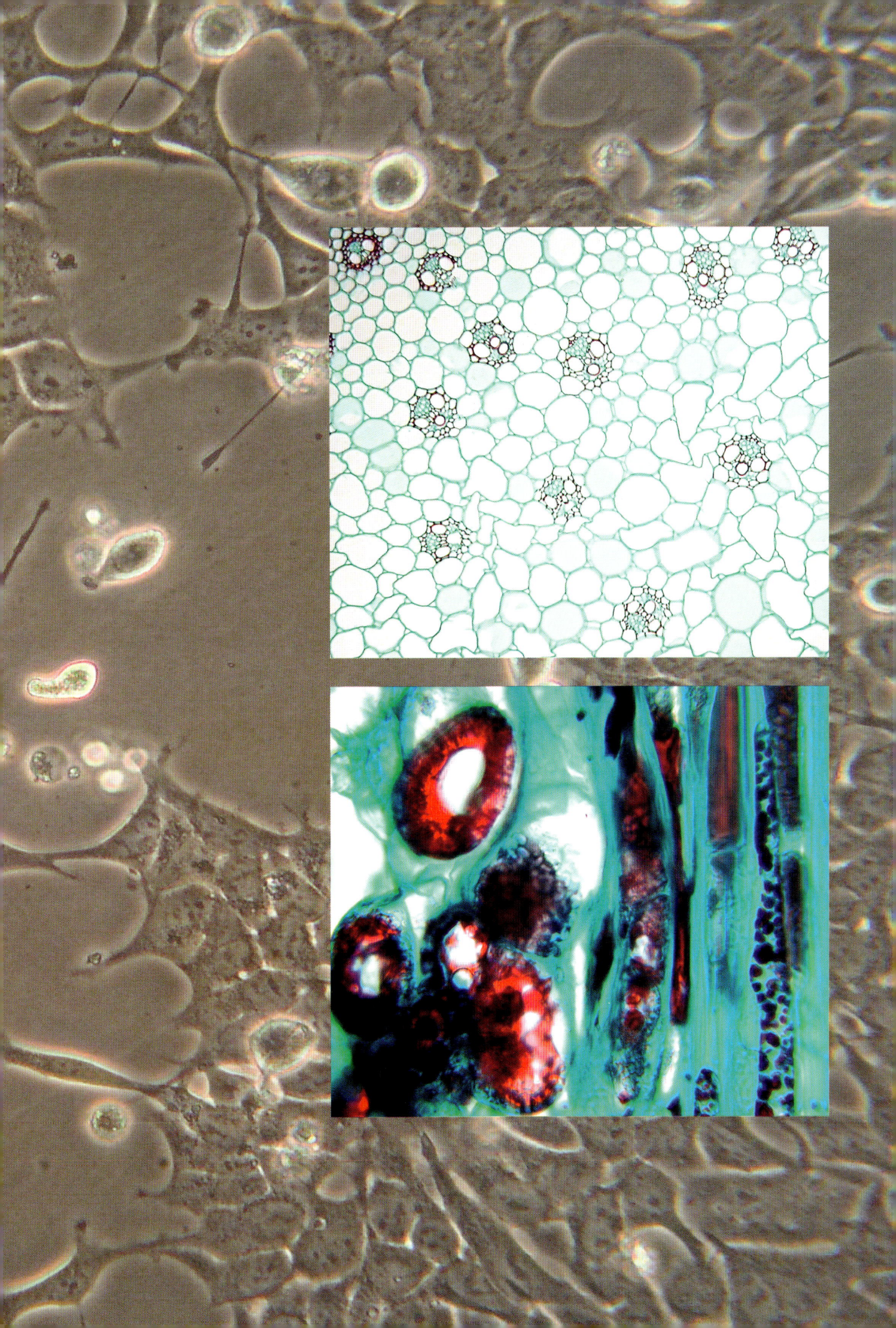

Kennzeichen höherentwickelter Organismen

Komplexität und Spezialisierung

Höherentwickelte Organismen zeichnen sich durch zunehmende Komplexität in Form von Spezialisierung – Differenzierung der Zellen mit Gewebebildung – aus. Dabei verlieren die einzelnen Zellen ihre Omnipotenz (Allmacht, Alleskönnertum). Sie üben nur noch ganz bestimmte Funktionen aus, die aber umso besser, als es eine omnipotente Zelle könnte, da sie ja nun ihre ganze Kraft und Energie in diese speziellen Funktionen stecken können. Diese Spezialisierung erfolgt über eine entsprechende Regulierung in der DNS, also der Erbinformation jeder Zelle. Zwar behält jede Zelle den kompletten Bauplan für den gesamten Organismus, doch werden über verschiedene Regulationsmechanismen im Zellkern nur die für die Zellfunktion notwendigen Gene eingeschaltet und in ihrer Aktivität gesteuert. Alle übrigen Gene bleiben ausgeschaltet, bzw. inaktiv. Eine solche Differenzierung ist auch nicht mehr rückgängig zu machen. Eine Hautzelle bleibt eine Hautzelle und wird keine Leberzelle auch wenn sie im Prinzip die dafür nöti-

Hier sieht man wie sich eine embryonale Zelle innerhalb der Membran teilt. Aus dieser omnipotenten Stammzelle kann sich jeder Zelltyp entwickeln, je nachdem, welche Genfrequenzen dabei aktiv werden, oder nicht. Nach der Differenzierung lassen sich ausgeschaltete Gene jedoch nicht wieder aktivieren.

ge Information trägt. Bei höherentwickelten Lebewesen verfügen nur die Keimzellen bzw. der frühe Embryo über Omnipotenz (Totipotenz). Aus solcher omnipotenten, embryonalen Stammzellen kann sich wieder der gesamte Organismus, also jeder Zelltyp entwickeln. Ist die Differenzierung, die bereits nach den ersten Zellteilungen erfolgt, vorbei, lassen sich ausgeschaltete Gene nicht wieder aktivieren. Allerdings behält der Körper zum Zweck der Regeneration an einigen Stellen pluripotente Zellen, das sind Zellen, die nur eine gewisse Spezialisierung haben und sich auf dieser Basis unterschiedlich weiterspezialisieren können (adulte Stammzellen). So kann aus Knochenmarks-Stammzellen noch jede Sorte von Blutzellen werden, allerdings keine Haut- oder Nervenzelle mehr.

Einzeller im Verbund

Auf dem Weg zum Vielzeller mit ausdifferenzierten Zellen und komplexen Geweben gelten die Kolonien und einfachen Zellverbände der Einzeller nur als erster Schritt. Zwischenschritte werden angenommen, in denen diese komplizierten Mechanismen auf molekularer Ebene entwickelt wurden, und auch hierfür finden wir Beispiele in der heute lebenden Natur. Einfachste Lebewesen, die zwar bereits richtige Vielzeller sind, aber nur wenig differenzierte Zellen besitzen. Zum Beispiel die Gruppen gewebeloser Tiere: Placozoa und Schwämme.

Placozoa

Die strukturell einfachsten Vielzeller sind die Placozoa, mehrzellige Tiere (Metazoa) aus der Abteilung der Gewebelosen mit nur einer einzigen Art, Trichoplax adhaerens. Der wissenschaftliche Name bedeutet wörtlich übersetzt „flache Tiere". Im Deutschen wird manchmal auch der Name „Scheibentiere" verwendet, was auf das Aussehen dieses Organismus hinweist: ein flacher, scheibenförmiger Körper. Sie ändern wie Amöben ständig ihre

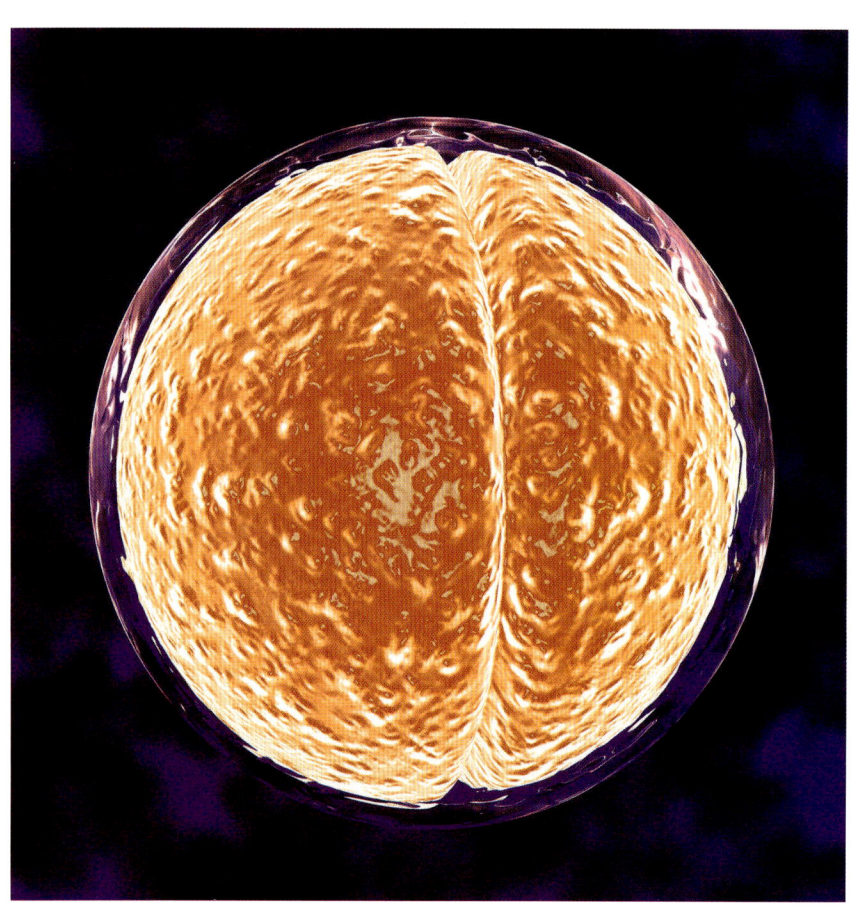

„Auf dem Weg zu Vielzellern und komplexen Geweben gelten die Kolonien und einfachen Zellverbände der Einzeller nur als erster Schritt."

Innerhalb der Abteilung der Gewebelosen bilden Schwämme einen eigenen Tierstamm. Die Größe der sessil lebenden Tiere variiert von wenigen Millimetern bis hin zu drei Metern, je nach Ernährungsweise und Lebensmilieu. Die meisten Schwämme ernähren sich durch Filtration, im Gegensatz zu den Gewebetieren haben sie keine Organe.

„Placozoa besitzen noch die ‚Unsterblichkeit' der Einzeller, die nur sterben, wenn sie gefressen oder irgendwie getötet werden."

Form. Ihnen fehlen, wie der Name schon sagt, Gewebe und Organe. Placozoa werden zwischen 0,5 und 3 mm groß. Das ausgewachsene Individuum besteht aus bis zu 1.000 Zellen, die sich in vier verschiedene Zelltypen aufteilen lassen: Auf der Rückseite liegt eine Zellschicht mit abgeflachten, einfach begeißelten Zellen, die kleine Fettkörperchen tragen. Auf der Bauchseite ist ebenfalls eine Schicht aus begeißelten Zellen, die aber keine Fettkörper haben. Sie sind säulenförmig und zwischen ihnen liegen unbewimperte Drüsenzellen. Zwischen den beiden Zellschichten ist ein flüssigkeitsgefüllter Innenraum, der von einem faserigen Netzwerk durchsetzt ist, dem Fasersynzytium, das aus nur einer Zelle mit vielen Zellkernen besteht. Dieser einfache Organismus pflanzt sich meist ungeschlechtlich fort, wobei das Tier sich in der Mitte durchschnürt. Gelegentlich kommt es auch zur Knospung. Eine geschlechtliche Fortpflanzung wird offensichtlich nur durch eine große Populationsdichte ausgelöst. Eine besonders bemerkenswerte Eigenschaft von Placozoa ist seine Regenerationsfähigkeit. Wird das Tier in kleine Zellverbände geteilt, entwickelt sich aus jedem ein neuer vollständiger Organismus. Damit besitzt Placozoa noch die „Unsterblichkeit" der Einzeller, die auch nur sterben, wenn sie von anderen gefressen werden oder irgendein anderes „Unglück" eintritt.

Schwämme

Schwämme haben ebenfalls noch keine Organe und bilden eine Gruppe von mehr als 7.500 Arten,

die zwischen wenigen Millimetern und mehreren Metern groß werden. Ihr Schwammkörper kann in drei Zellgrundtypen unterteilt werden, wobei der eine Grundtyp, die Amöboidzellen pluripotent sind: Sie können sich zu Verdauungszellen, skelett-bildenden Zellen, Geschlechtszellen und ein paar andere Zellen weiterentwickeln. Schwämme sind getrenntgeschlechtlich oder Zwitter. Sie leben ses-sil, haften also am Boden fest, auch verfügen sie über einen langsamen Stoffwechsel, einen geringen Sauerstoffverbrauch und ein langsames Wachstum. Im Verhältnis zu uns leben sie quasi in Zeitlupe. Dafür können sie sehr alt werden. Der älteste bekannte Schwamm ist etwa 10.000 Jahre alt. Schwämme ernähren sich von Nahrungsparti-keln, die das einstrudelnde Wasser mitbringt. Dafür besitzen sie eine Einstromöffnung und ein Kanalsystem, durch welches das Wasser in einen inneren Hohlraum, den Gastralraum (eine Art Magen) gelangt, sowie eine Austritts-Pore, durch die das Wasser wieder herausgespült wird. Die Nah-rungspartikel werden wie bei Einzellern durch Pha-gozytose aufgenommen (einverleibt).

Nesseltiere

Zu den einfach aufgebauten Gewebetieren gehö-ren die Nesseltiere, also auch Quallen, Seeanemo-nen, Korallen und Süßwasserpolypen. Sie besitzen bereits echtes Gewebe und Organe, die allerdings noch sehr einfach gestaltet sind. Dazu gehören ein Verdauungsorgan mit zentralem Hohlraum, dem Gastralraum und ein diffuses Nervennetz. Sie besit-zen aber noch keinen Blutkreislauf. Nesseltiere ver-fügen ebenfalls über pluripotente Zellen, aus denen unter anderem Geschlechtszellen, Drüsen-zellen und Nervenzellen entstehen können. Nessel-tiere wie z. B. der Süßwasserpolyp können auch auf chemische, mechanische und elektrische Reize rea-gieren, außerdem auf Licht und Temperatur. Poly-pen haben eine schlauchartige Gestalt und haften am Boden fest. Durch Knospung entstehen neue Polypen. Manche Polypen bilden durch Knospung

„Zu den einfach aufgebauten Gewebe-tieren gehören die Nesseltiere, also auch Quallen, Seeanemonen, Korallen und Süßwasserpolypen."

Seit mehr als einer halben Milliarde Jahre bevölkern Quallen (oben) die Weltmeere. In letzter Zeit sind sie für For-schung und Industrie zuneh-mend interessant geworden. Besonders seit dem vemehrten Auftauchen von BSE geraten Quallen als Lieferant von Kol-lagen ins Visier. Auch in der plastischen Chirurgie untersu-chen Wissenschaftler ihre Ver-wendung als Knorpelersatz bei zerstörten Gelenken. Einige Seeanemonenarten (unten) gehen Symbiosen mit anderen Tieren ein, so mit Fischen, Spinnenkrabben oder Partnergarnelen. Getrennt geschlechtliche aber auch zwittrige Arten existieren, sodass viele Fortpflanzungs-methoden bekannt sind.

aber auch Quallen, die sich jetzt fortbewegen kön-nen und durch geschlechtliche Vermehrung wie-der einen Polypen bilden. Quallen und Polypen sind somit verschiedene Generationen ein und dersel-ben Art. Man spricht auch von Generationswech-sel, ein Mechanismus, der besonders häufig bei Pflanzen anzutreffen ist.

Zu den einfach organisierten mehrzelligen Pflan-zen gehören beispielsweise Moose, die sich vermut-lich aus Grünalgen entwickelt haben. Sie besitzen noch kein Stürz- und Leitgewebe wie höhere Pflan-zen und können kaum ihren Wasserhaushalt regu-lieren (wechselfeuchte Pflanzen). Bei stärkerem Wasserverlust schrumpfen sie nicht, fahren aber die Stoffwechselaktivität zurück und quellen dann bei höherer Feuchtigkeit wieder auf. Moose haben einen Generationswechsel mit geschlechtlicher und ungeschlechtlicher Vermehrung. Die Moos-

Moose sind Landpflanzen, die sich vor etwa 400-450 Millionen Jahren aus Grünalgen der Gezeitenzone entwickelt haben. Es gibt über 16.000 Arten, die in die drei klassischen Sippen Horn-, Leber- und Laubmoose unterteilt sind. Zwar lässt sich innerhalb der drei Gruppen jeweils eine Abstammungslinie erkennen, insgesamt bilden sie aber eher keine natürliche Verwandtschaftsgruppe.

pflanze ist dabei der Gametophyt, also die haploide Form, die sich durch Zygotenbildung (Verschmelzung) vermehrt und dabei einen kleinen diploiden Sporophyten bildet. Der Sporophyt bildet dann lauter kleine haploide Sporen aus denen wiederum Moose entstehen können.

Primitive Lebewesen wie diese ermöglichen einen guten Einblick, wie die Höherentwicklung durch die Spezialisierung von Zellen abgelaufen sein könnte. Die meisten von ihnen pflanzen sich primär immer noch ungeschlechtlich fort, doch die geschlechtliche Vermehrung hat bereits ihren festen Platz gefunden. Sie haben entweder noch gar keine oder nur wenige einfache Organe und Gewebe. Dennoch hat bereits eine Aufgabenteilung unter den Zellen stattgefunden. Sie bewirkt, dass die Einzelzellen größtenteils nicht mehr alleine lebensfähig sind. Bei der geschlechtlichen Vermehrung kommen dann nur noch spezielle Zellen, die Keimzellen oder Gameten zur Fortpflanzung, alle

„Primitive Lebewesen ermöglichen einen guten Einblick, wie Höherentwicklung durch die Spezialisierung von Zellen abgelaufen sein könnte."

übrigen (somatischen) Zellen, die sich nicht weitervermehren, sterben. Sie haben durch die Ausbildung von Gameten ihren biologischen Zweck erfüllt. Durch ihr Sterben können ihre Bausteine aber wieder dem Nährstoffkreislauf zugeführt werden. So können sie auf diese Weise noch für ein ausreichendes Nährstoffangebot für den Nachwuchs sorgen. Nicht das Individuum steht bei der Evolution im Vordergrund, sondern die Arterhaltung und ihre Weiterentwicklung. Bei den sehr einfach strukturierten Vielzellern scheint der Tod allerdings noch kein unumgängliches Muss, bedingt durch die Möglichkeit ausgeprägter ungeschlecht-

licher Vermehrung. Erst mit der Höherentwicklung und der zunehmenden Konzentration auf die geschlechtliche Vermehrung gehört er immer zum Leben dazu.

Organismen mit Geweben – Wie Zellen kommunizieren

Die Aufgabenaufteilung innerhalb der Gewebe verlangt ein Höchstmaß an Kooperation und Kommunikation der Zellen untereinander. Daher liegen die Zellen in einem Gewebeverband nicht einfach nebeneinander, sondern stehen über viele verschiedene Mechanismen miteinander in Kontakt.
Zellen, die im Gewebeverband nebeneinanderliegen und sich berühren, bilden unterschiedliche Kontaktstellen aus, die sich auch immer wieder ändern können. Manche dieser Stellen dienen der Abgrenzung voneinander, andere zum gegenseitigen Festhalten, Anhaften (Adhäsion) und wiederum andere zum gezielten Signal- und Stoffaustausch. Durch ihre wechselseitigen Kontakte schaffen die Zellen zwischen sich einen Zellzwischenraum, in den ein gerichteter Flüssigkeitsstrom mit Nährstoffpartikeln und Signalen geleitet werden kann. In diesem Zellzwischenraum können sie eingreifen, Stoffe abfangen und abgeben und Barrieren aufbauen, sodass der Flüssigkeitsstrom unterbrochen und Signalströme gestoppt werden können. Diese Kontakte werden meist durch eine Vielzahl an unterschiedlichen Proteinen hergestellt und kontrolliert. Proteine sitzen in den Zellmembranen und entscheiden wer oder was in die Zelle hinein darf und wer bzw. auch was wieder hinaus soll. Sie transportieren zudem auch Stoffe über größere Strecken. Wie in einer funktionierenden Infrastruktur wird dafür gesorgt, dass Zellen, die in komplexen Körpern von der Umwelt abgeschnitten, weit im Innern liegen, ausreichend Sauerstoff und Nahrung erhalten. Ein komplexes Transportwesen mit

„Neben direkter Kommunikation können Zellen auch eine Art Fernmeldesystem betreiben: Über Botenstoffe werden Nachrichten über weite Entfernungen vermittelt."

Versorgungsvehikeln, Mülltransportern, Verkehrspolizisten und Wachmännern, die selbst wiederum von Managern und Kontrollzentralen überwacht werden, sorgt dafür, dass jede einzelne Zelle zur Ausübung ihrer Funktion alles bekommt, was sie dafür benötigt, passt auf, dass niemand über- oder unterversorgt wird, dass alles an seinen richtigen Platz kommt, dass Abfall möglichst schnell wegtransportiert wird, dass Fehler und Schwachstellen ausgebessert oder entfernt werden und auch sonst kein Unbefugter Störungen verursacht. All dies regeln winzig kleine Zellen in uns, indem sie ständig miteinander kommunizieren.
Neben den Kontaktstellen mit direkter Kommunikation besitzen die Zellen auch eine Art Fernmeldesystem, bei dem über Boten und Botenstoffe Nachrichten über weite Entfernungen vermittelt werden können. Solche Botenstoffe werden bei-

Zellen, die in einem Gewebeverband stehen, wie es beispielsweise beim Blatt der Fall ist, kommunizieren über vielfältige Mechanismen miteinander und bilden eine Vielzahl von Kontaktstellen, die sich immer wieder ändern können.

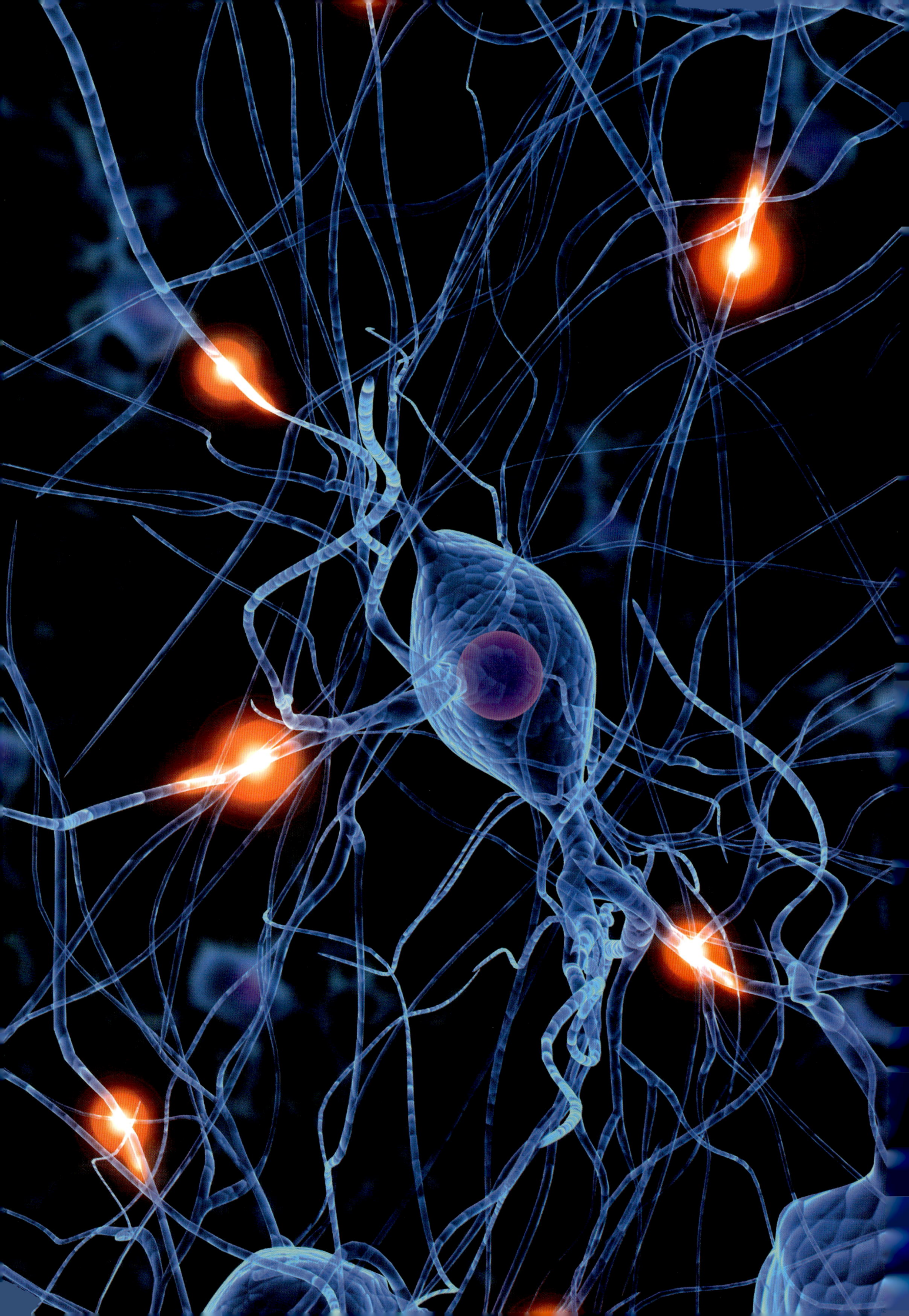

„Jedes Pflanzen-, Tier- oder Pilzreich bringt es in der Folgezeit für sich zu einer erstaunlichen Artenvielfalt."

spielsweise bei Entzündungen als eine Art Hilferuf ausgesandt. Kleine Moleküle die sich rasch über die Flüssigkeitenströme ausbreiten können, werden von entsprechenden Abwehrzellen empfangen, die schnellstens reagieren und an den Ort des Geschehens eilen, um dort aufzuräumen. Als Boten arbeiten aber auch Hormone, die mit entsprechenden Botschaften über das Blutgefäßsystem zum Empfänger reisen. Ein solches Hormon ist unter anderem das Insulin. Bei erhöhtem Blutzuckerspiegel, der zu einer Schädigung von Organen führen kann, eilt das Insulin von der Bauchspeicheldrüse in die Leber- und Muskelzellen, um dort anzuordnen, dass der überzählige Zucker schnellstmöglich aus dem Blut entfernt und in den entsprechenden Speichern gelagert oder aber auch gleich verbraucht wird. Damit diese wichtige Nachricht an den diversen Zielorten mehr oder weniger gleichzeitig ankommt, flitzt nicht nur ein Insulinbote los, sondern gleich eine ganze Armee.

Eine andere Art von Botschaft vermitteln Nervenzellen. Sie haben sich eine andere Nachrichtenübermittlung zunutze gemacht, nämlich die Elektrizität. Mithilfe von elektrischen Signalen können sie ihre Nachrichten wesentlich schneller übermitteln als durch chemische Botenstoffe oder Boten. Man stelle sich vor, wir müssten bei der Muskelbewegung auf Hormonboten warten. Wir kämen

vermutlich bis mittags schon gar nicht aus dem Bett.

Bereits Einzeller lassen teilweise eine Zuordnung zum Tier- oder Pflanzenreich zu, doch mit der Vielzelligkeit trennen sich die großen Reiche von Pilzen, Pflanzen und Tieren endgültig voneinander. Jedes für sich bringt es in der Folgezeit zu einer erstaunlichen Artenvielfalt.

Eine Synapse bildet die Schnittstelle zwischen Nervenzellen untereinander oder Nervenzellen und anderen Zellen. Die meisten Synapsen arbeiten mit einer chemischen Weiterleitung, doch gibt es auch die direkte elektrische Weiterleitung.
Viele Medikamente oder Giftstoffe entfalten ihre Wirkung an den Synapsen, indem sie (vereinfacht ausgedrückt) die chemische Weiterleitung der Signale verstärken, abschwächen oder auch komplett blockieren.

Chemische Synapsengifte

Synapsengifte können auf viele Arten die Funktion der Synapsen blockieren oder stören. Bei chemischen Übertragungen von Reizen an den Synapsen können sie verhindern, dass Neurotransmitter (also die verwandelten Reize) in den synaptischen Spalt kommen, also von der einen zur anderen Synapse. Oder sie ersetzen durch ihre starke Ähnlichkeit die Neurotransmitter, sodass sie an deren Stelle an die synaptischen Rezeptoren gelangen und die Erregungsleitung ebenfalls stören.

Muskatin, **Atropin** und **Curare** sind bekannte Synapsengifte, aber auch **Nikotin** und extrem wirksame Gifte wie **Botulinumtoxin**, das bei kosmetischen Operationen gegen Falten eingesetzt wird. **Meskalin** und **LSD** (wovon letzteres Transmitter nachahmt), sowie **Tetanus**, das Wundstarrkrampf auslöst, gehören ebenfalls zu den geläufigeren Synapsengiften.

Der Sprung in die Vielfalt

Der biologische Urknall

Etwa eine Milliarde Jahre nach dem Erscheinen der sogenannten echten Zellen, also den Zellen mit Zellkern, von denen alle höheren Lebewesen abstammen, erschienen auf der Erde die ersten Vielzeller. Nachdem über einen Zeitraum von etwa 500 Millionen Jahren in der Natur Zellkolonien und andere Zellverbände vorgeherrscht hatten, tauchten gegen Ende des Präkambriums vor etwa 670 bis 550 Millionen Jahren einfach strukturierte Organismen auf, deren Zellen nicht mehr als Einzelwesen existieren konnten: echte Vielzeller mit nur gering ausgebildeten Geweben, wie beispielsweise die Schwämme, Polypen, Quallen oder auch Moose.

Die fünf Organismenreiche

Nicht alle Lebewesen sind Pflanzen oder Tiere

Mehrzellige Hohltiere wie Quallen und blattförmige Organismen machten den Großteil der präkambrischen Lebewesen aus. Aber schon kurze Zeit später, unmittelbar vor Beginn des Kambriums (vor etwa 500 Millionen Jahren), begann das biologische Leben geradezu zu explodieren. Bis zu diesem Zeitpunkt gab es bereits seit drei Milliarden Jahre Lebewesen auf der Erde. Drei Milliarden Jahre, in denen das Leben sozusagen gemütlich vor sich hingedümpelt hatte. Plötzlich schien es dann „aufzuwachen" und entwickelte mit ungeheurer Wucht eine Artenvielfalt, welche die Forscher noch heute zum Rätseln und Staunen bringt. Dieser Sprung in die Artenvielfalt wird auch „biologischer Urknall" oder „kambrische Explosion" genannt. Innerhalb weniger Millionen Jahre entwickelten sich fast alle heute noch existierenden Tierstämme mit ihren unterschiedlichen Grundbauplänen.

So kurzfristig die Entwicklung, so jäh auch das Ende. Gegen Ende des Kambriums setzte ein großes Sterben ein, das nur noch durch das Ereignis im Perm vor rund 245 Millionen Jahren, übertroffen wurde: Über 90 % der im Meer und über 70 % der an Land lebenden Arten starben aus. Mit der Artenvielfalt im Kambrium hatte das Zeitalter des Paläozoikums (Erdaltertum) begonnen, mit dem Artensterben im Perm endete es.

Je mehr Lebewesen auf der Erde auftauchten, umso deutlicher wurde, dass sich manche Arten sehr

„Das Leben entwickelte scheinbar über Nacht eine Artenvielfalt, welche die Forscher noch heute zum Rätseln und Staunen bringt."

Seeanemonen sind sechsstrahlige Blumentiere, die kein Skelett besitzen. Im Gegensatz zu den meisten anderen Blumentieren bilden sie keine Kolonien, d. h. sie leben solitär. In allen Meeren weltweit gibt es ca. 1.000 verschiedene Arten, in europäischen Gewässern etwa 60. Fische, Krabben, Garnelen und Krebse lassen sich von ihren Tentakeln beschützen.

ähnlich waren. Andere zeigten wiederum gar keine Verwandtschaft. Diese Tatsache veranlasste schon früh Gelehrte dazu, die Lebewesen systematisch einzelnen Gruppen zuzuordnen.

Bereits im 4. Jahrhundert v. Chr. stellte Aristoteles ein erstes biologisches System auf und erkannte, dass es mindestens zwei große Typen unter den Lebewesen gibt: fest im Boden verwurzelte, meist grüne Organismen und bewegliche, die umherlaufen um Nahrung zu suchen. Diese Einteilung in das große Reiche der Pflanzen und Tiere behielt lange Gültigkeit. Pflanzen galten zudem als Lebewesen, die ihre Energie und ihre Baustoffe aus der Fotosynthese oder aus chemischen Quellen und anorganischen Stoffen gewannen (autotroph). Dazu gehörten beispielsweise alle einzelligen Algen und die Fotosynthese treibenden Cyanobakterien, aber auch einige Bakterien und Archaeen. Lebewesen, die zur Energie- und Baustoffaufnahme organisches Material benötigten, also andere tote oder lebendige Wesen verdauen mussten (heterotroph), zählten zu den Tieren. Der überwiegende Teil der Bakterien und Archaeen gehörte damit zu den Tieren, weil sie heterotroph waren. Die Pilze wurden dagegen zu den Pflanzen gezählt, da sie sesshaft sind, obwohl sie sich eindeutig heterotroph ernähren. Eine Ausnahme bilden hier einzellige Pilze, wie z. B. die Hefen, die natürlich nicht sesshaft sind.

Das System schien allerdings auf Dauer nicht befriedigend und die Aufteilung vor allem bei den Einzellern nicht sinnvoll zu sein. So definierten die Forscher im 19. Jahrhundert ein drittes Organismenreich, die Protisten. Hier wurden nun alle einzelligen Lebewesen separat zusammengefasst und den mehrzelligen gegenübergestellt. Dies stiftete auf Dauer aber noch mehr Verwirrung. Nun gehörten die eindeutig verwandten einzelligen und mehrzelligen Grünalgen verschiedenen Gruppen an, während sich die wenig verwandten Cyanobakterien und Pantoffeltierchen in der gleichen Grup-

„Manche Arten von Lebewesen waren sich sehr ähnlich, andere wiederum gar nicht: Schon früh wurden sie daher von Gelehrten einzelnen Gruppen zugeordnet."

Algen (Bild oben) betreiben als pflanzenartige Wesen Fotosynthese, durch Sonnenlicht bilden sie aus Kohlendioxyd und Wasser Nährstoffe, und Sauerstoff wird frei (Bild unten). Sie waren es, die mit ihrer Biomasse und ihrer Produktion von atembarer Luft Leben auf der Erde überhaupt erst ermöglichten.

pe wiederfanden. Und die Pilze blieben weiterhin ein Fremdkörper innerhalb der Pflanzengruppe. Neue Erkenntnisse zeigten außerdem, dass es einen großen systematischen und evolutionären Unterschied zwischen Zellen mit Zellkern (Eukaryoten) und solchen ohne Zellkern (Prokaryoten) gibt. Eine Neueinteilung auf Basis von Pro- und Eukaryoten musste also her. Eine solche Zuordnung spaltet nun wiederum die Einzeller in ganz neue Gruppen auf, die nicht mehr nach Tier, Pflanze oder Pilz unterscheiden. Neben den höher organisierten Lebewesen mit Geweben und Organen, die alle Eukaryoten sind, gibt es auch einige vielzellig organisierte Prokaryoten. Daneben existiert auch die große Dreiteilung in die Bereiche Bakterien, Archaeen und Eukaryoten, wobei die Archaeen meist zwischen Pro- und Eukaryoten gestellt werden, allerdings näher an die Eukaryoten.

Eine aktualisierte Systematik von 2005 teilt die Eukaryoten in sechs Gruppen auf, in drei von ihnen sind ausschließlich Einzeller (Amoebozoa, Rhizaria und Excavata), in einer sind hauptsächlich Algen (Chromalveolata), in einer vierten sind die Pflanzen mit Grün- und Rotalgen zusammengefasst (Archaeplastida) und in der fünften einige Einzeller sowie Pilze und Tiere (Opisthokonta). Diese Systematik ist allerdings nicht unumstritten.

Nicht-Systematiker müssen sich mittlerweile mit einer Vielzahl von Ein- und Aufteilungen mit entsprechenden Begriffen auseinandersetzen, die, je nach Wissensstand der jeweiligen Quelle, mal die eine oder andere Unterteilung verwenden, mal verschiedene Aufteilungen gegenüberstellen oder mischen. Und wer einmal versucht hat, über das Internet Klarheit zu bekommen, muss schnell feststellen, dass er, je nachdem von welchem Begriff er ausgeht, zu einer ganz anderen Systematik

gelangt. Aber aufgrund der Erkenntnisse von Genetik und Molekularbiologie unterliegt die Systematik einer ständigen Ergänzung und Veränderung, sodass jede neue Version immer nur eine Momentaufnahme sein kann.

In diesem Buch wird auf das überschaubarere System der fünf Reiche zurückgegriffen, das noch vielfach verwendet wird. Diese Reiche lassen sich evolutionär gesehen auf drei verschiedene Entwicklungsebenen stellen:

1. **Ebene**: Reich der einzelligen Prokaryoten (mit Archaeen und Bakterien)
2. **Ebene**: Reich der einzelligen Eukaryoten (manchmal auch als Protisten bezeichnet)
3. **Ebene**: vielzellige Eukaryoten mit drei weiteren Reichen:
   - Reich der vielzelligen Pflanzen
   - Reich der vielzelligen Pilze
   - Reich der vielzelligen Tiere

Die Artenexplosion, die sich am Übergang vom Präkambrium zum Kambrium abzeichnet, betraf in erster Line das vielzellige Tierreich (Metazoa).

Verschiedene Bakterienformen in makroskopischen Aufnahmen: Stäbchenförmige (oben) und mehrzellige Kokken wie die kettenförmigen Streptokokken (links unten) und haufenförmigen Staphylokokken (rechts unten). Für den menschlichen Körper sind Bakterien essentiell, da sie beispielsweise die Darmflora und die Hautflora bilden. Der Mensch besitzt zehnmal mehr Bakterien als Körperzellen.

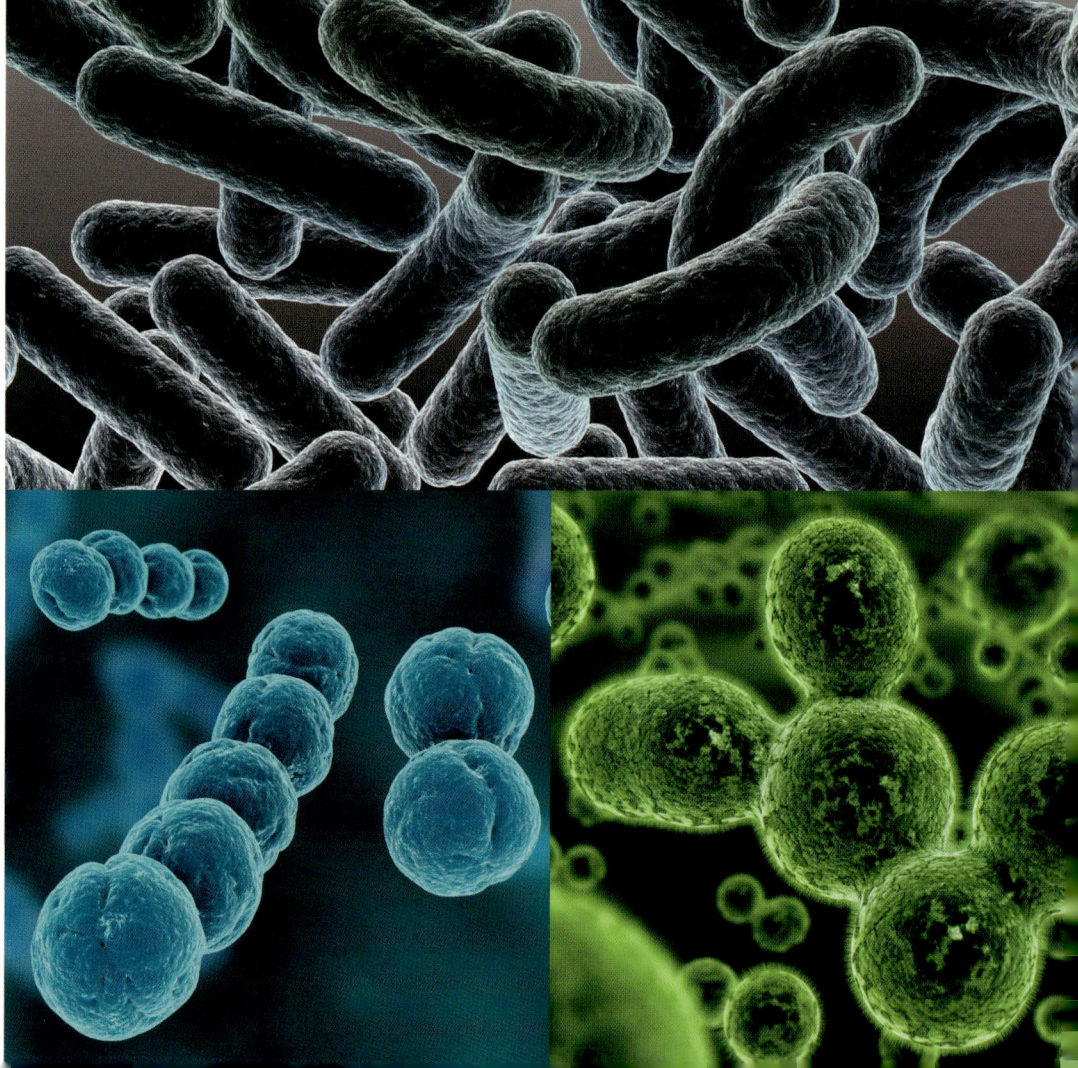

Die Kambrische Explosion

Ein wissenschaftliches Rätsel

Zu Beginn des Kambriums kam es vermutlich durch globale Erwärmung zum Anstieg der Meeresspiegel. Fast die komplette Erde war mit Wasser überflutet. Die Sauerstoffkonzentration war niedriger als heute, hatte aber zwischen Präkambrium und Kambrium etwas zugenommen und stieg in der Folgezeit weiter an. Das Leben war noch ans Wasser gebunden, die biologische Evolution fand ausschließlich im Meer oder Süßwasser statt.

In den geologischen Schichten des Kambriums sind fast alle modernen Tierstämme zu finden, darunter Schwämme, Nesseltiere (z. B. Quallen), Gliederfüßer (z. B. Insekten), Weichtiere (z. B. Schnecken), Stachelhäuter (z. B. Seeigel) sowie eine ganze Reihe anderer zu den Wirbellosen zählender Tiere. Außerdem gab es bereits die ersten Vorläufer der heutigen Wirbeltiere. Bevor das Leben an Land ging, hatte es sich bereits in die wichtigsten großen Tierstämme aufgefächert. Dabei bedeutet die Aufteilung in Stämme, dass es sich hier um maximal große Unterschiede handelt, also größtmögliche Bauplanunterschiede.

Als Ursache für diesen evolutionären bzw. biologischen Urknall werden verschiedene Erklärungsmöglichkeiten diskutiert.

Theorie 1 – unentdeckte Vorformen

Kleine unentdeckte Vorläuferformen haben eine langsame Entwicklung vorbereitet. Diese winzigen, möglicherweise sogar mikroskopischen Vorläuferformen wären dann einfach unentdeckt geblieben. Zu Beginn des Kambriums hätte dann lediglich eine explosionsartige Größenzunahme stattgefunden. Diese könnte durch die chemische Veränderung in den Ozeanen und die Zunahme der Sauerstoffkonzentration bewirkt worden sein, die den Tieren die Bildung von Hartteilen ermöglichte. Diese Theorie erhielt durch die Entdeckung der Vendobionten

„Bevor das Leben an Land ging, hatte es sich bereits wie in einem evolutionären Urknall in die wichtigsten großen Tierstämme aufgefächert."

neue Nahrung. Diese große Fossiliengruppe wird nach dem australischen Fundort auch Ediacara-Fauna genannt. Es handelt sich bei ihnen um höherentwickelte Lebewesen, die bereits vor dem Kambrium existierten und mittlerweile auf fast allen Kontinenten gefunden wurden. Vendobionten sind eigenartige, hartkörperlose Organismen ohne innere Organe. Da ihre Körperhüllen in sehr verschiedener Weise mit Lamellen abgesteppt sind, werden sie scherzhaft auch als „lebende Luftmatratzen" bezeichnet. Die Vendobionten verschwinden im Laufe des Kambriums. Ob sie mit irgendeinem heute noch lebenden Tier verwandt sind, ist strittig.

Die These der unentdeckten Vorformen bleibt insgesamt unbefriedigend. Immerhin gibt es ja zahlreiche Fossilienfunde zu den winzigen, zarten Einzellern aus dem Präkambrium, warum sollten dann ausgerechnet die höher organisierten Lebewesen unentdeckt bleiben?

Die wirbellosen Seeigel sind in allen Meeren zu Hause und können bis zu 950 Arten zu ihrer Familie zählen. Auch die Stacheln dieses beeindruckenden Exemplares sitzen auf kleinen Gelenkhöckern und können teilweise durch Muskeln bewegt werden. So ist eine wenn auch relativ langsame Fortbewegung möglich.

Theorie 3 – HOX-Gene

Zu Beginn der 1990er-Jahre wurde von Molekularbiologen die These aufgestellt, dass eine solch rasante evolutionäre Entwicklung nur mit dem Erscheinen neuer Gene zu erklären sei. Und sie konnten auch die passenden Gene präsentieren: die sogenannten „homöotischen Gene" oder HOX-Gene. In diesen Steuerungsgenen steckt der Bauplan der Tiere, der für sämtliche Arten identisch ist. Dabei steuert jedes einzelne Gen einen bestimmten Körperabschnitt, indem es mehrere andere funktionell zusammenhängende Gene kontrolliert. Die von den HOX-Genen produzierten biochemischen Moleküle leiten ihre Informationen stufenartig weiter und veranlassen auf diese Weise die Umsetzung des im Erbgut verankerten Bauplans. Im Laufe der Entwicklung haben sich diese Gene vermehrt. Je mehr Gene vorhanden sind, umso komplexer wird auch der Organismus (der Mensch besitzt z. B. 38 HOX-Gene). Nach dieser HOX-Gen-These sollte sich in einem primitiven Wesen ein Ur-HOX-Gen mehr oder weniger zufällig einmal verdoppelt haben. Das wäre auf molekularer Ebene nur ein kleiner Schritt. Doch schon daraus könnte ein Organismus mit ganz neu erworbenen Eigenschaften entstehen. Kritiker meinen, dass solche Änderungen dennoch nur mit bereits latent vorhandenen Strukturen zu erklären sind. Deren Herkunft erklären die HOX-Gene jedoch nicht. Zumindest könnten HOX-Gene aber eine Ausgangsbasis für die schnelle Auffächerung in die verschiedenen Tierstämme geschaffen haben.

Theorie 4 – tolerante Ökologie

Eine andere Erklärung versucht das Konzept der „toleranten Ökologie" („permissive ecology"). Nach diesem Konzept können große Lebensräume, die zur Neueroberung freistehen, oder auch durch Katastrophen frei geworden sind, das Überleben und Fortpflanzen von Individuen erlauben (Gendrift mit Gründereffekt; s. S. 101 f.), die sonst aufgrund des großen Konkurrenzkampfes nicht überleben würden. Der Selektionsdruck bei enger Besiedlung und bereits besetzten ökologischen Nischen, erlaubt es schlechter ausgerüsteten Individuen nicht, sich auszubreiten, da sie von den besser angepassten verdrängt würden. So werden viele neue Variationen und große Mutationssprünge

In der Genetik wird die molekulare Uhr eingesetzt, um den Zeitpunkt der Aufspaltung zweier Arten von einem gemeinsamen Vorfahren zu bestimmen. Die Evolutionsbiologen Emile Zuckerkandl und Linus Pauling führten den Begriff 1962 ein.

Theorie 2 – molekulare Uhren

Die molekularen Uhren, mit denen man die Zeiträume zwischen evolutionären Ereignissen bestimmt, könnten irreführend sein. Das Konzept der molekularen Uhr wird sowieso nicht von allen Wissenschaftlern anerkannt. Dann könnte dieses plötzliche Auftauchen der kambrischen Tierstämme doch sehr realistisch sein. Erklärt wäre es damit aber nicht.

mehr oder weniger im Keim erstickt. In einer toleranten kaum besetzten Umwelt wären die verschiedenen Varianten aber keinem Konkurrenzkampf ausgesetzt und könnten innerhalb einer sehr viel kürzeren Zeit zu einer großen Vielfalt führen. Unbesiedelte tolerante Lebensräume wirken somit also als Evolutionsbeschleuniger. Die kambrische Radiation könnte demnach durch das Freiwerden großer neuer Lebensräume nach vorangegangener globaler Vereisung erklärt werden. Dafür spricht, dass auch später in ökologischen Nischen, wie z. B. auf unbewohnten Inseln, teilweise eine viel schnellere Evolution stattgefunden hat als anderswo. Dagegen spricht, dass es in der Erdgeschichte immer wieder Phasen solcher ökologischer Nischen gegeben hat, ohne dass viele neue Grundbaupläne entstanden wären.

Theorie 5 – ökologische Besonderheiten

Möglicherweise gibt es auch ökologische Gründe dafür, dass bestimmte Arten nur in bestimmten Zeiten auftauchen, bzw. deren Fossilien nur in bestimmten Zeiten zu finden sind. So treten beispielsweise zu Beginn des phosphatführenden Kambriums auch phosphathaltige („small shelly" = kleine Schalen) Fossilien auf. Als dieser Abschnitt mit den Sedimenten ausklingt, verschwinden auch diese Fossilien. Die nachfolgenden Organismen verwenden Karbonat als vorrangiges Baumaterial.

Theorie 6 – Erdabkühlung

Im Jahre 2003 tauchte eine neue These auf, welche die Kambrische Explosion durch eine Abkühlung der Erde erklärt. So soll nach Absinken der globalen Oberflächentemperatur auf 30° C ein Rückkopplungs-Effekt eingetreten sein. Dabei hätten sich mehrere Prozesse gegenseitig verstärkt, die zum einen zu einer explosionsartigen Ausbreitung

„Die unterschiedlichen Baupläne gleich zu Beginn der Fossilüberlieferung werden mit einer Vielzahl von Thesen erklärt, von denen keine bislang verifiziert werden konnte."

von Leben geführt haben und zum anderen zu einer selbstständigen Regelung der Erde analog zu einem riesigen Organismus. Nach dieser These soll höheres Leben nur bei einer Globaltemperatur von unter 30° C existieren können. Höhere Temperaturen wären demnach ungünstig für die Strukturbildung in Vielzellern und für die Energiegewinnung innerhalb von Organismen. Diese kritische Schwelle wurde zu Beginn des Kambriums erstmals unterschritten, da der nachlassende Vulkanismus und der Zerfall radioaktiver Elemente im Innern die Erde langsam auskühlen ließen. So entstanden in der Folge komplexe Lebensformen, die nun ihrerseits die globale Abkühlung verstärkten. Der Rückkopplungseffekt führte zu einem regelrechten Temperatursturz, der das Anwachsen der Biomasse und die Entstehung der Artenvielfalt weiter beflügelte. Somit hätten sich die höheren Lebensformen ihre Umweltbedingungen praktisch selbst geschaffen indem sie den Temperaturabfall auslösten.

Das plötzliche Erscheinen der unterschiedlichsten Baupläne gleich zu Beginn der Fossilüberlieferung wird mit einer Vielzahl von Thesen erklärt, von denen keine bislang verifiziert werden konnte. Vielleicht traten auch mehrere dieser Bedingungen zugleich auf. So bleibt dieses Rätsel für alle Forscher weiterhin ein dankbares Projekt.

Das Erlöschen bzw. Abkühlen von Vulkanen bewirkte insgesamt ein Abkühlen der Erdtemperatur und ermöglichte somit die Verbreitung von Leben. Derzeit gibt es weltweit etwa 1.900 aktive Vulkane, dieser hier auf Lanzarote gehört jedoch nicht dazu.

Die Besetzung unterschiedlicher Lebensräume bzw. ökologischer Nischen bedeutete immer auch eine Auffächerung und Diversifizierung der Arten. Ob diese Lebensräume durch Katastrophen frei geworden sind, oder ob die umgesiedelten Tierarten einfach das Feld gegen die Konkurrenz behaupten konnten: Von derzeit rund zwei Millionen beschriebenen Arten leben rund 78 % auf dem Festland, 17 % im Wasser und etwa 5 % symbiotisch oder parasitär in anderen Organismen. Insgesamt lassen sie sich in Folgende aufteilen: Rund 260.000 Gefäßpflanzenarten, 50.000 Wirbeltierarten und etwa 1 Million Insektenarten sind erfasst und beschrieben. Zwischen 240.000 und 330.000 Arten sind aus den Meeren bekannt. Über die Hälfte (51 %) aller lebenden Arten zählen zu den Insekten, 14 % zu den Gefäßpflanzen und die restlichen 35 % machen alle übrigen tierischen und pflanzlichen Organismen einschließlich aller Einzeller und aller Wirbeltiere aus.

Die Gewebetiere im Kambrium

Nach den ersten gewebelosen Tieren, wie die eigenartigen Schwämme, die allgemein vermutlich besser als Badeschwämme bekannt sind, gehören die meisten der im Kambrium neu aufgetauchten Tiere zu der einzigen großen Unterabteilung der Gewebetiere, zu den Bilateria oder eingedeutscht Zweiseitentieren. Der Name legt nahe, dass diese Tiere zwei mehr oder weniger gleiche Seiten haben und in der Längsachse spiegelbildlich aufgebaut sind. Sie besitzen ein vorderes und hinteres Ende und einen Mund. Besonders deutlich sehen wir diesen Aufbau, wenn wir uns einen Käfer oder einen Krebs von oben ansehen. Die Tiere besitzen alle einen vollständigen Verdauungstrakt, der sich schlauchartig von der Mundöffnung bis zur Afteröffnung erstreckt.

Das älteste zu den Bilateria gehörende Tier ging im Frühsommer 2004 als chinesisches „Frühlingstierchen" durch die Presse: Vernanimalcula guizhouena. Auch wenn sie mit ihren 0,1 bis 0,2 cm extrem winzig sind, so ist ihr Körper doch bereits ausgesprochen differenziert und weist einen vollständigen Verdauungstrakt auf. Das fossile Tier ist etwa 600 Millionen Jahre alt und stammt damit aus einer Zeit lange vor dem Kambrium. Damit stellt es das Auftreten einer kambrischen Explosion einmal mehr in Frage.

Urmünder

Je nachdem wie sich Mund und Afteröffnung ausbilden, werden die Bilateria noch einmal in zwei große Gruppen geteilt: Urmünder und Neumünder. Die Urmünder sind, wie der Name schon sagt, die ursprünglicheren Tiere. Zu ihnen gehören die uns bekannten Weichtiere wie Muscheln, Schnecken und Tintenfische, aber auch Ringelwürmer, Plattwürmer (Bandwürmer) und Gliedertiere mit Tausendfüßern, Spinnen, Insekten und Krebstieren. Nach neuen genetischen Untersuchungen werden

„Die meisten der im Kambrium neu aufgetauchten Tiere gehören zur großen Unterabteilung der Gewebetiere: den Bilateria oder Zweiseitentieren."

Sie alle gehören zur großen Gruppe der Urmünder: Der Name der Krake (großes Bild links) leitet sich aus dem Skandinavischen ab und steht für „entwurzelter Baum". Die Weichtiere gelten als intelligent und lernfähig. Auch Krebstiere sind sehr anpassungsfähig und können ihr Lebensumfeld bei Bedarf ändern (oben). Ihre enorme Formenvielfalt summiert sich auf weltweit etwa 40.000. Vor allem im Mittelmeer aber auch in tropischen und subtropischen Gefilden zu Hause ist der wehrhafte und tagaktive Feuerborstenwurm (unten). Er wird ca. 30 cm lang und ungefähr fingerdick.

übrigens Ringelwürmer mit den Weichtieren in einer größeren Gruppe zusammengefasst, während die Plattwurmartigen eine eigene Gruppe bilden und die Insekten mit den Fadenwürmern (Nematoden) und anderen eine dritte Gruppe, die Häutungsgruppe bilden.

Urmünder haben ein Nervensystem mit und ohne Gehirn und Sinnesorgane. Manche von ihnen sind recht urtümlich und haben weder Blutsystem noch Atmungsorgane. Andere haben ein einfaches Blutsystem mit einem sogenannten offenen Blutkreislauf und wieder andere haben bereits, wie die höherentwickelten Tiere oder der Mensch, einen komplett geschlossenen Blutkreislauf.

Beim offenen Blutkreislauf wird das Blut vom Herzen einfach in die Körperhöhlen gepumpt und die Nährstoffe diffundieren durch das Gewebe. Beim geschlossenen Blutkreislauf bilden Herz und ein

Netzwerk aus Blutgefäßen ein komplettes Herz-Kreislauf-System.

Die einfachsten Vertreter ohne Atmung und Blutsystem sind die Nematoden, zu denen eine Reihe Pflanzenschädlinge aber auch der Spulwurm und die Trichinen gehören. Von ihnen wurden bisher mehr als 20.000 Arten beschrieben.

Einen offenen Blutkreislauf haben z. B. die Weichtiere, bei denen die Schnecken mit mehr als 43.000 Arten die größte Gruppe bilden. Die meisten von ihnen leben im Meer. Wie für Mollusken typisch, schützen sie ihren weichen Körper durch eine harte Schale, das Schneckenhaus. In diesem sind sämtliche inneren Organe untergebracht, nur der mit

Muskelzellen angereicherte Fuß kommt zur Fortbewegung aus dem Haus heraus. Schnecken sind Zwitter oder eingeschlechtlich. Eine Schale, die man aber nicht sieht, besitzen auch die Tintenfische. Sie dient der Stabilisierung des Weichtieres, das zu den Kopffüßern gehört. Tintenfische verfügen bereits über ein hochentwickeltes Gehirn.

Ebenfalls ein offenes Blutsystem haben die Gliedertiere. Für die Atmung besitzen sie ein Netzwerk aus Röhren, das Tracheensystem. Sie atmen also nicht durch den Mund wie wir, sondern über Öffnungen die seitlich am Körper liegen. Ihr Kennzeichen ist ihr Außenskelett, der Chitinpanzer, der die Organe schützt. Gliedertiere sind getrenntgeschlechtlich. Eines der bekanntesten Fossilien aus dieser Zeit sind die Trilobiten, hartschalige Lebewesen mit einem gegliederten Körperbau und vielen koordiniert arbeitenden Beinen. Der größte von ihnen misst 70 cm. Besonders hoch entwickelt unter ihnen sind die Insekten. Sie haben gut ausgebildete Sinnesorgane. Vor allem fallen hier die Facettenaugen auf, mit denen sie in alle Richtungen schauen können. Sie haben als erste Tiergrup-

Rund 60 % der Schneckenarten, wie beispielsweise die Erdbeer-Spitzkreisel-Schnecke (oben) und die exotisch anmutende Koi-Schnecke (unten), leben im Meer. 40 % kommen an Land vor und weitere 10 % haben ihren Lebensraum im Süßwasser.

„Insekten waren besonders hochentwickelt und haben als erste Tiergruppe nach dem Wasser und dem Land auch den Luftraum erobert."

pe nach dem Wasser und dem Land auch den Luftraum erobert. Einige haben durch ihre Staaten bildende Organisation eine hohe evolutionäre Stufe erlangt.

Ein geschlossenes Herz-Kreislauf-System besitzt dagegen der so primitiv erscheinende Regenwurm. Auch sein Nervensystem ist hochentwickelt. Mit seiner kräftigen Muskulatur kann er vorwärts und rückwärts kriechen. Regenwürmer sind Zwitter und befruchten sich gegenseitig. Entgegen der landläufigen Meinung kann man einen Regenwurm nicht in zwei Teile trennen, wobei beide weiterleben. Enthält der vordere Teil jedoch noch mindestens zehn Segmente und damit die lebenswichtigen Organe, so kann er wieder ein neues Hinterteil mit After regenerieren. Der hintere Teil kann aber ebenfalls einen After regenerieren, sodass dieses Wurmstück anschließend aus zwei Hinterteilen besteht und damit verhungert.

Die Stammgruppe der Urmünder ist bereits recht hoch organisiert, obwohl wir auch hier evolutionäre Unterschiede zwischen relativ einfach (Nematoden) und hochentwickelt (Insekten) erkennen können. Somit ist auch in dieser Gruppe durchaus eine Entwicklungsreihe vom Einfachen zum Komplexeren zu erkennen.

Neumünder

Eine noch höherentwickelte Gruppe bilden die Neumünder, zu denen unter anderem die Stachelhäuter und Chordatiere gehören, aus denen später die Wirbeltiere hervorgingen. Zum Stamm der Stachelhäuter gehören die Seeigel, die Seegurken und die Seesterne.

Seeigelähnliche Arten bzw. Vorläufer von Seesternen und Seegurken gab es ebenfalls bereits im Kambrium, Seesterne selbst tauchten wenig später (Devon) auf.

Seeigel besitzen ein Kalkskelett aus beweglichen Platten, das von einer dünnen Haut umgeben ist. Die meisten besitzen bewegliche Stacheln und ihr Körper kann fast rund oder abgeplattet sein (z. B.

„Aus den Chordatieren gingen später die Wirbeltiere und letztlich auch der Mensch hervor."

Sanddollars). Durch die Kalkplatten treten an der Unterseite der Seeigel kleine Saugfüßchen (Ambulakralfüßchen) aus, die der Fortbewegung, aber auch zum Festhalten von Beute, zur Atmung und zur Reizaufnahme dienen. Sie sind Teil des Ambulakralgefäßsystems, dem besonderen Kennzeichen der Stachelhäuter. Dieses System ist ein flüssigkeitsgefülltes Röhrensystem, das aus einem Ringkanal um den Mund und fünf Radiärkanälen besteht. Es steht mit dem Meerwasser und dem Blutgefäßsystem des Seeigels in Verbindung. Es ist ein reines Transportgefäßsystem für Nahrungspartikel, körpereigene Stoffe und Sauerstoff. Seeigel ernähren sich meist durch Abraspeln des Untergrundes: Sie zerkleinern Algen und fressen winzige Weichtiere. Seeigel sind üblicherweise getrennt-

Dieses gescheckte Wesen nennt sich Flamingozunge und ist eine Meeresschnecke, die vor allem auf Hornkorallen in der Karibik vorkommt. Es sind die Gehäuse dieser Tiere, die vielfach eine kräftige Färbung aufweisen und sich ausgehend vom Mantelrand bilden.

Die Innereinen von Neumündern wie diesen Seegurken (oft auch als Seewalzen bezeichnet – Bild oben und unten) werden in Asien als Delikatessen angesehen und in eingelegtem Zustand verspeist. In Spanien wiederum werden die Geschlechtsorgane, die sogenannten Gonaden, als besonders schmackhaft empfunden.

geschlechtlich. Ei- und Samenzellen werden gleichzeitig ins Wasser abgegeben und aus den befruchteten Seeigeleiern entwickeln sich kleine Pluteus-Larven. Diese fast durchsichtigen Larven besitzen bizarre Schwebestacheln, schwimmen frei herum und gehören zum Plankton des Meeres. Damit aus ihnen wieder ein Seeigel wird, müssen sie eine Um-

wandlung (Metamorphose) durchmachen, denn die Larven sind – wie für die Gruppe typisch – bilateral, zweiseitig symmetrisch und müssen erst wieder die Radiärsymmetrie mit den fünf Radien ausbilden.

Seegurken oder Seewalzen besitzen einen lang gestreckten gurkenförmigen Körper, der sich vom Mund über den Darm zum After erstreckt. Im Mundbereich haben sie zahlreiche Tentakel zur Nahrungsaufnahme. Sie leben am Meeresgrund, vorwiegend im Sand und werden meist bis zu 50 cm lang. Manche Arten können aber auch ein bis zwei Meter erreichen. Sie besitzen wie die Seeigel und Seesterne ein hohes Regenerationsvermögen. So können sie bei Gefahr ihre klebrigen Eingeweide ausstoßen und in viele Teile zerfallen lassen. Nach etwa zwei Monaten haben sie sich dann wieder regeneriert. Ein anderer Mechanismus versetzt

„Eine der wichtigsten Erneuerungen in der Tierwelt waren die ersten Vorläufer der Wirbeltiere, die Chordatiere."

Biogenetische Grundregel:

Im Jahre 1866 formulierte Ernst Haeckel die sog. **biogenetische Grundregel** (auch **Rekapitulationstheorie** genannt), die entwicklungsgeschichtliche Gesetzmäßigkeiten zusammenfasst. Sie besagt, dass die Einzelentwicklung (Ontogenie) eine Wiederholung der Stammesentwicklung (Phylogenie) ist.

Dieser Regel zufolge wiederholt sich während der Embryonalentwicklung z. B. des Menschen, die gesamte Entwicklungsgeschichte der Wirbeltiere.

Bereits wenige Wochen nach der Befruchtung bilden alle Wirbeltiere in der Halsregion **Kiemenspalten** aus. Kritiker sind allerdings der Ansicht, dass diese Interpretation unzulässig sei. Andererseits bieten auch sie keine schlüssige Deutungsalternative für die Strukturen, die genau an der Stelle auftreten, an der Kiemen üblicher Weise gebildet werden.

Noch bevor die Wirbelsäule gebildet wird, legen alle Wirbeltiere aus Knorpelgewebe eine **Chorda** an, das nicht segmentierte Stützelement der Wirbeltiervorläufer (Chordatiere). Und alle Wirbeltiere besitzen vor der Geburt ein dichtes **Haarkleid**, einen **Schwanz** und **Greiffüße**, auch der menschliche Embryo.

Die biogenetische Grundregel gilt heute nur noch in begrenztem Maße und ist in dem Anspruch, ein biologisches Gesetz darzustellen, widerlegt. Die phylogenetischen Veränderungen werden während der Ontogenese weder vollständig, noch immer in ihrer ursprünglichen Reihenfolge wiederholt. Auf einzelne Organe beschränkt, behält sie allerdings Gültigkeit.

Der Begriff Embryo leitet sich vom griechischen Wort émbryo ab und heißt übersetzt „ungeborene Leibesfrucht". Die Bezeichnung gilt in der Phase der Keimentwicklung von der Befruchtung der Eizelle bis hin zur Bildung der Organanlagen. Sie dauert in der Regel acht Wochen. Ab der neunten Woche folgt die Fetogenese, in der sich die Organe entwickeln. Von da an spricht man von einem Fötus.

sie in die Lage, innerhalb kürzester Zeit ihre Haut zu verhärten. In der Tiefsee gibt es Regionen, die nur von Seegurken bevölkert scheinen. Insgesamt sollen Seegurken etwa 90 % der bodennahen Biomasse ausmachen. Sie kriechen am Boden und nehmen dort Sediment und Plankton auf. Eigenartigerweise findet man ganze Seegurkenschwärme am Meeresboden, die alle in die gleiche Richtung orientiert sind. Ein fremdartiges und faszinierendes Lebewesen.

Zu den für uns selbst wichtigsten Erneuerungen in der Tierwelt gehören die ersten Vorläufer der Wirbeltiere, die Chordatiere (Chordata). Sie besitzen als Stützelement eine nicht segmentierte Längssäule aus Knorpelgewebe. Bei Wirbeltieren tritt so ein Chorda vorübergehend noch während des Embryonalstadiums auf. Diese Tiere waren aalähnlich ohne Kiefer und Seitenflossen und hatten große Ähnlichkeit mit den heute noch lebenden Neunaugen, die demselben Tierstamm zugeordnet werden. Sie verfügten über ein Gehirn, Augen und hatten auch schon ein zweikammeriges Herz. Sie lebten nur im Süß- und Brackwasser. Die meisten Cordatiere starben bereits im Devon wieder aus. Doch aus den überlebenden Verwandten entwickelten sich später alle Wirbeltiere und letztlich auch der Mensch.

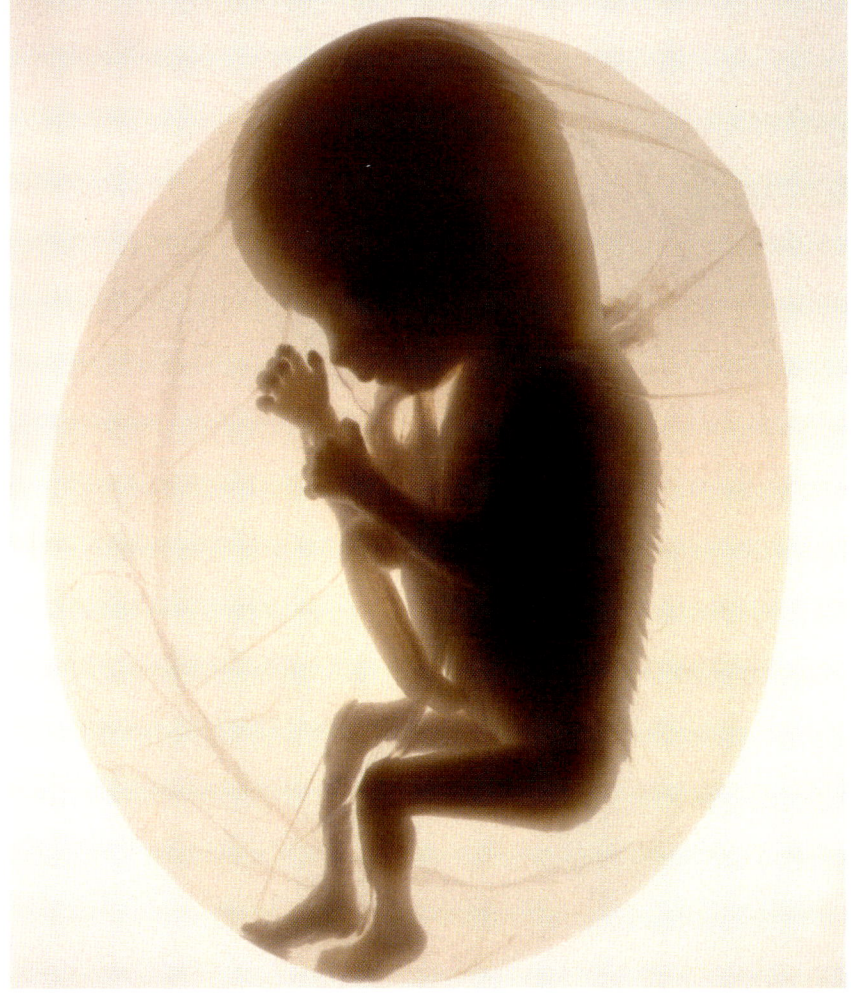

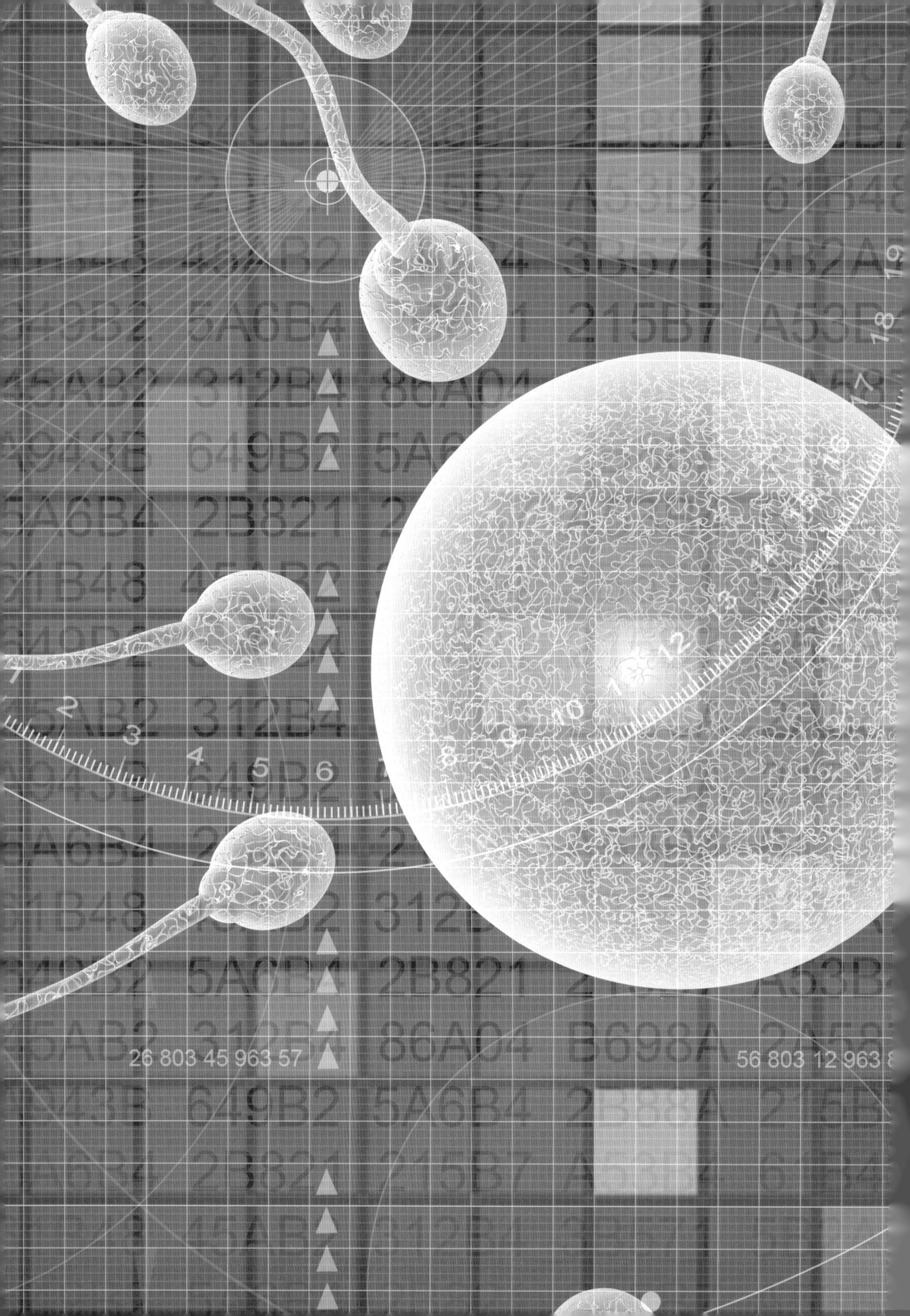

Als die Tiere laufen lernten

Die Eroberung des Festlandes

Im Laufe der Evolution gab es mehrmals Schlüsselereignisse, die zu etwas völlig Neuem führten. Einer dieser evolutionären Sprünge war das Leben selbst, der nächste die Entwicklung der eukaryotischen Zelle. Ein weiteres wichtiges Ereignis war die Entstehung von sexueller Reproduktion und der Übergang zur Vielzelligkeit. Dann kam die explosionsartige Entwicklung der verschiedenen Tierstämme, zuerst im Wasser und dann allmählich auch an Land. Dort hatten die Pflanzen schon Pionierarbeit geleistet und Sauerstoff und Nahrung zur Verfügung gestellt. Damit stand der Eroberung des Festlandes nichts mehr im Wege. Und die Tiere lernten laufen ...

Pflanzen bereiten den Weg

Vom Wasser ans Land

Der nächste gewaltige Sprung des Lebens war die Loslösung vom Element Wasser und damit die Eroberung des Festlandes. Alle bisherigen Entwicklungen hatten ausschließlich im Meer oder Süßwasser stattgefunden. Doch nun reckten die ersten Lebewesen ihre Köpfe aus dem Wasser. Damit sie das gefahrlos tun konnten, mussten sie lernen, an Land zu atmen. Die Voraussetzung dafür waren eine Atmosphäre, die Leben nicht gleich vergiftete, und eine Umgebung, die außer Energie auch Nährstoffe bot. Um diese neuen Ressourcen jedoch nutzen zu können, mussten sich die Lebewesen körperlich anpassen.

Zur Zeit des Kambriums hatte es eine große Landmasse (Gondwana), drei kleinere (Laurentia, Baltica und Sibiria) und eine Reihe kleinerer Krustenblöcke gegeben. Im Silur kollidierten Baltica und Laurentia zu Laurussia, sodass es vorübergehend zwei große Kontinente gab, ehe gegen Ende des Erdaltertums nach einer weiteren Kollision der Superkontinent Pangaea entstand. Gondwana und Laurussia waren die beiden Kontinente, die zuerst besiedelt wurden.

Zu dieser Zeit hatte sich die Sauerstoffkonzentration in der Atmosphäre soweit verdichtet, dass eine schützende Ozonschicht entstehen konnte. Der Sauerstoffgehalt in der Atmosphäre hatte sich mit dem Einsetzen der Fotosynthese durch die Cyanobakterien vor rund 3,5 Milliarden Jahren kontinuierlich angereichert, während CO_2 abge-

> „Mit der Loslösung vom Element Wasser und der Eroberung des Festlandes vollzog das Leben einen gewaltigen Sprung."

Viele Faktoren spielen bei der Ausbildung einer Atmosphäre eine Rolle, darunter: Masse, Radius und Oberflächentemperatur des Himmelskörpers sowie die molare Masse der einzelnen Gasteilchen. Auch muss das richtige Zusammenspiel aller Faktoren gewährleistet sein. Daher ist nur eine kleine Minderheit der Himmelskörper tatsächlich in der Lage, eine Atmosphäre auszubilden und an sich zu binden.

baut wurde. So war die Atmosphäre im Silur der heutigen schon recht ähnlich und lag mit ihrer Sauerstoffkonzentration nur noch etwa 10 % unter dem heutigen Wert (21 %).

Die Pioniere

Die ersten Lebewesen, die sich an Land wagten, waren Pflanzen. Die Landpflanzen benutzen das nach wie vor reichlich vorhandene CO_2 aus der Atmosphäre für ihre Fotosynthese und steigerten dadurch die Konzentration an molekularem Sauerstoff in der Luft. Auf diesem Weg gelangte auch eine große Menge Biomasse an Land, die den etwa 30 bis 50 Millionen Jahre später folgenden Tieren als Nahrung diente. In der Folge konnte so ein Gleichgewicht zwischen Sauerstoff bildenden und CO_2 verbrauchenden Lebewesen auf der einen Seite und Sauerstoff verbrauchenden und CO_2 bildenden Lebewesen auf der anderen Seite entstehen. So baute sich eine stabile Atmosphäre auf, die beiden Organismengruppen das Leben und Überleben an Land sicherte. Bevor die ersten Tiere das Land betraten, hatten die Pionierpflanzen vermutlich bereits eine mehr oder weniger dichte Vegetationsdecke gebildet.

Im ausgehenden Ordovizium und beginnenden Silur bevölkerten hauptsächlich Cyanobakterien und Grün- und Rotalgen die flachen und küstennahen Meeresgebiete. In den Gezeitenzonen und vor allem bei unruhiger See wurden die Algen immer wieder an Land geworfen, wo sie anschließend erstickten. Diese abgestorbene Biomasse bildete den ersten Humus und bereitete so den Nährboden für das Überleben des pflanzlichen Lebens. Zudem bildeten sich nahe der Küste immer wieder kleine Wasserbecken, in denen eingeschlossene Grünalgen sich den neuen Bedingungen anpassen und überleben konnten. Aus solchen Grünalgen entwickelten sich die ersten Landpflanzen. Ein Leben an Land ist neben allen andern Besonder-

„Bevor die ersten Tiere das Land betraten, hatten die Pionierpflanzen bereits eine mehr oder weniger dichte Vegetationsdecke gebildet."

heiten vor allem mit Wassermangel verbunden. Die Pflanzen mussten für ihr Landleben daher eine Strategie entwickeln, die sie vor dem Austrocknen schützte und eine gleichmäßige Wasserversorgung durch alle Zellen hindurch sicherstellte. Lange Zeit galten die sehr einfach aufgebauten und mit den Grünalgen verwandten Moospflanzen als Pioniere für das Leben an Land, da ihre Wuchsform auf eine sehr frühe Entwicklungsstufe deutet. Doch die frühesten Funde gehören zu den sogenannten Gefäßpflanzen (Tracheophyten) bzw. Sprosspflanzen (Kormophyten). Sie verfügten, im Gegensatz zu Moosen (Thallophyten), im Pflanzeninneren bereits über ein einfaches Gefäßsystem zum Wasser- und Nährstofftransport. So konnten sie in die Höhe

Ohne Grünalgen, aus denen sich die ersten Landpflanzen entwickelten, wäre Leben auf der Erde nicht lebensfähig gewesen: Ausschließlich Pflanzen sind in der Lage, Biomasse aus für die Energiegewinnung sonst nicht nutzbaren Stoffen herzustellen. Durch ihre Fotosynthese entsteht atembarer Sauerstoff, und ihre Biomasse kann anderen Lebewesen als Nahrung dienen.

wachsen, statt sich wie die Moose nur horizontal auszubreiten.

Diese ersten Funde von Landpflanzen stammen aus dem Silur, der dritten Periode im Erdaltertum (Paläozoikum). Sie begann vor etwa 450 Millionen Jahren, etwa 100 Millionen Jahre nach Beginn des Kambriums und der damit verbundenen kambrischen Explosion. Die ersten Pflanzen vollzogen den Sprung ans Land aber womöglich schon früher, nämlich im späten Ordovizium.

Die ersten Fossilienfunde waren Urfarne (Rhynia), die somit als die ursprünglichsten Landpflanzen gelten. Zusammen mit den später auftauchenden Pflanzengruppen werden sie aufgrund ihres primitiven Aussehens häufig auch als Psilophyten bzw. Nacktpflanzen bezeichnet, denn die Pflanzen wir-

ken kahl: blattlos und ohne echte Wurzeln. Sie haben sich wie die Moose aus Algen entwickelt und werden heute in drei große Gruppen unterteilt – den Vorläufern von Farnen, Schachtelhalmen und Bärlappgewächsen. Und bald schon tauchten auch die ersten Prospermatophyten auf, die Vorläufer der heutigen Spermatophyten, der Blüten bzw. Samenpflanzen.

All diese ersten Pflanzen hielten sich mit einfachen Haftorganen im Boden fest, während sie Wasser und Nahrung durch Diffusion direkt aus dem Wasser aufnahmen. Sie konnten daher auf eine zumindest zeitweilige Überflutung ihres Lebensraumes noch nicht verzichten. So wurden lange Zeit auch nur die Küsten- und Uferzonen besiedelt. Der Weg an Land war in Wirklichkeit ein Prozess aus vielen

Laubblätter und Wurzeln, wie wir sie heute kennen, gab es unter den ersten Landpflanzen noch nicht oder nur rudimentär: Die Pflanzen, die sich im Devon ausbreiteten, konnten wahrscheinlich nur mit der Hilfe von Pilzen (Mykorrhiza) an Land überleben und genug Wasser speichern. Ihre Verbreitung und Entwicklung gelang vor allem aufgrund des Mangels an Fressfeinden.

kleinen Teilschritten. Um sich unabhängig vom Wasser zu machen, mussten die Pflanzen einige Entwicklungen mitmachen:

Lignin: Dieser feste Stoff wird in die Zellwand eingebaut und gibt der Pflanze zusätzliche Stabilität.

Wurzeln: Sie verankern die Pflanze fest im Boden und können sie mit Wasser und Nährsalzen aus tieferen Bodenschichten versorgen. Die ersten Wurzeln der frühen Pflanzen waren fadenförmig und durchzogen den Boden nur sehr oberflächlich. Deshalb konnten diese Pflanzen den ersten Schritt an Land auch nur in Feuchtgebieten machen. Erst mit voll ausgebildeten Wurzeln konnten auch trockenere Gebiete erobert werden.

Cuticula: Diese als „Häutchen" bezeichnete schützende Außenhaut, die manchmal noch durch Wachs verstärkt ist, verhindert bei Landpflanzen die schnelle Austrocknung durch Wasserverdunstung und bietet gleichzeitig einen Schutz vor Verletzungen und Keimbesiedlung.

Stomata: Das sind Atemöffnungen, die der Pflanze den Gasaustausch ermöglichen. Für die Fotosynthese benötigt sie ja nicht nur Wasser, sondern auch CO_2, das sie aus der Luft aufnehmen muss.

Gefäßbündel: Mit zunehmender Höhe musste das Gefäßsystem weiter verfeinert werden, um Wasser und Nährstoffe in große Höhen transportieren zu können, ohne dass es unterwegs versackt. Dazu war eine Spezialisierung verschiedener Zellen notwendig, die dann die komplexen Leitbündel formen konnten.

Blätter: Die Blätter sind bei den höheren Pflanzen für Fotosynthese und Gasaustausch zuständig. Durch sie erreicht die Pflanze eine gewaltige Oberflächenvergrößerung und damit eine effektivere Energieausnutzung.

In den fossilierten Wurzeln früher Landpflanzen fanden sich Pilzsporen, die auf eine Mykorrhiza hinweisen, das heißt eine Symbiose von Pilzen und Pflanzen. Durch den Pilz wird der Pflanze die Wasser- und Nährstoffaufnahme über die Wurzeln

„Der Weg an Land bestand aus vielen kleinen Teilschritten. Im Laufe der Zeit bildeten die Pflanzen immer dichtere Bestände bis hin zu großen Wäldern."

Die Blätter einer Pflanze sind neben ihren Wurzeln und ihrer Sprossachse eines der drei pflanzlichen Grundorgane. Ihre Hauptfunktionen sind einerseits die Bildung organischer Stoffe mittels der Fotosynthese und andererseits die Transpiration, also die Wasserverdunstung der Pflanze, die für die Nährstoffaufnahme und den Nährstofftransport wichtig ist. Nur farnartige Pflanzen und Samenpflanzen bilden Blätter aus, Algen und Moose dagegen nicht.

erleichtert. Der Pilz erhält dafür von der Pflanze Assimilate aus der Fotosynthese. Das sind die Stoffe, die durch Assimilation, die schrittweise Umwandlung von körperfremden in körpereigene Stoffe, gebildet werden. Meistens handelt es sich dabei um Kohlenhydrate (Zucker).

Die Pflanzen bildeten im Laufe der Zeit immer dichtere Bestände bis hin zu großen Wäldern, in denen Urfarne, Schachtelhalme und Bärlappgewächse dominierten. Der große Unterschied zu den heutigen Wäldern war: Es fehlte die Tierwelt!

Zu den Tausendfüßern gehört eine Reihe entwicklungsgeschichtlich sehr alter Arten. Sie haben jedoch alle bodenbiologisch eine hohe Bedeutung, denn die meisten Tausendfüßer ernähren sich von abgestorbenen Pflanzenteilen, Früchten und Algen, die auf Pflanzen, auf Baumrinde und im Boden wachsen. Manchmal fressen sie aber auch tote Tiere. So machen sie einen nicht unerheblichen Teil des organischen Kreislaufs aus.

Die ersten Landtiere

Während des Karbon lebten riesige Gliederfüßer, unter anderem riesige Skorpione, von denen manche auch an Land gingen. Mit über 2 m Körperlänge stellten einige Arten dieser Gruppe die größten bekannten Gliederfüßer überhaupt dar. Mit ihren Zähnen und Zangen konnten sie ihre Beute festhalten und waren auch für damalige Wirbeltiere gefährliche Feinde. Heutzutage haben wir zwar immer noch Respekt, wenn nicht Angst vor den meisten Gliedertieren, doch verfügen diese bei Weitem nicht mehr über die damalige Größe (obere Abbildung).

Spinnentiere, Tausendfüßer und Insekten

Nachdem Pflanzen die unwirtliche Oberfläche des Festlandes erschlossen hatten, konnten ihnen die Tiere folgen. Die Pflanzen boten ihnen Schutz und Nahrung. Die ersten Tiere waren damit reine Vegetarier, doch kaum hatten sie sich etabliert, konnten die „Räuber", die sich von ihnen ernährten, nachfolgen.

Tiere, die das Festland erobern wollten, benötigten eine noch höhere Sauerstoffkonzentration der Atmosphäre als wasserlebende Tiere, da die reine Fortbewegung an Land mit einem größeren Kraftaufwand verbunden ist als im Wasser. Sie ist nur durch eine effektive Energieausnutzung möglich. Zunächst mussten die Tiere also ebenso wie die Pflanzen das Atmen an der Luft lernen. Und sie brauchten einen massiven Körperbau, der der Schwerkraft an Land trotzen konnte. Nicht angepasste Tiere werden an Land leicht von ihrem eigenen Körpergewicht erdrückt (z. B. gestrandete Wale). Daher verwundert es nicht, dass kleine und leichte Geschöpfe die Vorreiter waren: die Gliedertiere.

Die ersten Gliedertiere hatten ein leichtes Körpergewicht. Zudem bot ihr Chitinpanzer eine ausreichende Stütze, um sich an Land fortzubewegen, sowie Schutz vor den rauhen Bedingungen: Wind, Hitze, Trockenheit, Gestein. Die ersten Vertreter dieser Gruppe, die ihren Weg an Land fanden, waren Tausendfüßer und Spinnentiere wie der Skorpion. Sie begannen im Devon das Festland zu erobern. Bald darauf folgten die Insekten, die sich vermutlich aus bodenlebenden Gliedertieren ähnlich den heute lebenden Springschwänzen entwickelten. Insekten eroberten nicht nur das Land, sondern gleichzeitig auch den Luftraum. Das bekannteste Fossil eines geflügelten Insekts stammt vom Eopterum devonicum, einer Art Libelle. Sie zeigen auch heute noch ihre Nähe zum Wasser sehr deutlich: Die Eier werden im Wasser abgelegt, wo auch die

„Erst nachdem Pflanzen die Oberfläche des Festlandes erschlossen hatten und Schutz und Nahrung boten, konnten ihnen die Tiere folgen."

Larven heranwachsen. Erst das fertige Insekt ist an das Leben an Land angepasst.

Da die Wälder dieser auch als Steinkohlezeit bezeichneten Epoche sehr viel Sauerstoff freisetzten, war der Sauerstoffgehalt der damaligen Atmosphäre deutlich höher als er heute ist. Bis zum Karbon erreichte er einen Wert von etwa 35 %. Insekten, Tausendfüßer und Skorpione konnten dadurch enorme Größen erlangen. Die Libelle Meganeura monyi (Karbon) erreichte eine Flügelspannweite von über 60 cm, ihre Verwandte Meganeuropsis permiana (Perm) sogar 75 cm. Sie ist nach heutigem Stand das größte Insekt aller Zeiten. Tausendfüßer wurden bis zu 2 m lang, die Riesenskorpione bis zu 2,50 m. Das zumindest errechneten Forscher aus dem fossilen Fund einer Klaue, die 46 cm lang ist. Damit sind die Riesenskorpione die bislang größten bekannten Gliedertiere. Die Gliedertiere herrschten solange über Land und Luft, bis die nächste Tiergruppe an Land kam: die Wirbeltiere.

Quastenflosser und Co.

Gegen Ende des Devon tauchten langsam Wirbeltiere außerhalb des Wassers auf. Auch sie mussten einen Weg finden, an Land zu atmen. Hierfür hat jede Tiergruppe ihr eigenes Konzept entwickelt: die Gliedertiere das Tracheensystem und die Wirbeltiere die Lunge (konvergente Entwicklung).

Das Devon wird zunächst das Zeitalter der Fische. Sie haben mit großer Artenvielfalt im Meer die Herrschaft übernommen. Kieferlose Fische mit Knochenpanzer, Knorpelfische (Haie und Rochen) sowie die ersten Wirbel- oder Schädeltiere. Hierzu gehören die Knochenfische mit dem Panzerfisch als einem der frühesten Vertreter, aber auch die Lungenfische und Quastenflosser.

Es war wohl einer dieser Knochenfische, der den (ersten) Schritt an Land wagte. Dabei waren sich die Evolutionsbiologen lange nicht einig, ob sich die späteren Landschädeltiere aus dem Quastenflosser oder einem engen Verwandten, dem Lungenfisch, entwickelten. Der Quastenflosser galt

„Das Devon war zunächst das Zeitalter der Fische. Sie übernahmen mit großer Artenvielfalt im Meer die Herrschaft."

lange Zeit als ausgestorben. Seit ein lebender Vertreter im Jahre 1938 wiederentdeckt wurde, gehört er zu den sogenannten lebenden Fossilien. Die heute lebenden Quastenflosser werden bis zu 1,8 m lang, ihre ausgestorbenen Verwandten hingegen erreichten Größen von bis zu 4 m.

Ein wesentliches Merkmal von Quastenflossern und Lungenfischen sind die teilweise verknöcherten und mit Muskulatur versehenen Bauch- und Brustflossen. Der Bau der Gliedmaßen ähnelt damit dem von vierfüßigen Landwirbeltieren (Tetrapoden). Diese muskulösen Flossen erlauben eine Art Laufen am Meeresboden und an Land. Dabei wirken die Flossen beim Quastenflosser noch beinähnlicher als beim Lungenfisch.

Lungenfische verfügen über eine einfach gebaute Lunge. Sie können damit von Schlammtümpel zu Schlammtümpel kriechen und an der Luft atmen.

Fische sind die am häufigsten fossil überlieferten Wirbeltiere und daher sowohl für die Taphonomie (Fossilisationslehre) als auch für die Evolutionsbiologie wichtig.

Die kräftigen Flossen des oberen Fossils zeigen den Übergang zur Ausbildung von Gliedmaßen für erste kurze Landaufenthalte, die untere Abbildung zeigt das Fossil eines Ichthyosauriers, eines Fischsauriers aus dem Mesozoikum, der ausschließlich im Meer lebte.

Quastenflosser besitzen zwar keine Lunge, aber doch das Rudiment einer lungenähnlichen Schwimmblase.

Lungenfische und Quastenflosser sind damit Grenzgänger, denn sie besitzen bereits einige der Voraussetzungen, die von einem landlebenden Tier erfüllt werden müssen. Beide kommen somit als Vorfahren der vierfüßigen Wirbeltiere infrage.

Für den Quastenflosser als Vorfahre der Landschädeltiere spricht zum einen die Anordnung der Knochen innerhalb seiner Flossen und anderseits das Schädeldach. Beides ähnelt sehr den Knochen der Amphibien. Außerdem wurde 1931 in Grönland ein 350 Millionen Jahre altes Fossil gefunden, das als Brückentier zwischen Quastenflosser und vierfüßigen Landtieren angenommen wurde: der Ichthyostega. Ichthyostega besaß einerseits einen Fischschwanz, hatte anderseits aber auch vier Beine. Zudem besaß er paarige Lungensäcke, war somit also ein Luftatmer. Seine Wirbelkörper waren stark verknöchert. Damit eignete sich sein Skelett als tragende Stütze beim Gehen an Land. Ichthyostega konnte also über Land wandern, um verschiedene Feuchtbiotope aufzusuchen. Es gilt damit als eines der ersten Amphibien, also als „Mischling", der sowohl an Land als auch im Wasser lebte. Mit Ichthyostega schien das „Missing Link" (Brückentier, Übergangsform) zwischen den Quastenflossern und den Tetrapoden gefunden.

Molekulargenetische Untersuchungsmethoden konnten inzwischen jedoch zeigen, dass die Lungenfische den vierfüßigen Landwirbeltieren stammesgeschichtlich näher stehen als der Quastenflosser. Amphibien haben mit Lungenfischen die größte genetische Ähnlichkeit. Damit schien der Lungenfisch das Rennen gewonnen zu haben.

Eine ganz neue Sicht auf die Entwicklung der landlebenden Vierfüßer eröffnet jedoch der Fund von Acanthostega. Dieses vierfüßige Tier mit je acht Zehen wurde zeitgleich mit Ichthyostega gefunden, war aber scheinbar ans Wasser gebunden. Dafür spricht, dass Acanthostega über Kiemen, aber nicht über eine Lunge verfügte. Es handelte sich also

offensichtlich um ein Tier, das im Wasser lebte und dort über den sumpfigen Boden lief.

Für Evolutionsbiologen steht damit fest, dass sich die Vierbeinigkeit nicht erst an Land entwickelte, sondern schon im Wasser. Eine andere Interpretation lautet, dass Acanthostega ein sekundäres Wassertier ist, dass es also aus einem landlebenden Vorläufer hervorgeht. Denn wozu sollten Lauffüße, noch dazu mit Zehen, ausgebildet worden sein, wenn nicht zum Gehen an Land? Dagegen spricht unter anderem aber, dass Acanthostega Kiemen besitzt. Alle gegenwärtig noch im Was-

Sowohl im Tier- als auch im Pflanzenreich gibt es lebende Fossilien. Dabei handelt es sich um Arten, die oftmals seit Hunderten von Jahrmillionen ihren Körperbau nicht veränderten. Die Gattung Nautilus (hier links), ein Kopffüßer wie der Oktopus, existierte bereits in der Unterkreide, Triopse (kleines Bild oben) gibt es heute in Nord- und Südamerika sowie in Europa, und das aalähnliche Neunauge hat Äonen überlebt, um heute auf der Roten Liste der gefährdeten Arten zu landen. Unter den Planzen hat sich der Ginkgo (großes Bild) im Laufe der Evolution nicht verändert und ist ein Relikt aus der Urzeit.

„Wirbeltiere tauchten gegen Ende des Devon langsam außerhalb des Wassers auf. Sie mussten einen Weg finden, an Land zu atmen."

ser lebenden Wirbeltiere wie Wale und Delfine verfügen jedoch über eine Lunge. Außerdem hat Acanthostega Flossenstrahlen, die wie bei den Fischen von der Haut ausgebildet werden. Auch einige andere anatomische Merkmale machen die Nähe zu Fischen deutlich. Wären dies sekundäre Merkmale, hätten die Tiere eine so gravierende Rückbildung erlebt, wie sie bislang eigentlich für unwahrscheinlich gehalten wird. Dennoch kann natürlich auch diese Möglichkeit nicht hundertprozentig ausgeschlossen werden.

Mittlerweile wurden noch mehrere Tetrapoden-Fossilien aus dieser Zeit gefunden. Sie werden von vielfach als oberdevonische Tetrapoden zusammengefasst. Als Bindeglied zwischen Fischen und landlebenden Vierfüßern scheinen sie alle aufgrund verschiedener Merkmale nur bedingt zu taugen. Und selbst Ichthyostega wird nicht mehr als eindeutige Übergangsform zu den heute lebenden

Tetrapoden betrachtet. 2006 wurde mit Tiktaalik roseae eine neue Zwischenform von Fisch und Tetrapoden gefunden. Dieser Fisch mit krokodilähnlichem Schädel, der vor rund 380 Millionen Jahren lebte, besitzt ein einzigartiges Merkmalsmosaik: Er verfügt über Flossen, die eine beginnende Entstehung von Gliedmaßen dokumentieren. So besitzt er bereits Oberarmknochen, Elle, Speiche und Handwurzelknochen, allerdings noch keine eindeutigen Finger. Das verkürzte Schädeldach, die fehlenden Kiemendeckel, der Schultergürtel und andere Eigenschaften erinnern sehr an Tetrapoden,

„Im Juni 2008 wurde der bislang primitivste Tetrapode gefunden: Ventastega curonica. Er lebte vor ungefähr 365 Millionen Jahren."

Die Existenz und der wiederholte Fund von Fossilien sind die wichtigsten und weitreichendsten Argumente für die Evolutionstheorie. Trilobit- (links oben), Nautilus- (links unten) und Cephalopodenfossile (rechts) zeigen, dass es im Laufe der erdzeitlichen Geschichte unzählige Arten von Organismen gab und wie sie sich über die Jahrmillionen veränderten. Doch Bildung und Erhalt von Fossilien sind begrenzt, so können beispielsweise nur Lebewesen mit Hartteilen fossil werden; von hartteillosen Lebewesen gibt es fast keine erhaltenen Exemplare.

während die Flossenstrahlen noch fischartig sind. Damit passt Tiktaalik gut in das Übergangsfeld zwischen den devonischen Raubfischen und den primitiven Vierbeinern.

Im Juni 2008 wurde bereits die nächste Sensation bekannt. Der bislang primitivste Tetrapode war gefunden: Ventastega curonica. Und im Gegensatz zu den anderen Ausgrabungen war dieser Vertreter jetzt wirklich mehr landlebender Tetrapode als Fisch. Das Tier war vermutlich einen Meter lang und hatte Stummelgliedmaßen. Es lebte vor ungefähr 365 Millionen Jahren in seichtem Brackwasser und fraß andere Fische. Forscher beschreiben sein Aussehen auf den ersten Blick wie das eines kleinen Alligators. Doch bei genauerer Betrachtung ist eine Flosse auf dem Rücken zu entdecken. Ventastega curonica soll zwar in einer evolutionären Sackgasse gelandet sein, doch trägt er vermutlich sehr viel zum weiteren Verständnis der Evolutionsreihe vom Fisch zum Vierfüßer bei.

„Amphibien oder Lurche lebten sowohl an Land als auch im Wasser und gelten als die stammesgeschichtlich ältesten Landwirbeltiere."

Wir können also gespannt sein auf die nächsten Fossilienfunde und auf das, was sie uns noch alles über den Übergang vom Fisch zu den Tetrapoden zu erzählen haben. Immerhin ist dieser erste Vorfahre der heute landlebenden Wirbeltiere auch unser Vorfahre.

Amphibien und Reptilien

Wer immer nun der erste Vierfüßer an Land war, er verließ offensichtlich immer nur vorübergehend das Wasser. Die kurzen Landgänge brachten ihm den Vorteil, ständig neue Feuchtgebiete erobern zu können. Die ersten Tiere, die das Land eroberten, waren damit Amphibien und ebenso wie ihre heutigen Artgenossen waren sie keine echten Landbewohner. Amphibien oder Lurche gelten als die stammesgeschichtlich ältesten Landwirbeltiere, sie sind für dieses Leben schon wesentlich besser ausgerüstet als Lungenfische und Quastenflosser. Doch eigentlich verbringen sie immer noch einen Großteil ihres Lebens im Wasser und können die feuchten Gebiete nicht verlassen. Wer schon einmal einen Frosch oder Salamander in der Hand gehalten hat, konnte sehen, wie schnell die Haut dieser Tiere trocknet. Sie sind, wie ihr Name schon sagt, doppellebig (griechisch: amphibios) und zeigen deutlich, dass der Schritt an Land nur stufen-

Kaulquappen durchlaufen zwischen der Bildung der Extremitäten und ihrem Landgang eine Metamorphose: Sie vollzieht sich mit dem Durchbruch der Vorderbeine, der schrittweisen Rückbildung des Ruderschwanzes, der Umformung des Maules und des Verdauungstraktes, der Entwicklung von Lungen bei gleichzeitiger Rückbildung der Kiemen, der Entstehung von Augenlidern und Trommelfellen und manifestiert sich zudem sichtbar in einem allgemeinen Gestaltwandel. Das Wasserlebewesen wird zum Landtier.

Systematik der Dinosaurier

Dinosaurier waren durch eine immense Formenvielfalt gekennzeichnet. So liefen einige auf vier Beinen (quadruped), andere auf zwei (biped), von einigen nimmt man an, dass sie auch fliegen konnten. Einige waren Herbivoren (Pflanzenfresser), andere Karnivoren (Fleischfresser); auch ihre äußere Erscheinung war sehr vielgestaltig mit Panzerung, Hörnern, Knochenplatten, Schilden oder Rückensegeln.

Trotz dieser Vielfalt unterteilt man die Dinosaurier ihrer Beckenform entsprechend in nur zwei Basisgruppen:

Zu den **Vogelbeckendinosauriern** gehören nur Pflanzenfresser, die als Erscheinungsmerkmal einen Hornschnabel im Kiefer aufwiesen, wie z. B. der Stegosaurus oder der Triceratops.

Zu den **Echsenbeckensauriern** gehörten alle bekannten Fleischfresser, darunter solche wie der Tyrannosaurus Rex und der Velociraptor sowie die riesigen Pflanzenfresser wie der Brachiosaurus.

Die Beschuppung der Oberhaut kann bei Reptilien sehr unterschiedlich aussehen und dient auch der Anpassung an den jeweiligen Lebensraum; so haben z. B. einige Wüstenechsen abstehende Schuppen an den Zehen, um nicht in den Sand einzusinken. Vor allem jedoch schützt die schuppige Haut gegen Verdunstung und Verletzung an Land.

weise erfolgen konnte. Die meisten Amphibien verbringen nicht nur ihre gesamte Kinder- und Jugendzeit im Wasser, die verschiedenen Entwicklungsstadien der Froschlurche verdeutlichen vielmehr immer wieder, wie die einstige Verwandlung vom Wasser- zum Landtier funktioniert haben könnte. Kein Lebewesen demonstriert so einzigartig einen solchen evolutionären Sprung.
Froschlurche gehen zur Fortpflanzung ins Wasser und laichen dort wie Fische ab. Das Weibchen legt seine Eier ins Wasser, umhüllt von einer gallertartigen Masse. Das Männchen verteilt seine Samen darüber, sodass diese zu den Eiern hinschwimmen können, um sie zu befruchten. Aus den befruchteten Eiern schlüpfen die bekannten Kaulquappen, die durch äußere Kiemen atmen und sich mit einem

Ruderschwanz fortbewegen. Im Laufe ihrer Entwicklung machen sie eine umfassende Metamorphose durch: Der Schwanz und die Kiemen bilden sich zurück, dafür entwickeln sich vier Extremitäten und eine Lunge. Die Tiere steigen unter Umformung des Maules und des Verdauungskanals von pflanzlicher zunehmend auf tierische Nahrung um. Außerdem bilden sich Augenlider und ein Trommelfell. Das Tier, das schließlich an Land geht,

„Kein Lebewesen demonstriert so einzigartig den evolutionären Sprung vom Wasser ans Land wie die Amphibien."

hat einen vollkommenen Wandel seiner Gestalt durchlebt. Es besitzt nur noch einen kleinen Schwanzstummel und ist ein reiner Fleischfresser geworden.

Es gibt aber unter den Amphibien bereits einige Ausnahmen, die sich vom Wasser unabhängig gemacht haben. Ein Beispiel dafür sind die Lungen-losen Salamander, die nur noch über die Haut atmen und auf hohen Bäumen oder sogar unter der Erde leben können. Ein anderes Beispiel sind Pfeif-frösche, die nicht einmal mehr ihre Eier im Wasser ablegen, sondern in Erdvertiefungen, zwischen Fall-laub oder in ein selbst fabriziertes Schaumnest. Manche von ihnen betreiben sogar Brutpflege und deuten damit einen weiteren Schritt Richtung Höherentwicklung an.

Die ersten tatsächlich landlebenden Tiere waren aber die Reptilien (Kriechtiere). Sie sind zwar meist

„Aus den Reptilien entwickelten sich vor rund 220 Millionen Jahren die größten jemals auf der Erde lebenden Tiere: die Dinosaurier."

noch gute Schwimmer und viele halten sich auch gerne im Wasser auf, doch im Gegensatz zu den Amphibien können sie große Trockenheit nicht nur aushalten, sondern suchen sogar danach, um sich der prallen Sonne auszusetzen und sich aufzuwär-men. Eine Verhaltensweise, die für ein Amphibium schon nach kürzester Zeit den sicheren Tod bedeu-ten würde. Reptilien besitzen zum Schutz gegen Verdunstung und Verletzung eine dicke Außenhaut aus Schuppen. Als geradezu revolutionär gilt die Erfindung des schalenumhüllten Eis (Amnion = Eihülle). Durch diese harte Eischale, die dem Embryo einen wirkungsvollen Schutz bietet, sind Reptilien – und auch Vögel – in der Lage, ihre Eier an Land auszubrüten. Reptilien gelten als die direkten Nachfahren der Amphibien und tauchten erstmals vor etwa 300 Millionen Jahren (frühes Perm) auf. Sie sind unter den Schädeltieren die wahren Erobe-rer des Festlandes und dominierten mit ihrer For-menvielfalt in der Folgezeit das tierische Leben an Land. Aus den Reptilien entwickelten sich dann vor rund 220 Millionen Jahren die größten jemals auf der Erde lebenden Tiere: die Dinosaurier. Sie sind vermutlich aber auch die Vorfahren der Vögel und der Säugetiere und stehen damit in der direkten Ahnenreihe des Menschen.

Erst durch die Untersuchung fossiler Funde in Form von versteinerten Knochen, Haut- und Körperabdrücken sowie Spurenfossilien konnten und können Paläontologen etwas über Dinosaurier aussagen. Mehrere umfassende Ereignisse wie Meteoriteneinschläge, Vulkanismus und der rapide Anstieg des Meeresspiegels werden für ihr Aussterben verantwortlich gemacht.

Pflanzen und Pilze

Zwei verschiedene Organismenreiche

Wie lassen sich Pflanzen definieren? Früher schien das einfach. Alles, was draußen grünte und blühte, sich von Licht und Wasser ernährte und nicht frei herumlief, wurde als Pflanze bezeichnet. Doch manche Pflanzen sind nicht grün, nicht alle blühen, manche bewegen sich, und einige fressen sogar Fleisch.

Und Pilze machen die Zuordnung zu Tier- oder Pflanzenreich auch nicht gerade einfach: Zwar sind sie sesshaft wie Pflanzen, betreiben aber keine Fotosynthese, sondern ernähren sich wie Tiere von organischen Fremdstoffen.

Die pflanzliche Zelle

Autotrophie und Heterotrophie

Zur Definition, was eine Pflanze ist, werden vor allem Abgrenzungskriterien gegenüber den anderen Organismenreichen verwendet, was nicht nur auf der Ebene der Einzeller manchmal sehr schwierig erscheint. So machten zum Beispiel Pilze diesen Abgrenzungsversuchen immer wieder einen Strich durch die Rechnung, bis klar wurde, dass sie eigentlich gar keine Pflanzen sind. Die Definition, was ein Pflanze ist, wurde allerdings trotzdem nicht einfacher.

Am leichtesten ist eine sehr grobe Umschreibung. Pflanzen sind demnach autotrophe Lebewesen, deren Zellen sich von den tierischen Zellen durch einige typische Merkmale abgrenzen: Zellwand, Vakuole, Plastiden und Pigmente. Und es gilt: Ausnahmen bestätigen die Regel. Autotrophie bezeichnet einen bestimmten Ernährungstyp in Abgrenzung zur Heterotrophie. Autotrophe Lebewesen benötigen zum Aufbau ihrer Körpersubstanz nur anorganische Stoffe wie Wasser, Kohlenstoffdioxid, Salze und Stickstoffverbindungen. Aus diesen Grundsubstanzen werden all die großen Biomoleküle wie Zellulose, Enzyme und Gerüstproteine, die Erbsubstanz DNS sowie die Fette aufgebaut. Heterotrophe Organismen, wie Pilze und Tiere, können

„Um Pflanzen zu definieren, versucht man, sie gegenüber den anderen Organismen abzugrenzen. Doch gilt: Ausnahmen bestätigen die Regel."

Es gibt einzellige Pilze, wie z. B. Hefen, und mehrzellige Mycel- oder Hyphenpilze. Sie vermehren und verbreiten sich geschlechtlich und ungeschlechtlich durch Sporen. Diese konnte man vor der Erfindung des Mikroskops nicht sehen, weshalb Pilze in früheren Zeiten auch oft durch Ausdünstungen der Erde oder faulenden Untergrund erklärt wurden. Da sie scheinbar ohne Samen wuchsen, wurden sie „terra nati", Kinder der Erde, genannt.

ihre Körpersubstanz dagegen nur aus bereits fertig zusammengesetzten organischen Grundbausteinen zusammensetzen.

Zu den autotrophen Organismen gehören Samenpflanzen, Farne, Moose, Algen und Cyanobakterien – letztere gehören jedoch nicht mehr zu den Pflanzen – und einige Pflanzen sind nicht streng autotroph (z. B. fleischfressende Pflanzen, Orchideen). Die ursprünglichste Pflanzengruppe bilden die Algen. Diese können einzellig sein oder lockere Zellkolonien bilden. Einige Ordnungen der Grün-, Braun- oder Rotalgen besitzen sogar einen gegliederten Vegetationskörper (Thallus, Thallophyten). Bei höheren Pflanzen lässt sich eine Gliederung des Vegetationskörpers (Kormus, Kormophyten) in Wurzelsystem, Sprossachse und Blättern erkennen. Bei den Moosen ist diese Gliederung erst andeutungsweise vorhanden, bei den Farnen wird sie schon deutlicher, und bei den Samenpflanzen ist sie voll ausgebildet.

Neben der Autotrophie unterscheidet sich vor allem die pflanzliche Zelle als lebende Grundeinheit von der tierischen Zelle.

Perfekt ausgestattet für das autotrophe Leben

Im Zuge der Höherentwicklung der Organismen hat sich auch die eukaryotische Zelle im Laufe der Evolution weiterentwickelt und sich den ihr gestellten Aufgaben immer besser angepasst. So gibt es heute nicht einfach die eukaryotische Zelle, sondern verschieden organisierte, je nachdem welchem Organismus sie angehören. Neben den einzellig lebenden Eukaryoten können wir bei höheren Organismen zwei grundsätzliche Zelltypen voneinander unterscheiden: Zellen mit Zellwand (Pflanzen, Pilze) und Zellen ohne Zellwand (Tiere), die aufgrund ihrer Strukturierung und Organisation das besondere Leben von Pflanze, Tieren und Pilzen erst möglich machen. Je höherentwickelt die Organismen, desto komplexer auch die Organisation auf Zellebene. Da sich das Leben von Tieren

„Je höherentwickelt die Organismen, desto komplexer auch die Organisation auf Zellebene."

und Pflanzen grundsätzlich unterscheidet, wundert es auch nicht, dass sich dies auf der Zellebene bemerkbar macht, sodass pflanzliche und tierische Zellen durch ihre typischen Merkmale bereits auf den ersten Blick erkennbar sind.

Pflanzen, die in die Höhe wachsen wollen, brauchen ein stützendes Gerüst. Wir alle kennen Kletterpflanzen, die sich an Zäunen und anderen Pflanzen in die Höhe hangeln. Beraubt man sie ihrer äußeren Stütze, fallen sie hilflos in sich zusammen. Denn Pflanzen haben weder eine Wirbelsäule noch einen Chitinpanzer. Sie organisieren ihre Stützfunktion auf Zellebene.

Deshalb besitzen pflanzliche Zellen im Gegensatz zu den tierischen eine feste Außenhülle, die Zell-

Kletterpflanzen organisieren wie alle Pflanzen ihre Stützfunktion auf Zellebene, d. h. ihre Zellen haben feste Außenhüllen, die den Pflanzen ihre Festigkeit verleihen. Dadurch unterscheiden sich pflanzliche von tierischen Zellen, da letztere keine festen Zellaußenhüllen besitzen.

wand, die dem Pflanzenkörper eine mehr oder weniger feste Form gibt. Sie liegt von außen auf der Zellmembran auf, die auch bei Tieren die Zelle von der äußeren Umgebung abgrenzt. Die Zellwand verhindert, dass die Zelle über die Maßen anschwillt, wenn Wasser eindringt. Trotzdem ist sie durchlässig für Wasser, gelöste Nährstoffe und Gase. Sie besteht in erster Linie aus Zellulose, einem unverzweigten Polysaccharid (Mehrfachzucker), das aus mehreren Hundert bis zehntausend Glukosemolekülen (Traubenzucker) besteht. Benachbarte Zellen stehen dabei durch Aussparungen (Tüpfel) in den Zellwänden miteinander in Kontakt. Eine zusätzliche Stützhilfe haben die verholzenden Pflanzen gefunden, die sich mithilfe von Ligninein-

lagerung (Lignifizierung) und den schließlich toten Holzzellen ein festes Korsett schaffen. Dadurch könnten sie geradezu in den Himmel wachsen.
Eine besonders auffällige Organelle in Pflanzenzellen ist die zentrale Vakuole oder auch Zellsaftvakuole, die bei den ausgereiften Pflanzenzellen oft den meisten Platz einnimmt. Die Vakuole kann in der Zelle verschiedene Aufgaben übernehmen, z. B. als Stoffspeicher für organische Verbindungen, aber auch für Stoffe, die giftig wirken und den Stoffwechsel der Pflanze stören könnten. Durch Lagerung von Giften oder unangenehm schmeckenden Stoffen in der Vakuole kann sich die Pflanze zudem vor Tierfraß schützten. Es können hier aber auch Makromoleküle verdaut werden. Die

Die Zellsaftvakuole regelt sowohl den hydrostatischen Druck, also die Zellfestigkeit der Pflanzen, als auch ihre jeweils besonderen Farb- und Duftverhältnisse. Ihr ist die bunte Vielfalt einer Sommerwiese genauso zu verdanken wie die Bestäubung und damit die Verbreitung der Pflanzen.

Vakuole ist außerdem in der Lage, Farbstoffe sowie Duftstoffe einzulagern, sodass bestimmte Pflanzenteile besonders gefärbt werden bzw. einen besonderen Duft abgeben.

Die Vakuole ist von einer Membran umgeben, die sich Tonoplast nennt und nur ganz bestimmte Stoffe durchlässt (selektiv permeabel). Dadurch spielt sie eine wichtige Rolle bei den osmotischen Vorgängen der Pflanze, also dem gerichteten Fluss von Wasser und Molekülen. Über diesen Tonoplasten kann die Zelle die Vakuole aufs Äußerste mit Wasser füllen und so einen besonders prallen Zustand erzeugen. Dadurch entsteht ein starker Druck (hydrostatischer Druck) in der Zelle, der auch als Turgor bekannt ist. Dieses Zusammenspiel von innerem Turgor und äußerem Zellwanddruck gibt den krautigen Pflanzen zusätzlich Festigkeit. Wir alle kennen das Phänomen, dass Pflanzen, die unter Wassermangel leiden, die Köpfe hängen lassen. Der Turgor hat nachgelassen. Bekommt sie nun Wasser, richtet sie sich wieder auf. Mithilfe des Turgors kann die Pflanze die Spaltöffnungen regulieren, sie sogar ganz schließen, und damit den Gasaustausch mit der Luft und den Verdunstungsgrad kontrollieren. Über den Turgor steuert die Pflanze ihre Bewegungen, wie z. B. das Ausrichten der Blätter zur Lichtquelle. Die meisten dieser Bewegungsabläufe sind langsam, doch über Turgorschwankungen können auch schnelle Bewegungen ausgeführt werden, beispielsweise wenn die Venusfliegenfalle ihre Blätter über ihrem Opfer zusammenschnappen lässt oder das Springkraut bei Berührung seine Samen in die Gegend schleudert. Dies erreicht die Pflanze, indem in bestimmten Zellen der Turgor blitzschnell ansteigt, während er in benachbarten Zellen genauso schnell absinkt. Das bewirkt einen einseitigen Druckaufbau.

Eine andere Besonderheit innerhalb der Pflanzenzelle sind die Plastiden, kleine Zellorganellen, von denen die Chloroplasten die bekanntesten sind. Chloroplasten enthalten ein komplexes System zur Nutzung der Lichtenergie für die Fotosynthese. Ein

"Die Fotosynthese ist einer der ältesten biochemischen Prozesse der Erde: Mithilfe von Licht werden verschiedene chemische Bausteine hergestellt."

wichtiger Bestandteil dieses Systems ist unter anderem ein grüner Farbstoff, das Chlorophyll oder Blattgrün.

Die Fotosynthese ist einer der ältesten biochemischen Prozesse der Erde und wurde bereits von einzelligen Prokaryoten, den Cyanobakterien, erfunden. Eukaryotische Zellen und damit die höheren Pflanzen erwarben diese Fotosynthese, in dem sie Cyanobakterien "fraßen, aber nicht verdauten" (Endosymbiontentheorie). Bei der Fotosynthese werden mithilfe von Licht (Foto) verschiedene chemische Bausteine hergestellt (synthetisiert).

Von Chlorophyllmolekülen wird Lichtenergie eingefangen (absorbiert), wodurch sie in Schwingung geraten. Um einerseits möglichst viel Energie aufzunehmen und andererseits die Energie gleich zum Reaktionszentrum weiterzuleiten, wo Fotosynthese stattfindet, sind die Chlorophyllmoleküle in Lichtsammelkomplexen (Lichtfallen) organisiert.

Pflanzen, die Bewegungen ausführen können, benützen hierfür mehr oder weniger plötzliche Schwankungen im Torgor, dem hydrostatischen Druck der pflanzlichern Zellsaftvakuole. Daduch kann die Venusfliegenfalle blitzschnell zuklappen, sodass ihr Opfer zwischen den verzahnten Blattteilen festsitzt.

hin werden bei der Fotosynthese aus CO_2 und Wasser noch andere energiereiche organische Verbindungen aufgebaut, die sowohl der Pflanze als auch allen anderen Lebewesen, die über die Pflanzen diese Verbindungen aufnehmen, als Baumaterial und Energielieferanten dienen: Glukose (Traubenzucker) und Stärke (die Speicherform von Glukose). Bei diesem Prozess wird molekularer Sauerstoff freigesetzt (der aus dem Wasser – H_2O). Der Sauerstoff der Atmosphäre stammt ausschließlich aus fotosynthetischen Prozessen.

Die ersten Samenpflanzen – die Welt wird grün

Die ersten Landpflanzen waren Gefäßpflanzen (Tracheophyten), später kamen Moose dazu. Moose sind grüne Pflanzen, die üblicherweise kein Stütz- und Leitgewebe besitzen. Das heißt, ihr Pflanzenkörper ist weich und transportiert Wasser und Nährstoffe durch Diffusion. Sie können daher nicht in die Höhe wachsen. Man unterscheidet bei ihnen zwischen drei Gruppen: Laubmoosen, Lebermoosen und Hornmoosen, wobei sie untereinander weniger verwandt sind, als dies der Sammelbegriff Moose nahelegt.

Gefäßpflanzen erstellen aus lebenden Zellen mit entsprechendem hydrostatischem Druck ein Stützgewebe. Außerdem bauen sie aus toten Zellen verdickte und verholzende Wände auf (Sklerenchym), die aus Zellulose und Lignin besehen. So können diese Pflanzen in die Höhe wachsen, ohne zusammenzusacken. Für den gerichteten Wasser- und Nährstofftransport, auch entgegen der Schwerkraft, sorgt das Leitgewebe. Zwar gibt es auch einige Moose mit Leitbündeln, doch sind diese sehr viel einfacher gebaut als die der Gefäßpflanzen. Gefäßpflanzen bestehen üblicherweise aus Wurzel, Sprossachse und Blättern.

Beide, Moose und Gefäßpflanzen, haben sich aus Algen entwickelt, und neuere Untersuchungen deuten auf etwas komplexere Verwandtschafts-

Der Mensch schuldet der Pflanzenwelt viel: Der gesamte Sauerstoff der Erdatmosphäre stammt einzig aus ihren fotosynthetischen Prozessen. Diese erst ermöglichen Ökosysteme. Moose eignen sich dank ihrer oberflächigen Aufnahme von Wasser und Nährstoffen hervorragend als Bioindikatoren.

Diese Lichtfallen absorbieren fast das gesamte Lichtspektrum, das grüne Licht allerdings nur sehr schwach. Es wird durchgelassen oder reflektiert, weshalb Pflanzen für uns grün aussehen.

Die eingefangene elektromagnetische Energie wird im Reaktionszentrum in chemische Energie umgewandelt, indem mit ihrer Hilfe energiereiche chemische Verbindungen (ATP) hergestellt werden. ATP ist quasi die Energiewährung in allen organischen Organismen. Mit seiner Hilfe werden alle anderen chemischen Prozesse katalysiert. Weiter-

„Als Baumaterial und Energielieferanten dienen Glukose, also Traubenzucker, und Stärke die Speicherform von Glukose."

verhältnisse hin. So haben die Hornmoose und Gefäßpflanzen vermutlich einen gemeinsamen Vorfahren, der sich womöglich bereits vor 400 Millionen Jahren von den Lebermoosen und später dann von den Laubmoosen trennte. Zu den Gefäßpflanzen zählen unter anderem die Bärlappgewächse, die Farne – beide Gruppen vermehren sich in erster Linie über Sporen (Gefäßsporenpflanzen) – und die Samenpflanzen (Spermatophyten).

Die Samenpflanzen stellen aus Sicht der Evolution eine höhere Entwicklungsstufe dar als die Sporen bildenden Pflanzen und haben eine sehr große Artenvielfalt entwickelt. Sie bilden, wie der Name schon sagt, bei ihrer Fortpflanzung Samen aus. Diese werden nach der Befruchtung einer Eizelle durch eine Pollenkornzelle gebildet. Samen sind, im Gegensatz zu Sporen, vielzellig, enthalten einen pflanzlichen Embryo (auch bei Pflanzen spricht man von einem Embryo) und Nährgewebe, die beide von einer äußeren Samenschale umhüllt sind. Wenn diese Beschreibung an ein befruchtetes Hühnerei erinnert, dann ist das gar nicht so falsch – es zeigt einmal mehr die grundsätzliche Verwandtschaft aller Lebewesen.

Samenpflanzen haben mit ihrem Befruchtungsmodus und der Ausbildung von Samen einige vorteilhafte Lösungen für ihre Verbreitung gefunden. So können die Samen nach Freisetzung aus der Elternpflanze bis zu mehrere Jahre im Ruhezustand verharren, was jeder (Hobby)Gärtner sehr zu schätzen weiß. Erst beim Kontakt mit Feuchtigkeit beginnen sie zu keimen. So wird vermieden, dass ganze Samengenerationen bei Trockenheit zugrunde gehen. Durch die Pollenbildung hat sich der Befruchtungsvorgang vom Wasser unabhängig gemacht. Die Pollen können dabei sowohl vom Wind als auch von Tieren übertragen werden. Windbestäubung ist dabei die ursprünglichere Übertragungsmethode, denn als die ersten Pflanzen an Land gingen, gab es noch keine tierischen Bewohner. Deshalb hatten die ersten Pflanzen auch keine aufwändigen Blüten, die Insekten oder andere Tiere (z. B. Kolibris) anlocken sollen. Genauso wenig gab es Duftstoffe oder bunte Farben, solange niemand da war, der sie riechen bzw. sehen konnte.

Das Land war zunächst einfach nur grün. Diese ersten grünen Pflanzen hatten ihre Samen auch noch offen (nackt) in den Samenanlagen liegen, sie werden daher unter dem Begriff Nacktsamer (Gymnospermien) zusammengefasst. Ihre Vorfahren waren vermutlich Farne. Zu den Nacktsamern gehören neben den Nadelbäumen (Koniferen) auch Palmfarne, Eiben und der Ginkgo (Fächerbaum).

Ein Ginkgo hat zwar äußerlich sehr viel Ähnlichkeit mit einem Laubbaum, ist aber doch ein Nacktsamer, und zwar der einzige heute noch existierende Vertreter einer längst ausgestorbenen Art. Laubbäume gehören dagegen bereits der nächsthöheren Pflanzengruppe an: den Bedecktsamern.

Die ersten Pflanzen waren einfach nur grün: Um zu überleben und zu wachsen, stellten sie die notwendigen organischen Stoffe mithilfe des Sonnenlichtes selbst her (Fotoautotrophie). Nur so konnten Pflanzen eine unwirtliche Welt bevölkern und waren damit die Wegbereiter für tierisches und menschliches Leben.

Der Ginkgo ist trotz laubartiger Blätter ein Nacktsamer, wie die heutigen Nadelbäume. Seine Resistenz und Anspruchslosigkeit ermöglichten ihm, eine der ältesten Pflanzen der Erde zu werden.

Blütenpflanzen – die Welt wird bunt

Die größte Gruppe der Samenpflanzen bilden die sogenannten Bedecktsamer (Angiospermien). Bei ihnen ist die Samenanlage von einem Fruchtblatt umhüllt, die Samen sind daher nicht sichtbar. Sie werden erst durch Öffnen der Frucht frei. Bedecktsamer sind in den meisten Ökosystemen die dominante Pflanzengruppe und haben weltweit die meisten Arten. Die ältesten Fossilien dieser Pflanzengruppe sind rund 110 Millionen Jahre alt (Kreidezeit). Doch datieren sie vermutlich wesentlich früher, denn ein spezieller Abwehrstoff gegen Schädlinge (Oleanane), der heute nur von Bedecktsamern produziert wird, wurde in Sedimenten nachgewiesen, die rund 270 Millionen Jahre alt sind. Fast alle Pflanzen, die von Menschen in Form von Salat, Gemüse oder Obst gegessen werden, sind Bedecktsamer.

Vermutlich hat sich die einzigartige Bedecktsamerblüte aus einer inzwischen ausgestorbenen Gruppe von Nacktsamern entwickelt: Zapfen, die durch Insekten bestäubt wurden. Doch die Insekten sichern nicht nur die Bestäubung, sie können auch die Samenanlagen fressen oder beschädigen, wodurch die Fortpflanzung gefährdet wird. So könnte die Entwicklung des Fruchtblattes, das die Samenanlagen umschließt und den sogenannten Fruchtknoten bildet, eine Anpassung der Bedecktsamer an die Insektenbestäubung gewesen sein. So gelingt es, den wertvollen Samen vor unerwünschten Schädigungen besser zu schützen. Darüber hinaus bietet das Fruchtblatt aber natürlich auch Schutz vor anderen Umwelteinflüssen, ermöglicht eine Verkleinerung der Fruchtanlage und eine gezieltere Bestäubung. Insgesamt erhöht diese Neuerung der bedeckten Fruchtanlage die Chance auf eine erfolgreiche Vermehrung, weshalb diese Gruppe wohl auch so dominant wurde.

Bedecktsamer werden im engeren Sinne auch als Blütenpflanzen bezeichnet, denn die Blüten sind das typische und häufig auch auffälligste Merkmal dieser Pflanzengruppe. Die Aufgabe der Blüte ist die Vermehrung der Pflanze durch die Entwicklung von Samen. Für die Befruchtung haben sie sich unabhängig vom Wind gemacht und sich auf die Bestäubung durch Tiere spezialisiert. Wichtig sind neben Fledermäusen und Kolibris vornehmlich die

Insekten. Die Aufgabe der Blüte ist daher zunächst einmal, die potenziellen Bestäuber anzulocken. Diese Wechselbeziehung (Koevolution) hat im Laufe der Zeit zu immer stärkerer Spezialisierung geführt. Blütenpflanzen haben sich durch die Koevolution schneller weiterentwickelt als die Nacktsamer (Evolutionsbeschleunigung).

Die Blüte besteht gewöhnlich aus vier verschiedenen Teilen, die jeweils aus umgewandelten Blättern entstanden sind, nämlich aus Kelchblättern als äußere schützende Blütenhülle, aus den meist farbigen Kronblättern, aus Staubblättern als männliche Geschlechtsorgane und schließlich aus den Fruchtblättern als weibliche Geschlechtsorgane. Im Laufe der Entwicklung haben sich so viele verschiedenen Blütentypen entwickelt, dass sie zu einem der wichtigsten Charakterisierungsmerkmale der einzelnen Arten wurden.

Die heutigen Obstbäume gehören zu den Bedecktsamern (Angiospermae), der größten Abteilung der Samenpflanzen (große Abbildung: blühender Kirschbaum). Sie werden unter anderem durch ihre Blüten unterschieden, die durch Wind, Wasser oder Tiere bestäubt werden können. Die auffälligsten und prächtigsten Erscheinungsformen bilden tierbestäubte Pflanzen aus, primär, um potenzielle Bestäuber anzulocken (kleine Abbildungen). Nach der Befruchtung entwickelt sich die Samenanlage zum Samen und die Blüte zur Frucht.

Der Löwenzahn blüht mehrere Tage lang und schließt sich bei Nacht, Regen, Trockenheit und wenn er verwelkt. Weil er früh im Jahr blüht, ist er sehr wichtig für die Entwicklung der Bienenvölker. Der Kopf des Löwenzahnblütenstandes (die sogenannte Pusteblume) ist mit dessen Früchten besetzt. An ihnen hängen haarige Flugschirmchen (Pappus), die durch den Wind verbreitet werden.

„Um für die Bestäubung die kleinen Helfer anzulocken, haben die Pflanzen ihren berühmten Nektar, bunte Farben und Duftstoffe herausgebildet."

Die Vorteile einer Bestäubung durch Tiere liegen auf der Hand: Die wertvollen Pollen werden bei Wind nicht wahllos in der Gegend verstreut, sondern gezielt von Blütenkelch zu Blütenkelch getragen. Um die kleinen Helfer anzulocken, haben die Pflanzen ihren berühmten Nektar, einen süßen Zuckersaft entwickelt. Um schon aus der Ferne erkennbar zu sein, haben sie bunte Farben und Duftstoffe herausgebildet, sodass jedes Tier „seine Pflanze" zwischen den vielen anderen schnell findet. Dieses gezielte Ansteuern von Blüten wird dadurch unterstützt, dass die Blütenform dem jeweiligen Bestäuber im Laufe der Zeit immer besser angepasst wurde. So gibt es neben den Blüten, auf denen sich allerlei verschiedenes Getier tum-

melt, auch jede Menge sehr spezialisierter Blüten. Bienen beispielsweise sehen besonders gut im ultravioletten Bereich, weshalb viele Bienenblumen einen hohen ultravioletten Anteil in ihren Farben haben. Um schweren Insekten wie Bienen und Hummeln das Landen und Sitzen auf den Blüten zu erleichtern, haben vor allem „Hummelblüten" ihre Form entsprechend angepasst und manche Blüteneingänge bilden eine für Hummeln gut ansteuerbare Röhre. Typische Hummelblüten sind deshalb Glockenblumen und die Lippenblütengewächse wie Taubnessel, Günsel, Salbei oder Katzenminze. Das Löwenmäulchen hat seinen Eingang sogar komplett verschlossen, sodass nur kräftige

„Gemäß den Eigenschaften ihres jeweiligen Nützlings haben sich Pflanzen an deren individuelle Geruchs- und Gesichtssinne angepasst."

„Manche Pflanzen blühen sogar
nachts und locken Nachtfalter
und mit speziellen Düften sogar
Fledermäuse an."

Insekten ihn öffnen können. All diese Blüten sind für Schmetterlinge beispielsweise ungeeignet. Sie benötigen einen eher horizontal angelegten Landeplatz und für ihren langen Saugrüssel eine enge Röhre. Im Gegensatz zu Bienen sehen sie besser im roten Bereich. Deshalb sind typische Schmetterlingsblumen purpur bis orange gefärbt und stiltellerförmig wie die Blüten von wilden Nelken, Sommerflieder und Phlox.

Pflanzen, die sich auf nachtaktive Tiere spezialisiert haben, blühen meist weiß, da andere Farben im Dunkeln kaum erkennbar sind. Manche dieser Pflanzen blühen sogar nur nachts. Viele von ihnen haben sich auf Nachtfalter konzentriert, aber die großen weißen Trichterblüten von einigen Kakteen locken mit ihrem speziellen Duft auch Fledermäuse an, die dann manchmal sogar recht gewaltsam mit Kopf und Zunge ihren Weg zum Nektar suchen. Für die Verbreitung der Samen haben die Pflanzen ebenfalls eine Vielfalt an ausgefeilten Mechanismen entwickelt. Die häufigsten sind Wind, Wasser, Selbstverbreitung und Tiere. Jeder kennt die zarten Löwenzahnschirmchen, die sich mit dem Wind über weite Strecken treiben lassen, oder auch die geflügelten Samen des Ahorns. Die Samen des Kürbisgewächses Macrozanonia macrocarpa haben eine Spannweite von 15 cm und könnten damit mit so manchem Modellsegelflugzeug konkurrieren. Das Springkraut gehört zu den Selbstverbreitern und schleudert seine Samen so weit wie möglich von der Mutterpflanze weg. Seerosensamen können durch Luftpolster im Gewebe weite Strecken auf dem Wasser schwimmen, und Kokosnüsse werden mit ihrem eingeschlossenen Samen von Meeresströmungen über alle tropischen Meere verbreitet. Kletten hängen sich ins Fell der Tiere, Nüsse werden von Eichhörnchen vergraben und Kirschen werden von Vögeln gefressen, die den Kern dann später wieder ausscheiden.

Angiospermien haben sich erfolgreich über die ganze Welt verteilt und dabei sogar Trockengebiete wie Wüsten erobert. Diese Pflanzen mussten zu

speziellen Überlebenstricks greifen. So bilden Akazien 35 m lange Wurzeln, um direkt bis ins Grundwasser vorzudringen. Andere Pflanzen haben neben einer Zellwandverdickung durch Wachs, die die Wasserverdunstung minimiert, einzelne Pflanzenteile zu Wasserspeichern umgeformt, um lange Trockenperioden überstehen zu können. Typische Vertreter sind hier die Sukkulenten, zu denen auch die Kakteen gehören.

Der lange Saugrüssel der Hummel ermöglicht es ihr, auch an Nektar aus tiefen Pflanzenkelchen zu gelangen. Dieser wird im Magen gesammelt.

*Einblicke in die Vielfalt der Pilze:
Untergrund, Umgebung, Milieu
und Beschaffenheit der vielen
unterschiedlichen Pilzarten
können mitunter stark variieren.*

Pilze

Die unbekannten Lebewesen

Pilze galten wegen ihrer Sesshaftigkeit lange Zeit als Pflanzen. Doch nach diesem Kriterium müssten auch Seeanemonen und Schwämme Pflanzen sein. Sind Pilze also vielleicht sessile Tiere wie diese tierischen Meeresbewohner?

Tatsächlich unterscheiden sie sich von den Pflanzen mehr als von den Tieren, sodass ihre Zuordnung zur Tierwelt durchaus logisch erschien. Allerdings unterscheiden sich Pilze aber auch bezüglich mehrerer Merkmale von den Tieren. Aus diesem Grund wurden sie mittlerweile zu einer eigenständigen Gruppe erklärt.

Die Unterschiede zu den anderen Organismen fallen hauptsächlich auf zellulärer Ebene auf: Von der pflanzlichen Zelle unterscheiden sich die Pilzzellen primär dadurch, dass sie keine Chloroplasten oder andere Plastiden besitzen, keine Fotosynthese betreiben und sich heterotroph, also von organischen Stoffen aus ihrer Umgebung, ernähren. Diese Merkmale teilen sie mit den Tieren. Außerdem bilden viele Pilze ihre Zellwand aus Chitin, eine Substanz, die sonst nur bei Tieren vorkommt, während pflanzliche Zellwände üblicherweise aus Zellulose bestehen.

Pilze betreiben keine Fotosynthese und stellen somit nicht wie die Pflanzen die benötigten Nährstoffe selbst her (Autotrophie), sondern sie ernähren sich von enzymatisch aufgelösten organischen Nährstoffen, die sie in ihrer unmittelbaren Umgebung finden (Heterotrophie).

Vom Nutzen der Pilze für den Menschen

Pilze sind als **Nahrungsmittel** gleichermaßen beliebt und bekannt, sowohl kultivierbare Sorten wie Champignons, Shiitake und Austernpilze, aber auch Arten, die sich nicht kultivieren lassen, wie Trüffel, Pfifferlinge und Steinpilze. Viele Speisepilze sollten vor dem Verzehr erhitzt werden, um Verdauungsbeschwerden oder Vergiftungen zu vermeiden.

Zur Herstellung **alkoholischer Getränke** sind bestimmte Nutzpilze unverzichtbar: zum Beispiel Wein-, Bier- oder Backhefen. Auch bei der Produktion gewisser Käse- oder Sauermilchprodukte geht ohne bestimmte Pilze gar nichts.

Medizinisch bedeutsam sind vor allem solche Pilze, aus denen man **Medikamente** wie das Antibiotikum Penicillin gewinnt. Besonders in China werden verschiedene Großpilze als Heilpilze verwendet.

Als **Destruenten** bauen Pilze tote organische Materie, Detritus und Exkremente ab und machen daraus Humus. Darüber hinaus wird gemutmaßt, dass Pilze die Landeroberung der Urpflanzen maßgeblich mit ermöglichten.

„Pilze weisen auf molekularer Ebene einige Besonderheiten auf, die sie sowohl vom Pflanzen- als auch vom Tierreich unterscheiden."

Von den Tieren unterscheiden sich die Pilze dadurch, dass ihre Zellen, wie diejenigen von Pflanzen, von einer Zellwand umgeben sind. Zellwände kommen bei Tieren aber nicht vor. Außerdem besitzen Pilze Vakuolen, also typisch pflanzliche Zellorganellen. Pilze haben wie die meisten Pflanzen einen Generationswechsel, das heißt, die Generationen wechseln zwischen ungeschlechtlicher und geschlechtlicher Vermehrung ab. Viele Pilze haben die Fähigkeit zur geschlechtlichen Vermehrung dabei sogar wieder verloren. Pilze weisen aber auf molekularer Ebene auch einige Besonderheiten auf, die sie sowohl vom Pflanzen- als auch vom Tierreich unterscheiden, was ihre Eigenständigkeit unterstreicht.

Pilze und Tiere haben sich vermutlich aus einem gemeinsamen Vorfahren, einem geißeltragenden eukaryotischen Einzeller, entwickelt. Heute sind etwa 100.000 Pilzarten bekannt. Manche Fachleute halten aber eine Artenvielfalt von einer Million für möglich. Das erste gesicherte Fossil ist zwar „nur" 100 Millionen Jahre alt, doch die ersten Pilze gab es möglicherweise schon vor etwa einer Milliarde Jahren.

Es gibt einige einzellige Pilze (z. B. Hefen) und eine Vielzahl an mehrzelligen Hyphen- oder Myzelpilzen. Myzelpilze besiedeln feste Substrate wie etwa Erdboden, Holz oder anderes organisches Gewebe, von dem sie sich ernähren können. Dabei bilden sie ein Geflecht aus mikroskopisch kleinen Fäden, den Hyphen. Das ganze Geflecht wird dann Myzel genannt. Das, was im Volksmund gerne als Pilz bezeichnet wird, ist im Grunde nicht der eigentliche Pilz, sondern nur ein von ihm gebildeter Fruchtkörper und damit nur ein kleiner Teil des gesamten Organismus. Die verschieden gestalteten Fruchtkörper der Großpilze, vornehmlich der Hutpilze oder Schlauchpilze (Morchel, Trüffel), dienen der Sporenbildung und damit der Vermehrung und Verbreitung.

Pilze ernähren sich entweder von totem organischem Material (saprophytisch), von lebendem

„Der eigentliche Pilz besteht aus mehr als dem von ihm gebildeten Fruchtkörper: Dieser dient nur der Sporenbildung und damit der Vermehrung."

organischem Material (parasitisch) oder leben in Symbiose. Saprophytisch lebende Pilze sind mit die wichtigsten Organismen beim Abbau organischer Materie wie toter Lebewesen, Exkremente und anderen verfaulenden Materials (Detritus). Sie gehören dadurch zusammen mit Würmern, Asseln und Bakterien zu den sogenannten Destruenten. Dies sind Lebewesen, die organische Materie zu Mineralstoffen aufschließen und damit wieder in den Stoffwechselkreislauf überführen. Zu den Saprophyten gehören unter anderem fast alle Hut-

Pilze sind die wichtigste Gruppe derjenigen Lebewesen, die tote Materie (wie Detritus, Exkremente und tote Lebewesen) abbauen. Zusammen mit Bakterien und tierischen Kleinstlebewesen bilden sie aus organischem Abfall Humus.

pilze (Champignon, Steinpilz, Fliegenpilz) sowie die Schimmelpilze, die wir als Schädlinge auf Lebensmitteln und als Hausbrand kennen. Das größte bekannte Lebewesen der Welt ist ebenfalls ein häufig saprophytisch lebender Pilz: ein dunkler Hallimasch (Armillarya ostoyae). Er wurde im Jahr 2000 in den USA entdeckt, erstreckt sich über etwa 9 km^2, wiegt schätzungsweise 600 Tonnen und hat ein errechnetes Alter von 2.400 Jahren. Hallimasche können aber auch vom Saprophyt zum Parasit werden und lebende Pflanzen befallen.

Parasitär lebende Pilze sind uns vor allem als Pflanzenschädlinge bekannt (Baumpilz, Mutterkorn, Echter Mehltau, Kartoffelfäule) und als Erkrankungen, die Mensch und Tier befallen (Mykosen wie z. B. Fußpilz und Soor).

Symbiotische Pilze leben meist in einer Lebensgemeinschaft mit Pflanzenwurzeln (Mykorrhiza). Hierbei umschlingen die Pilze die Pflanzenwurzeln, vor allem die Saugwurzeln, möglichst eng und bilden einen Myzelmantel, über den die Pflanze Wasser und Nährstoffe besser aus dem Boden aufnehmen kann. Im Gegenzug erhält der Pilz organische Moleküle aus der Fotosynthese. Etwa 80-90 % aller Landpflanzen leben mit Pilzen in einer Mykorrhiza. Vermutlich haben die Pflanzen nur durch diese Symbiose überhaupt einst das Land erobern können. Viele Pflanzenarten sind auch heute noch auf Pilze angewiesen, um optimal wachsen zu können. Mykorrhiza ist besonders bei Waldbäumen verbreitet und hat sich im Falle von Orchideen sogar auf den Kopf gestellt: Viele Orchideenarten können ohne die Ernährung durch einen Pilz nicht mehr keimen, manche bilden selbst als erwachsene Pflanzen keine grünen Blätter mehr, sondern leben nur parasitär von Pilzen.

Die besondere Symbiose

Eine besondere Form der Symbiose sind Flechten. Sie sind keine eigenständigen Pflanzen, sondern eine symbiotische Lebensgemeinschaft von Pilzen (Mykobionten) mit Fotosynthese betreibenden Partnern (Fotobionten), meist Grünalgen, manchmal auch Cyanobakterien oder sogar beiden. Der Pilz bekommt fotosynthetische Produkte von der Alge, die Alge wird vom Pilz vor Austrocknung und UV-Strahlung geschützt. Flechten sind dadurch eine besondere Organismenart, die aber zu den Pil-

Die Symbiose von Grünpflanze und Pilz ist mutualistisch, d. h. sie nützt beiden: Über die Hyphen der Pilze, die die Pflanzenwurzel eng umschlingen, kann die Pflanze in nährstoffarmen Böden Nährstoffe besser aufnehmen, weil die feineren Fasern des Pilzes engmaschiger durch den Boden wirken können als die Wurzeln der Pflanze. Als Gegenleistung erhält der Pilz von der Pflanze Kohlenhydrate, die diese durch die Fotosynthese erzeugt hat. Manche Pflanzen, wie z. B. einige Orchideen werden zu Parasiten der Pilze, indem sie ihre Blätter rückentwickeln und ausschließlich über den Pilz Nährstoffe aufnehmen.

zen gezählt werden, da immer nur eine Pilzart in der Flechte vorkommt, während die Fotobionten wechseln können. Der Vorteil der Symbiose liegt beim Pilz, weshalb manche auch vom kontrollierten Parasitismus sprechen, denn der Pilz reguliert sogar das Wachstum und die Zellteilungsrate der Algen.

Bei den Flechten zeigt sich deutlich, dass Symbiosen als Evolutionsbeschleuniger wirken, denn Pilze, die im symbiotischen Verband mit Grünalgen leben, weisen eine viel schnellere Evolution auf als ihre verwandten Formen ohne Symbiosepartner.

„Viele Pflanzen gehen mit Pilzen eine symbiotische Partnerschaft ein, die sogenannte Mykorrhiza, bei der sich die Lebewesen gegenseitig helfen."

Fressen und gefressen werden

Pflanzen haben gelernt, sich gegen Tierschädlinge zu wehren. So locken von Spinnmilben befallene Limabohnen durch bestimmte Duftstoffe ganz gezielt Raubmilben an, die natürlichen Feinde der Spinnmilben. Nicht befallene Nachbarpflanzen fangen diesen Alarmruf ebenfalls auf und mobilisieren schon vorsorglich ihre eigene Abwehr. Über ein solches Alarmsignal verfügen auch Tomaten, Gurken und Mais. Ulmen reagieren bereits auf die Eiablage von Schädlingen.

Manche Pflanzen greifen aber auch zu anderen Mitteln, wie die Passionsblumen, die Eiattrappen auf ihren Blättern ausbilden und so vorgeben, sie seien bereits besetzt.

Manche Pflanzen haben die Tiere sogar als zusätzliche Nahrungsquelle entdeckt, um auf nährstoffarmen Böden überleben zu können. Fleischfressende Pflanzen fangen Insekten, manchmal aber sogar kleine Vögel, Eidechsen oder Frösche. Sie locken die Tiere mit speziellen Duftstoffen in eine Falle, die zuschnappt, und lösen dann mit Verdauungssäften die für die Pflanze wichtigen Nährstoffe heraus, meist Stickstoff, aber auch Phosphor, Kalium und andere Mineralstoffe. Um ihre eigenen Bestäuber nicht zu gefährden, werden die Blüten an hohen blattlosen Stängeln positioniert, weitab von den tödlichen Fallen. Charles Darwin bezeichnete diese Pflanzen einst als „Meister der Evolution".

Wiederum war es Charles Darwin, der 1860 mit Untersuchungen am Rundblättrigen Sonnentau begann, die nach Jahren ausgiebiger Versuche zum Beweis der Existenz von Karnivorie für diese Pflanze und zugleich für zahlreiche weitere Gattungen und Arten führten. Er setzte erneut einen Meilenstein in der Forschung und zeigte, dass Karnivorie nicht gegen die noch von Carl von Linnée gesetzte "gottgewollte Ordnung der Natur" verstoße. Mücken und Fliegen, aber auch größere Insekten wie Schmetterlinge oder Libellen werden vom Sonnentau mit Hilfe von einem oder mehreren Blättern zugleich gefangen.

Um sich vor den Raupen des Heliconiusfalters zu schützen, bilden einige Passionsblumen (kl. Bild links) eine besondere Form von Mimikry aus: Sie imitieren die Eier des Falters, dieser nimmt daraufhin die scheinbar belegten Blätter als besetzt an und verzichtet selbst zur Vermeidung von Kannibalismus auf die Eiablage. Werden dennoch Eier gelegt, locken einige Passionsblumen mit Duftstoffen bestimmte Ameisen und Wespen an, welche die Eier und Raupen des Falters fressen.

Die Insekten

Ein überragendes Erfolgsmodell

Insekten – kaum eine andere Tierart begleitet unser Leben so sehr, wie die kleinen Flieger und Krabbler. Über Marienkäfer können wir uns freuen, Bienen schätzen wir für ihren Honig, Schmetterlinge lieben wir, die Verwandlung von der Raupe zum Falter finden wir faszinierend. Doch sehr oft erscheinen sie uns einfach nur lästig. Denn egal, ob die hartnäckigen Wespen sich draußen gierig auf unseren Kuchen stürzen, kleine und große Fliegen trotz Fliegennetz einen Weg in die Wohnung finden, Mehlmotten uns zu einer Putzorgie zwingen oder ob nächtliches Stechmückensummen uns den Schlaf raubt: Insekten demonstrieren uns auf Schritt und Tritt, wer der wahre Herrscher auf Erden ist.

Die Urinsekten und ihre ersten Nachfolger

Von Anfang an auf Erfolgskurs

Insekten sind aus keinem Bereich der Natur wegzudenken. Der weitaus größere, kräftigere, sonst so überaus kluge und überlegene Mensch zieht im Kampf gegen sie regelmäßig den Kürzeren. Sie leben im Wasser, an Land und in der Luft, sie waren lange vor uns da, sie trotzen den widrigsten Umweltveränderungen und werden vermutlich auch in einer Million Jahren noch auf der Erde sein und damit die Spezies Mensch womöglich überleben.

Aus Insektensicht steht nicht der Mensch an der Spitze der Evolution sondern die kleinen Sechsfüßer, die im Laufe der Zeit ein Erfolgsmodell nach dem anderen entwickelt haben.

Der Name „Insekt" leitet sich vom lateinischen „insectum" ab und bedeutete so viel wie „eingeschnittenes (Tier)" („insecare" = einschneiden). Im Deutschen wird gelegentlich auch der Begriff Kerbtiere (oder Kerfe) verwendet. Beide Namen stellen ein auffälliges Merkmal der Tiere in den Vordergrund: die stark voneinander abgesetzten Körperteile. Insekten sind in drei deutlich voneinander abgesetzte Körperteile gegliedert: Kopf, Rumpf und Hinterleib – im Gegensatz zur Zweiteilung bei Spinnen. Insekten gehören im weiteren Sinne zu den Gliedertieren (Arthropoden), zu denen auch der Ringelwurm zählt, und im engeren Sinne zu den Gliederfüßern, zu denen auch Spinnentiere (Spinnen, Skorpione, Milben), Krebstiere (Krebse, Asseln),

„Insekten werden vermutlich auch in einer Million Jahren noch auf der Erde sein und damit die Spezies Mensch womöglich überleben."

Die Natur bietet Insekten ausgedehnte Lebensräume. Gemäßigte Regenwälder wie der des zum Weltnaturerbe der UNESCO gehörende Milford Sounds in Neuseeland bilden weitgehend naturbelassene Ökosysteme, die Insekten einen ausgedehnten Raum zur Verbreitung bieten. Die hohe Biodiversität dieses artenreichsten Ökosystems der gemäßigten Klimazone zeigt sich in der Tierwelt vor allem bei den Insekten und Spinnentieren, die sich hier sowohl in der Kronenschicht als auch in den oberen Bodenschichten finden.

Tausendfüßer (Doppelfüßer, Hundertfüßer, Wenig-füßer) und die ausgestorbenen Trilobiten gehören. Früher wurden sie auch als Sechsfüßer (Hexapoden) bezeichnet, denn für Insekten sind auch ihr sechs Beine charakteristisch – Spinnen beispielsweise haben acht und echte Krebse zehn.

Insekten sind mit weit über einer Million Arten die artenreichste Tiergruppe überhaupt. Mindestens 80 % der bekannten Tierarten und rund 60 % aller Lebewesen auf diesem Planeten sind Insekten. Wahrscheinlich sind es sogar noch mehr, denn in wenig erforschten Gebieten, wie z. B. den tropi-schen Regenwäldern werden noch Millionen unentdeckter Arten vermutet. Auf einem Quad-ratmeter mitteleuropäischen Waldbodens leben etwa 30.000 Insekten und auf einer Fläche von rund 1,5 x 1,5 m tropischen Regenwaldes mehr als Menschen auf der ganzen Welt.

Unter den heute lebenden Arten zählen Spring-schwänze, Felsenspringer, Doppelschwänze, Bein-tastler und Fischchen zu den urtümlichsten Insek-ten und werden auch manchmal zu Urinsekten zusammengefasst. Sie alle sind kleine und unscheinbare flügellose Tierchen, die im Boden, unter und zwischen Steinen, im Laub, unter Rin-denstückchen und im Moos zu finden sind. Tier-chen, die wir sicher schon öfter gesehen haben, ohne sie aber wirklich wahrzunehmen. Am ehes-ten noch ist uns das Silberfischchen aus der Grup-pe der Fischchen bekannt, und wer viele Blumen in der Wohnung hat, kennt vermutlich auch die Springschwänze. Sie sind etwa 1-3 mm groß, weiß und flügellos, kleinste Wesen, die manchmal beim Blumengießen in der Blumentopferde herumhüp-fen. Diese springenden „Würmchen" gehören in der Natur zu den wichtigen Bodenorganismen, die aus toten Pflanzenteilen Humus herstellen. Spring-schwänze stellen eine eigene Gruppe und bilden zusammen mit den Insekten jetzt die neue Grup-pe der Sechsfüßer (Hexapoden). Felsenspringer und Silberfischchen gehören heute zu den primitivsten Sechsfüßern und weisen den evolutionären Weg

vom ursprünglichen Gliedertier zum geflügelten Insekt, daher dürfen sich eigentlich nur noch diese beiden richtige Insekten nennen.

Als Stammvater der heutigen Insekten wird übli-cherweise eine Gliedertierart angenommen, die den heutigen Springschwänzen, Doppelschwänzen oder Felsenspringern ähnelt, aber bereits ausgestorben ist. Sie soll vor etwa 400 Millionen Jahren im Unte-ren Devon gelebt haben, womöglich aber auch schon etwas früher, im Oberen Silur. Diese Zahlen-angaben sind immer nur eine grobe Orientierung, denn jeder neue Fossilienfund kann zu neuen Erkenntnissen führen, die alles Bisherige wieder „revolutionieren".

Im Laufe der Evolutionsge-schichte haben sich Insekten die unterschiedlichsten Lebens-räume erobert, an Land wie auch im Wasser. Zu den erfolg-reichsten Arten zählen die Käfer (oben: Chrysolina menthastridie, eine Familie der Blattkäfer) und die Ameisen, die bereits mindestens seit 130 Millionen Jahren auf unserer Erde existieren.

„Mit weit über einer Million Arten sind Insekten die artenreichste Tiergruppe der Welt."

Während die meisten landlebenden Arten der Asseln noch Kiemen besitzen, haben sie sich bei den Kellerasseln (Abbildung unten) schon soweit zurückgebildet, dass sie zum Atmen nicht mehr ausreichen. Einen weitergehenden evolutionären Weg haben geflügelte Insekten wie die Schmetterlinge beschritten. Im Gegensatz zu den früheren Insektenformen durchlaufen Schmetterlinge wie der Ritterfalter in ihrer Entwicklung eine vollständige Metamorphose mit Puppenstadium (Abbildung oben) zum erwachsenen, flugfähigen Insekt mit voll entwickelten, zusammenfaltbare Flügeln (Abbildung Mitte).

Insekten sind innerhalb der Gliedertiere am nächsten mit den Krebstieren verwandt. Sie können daher als landlebende, abgewandelte Krebse angesehen werden, die von einer meereslebenden, krebstierartigen Ahnenform abstammen, die vermutlich im Silur lebte. Für die Anpassung an das Leben an Land bieten die zu den Krebstieren gehörenden Asseln ein gutes Beispiel, denn bei ihnen sind selbst die landlebenden Arten noch Kiementräger. Nur einige wenige, wie die Kellerassel, haben die Kiemen soweit zurückgebildet, dass sie für die Atmung nicht mehr ausreichen. Zum Ausgleich haben sie ein insektenähnliches Trachealorgan ausgebildet.

Die tatsächliche Abstammung der Insekten ist Gegenstand ständiger Diskussionen. Auch die Frage, ob ihre Urahnen bereits im Meer entstanden oder ob ihre Vorfahren schon Landgänger waren, ist nicht geklärt. Verschiedene Funde aus jüngerer Zeit haben bei den Forschern zu unterschiedlichen Interpretationen geführt. So werden die Fossilien von Devonohexapodus bocksbergensis und Wingertshellicus backesi nur von einigen Wissenschaftlern als marine Proto-Insekten anerkannt, und ob der 400 Millionen alte „Käfer" Rhyniognatha hirsti bereits Flügel hatte oder nicht, ist ebenfalls umstritten. Manche bezweifeln gar, dass es sich bei diesem Fossilienrest, einem Kiefer, überhaupt um ein Insekt handelt. Ein so altes geflügeltes Insekt wäre in der Tat eine kleine Sensation, denn dann hätte es flugfähige Insekten sehr viel früher gegeben als bisher angenommen. Die ganze Abstammungslinie würde damit einmal mehr ins Wanken geraten.

Das bisher älteste gesicherte geflügelte Insekt ist zurzeit immer noch das libellenähnliche Palaeodictyoptere Delitzschala bitterfeldensis, das etwa 324 Millionen Jahre alt ist. Es folgen, mit einem ähnlichen Alter, die Urlibellen (Protodonata) sowie eine Art Urheuschrecke (Archaeoptera). Manche der urtümlichen Insekten, wie Libellen, Eintagsfliegen und Steinfliegen, legen auch heute noch ihre Eier im Wasser ab. Ihre Larven sind reine Wasserbewohner. Alle frühen Insekten, zu denen noch die Schnabelkerfe (saugende Insekten wie Wanzen und Zikaden), Ohrwürmer, Schaben und die verschiedenen Läuse gehören, sind sogenannte hemimetabole (Ggs: ametabolen) Insekten, also Halbumwandler. Das heißt, diese Insekten erleben noch keine vollständige Metamorphose mit Puppenstadium wie z. B. Schmetterlinge. Ihre Larven oder Nymphen sehen dem erwachsenen Insekt (Imago) schon sehr ähnlich, besitzen aber noch keine Flügel. Während des Wachstums machen die Tiere mehrere Häutungen durch, bei der letzten werden dann die Flügel mit gebildet (Imaginalhäutung).

Eine ungeklärte Frage in der Evolutionsgeschichte der Insekten ist, aus welchen Vorläuferorganen die Insektenflügel entstanden sind und wie sich ihr Flugvermögen entwickelt hat. Eine Theorie ist die Bildung der Flügel aus tragflächenartigen Verbreiterungen der Rückenschilder der Brustsegmente, eine andere die Entstehung aus kiemenartigen Beinanhangsstrukturen, so wie sie heute noch am Hinterleib der wasserlebenden Eintagsfliegenlarven zu finden sind. Da es für beide Versionen eine Reihe plausibler Argumente gibt, ist diese Frage noch nicht abschließend geklärt.

Von den heute lebenden Formen unterschieden sich die Urinsekten dadurch, dass ihre Flügel nicht zusammenfaltbar waren. Solche Flügel gibt es heute nur noch bei den urtümlichen Libellen und Eintagsfliegen.

Da mit der Entwicklung von funktionstüchtigen Flügeln eine Vielzahl morphologischer und physiologischer Veränderungen zusammenhängen, ist es so gut wie ausgeschlossen, dass diese Entwicklung mehr als einmal im Laufe der Insektenevolution stattgefunden hat. So sind wohl alle heute lebenden Fluginsekten auf eine einzige gemeinsame Stammart zurückzuführen. Und alle Forscher hoffen diesen „Stammvater" eines Tages zu finden.

Das Flugvermögen bot den Insekten von Anfang an eine ganze Reihe von Vorteilen: Die Suche nach Nahrung wurde ebenso erleichtert wie die Suche nach Geschlechtspartnern oder nach neuen geeigneten Lebensräumen, falls es in der bisherigen Heimat zu einer Verschlechterung der Bedingungen gekommen war. Besonders hilfreich ist die Flugfä-

„Ob die Urahnen der Insekten bereits im Meer entstanden oder ob ihre Vorfahren schon Landgänger waren, ist nicht geklärt."

higkeit bei der Flucht vor Fressfeinden. Die große Mobilität hatte natürlich auch eine viel schnellere und bessere Durchmischung des Genpools zur Folge und beschleunigte dadurch die Weiterentwicklung.

Die Evolution des Flugvermögens bei Insekten steht übrigens in enger Beziehung zur Evolution und Perfektionierung des Netzbaues bei Spinnen.

Flugfähige Insekten wie die Urlibellen, Ureintagsfliegen, Heuschreckenartige und Urahnen der heutigen Schaben haben sich schnell verbreitet und waren bald überall in den Urwäldern des Karbon anzutreffen. Schon kurze Zeit später entwickelten sich riesige Insektenarten und in den

Korrespondierend mit der Evolution des Flugvermögens bei flugfähigen Insekten hat sich bei Spinnentieren der Netzbau entwickelt. Die schnelle Verbreitung fliegender Beutetiere bedingte eine Anpassung der Spinnen an erfolgversprechendere Methoden des Beutefangs.

Küchenschaben sind zwar für die meisten Menschen ein Ärgernis, die Vorratsschädlinge haben sich jedoch als ein wahres Erfolgsmodell der Natur erwiesen. Während ihr ursprünglicher Lebensraum in den Tropen vermutet wird, haben sie sich im Lauf ihrer Entwicklung an das Leben in menschlichen Haushalten perfekt angepasst. Sie sind überaus widerstandsfähig, können sich in engsten Zwischenräumen verstecken und sind mit Ausnahme von Arktis und Antarktis weltweit verbreitet.

Sumpfwäldern aus Riesenschachtelhalmen und Schuppenbäumen des Perm gingen Libellen mit Flügelspannweiten von mehr als 70 cm auf räuberische Jagd.

Das Erfolgsmodell „flugfähiges Insekt" zeigt sich schon bei den urtümlichen Insekten. Eine besonders herausragende Spezies unter den frühen Arten sind allerdings die Schaben, die buchstäblich „nicht totzukriegen" sind.

Schaben – das erfolgreichste Modell der Natur

Schaben (Blattodea), auch Kakerlaken genannt, haben sich hinsichtlich ihres Körperbaus bis in die Neuzeit kaum verändert. Die Länge der ausgewachsenen Tiere variiert zwischen wenigen Millimetern und zehn Zentimetern. Die Art Megaloblatta longipennis erreicht eine Flügelspannweite von bis zu 18 cm, und Macropanesthia rhinocerus, eine australische Art, wird bis zu 50 Gramm schwer. Schaben können geflügelt oder flügellos sein, aber nicht alle geflügelten Arten können richtig fliegen. Dafür sind Schaben die schnellsten Bodenläufer im Insektenreich und können bis zu 5,4 km/h schnell werden. Und sie besitzen ausgezeichnete Fluchtreflexe, da sie durch ihre feinsten Sinneshaare auf den Cerci (paarige Anhänge am Hinterleib) selbst die geringsten Luftbewegungen registrieren können.

Die außergewöhnliche Anpassungsfähigkeit und Genügsamkeit der Schaben machen diese Spezies unzerstörbar, sodass sie als das erfolgreichste Modell der Natur gelten. Sie fühlen sich praktisch überall zu Hause, ganz egal ob im Kühlschrank von Polar-Stationen oder an Bord von U-Booten. Ob in Haushaltsgeräten, Fernsehern, Klimaanlagen oder in der Kanalisation, zwischen Lebensmitteln oder Abfällen, sie passen sich fast jeder Umgebung und jedem Klima an und können selbst unter extremen Bedingungen problemlos existieren. In den etwa 300 Millionen Jahren ihres Daseins haben sie schon vieles überlebt: Klimakatastrophen, Atombomben und ganze Arsenale von Bekämpfungsmitteln. Sie können eine 150-mal höhere radioaktive Strahlendosis überleben als der Mensch. Schaben wären damit vermutlich die einzige Art, die einen Atomkrieg überleben würde. Gegen chemische Wirkstoffe werden sie früher oder später fast immer resistent. Manchmal erkennen sie die Bekämpfungsmittel und weichen ihnen aus.

Ihr auffällig abgeflachter Körper passt in die kleinste Ritze. In der überwiegenden Mehrzahl sind sie nachtaktiv. So leben sie versteckt in unzugänglichen Nischen und in der Dunkelheit. Schaben sind in erster Linie Pflanzenfresser, doch da sie in ihren

Eingeweiden viele verschiedene Bakterien und tierische Einzeller beherbergen, können sie sich auch von zahlreichen anderen Substanzen ernähren. Mit anderen Worten, Schaben fressen buchstäblich alles: kleine Tiere, sogar andere Schaben, Abfälle, Holzwolle, Schaumstoffreste und Schuhsohlen. In gewissem Maße sind sie sogar lernfähig und können sich merken, wo sie schon einmal Nahrung gefunden haben. Außerdem können sie bis zu drei Monate ganz ohne Nahrung und etwa einen Monat ohne Wasser überleben.

Schaben haben ein großes Vermehrungspotenzial. Bis zum Ausschlüpfen ist ihre Brut so gut wie unangreifbar, denn sie legen keine einzelnen Eier, sondern sogenannte Ootheken, Eitaschen aus Chitin. Je nach Art enthält eine Oothek 16 bis 32 Eier. In diesen Eipaketen sind die Eier vor Umwelteinflüssen relativ gut geschützt. Ootheken der Deutschen Schabe können Temperaturen von bis zu −22° C problemlos überstehen. Insektizide können die Eier ebenfalls nicht schädigen, sodass trotz einer solchen Behandlung Tage oder Wochen später voll lebensfähige Larven ausschlüpfen. Außerdem tragen viel Schabenweibchen die Eier bis kurz vor dem Schlüpfen in Bauchtaschen mit sich herum. Die Larven häuten sich dann rund fünf- bis zwölfmal, bis sie selbst wieder geschlechtsreif sind. Häufig leben die erwachsenen Insekten auch gemeinsam mit den heranwachsenden Larven und betreiben regelrechte Brutpflege.

Die meisten der 3.500 bekannten Schabenarten leben völlig unabhängig vom Menschen. Lediglich 1 % der bisher bekannten Arten gilt als Schädlinge, und nur 15 Arten leben in Mitteleuropa; die meisten findet man in den Tropen und Subtropen. Auch die bekanntesten Arten wie die Küchenschabe, Blatta orientalis, und die Deutsche Schabe, Blattella germanica, stammen ursprünglich aus den Tropen. Fossile Funde deuten darauf hin, dass diese Tiere auch im Karbon schon die vorherrschenden Insekten waren und es womöglich zu einem „Zeitalter der Schaben" gemacht haben.

„Anpassungsfähigkeit und Genügsamkeit der Schaben machen diese Spezies unzerstörbar, sodass sie als das erfolgreichste Modell der Natur gilt."

Schaben besiedeln die verschiedensten Lebensräume, frei lebende Arten finden sich vor allem in Wäldern. Die anpassungsfähigen Insekten besitzen ein großes Vermehrungspotenzial: Sie legen ihre Eier in gut geschützten, insektizid- und weitgehend temperaturresistenten Eitaschen ab, die je nach Art 16 bis 32 Eier enthalten.

Moderne Insekten und ihre Erfolgsmodelle

Durch die Entfaltung der Blütenpflanzen schnellte in der Kreidezeit auch die Vielfalt der Insektengruppen und -arten explosionsartig nach oben – eine durch Koevolution gegenseitig beschleunigte Entwicklung. Von dieser Entwicklung profitierten vor allem die Schmetterlinge, die heute etwa 180.000 Arten stellen, die Zweiflügler (Diptera), zu denen auch die Fliegen gehören, mit ungefähr 120.000 Arten, sowie die Hautflügler (Hymenoptera), unter anderem mit den Bienen, die heute ungefähr 115.000 Arten umfassen. Davon finden sich allein 11.300 Arten in Mitteleuropa, was ein Viertel aller mitteleuropäischen Tierarten ausmacht. Die artenreichste Gruppe im gesamten Tierreich mit fast einer halben Million Arten ist allerdings die der Käfer (Coleoptera), deren Existenz durch Fossilienfunde bereits seit dem Unteren Perm (vor etwa 290 Millionen Jahren) belegt ist.

Allen diesen Insekten ist eine vollkommene Metamorphose, also Gestaltumwandlung (Holometabolie), gemeinsam, die wir vom Schmetterling kennen. Das heißt, zwischen Larve und erwachsenem Tier ist ein zur Nahrungsaufnahme unfähiges, unbewegliches Puppenstadium geschaltet. In dieser Phase erfolgt ein tief greifender Umbau, denn aus der Larve entsteht ein vollkommen neues Lebewesen. Hierfür wird die ursprüngliche Larve durch die eigenen Verdauungssäfte zunächst nahezu vollständig aufgelöst (Histolyse) und stirbt. Übrig bleiben nur ein paar Zellen, die nun die neuen Organe aufbauen. Der verdaute Gewebebrei dient ihnen dabei als Nährstoff. Ist die Verwandlung abgeschlossen, platzt die Puppenhülle auf und das neue Insekt schlüpft mit zunächst noch weichen und faltigen Flügeln heraus. Durch den Blutdruck in den Flügeladern werden diese gestreckt, härten an der Luft aus und das Tier kann fliegen.

Mit diesem System „ein Lebewesen – zwei Gestalten" hat die Evolution tief in die Trickkiste gegriffen. Der zweiphasige Lebenszyklus erlaubt es den

„Die artenreichste Gruppe im gesamten Tierreich sind mit fast einer halben Million Arten die Käfer (Coleoptera)."

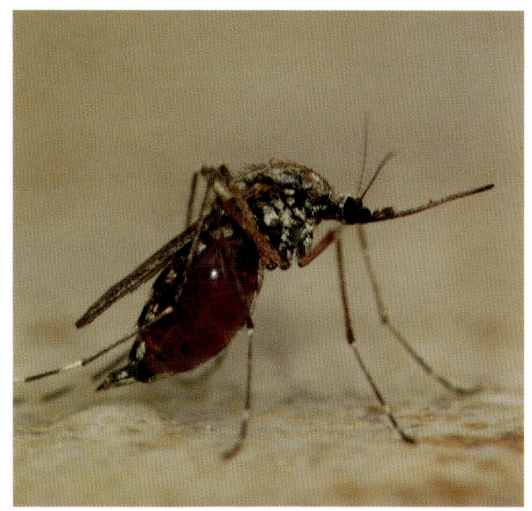

Vor allem flugfähige Insektenarten wie Bienen und Schwebefliegen (kleines Bild oben) haben in ihrer Entwicklung von der zunehmenden Verbreitung der Blütenpflanzen profitiert. Wie bei den meisten Gattungen der weiblichen Stechmücke (kleines Bild unten), deren Mundwerkzeuge sich in Anpassung an die Notwendigkeit, das zur Eierbildung benötigte Protein aus dem Blut von Säugetieren zu saugen, zu einem langen Stechrüssel entwickelt haben, haben sich auch die Mundwerkzeuge der verschiedenen Marienkäferarten (großes Bild) an die unterschiedlichen Nahrungsquellen angepasst.

Tieren, unterschiedliche ökologische Nischen zu besetzen. So wird einerseits eine Konkurrenzsituation zwischen Larve und Imago vermieden, andererseits können zwei unterschiedliche Lebensräume optimal besiedelt und damit erheblich mehr Ressourcen genutzt werden. Die Larve kann sich mehr oder weniger gut geschützt an optimalen Futterstellen satt fressen, das flugfähige Insekt dann aber zur Vermehrung und weiteren Verbreitung größere Entfernungen zurücklegen.

Ein weiteres Erfolgsmodell der Insekten sind ihre kauenden, beißenden Mundwerkzeuge. So können Insekten das breite Spektrum der Pflanzenwelt als schier unerschöpfliche Nahrungsquelle optimal nutzen. Bei Käfern sind diese Werkzeuge sogar meist noch mit Zähnchen besetzt, sodass sie ihre pflanzliche Nahrung zerkleinern und kauen können. Das ist ein großer Vorteil gegenüber anderen

Tieren wie z. B. den Spinnen. Die können mit ihren Mundwerkzeugen nicht kauen und müssen die Verdauung der Nahrung schon außerhalb des Körpers beginnen. Je nach Ernährungsweise sind die Mundwerkzeuge auch umgeformt, etwa zu Saug- (Schmetterling), Stech- (Stechmücke) oder Tupfrüsseln (Fliege). Häufig sind die Mundwerkzeuge zusätzlich mit kräftigen Muskeln versehen.

In der Erfolgsgeschichte aller Insekten heißt das Zauberwort „Anpassung". Durch Anpassung haben sie sich die unterschiedlichsten Lebensräume erobert. Wasserläufer besitzen hinten zwei sehr lange, besonders geformte Beinpaare und einen extrem leichten Körper, sodass sie die Oberflächenspannung des Wassers ausnutzen können, um darauf zu laufen. Das mittlere Beinpaar wird dabei wie ein Ruder eingesetzt. So flitzen sie über die Wasseroberfläche und verspeisen Insekten, die ins Wasser gefallen sind. Läuse können in den Haaren von Robben leben und mit ihnen auf Tauch-

gang gehen, indem sie eine Luftblase zum Atmen mit nach unten nehmen.

Besonders interessant sind die Lösungen, die Insekten gefunden haben, um sich extremer Hitze oder Kälte anzupassen. So rennen Spinnenkäfer und andere Wüsteninsekten einfach extrem hochbeinig über den heißen Sand. Manche Schmetterlinge schließen in der Mittagshitze nicht nur die Flügel, um die „Angriffsfläche" zu verringern, sondern helfen mit einem Trick noch nach: Spezielle fotonische Kristalle brechen die Sonnenstrahlen so stark, dass die Energie des Lichts statt für die Erwärmung für den Farbeffekt verbraucht wird. Behaarte Hummeln können ihre Larven durch rasches Flü-

„Durch Anpassung und Symbiose haben sich die Insekten die unterschiedlichsten Lebensräume erobert."

Im Lauf ihrer Entwicklung gelang es den Insekten, sich optimal an das Leben in ihren jeweiligen Lebensräumen anzupassen. Durch ihre flinken, hochbeinigen Laufbewegungen können sich einige Insektenarten wie dieser Schwarze Sandkäfer sogar im heißen Sand von Wüstengegenden mühelos fortbewegen.

gelschlagen kühlen. Libellen besitzen eine eigene Kühltechnik im Hinterleib, die ähnlich wie die von Kühlschränken funktioniert, mit der das Blut nach einer hitzigen Jagd in der Sonne schnell wieder heruntergekühlt wird. Um sich zu wärmen bzw. vor Frost zu schützen, besitzt eine Hornissenart Kristalle im Chitinpanzer, die wie Solarzellen funktionieren. Sie fangen Sonnenlicht ein und geben dieses als Wärme nach innen ab. Die Larve des Schilfkäfers überwintert im Wasser in tieferen, wärmeren Zonen. Da sie aber keine Kiemen hat, beißt sie sich in Halmen fest und benutzt sie als Schnorchel. Und manche Käfer schützen sich mit einer Art Frostschutzmittel, wie Traubenzucker oder Glycerin, vor dem Erfrieren.

Nicht vergessen sollte man die Erfolgsmodelle im Fortpflanzen – Insekten können eine riesige Anzahl von Nachkommen in die Welt setzten – und die Symbiose, die sich in der Koevolution zwischen Tieren und Blütenpflanzen ausdrückt, die aber auch zwischen verschiedenen Insekten besteht. Das bekannteste Beispiel ist hierbei die Symbiose von Ameisen und Blattläusen. Die Ameisen beschützen die Blattläuse vor Fressfeinden und erhalten dafür von den Blattläusen produziertes Zuckerwasser. Ameisen stehen aber auch noch für ein ganz anderes erfolgreiches Modell, das als höchste Entwicklungsstufe innerhalb der Gruppe der Insekten gelten darf: die Staatenbildung.

Täuschung und Tarnung

Ein genialer Kunstgriff um das Überleben zu sichern, sind die verschiedenen Formen der Tarnung. Insekten sind wahre Meister der Täuschung und Nachahmung (Mimikry). So imitieren einige Arten das Äußere von wehrhaften Insekten wie Wespen und Hornissen. Dadurch sieht der Bienenschwärmer einer Hornisse zum Verwechseln ähnlich. Die bei uns im Sommer häufig zu beobachtenden harmlosen Schwebfliegen imitieren die schwarz-gelbe Färbung von Wespen. Dies gelingt so gut, dass sogar die „Ori-

„Insekten sind wahre Meister der Täuschung und Nachahmung: Um sich vor Feinden zu schützen, aber auch um potenzielle Opfer zu täuschen."

ginale" die Schwebfliegen für ihre Artgenossen halten und unter sich dulden. Viele Schmetterlinge, wie die Spanner, ahmen mit ihren ausgebreiteten Hügeln die Baumrinde nach und werden somit von ihren Feinden nicht mehr gesehen. Manche Käfer sehen aus wie Dornen, und ein brasilianischer Käfer faltet bei Gefahr die Beine, wirft sich auf die Seite und sieht dann aus wie Vogelkot. Die auffälligen Augenflecken von einigen Faltern wie z. B. den Eulenaugen sollen Fressfeinde erschrecken, indem sie den Augen von deren Feinden ähneln. Das „wandelnde Blatt", eine Heuschreckenart, ist von echten Blättern kaum zu unterscheiden. Die Tarnung dient aber nicht nur zum Schutz vor Feinden, sie soll auch potenzielle Opfer täuschen. So passen sich Stabheuschrecken und Gottesanbeterinnen ihrer Umgebung so gut an, dass ihnen die Beutetiere direkt vor die Fangarme laufen.

Dieser Schmetterling sieht einem Blatt zum Verwechseln ähnlich. Eine derartige Form der Tarnung, bei der ein Tier durch Körperbau und Farbe in seinem Aussehen z. B. die natürliche Umgebung nachahmt und sich auf diese Weise vor Fressfeinden schützt, bezeichnet man als Mimese.

Nicht nur im Insektenreich (kl. Bild oben: Schwebfliege) spielt Mimese eine große Rolle, überall in der Natur kann man perfektes Tarnverhalten bewundern:

So ist die Flunder (gr. Bild) in der Lage, sich farblich dem Meeresgrund anzupassen und kann sich sogar durch Schlagen des Flossensaums bei Gefahr oberflächlich in den Sand eingraben, wodurch sie praktisch unsichtbar wird.

Das Chamäleon (kl. Bild unten) verfügt ebenfalls über gerissene Tarnmöglichkeiten. So ahmt es Gegenstände aus seiner Umgebung nach, z. B. Äste, Blätter und Laub. Selbst mit seinen ruckartigen Bewegungen verhält sich das Chamäleon wie ein sich bewegendes Blatt. Bei Gefahr verfällt es in eine Schreckstarre und lässt sich, wird es berührt, sofort auf den Boden fallen, wo man es so gut wie gar nicht mehr ausfindig machen kann.

Vorteile der Staatenbildung

Staatenbildung und Arbeitstei-
lung bieten den Insekten
zahlreiche Vorteile. So sind
beispielsweise bei den Termiten
die Arbeiter für Nahrungsbe-
schaffung, Brutpflege und
Hügelbau zuständig, Soldaten
übernehmen die Verteidigung
des Termitenbaus vor Ameisen-
angriffen und König und Köni-
gin sorgen für den Nachwuchs
des Termitenstaats.

Keine Erfindung des Menschen

Nach dem Motto „Gemeinsam sind wir stärker" kam es in der Entwicklung von Insekten gleich mehrmals zu Staatenbildungen. Am bekanntesten sind die von Ameisen, Termiten, Bienen und Hornissen (sie gehören zu den Wespen). In Utah wurde ein fossiles Wespennest gefunden, dessen Alter auf 100 Millionen Jahre (Kreidezeit) geschätzt wird.

Prinzipien und Vorteile der Staatenbildung sind: gemeinsame Nahrungssuche, Verteidigung und Brutpflege in Arbeitsteilung. Ein solches kooperatives Zusammenleben wird auch Eusozialität genannt.

Für die großen Insektenstaaten ist typisch, dass im Zuge der Arbeitsteilung unterschiedliche Individuen entwickelt wurden, die sich optisch und körperlich unterscheiden (Polymorphismus). So sorgen bei Bienen, Hornissen und Ameisen besonders große fruchtbare Königinnen für die Staatengründung und die Eiproduktion – Termiten haben auch noch einen König –, während unfruchtbare Arbeiterinnen für Nestbau, Brutpflege und Nahrungserwerb zuständig sind. Bei einigen, wie den Termiten oder Treiberameisen, übernehmen speziell ausgebildete Soldaten die Verteidigung, bei anderen, etwa bei den Bienen, sind auch hierfür die Arbeiterinnen zuständig. Die Differenzierung zwischen unfruchtbarem (Arbeiterin) und fruchtbarem Weibchen (Königin) wird über das Futter geregelt. Die Arbeiterinnen erhalten nur während der ersten Tage ihres Larvenstadiums ein besonders nahrhaftes Futter, z. B. das berühmte Gelée royale der Bienen, die Königin aber bis zum Schlüpfen. Einige Insekten wie Hornissen und Hummeln leben nur in sogenannten Sommerstaaten zusammen, wobei die erwachsenen

„Die Vorteile der Staatenbildung sind: gemeinsame Nahrungssuche, Verteidigung und Brutpflege in Arbeitsteilung."

Tiere im Winter größtenteils sterben. Andere leben in Dauerstaaten und überwintern gemeinsam (Ameisen, Termiten, Bienen).

Fortpflanzung und Hochzeitsflug

Hautflügler (Hymenoptera) wie Bienen, Wespen und Ameisen, haben eine genetische Besonderheit: Bei ihnen sind die Männchen (Drohnen) haploid, haben also nur einen einfachen Chromosomensatz. Die Haploidie entsteht, da die Drohnen aus unbefruchteten Eiern schlüpfen. Während ihres Lebens haben sie dann auch nur eine Aufgabe: die Befruchtung der Königin beim „Hochzeitsflug". Bei den Honigbienen sammeln sich dabei bis zu 20.000 Drohnen auf dem „Drohnensammelplatz", der allerdings kein wirklicher Platz ist, sondern sich in der Luft befindet. Die Königin paart sich hier mit mehreren Drohnen, die wenige Stunden bis wenige Tage später sterben.

Bei den Ameisen tragen Königin und Drohnen extra zu diesem Zweck Flügel. Die Königin verliert daraufhin ihre Flügel oder beißt sie sich ab und zieht ein eigenes neues Volk heran. Die toten Ameisendrohnen werden von ihren Artgenossen als Futter ins Nest zurückgetragen.

Bei den Bienen schwärmen mehrere Arbeiterinnen mit der Königin zusammen aus (Bienenschwarm), wenn der alte Staat zu groß geworden ist bzw. die alte Königin wegen Tod oder Drohnenbrütigkeit ersetzt werden muss. Die Bienenkönigin wird vier bis fünf Jahre alt. In dieser Zeit legt sie etwa 2.000 Eier. Drohnenbrütig wird sie immer dann, wenn der Samen, den sie in einer speziellen Samentasche aufbewahrt, verbraucht ist. Dann legt sie nur noch unbefruchtete Eier, aus denen Drohnen schlüpfen. Eine solche Königin muss schnellstens ersetzt werden, um den Fortbestand des Volkes zu sichern. Eine Bienenarbeiterin lebt im Sommer etwa 35 Tage, im verkleinerten Wintervolk sechs bis sieben Monate. In den ersten 20 Tagen ihres Lebens sind die Arbeiterinnen mit Aufgaben im Stock beschäftigt:

„Damit bei all den Tätigkeiten im Insektenstaat kein Chaos entsteht, müssen sich die Einzeltiere untereinander verständigen."

Wabenzellen putzen, Larven füttern, den Wabenbau aus Wachs errichten, Pollen und Nektar einlagern, Nektar zu Honig eindicken, Brut- und Honigzellen mit Wachsdeckeln verschließen, den Stock von toten Bienen säubern, Temperatur und Luftfeuchte im Stock regulieren und schließlich Wächterdienste am Flugloch verrichten. Nach dem 20. Lebenstag fliegen die Arbeiterinnen aus und betätigen sich als Sammlerinnen von Nektar und Blütenpollen. Damit bei all diesen Tätigkeiten kein Chaos entsteht, müssen sich die Einzeltiere untereinander verständigen.

Staaten bildende Insekten zeichnen sich durch ein ausgeklügeltes Kommunikationssystem aus. Bestes Beispiel hierfür ist die Tanzsprache der Bienen: Kommt eine Biene von der Futtersuche zurück und hat eine ergiebige Futterquelle gefunden, teilt sie das über einen Tanz mit. Die Art der Nahrung (Nektar, Pollen, Honigtau oder Wasser) vermittelt sie über Geruch und Geschmack. Die genaue Lage wird

Auf die Arbeiterinnen eines Bienenvolks kommen in den ersten 20 Tagen ihres Lebens vor allem die Aufgaben des Bauens und Sauberhaltens des Wabenstocks sowie die Einlagerung von Pollen und Nektar und die Larvenfütterung zu.

über eine besondere Tanzform, den Schwänzeltanz, mitgeteilt. Dabei gibt die Heftigkeit der Schwänzelbewegung die Entfernung, und die Tanzrichtung den Winkel der Futterquelle zum Sonnenstand wieder – da Bienen UV-Licht sehen, sehen sie die Sonne auch bei bewölktem Himmel.

Um den Stock im Winter warm zu halten, werden, mit Ausnahme des Fluglochs, alle Ritzen des Nestes mit Pflanzenharz (Propolis) verschlossen. Die Arbeiterinnen bilden um die Königin eine Traube, wobei die äußeren Bienen der Traube ruhig bleiben und als Isolationsschicht dienen, während die Bienen im Inneren durch ständige Bewegung Wärme erzeugen. Im Sommer kann durch Flügelschwirren und Verdunsten von herbeigeholtem Wasser das Nest gekühlt werden.

Staaten bildende Insekten sind als Einzelindividuen nicht mehr lebensfähig. Durch ihre Gemeinschaft haben sie ganz erstaunliche Fähigkeiten entwickeln können. So gehen nomadisch lebende Ameisenarten, wie die Wander- und Amazonenameisen, als gesamtes Volk auf die Jagd. Die Wanderameisen können so Fronten bilden, die nicht selten 14 bis 20 m breit sind. Dabei erbeuten sie neben diversem kleinen Getier sogar nestjunge Vögel, kleine Säugetiere und Schlangen. Einige Ameisen beschützen nicht nur Blattläuse, um von ihnen Honigtau zu erhalten, sie halten sie regelrecht als Haustiere: Sie lassen die Blattläuse in ihrem Nest überwintern, tragen deren Eier in ihr Nest, um sie vor Kälte zu schützen, retten vom Regen fortgespülte Larven, setzen die Läuse auf deren Lieblingspflanzen und treiben sie auf neue Pflanzen, wenn die Herde zu groß wird. Blattschneiderameisen schaffen riesige Blatt- und Pflanzenteile in ihre Nester und bereiten daraus einen speziellen Brei, auf dem sie Pilze züchten.

Termiten sind geniale Baumeister und perfekte Architekten. Ihre Bauten mit einem einzigartigen Belüftungssystem können bis zu sieben Meter hoch

"Staaten bildende Insekten können durch ihre Gemeinschaft ganz erstaunliche Fähigkeiten entwickeln. Als Einzelindividuen sind sie jedoch nicht mehr lebensfähig."

werden. Der Bau selbst besteht aus unzähligen, etwa 2,5 cm breiten Zellen, die durch enge Öffnungen miteinander verbunden sind. Durch eine architektonische „Klimaanlage" schaffen sie es, ganz ohne elektrischen Strom, im Inneren des Baus eine konstante Temperatur halten.

Die Evolutionsgeschichte zeigt deutlich, dass Staaten bildende, kommunizierende und zusammenarbeitende Arten erfolgreicher sind als konkurrierende Einzelindividuen. Durch die Kooperation wird eine Weiterentwicklung erreicht, die ein einzelnes Wesen für sich alleine nicht erreichen könnte.

Auch der Mensch hat seine permanente Weiterentwicklung nur der friedlichen Kooperation und Kommunikation zu verdanken. Das zeigt unter anderem die explosionsartige Entwicklung technischer Neuerungen während der relativ friedlichen Phase nach dem 2. Weltkrieg.

Ameisen haben sich auf unterschiedlichste Nahrungsquellen spezialisiert und entsprechend angepasst. Viele Ameisen sammeln pflanzliche Nahrung wie Samen oder Pollen, viele leben auch mit pflanzensaugenden Insekten wie Blatt- oder Schildläusen in Symbiose (großes Bild). Treiberameisen (kleines Bild oben) gehen gemeinschaftlich auf Beutejagd. Die Blattschneiderameisen (kleines Bild unten) zerteilen mit ihren Mundwerkzeugen Pflanzenblätter, um darauf Pilze zu züchten, von denen sie sich ernähren.

Entwicklung der Wirbeltiere

Die Vorfahren des Menschen

Die vielzelligen tierischen Organismen (Metazoen), die sich vor mehr als 500 Millionen Jahren zu Beginn des Kambriums entwickelten, unterschieden sich von den ersten niederen Organismen unter anderem durch die Vielzahl an unterschiedlichen Geweben. Die Zellen hatten sich spezialisiert, wie die Nervenzelle, die ein immer komplizierteres Geflecht bildete und bei den Tieren für eine besonders schnelle Höherentwicklung sorgte. So entstanden in rascher Folge viele neue Tierstämme. Einer davon hatte einen biegsamen, elastischen Rückenstab (Chorda dorsalis), also eine Vorform der Wirbelsäule. Die Wirbeltiere (Vertebraten) werden allerdings häufig nicht mehr als Wirbeltiere klassifiziert, sondern als Schädeltiere (Craniota oder Craniata), denn die Schädelbildung ist das eigentliche Schlüsselmerkmal dieser Gruppe. Zu ihr gehören die Fische, die Amphibien, die Reptilien, die Vögel und die Säugetiere.

Die ersten Schädeltiere

Evolution im Wasser

Die Wirbel- oder Schädeltiere besitzen aber nicht nur eine Schädeldecke und eine Wirbelsäule, sondern ein ganzes Skelett aus Knochen. Diese wesentliche Neuerung stellt die Entwicklungsbiologen noch heute vor ein Rätsel. Woher kamen die Knochen? Wann entstand das Skelett und aus welchen Strukturen?

Im Frühjahr 2008 fanden Forscher erstmals Hinweise auf die stammesgeschichtlichen Ursprünge von Knorpel, Knochen, Zähnen und Skelett. Ein große Bedeutung spielen demnach die sogenannten Runx-Gene (Runx 1-3), die beim Menschen Blutbildung und Skelettentwicklung steuern sowie ein Gen, das sich „Indian hedgehog-Gen" (Ihh) nennt. Diese Gene finden sich auch bei sehr ursprünglichen Chordatieren. Ihre Anzahl und Aktivität scheint dabei mit dem Grad der Höherentwicklung zu steigen. Besonders aktiv waren sie zunächst wahrscheinlich in den Hautzellen. Das heißt, der Ursprung der Knochen liegt vielleicht in der Haut, und ihr Ausbau wurde über die Ankurbelung von Runx- und Ihh-Genen eingeleitet.

Zu den ursprünglichen Chordatieren zählen die Manteltiere wie die Seescheiden, sowie die Schädellosen (Acrania) wie die Lanzettfischchen. Diese Tiere hatten noch keine Wirbelsäule und keine Extremitäten und gehören noch nicht zu den Schädeltieren. Auch hinsichtlich ihrer Organe sind sie

> **„Der Ursprung der Knochen liegt vielleicht in der Haut, und ihr Ausbau wurde über die Ankurbelung von Runx- und Ihh–Genen eingeleitet."**

Heute gibt es etwa 3.000 verschiedene Schlangenarten. Sie alle stammen von echsenartigen Vorfahren ab. Im Gegensatz zu diesen ist ihr Körper stark verlängert und ihre Extremitäten sind meist völlig zurückgebildet.

einfach strukturiert. So hat das Lanzettfischchen kein Herz und keine echte Haut. Als Herzersatz fungiert eine kontraktile Arterie, als Hautersatz ein einschichtiges Epithel. Als bislang ältestes bekanntes Chordatatier gilt Pikaia, ein Vertreter der Schädellosen und Verwandter des Lanzettfischchen. Seine fossilen Reste sind etwa 525 Millionen Jahre alt. Als direkter Vorfahre der Schädeltiere kommt es allerdings nicht infrage.

Die ersten Schädeltiere tauchten bereits im Kambrium auf. Sie gliedern sich in Kopf, Rumpf und Schwanz, wobei die einzelnen Regionen bei Fischen nicht scharf gegeneinander abgesetzt sind. Der Rumpf schließt immer eine Leibeshöhle (Coelom) ein und der Kopf ist der Orientierungspol des Körpers. Dazu ist er mit paarigen Sinnesorganen ausgestattet: Nase, Ohren und Augen sowie einem hochentwickelten zentralen Nervensystem, dem Gehirn, das durch einen knöcherne oder knorpelige Schädelkapsel gut geschützt ist. Diese Zentrierung im Kopf ist ebenfalls eine evolutive Weiterentwicklung gegenüber den übrigen Chordatieren. Die ersten Schädeltiere waren Kieferlose (Agnatha), die im Kambrium mit mehreren hundert Arten ihre Blütezeit hatten. Diese Tiere besaßen, wie der Name schon sagt, keinen Kiefer. Viele von ihnen hatten aber bereits Zähne, die dann frei im Maul saßen oder auch als zahnartige Auswüchse am Kopfpanzer austraten. Bis auf das Neunauge und den Schleimaal – der nur so heißt, aber kein Aal ist – sind sie heute ausgestorben. Kieferlose besitzen keine voll ausgebildete Wirbelsäule. Beim Schleimaal sind keine einzelnen Wirbel erkennbar, beim Neunauge treten in der Chorda zwar stabförmige Elemente auf, sie stellen aber noch keine echten Wirbel dar. Die nicht voll entwickelte Wirbelsäule der Kieferlosen hat der Gruppe auch die Umbenennung in Schädeltiere beschert.

Die Blütezeit der Kieferlosen endete mit dem Auftreten der Kiefermäuler (Gnathostomata), zu denen neben den Fischen auch die Landwirbeltiere gehören. Erst diese Tiere konnten es in der Folgezeit zu einer beachtlichen Größe bringen. Ganz gleichgül-

„Die ersten Schädeltiere waren Kieferlose (Agnatha), die im Kambrium mit mehreren hundert Arten ihre Blütezeit hatten."

tig, ob sie schwimmen, laufen oder fliegen, fast alle großen Tier auf unserem Planeten sind Wirbeltiere, während die Wirbellosen meist recht klein sind und sich im Millimeter- und Zentimeterbereich bewegen – Ausnahmen sind lediglich die Kalmare (Tintenfische), die bis zu 20 Meter lang werden können, und die Bandwürmer, die ebenfalls eine Länge von mehreren Metern erreichen können. Das kleinste Wirbeltier, mit einer Länge von weniger als einem Zentimeter, ist ein Knochenfisch namens Paedocypris progenetica aus der Familie der Karpfenfische.

Das Kennzeichen der Kiefermäuler sind gegeneinander bewegliche, die Mundöffnung umfassende Kiefer – so wie wir es von uns selbst kennen. Diese beweglichen Kiefer eröffneten den Kiefermäulern

Die Zwerggrundel galt lange Zeit als das kleinste Wirbeltier der Welt. Während die Weibchen bis zu 1,5 cm groß werden, erreichen die Männchen eine maximale Länge von 9 mm.

völlig neue Möglichkeiten: Nahrung festhalten, abbeißen und zerkleinern. Die Kiefer sind daher einer der Gründe für den außerordentlichen Erfolg der Gruppe.

Die ersten Kiefermäuler waren die heute ausgestorbenen Panzerfische, die bereits im frühen Silur auftauchten und im Devon die Meere beherrschten. Die ersten waren Süßwasserbewohner. Erst viele Millionen Jahre später besiedelten sie das Meer, was möglicherweise durch eine Genverdoppelung begünstigt wurde. Diese machte offensichtlich die Eier unempfindlich gegen Salzwasser. Der Ursprung der Fische liegt damit nicht im Meer, sondern im Süßwasser.

Kopf und Rumpf der Panzerfische waren durch Knochenplatten aus Cosmin geschützt, eine knochenähnliche Substanz, die sich in der Haut bestimmter Fischarten befindet und ein wichtiger Bestandteil der Fischschuppen ist. Panzerfische konnten bis zu zehn Meter lang werden und jagten als große Räuber der Tiefsee sogar Haifische, die sich ebenfalls gerade zu entwickeln begannen.

„Der Ursprung der Fische liegt im Süßwasser. Erst eine Genverdopplung begünstigte die Unempfindlichkeit gegen Salzwasser."

Das Maul eines Nilpferds ist beeindruckend. Es zählt zu den gößten heute noch lebenden Kiefernmäulern. Pro Kieferhälfte haben sie zwei oder drei Schneidezähne, die ihr ganzes Leben lang wachsen. Ihre Eckzähne sind hauerartig entwickelt und können bis zu 70 cm lang werden.

Die heutigen Knochenfische gelten als Verwandte der Panzerfische, wodurch sie sich auch in unsere eigene Ahnenreihe einordnen.

Im Devon tauchte eine weitere Gruppe von Kiefermäulern auf: die Knorpelfische. Deren bekannteste Vertreter sind Haie und Rochen. Sie besitzen keine Knochen, sondern ein vollständig knorpeliges Innenskelett, das jedoch durch Einlagerung von Kalk eine hohe Festigkeit erreicht. Sie benötigen auch nicht die für Knochenfische typische Schwimmblase, die den Auftrieb regelt, da das Knorpelskelett wesentlich leichter ist als ein Knochenskelett. Der Auftrieb wird bei Knorpelfischen zusätzlich durch die sehr ölhaltige Leber unterstützt, einige besitzen darüber hinaus noch besonders große Brustflossen.

Knorpel- und Knochenfische weisen zur Steuerung eine Vielzahl von Flossen auf, von denen die Brust- und Bauchflossen paarig angelegt sind. Die paarigen Flossen sind mit dem Schulter- bzw. Beckengürtel verbunden. Aus ihnen entwickelten sich bei den Landtieren die vier Extremitäten.

Knochenfische haben ein teilweise oder, bei höherentwickelten Arten, vollständig verknöchertes Skelett. Die Wirbelsäule ist mit dem Schädel verbunden, und im Rumpf tragen die Wirbel Rippen. Die meisten Knochenfische haben eine Schwimmblase, mit der sie ihr spezifisches Gewicht regulieren, sodass sie ohne Kraftanstrengung frei im Wasser schweben können.

Einige Knochenfische weichen in ihrer Gestalt allerdings gänzlich vom Grundbauplan der Fische ab. So liegen Plattfische mit einer Seite flach auf dem Untergrund. Das Auge und die Brustflosse dieser Körperhälfte wandern auf die andere Seite, und die Fische verlieren somit ihre Symmetrie. Auf diese Weise können sie sich in den Boden eingraben und fast unsichtbar machen. Plattfische kommen aber nicht in ihrer endgültigen Form auf die Welt, vielmehr legen sie sich erst im Laufe ihres Erwachsenwerdens auf die Seite und werden unsymmetrisch. Andere Extremformen sind die Kugelfische, die sich

„Die geheimnisvolle Tiefsee birgt auch heute noch viele unentdeckte Arten und sicherlich auch noch viele evolutive Überraschungen."

bei Gefahr aufpumpen können und so Angreifer abschrecken, und Fetzenfische, die durch eine Vielzahl von Körperauswüchsen ihre Konturen ganz auflösen und sich dadurch tarnen. Zusammen mit den Seepferdchen und anderen Seenadeln gehören sie zu einer der skurrilsten Fischgruppen. Die geheimnisvolle Tiefsee birgt auch heute noch viele unentdeckte Arten und sicherlich auch noch zahlreiche evolutive Überraschungen. Aus einer Untergruppe der Knochenfische, den Muskel- oder Fleischflossern, deren Flossen über den Ansatz hinaus mit Muskulatur durchsetzt sind, haben sich einst die Landwirbeltiere entwickelt. Der Begriff Knochenfische wird daher auch oft durch Knochenkiefermäuler ersetzt, zu denen dann neben den Fischen auch die Landwirbeltiere gezählt werden.

Weltweit gibt es heute etwa 500 verschiedene Haiarten, von denen etwa 70 durch übermäßige Befischung vom Aussterben bedroht sind. Genauso wie Haie (Abb. oben) gehören auch Rochen (Abb. unten) zur Klasse der Knorpelfische. Die Oberseite des Rochens passt sich farblich dem jeweiligen Untergrund an und kann von sandfarben gesprenkelt bis Schwarz jede Farbe annehmen.

Wie andere große Knorpelfische (z. B. Riesen- oder Walhaie) sind die Bestände der Mantas eher klein, denn sie wachsen langsam, werden erst spät geschlechtsreif und haben eine geringe Anzahl an Nachkommen. So werden sie zwar nicht als vom Aussterben bedroht, aber als potenziell gefährdet eingestuft, dürfen allerdings immer noch gejagt werden. Da sie küstennahe Gewässer bevorzugen, ist dies auch immer häufiger der Fall. Mantarochen gelten mit ihrer speziellen vogelartigen Schwimmmethode als Unterwasserakrobaten und lassen sich auch gerne von Tauchern beobachten. Im Gegensatz zu anderen Rochenarten sind sie für den Menschen nicht gefährlich.

Amphibien und Reptilien

Ein Chamäleon ernährt sich hauptsächlich von Insekten. Größere Exemplare fressen aber auch kleine Vögel oder Amphibien. Manche Arten nehmen als Nahrungsergänzung selbst Früchte oder Gemüse zu sich.

sprechend dieser Formen in drei große Gruppen geteilt: Froschlurche (Frösche, Kröten), Schwanzlurche (Molche, Salamander) und Schleichenlurche oder Blindwühle. Diese dritte, wenig bekannte Gruppe hat keine Gliedmaßen, wodurch kleine Exemplare sehr viel Ähnlichkeit mit Regenwürmern, große mit Schlangen haben.

Amphibien

Als die Amphibien das Land eroberten, waren Gliedertiere und ein 2,5 Meter langer Hundertfüßer die gefürchtetsten Jäger. Doch schon bald übertrafen die Amphibien die Gliedertiere an Größe. So konnte Mastodonsaurus bis zu sechs Meter lang werden. Er gehörte zu einer ausgestorbenen Gruppe von Urlurchen: den Panzerlurchen oder Dachschädlerlurchen. Diese Begriffe gelten zwar als veraltet, werden aber außerhalb der Fachliteratur immer noch verwendet. Daneben werden sie auch als Labyrinthodontia bezeichnet – wegen der labyrinthartig gefalteten Schmelzschicht der Zähne. Die heute lebenden Amphibien stammen nicht von Panzerlurchen ab, wohl aber die ausgestorbenen Anthracosaurier mit Diplovertebron. Und diese gelten wiederum als Brückentiere zwischen Amphibien und Reptilien. Diplovertebron hatte ein krokodilähnliches Aussehen und lebte als gefürchteter Räuber in Flüssen und Seen.

Reptilien

Die ersten Reptilien tauchten vor rund 300 Millionen Jahren im frühen Perm auf. Sie haben einen Schwanz, manche haben ihre Beine zurückgebildet (Blindschleichen, Schlangen), und einige von ihnen sind lebend gebärend. Ein Larvenstadium wie bei den Amphibien gibt es bei ihnen nicht mehr.
Der erste Fossilienfund eines echten Reptils stammt von Hylonomus. Wie alle späteren Reptilien besaß auch er eine wasserundurchlässige Haut mit Schuppen. Er hatte eine eidechsenartige Gestalt

Die Evolution an Land

Amphibien oder Lurche sind die stammesgeschichtlich älteste Gruppe der Landwirbeltiere und haben sich aus, möglicherweise schon unter Wasser herumlaufenden, vierfüßigen Muskelflossern entwickelt. Landwirbeltiere haben vier Gliedmaßen (Tetrapoden) und atmen durch Lungen. Nur die Lurche sind in ihren Jugendstadien noch Kiemenatmer. Die Lurche brachten es an Land recht schnell zu einer großen Formenvielfalt. Heute werden sie ent-

„Als die Amphibien das Land eroberten, waren Gliedertiere und ein 2,5 Meter langer Hundertfüßer die gefürchtetsten Jäger."

„Die Körpertemperatur von Reptilien ist nicht konstant, sondern passt sich der Umgebungstemperatur an."

und war insgesamt kräftiger als die Amphibien. Außerdem legte er keine Fischeier mehr, wie die Amphibien, sondern Eier, die mit Schutzhüllen versehen waren und so ein Austrocknen verhinderten. Damit war er bei der Fortpflanzung nicht mehr ans Wasser gebunden. Der Embryo schwimmt in solchen Eiern in Fruchtwasser und wird von einem Dottersack ernährt. So konnten sich die ersten Reptilien am Ende des Karbons vom Wasser wegbewegen und weite Teile der Erde besiedeln, die den Amphibien verschlossen blieben. Reptilien prägten mit ihrer Formenvielfalt in der Folgezeit das tierische Leben an Land.

Reptilien sind – wie die meisten Fische, Amphibien, Insekten und andere wirbellose Tiere – wechselwarm. D. h., die Körpertemperatur ist nicht konstant, sondern passt sich der Umgebungstemperatur an. Bei Kälte sind die Tiere dann weniger aktiv und können sich schlechter bewegen. Um sich aufzuwärmen legen sie sich deshalb gerne in die pralle Sonne, vor allem, bevor sie auf Nahrungssuche gehen. Denn bei einem Beutefang müssen sie blitzschnell reagieren, was ein ausgekühltes Reptil eben nicht kann.

Im Unterschied zu den späteren Reptilien hatte Hylonomus noch einen geschlossenen Schädel. Bei den nachfolgenden Reptilien werden Anzahl und Lage von seitlichen Schädelöffnungen für die Einteilung in verschiedene Klassen genutzt: Schildkröten, Rhynchocephalia (Sphenodontia), zu denen die Brückenechsen gehören, Schuppenkriechtiere, welche die größte Klasse bilden und Archosauria, von denen nur noch die Krokodile leben.

Schildkröten besitzen einen im Tierreich einzigartigen Rücken- (Carapax) und Brustpanzer (Plastron). Dieser Panzer besteht in der untersten Schicht aus massiven Knochenplatten (Haut- oder Dermalknochen), die sich entwicklungsgeschichtlich aus der Verschmelzung von Wirbelsäule, Rippen, Schulter- und Beckengürtel gebildet haben. Ein solch starrer Knochenpanzer bietet einen großen Schutz, erfordert andererseits aber auch eine Anpassung der Atmung, die durch eine Bewegung der Extremitäten unterstützt wird. Schildkröten

gehören zu den frühen Reptilien und besitzen keine Schädelöffnungen (Anapsida). Schuppenkriechtiere haben etwa 8.000 Arten – mehr, als die ganze Säugetiergruppe zusammen – und stellen etwa 96 % aller lebenden Reptilien. Zu den Schuppentieren gehören unter anderem Leguane, Chamäleons, Eidechsen und Schlangen. Sie haben zwei Schädelfenster (Diapsida).

Eine heute bereits ausgestorbene Gruppe waren die Therapsiden. Sie besaßen nur ein Schädelfenster und hatten ihre Blütezeit im Perm. Therapside hatten ein säugetierähnliches Aussehen und gelten auch als deren Vorfahren.

Krokodile bilden heute eine eigene Gruppe. Sie haben einen sogenannten triapsiden Schädel, das heißt, drei Schädelfenster. Dieses Merkmal teilen Krokodile mit den Sauriern, weshalb sie mit ihnen zur großen Gruppe der Archosauria (Herrscherreptilien) gehören. Damit sind die Krokodile die engsten noch lebenden Verwandten der größten Landwirbeltiere, die jemals die Erde bevölkert haben: Die Dinosaurier („schreckliche Echsen").

Schildkröten gibt es seit über 250 Millionen Jahren – damit sind sie älter als die Dinosaurier, die sich erst später entwickelten. Der Panzer der Schildkröte dient vor allem ihrem Schutz. Er besteht aus Bauch- und Rückenpanzer.

Dieser grafisch visualisierte Utahraptor lebte wahrscheinlich vor 132 Millionen Jahren bis 100 Millionen Jahren in der Unteren Kreide und gehört mit dem Velociraptor zusammen zur systematischen Gruppe der Dromaeo-saurier. Seine krallenbewehrten Gliedmaßen, besonders aber eine etwa 25 cm große Kral-le auf der zweiten Zehe sowie die Tatsache, dass der Utahraptor zu den intelligenten Dinosauriern zählte und im Rudel zu jagen vermochte, erlaubten ihm wesentlich größe-re Tiere zu erlegen als er selbst.

Dinosaurier

Erfolgreich und nicht ganz ausgestorben?

Viele der im Erdaltertum lebenden Amphibien und Reptilien sind mit dem großen Massensterben am Ende des Perm verschwunden. Mit diesem globalen Aussterben ging auch das Erdaltertum, das Paläozoikum, zu Ende. Ihm folgte das Erdmittelalter (Mesozoikum), das vor etwa 250 Millionen Jahren mit dem Trias begann und vor etwa 65 Millionen Jahren mit der Kreidezeit endete. Das Mesozoikum ist das Zeitalter der Dinosaurier, deren erste Vertreter dieser späteren Giganten im mittleren Trias auftauchten. Sie dominierten schon bald alle Tiergruppen durch ihre Vielfalt und Größe, bis sie ebenfalls im Rahmen eines großen Massensterbens ausstarben. Nie zuvor, und auch nie wieder danach, hatte es Landlebewesen von solch gigantischer Größe gegeben. Die Evolution der Dinosaurier wurde sowohl durch eine veränderte Vegetation, als auch die Lage der Kontinente beeinflusst. So war die gesamte Landmasse bis zum Jura in einem einzigen Superkontinent vereint: dem Pangaea. Danach zerfiel er wieder – zunächst in die zwei Teile Laurasia und Gondwana, in der späten Kreidezeit dann in die uns heute bekannten Kontinente. Zunächst aber konnten sich die Landlebewesen und mit ihnen die Dinosaurier, über eine langen Zeitraum ungehindert über die gesamte Landmasse verbreiten. Die Temperaturen waren eher hoch, es gab kaum wechselnde Jahreszeiten und die Polkappen waren noch nicht mit Eis bedeckt. Das Land war von riesigen Farnen, Moosen und palmenähnlichen Pflanzen bedeckt. In dieser Zeit nahmen auch die Reptilien beachtliche Größen an. Einige von ihnen gingen ins Meer zurück, wie Ichthyosaurus oder Pleisaurus, und brachten auch dort Riesen wie den Elasmosaurus hervor, der bis zu 14 Meter lang wurde. Andere Reptilien erhoben sich in die Lüfte, die Pterosaurier, von denen es Quetzalcotlus auf eine Flügelspannweite von bis zu 13 Metern brachte. Flugsaurier konnten wie die Vögel ihre Flügel auf- und niederschlagen. Die Forscher nehmen an, dass sie geschickte, aber langsame Flie-

> **„Nie zuvor und auch nie wieder danach hatte es Landlebewesen von solch gigantischer Größe gegeben."**

ger waren. Flugsaurier hatten zwar ein leicht gebautes Skelett, viele Knochen waren sogar hohl, aber sie hatten keine Federn, sondern eine Flügelhaut, die seitlich am Hinterleib saß.

Flugsaurier und Meeressaurier gehörten zur großen Gruppe der Archosauria, waren jedoch – entgegen der landläufigen Meinung – keine Dinosaurier. Zu ihnen gehören nur landlebende Formen. Dinosaurier unterschieden sich von den übrigen Reptilien vor allem durch ihre Beinstellung. Bei den meisten Reptilien stehen die Beine seitlich vom Körper ab, sodass sie im sogenanten Spreizgang gehen müs-

Dinosaurier wie der Triceratops (Bild oben) gelten als die größten Landtiere, die jemals auf der Erde existierten. Es gab noch andere Sauriergruppen, wie z. B. die Flugsaurier und die Meeressaurier (Bild unten), die im Wasser gelebt haben. Die engsten heute noch lebenden Verwandten der Dinosaurier sind die Krokodile (großes Bild). Als ihre direkten Nachfahren gelten die Vögel.

sen. Bei den Dinosauriern saßen die Beine direkt unterhalb vom Körper wie bei den Säugetieren. Durch diesen Körperbau konnten sie die enormen Größen hervorbringen, sehr große Schritte machen und sogar schnell laufen. Ein wichtiger Vorteil gegenüber anderen Reptilienarten, weshalb die Dinosaurier zur damaligen Zeit wohl auch die erfolgreichste Reptiliengruppe waren. Zu den größten Landtieren gehören die Pflanzenfresser Argentinosaurus und Seismosaurus mit einer Länge von mehr als 40 Meter und der größte Fleischfresser ist nicht mehr Tyrannosaurus, sondern, zumindest bis wieder ein größerer gefunden wird, Carcharodontosaurus („Haizahn-Echse") mit sechs Metern Höhe und 15 Metern Länge. Es gab aber auch sehr kleine Dinosaurier: Compsognathus beispielsweise wurde nur 70 Zentimeter groß.

Dinosaurier bauten Nester und legten Eier, die sie von der Sonne oder der Erdwärme ausbrüten lie-

ßen, ähnlich wie die uns bekannten Reptilien. Viele überließen ihre Gelege sich selbst, doch manche Arten gingen auch sehr fürsorglich mit ihren Eiern um. Sogar Brutpflege der Jungen scheint es gegeben zu haben, denn nach heutigen Erkenntnissen waren beispielsweise die Maiasaura Nesthocker, was eine äußerst aktive Brutpflege der Elterntiere voraussetzt. Dies ist eine Verhaltensweise, die sonst nur Vögel und Säugetiere zeigen. Und viele Dinosauriergruppen waren möglicherweise nicht wechselwarm, sondern „warmblütig" (homoiotherm), auch dies ist ein Merkmal, das sonst nur bei Vögeln und Säugetieren vorkommt.

Die Dinosaurier werden in zwei große Gruppen unterteilt: die Vogelbeckensaurier (Ornithischia), deren Beckenknochen ähnlich denen der heutigen Vögel angeordnet sind, sowie die Echsenbeckensaurier (Saurischia), deren Beckenknochen ähnlich wie bei anderen Reptilien strukturiert sind. Zu den Saurischia gehörten die Therapoden, Dinosaurier, die auf zwei Beinen liefen und die großen und kleinen Fleischfresser stellten. Einige der Therapoden waren sogar gefiedert. Bei diesen Therapoden – und nicht etwa bei den Ornithischia – liegt der Ursprung der heutigen Vögel.

Die Evolution in der Luft

Die Vögel (Aves) gelten als direkte Nachkommen der Dinosaurier. Systematisch gesehen, gehören sie zu den Therapoden und sind nach dieser Klassifikation die einzige überlebende Gruppe der Dinosaurier.

Als Vögel werden geflügelte, meist flugfähige Wirbeltiere mit einem Schnabel bezeichnet. Ihre Urahnen waren nicht die Flugsaurier, sondern kleine Raubdinosaurier, die nach heutigen Erkenntnissen Bodenläufer waren. Dennoch gibt es Forscher, die der Überzeugung sind, dass die Urahnen Baumläufer bzw. Baumspringer gewesen sein müssen, da sich aus dieser Lebensweise das Fliegen entwickelt haben soll. Bis heute sind jedoch keine baumlebenden Raubdinosaurier bekannt.

Als bekanntester Urvogel gilt nach wie vor Archaeopteryx, der vor etwa 150 Millionen Jahren im Jura gelebt hat. Er zeigt eine deutliche Verwandtschaft mit Reptilien: Er besaß zwar Federn und einen Schnabel, doch anders als bei den heutigen Vögeln war dieser mit kleinen spitzen Zähnen bestückt. An

Der Eoraptor lunensis ist einer der ältesten bekannten Dinosaurier. Für das Verständnis der frühen Evolution dieser Tiere spielt er eine besondere Rolle. Knochenfunde des Eoraptor bestätigen die These, dass sich Dinosaurier aus zweibeinigen Reptilien entwickelt haben.

den Flügeln hatte er drei Krallen bewehrte Finger. Im Gegensatz zu den heutigen Vögeln besaß er noch kein vergrößertes Brustbein, an dem die Flugmuskeln der heutigen Vögel ansetzen. Daher konnte der Archaeopteryx wohl nur kurze Strecken fliegen oder gleiten. Außerdem hatte er eine lange Schwanzwirbelsäule mit schweren Wirbeln. Damit dürfte es ihm kaum möglich gewesen sein, vom Boden aus in die Lüfte zu starten. Vielmehr wird angenommen, dass er auf Bäume kletterte und von dort aus im Kurzflug auf Insektenjagd ging.

Als vogeltypische Merkmale werden die modern anmutenden asymmetrischen Schwungfedern gewertet, die zu einem Gabelbein verschmolzenen Schlüsselbeine, sowie die rückwärts oder seitlich-rückwärts orientierte erste Zehe (Hallux) des Fußes (anisodactyler Vogelfuß). Die anisodactyle Zehenanordnung ist die bei Vögeln häufigste Zehenanordnung und etwa bei den Singvögeln zu finden. Bei dieser Anordnung zeigt die erste Zehe nach hinten, die übrigen drei zeigen nach vorn. Dies ermöglicht es den Vögeln, mit ihrem Fuß zu greifen und einen Zweig zu umklammern. Anderseits hatte Archaeopteryx lange, kräftige Beine und war vermutlich ein guter Bodenläufer.

Archaeopteryx ähnelt in vielerlei Hinsicht den vogelähnlichen Therapoden, die in jüngerer Zeit gefunden wurden. So soll Microraptor ebenfalls ansatzweise über eine Befiederung verfügt haben und womöglich zu kurzen Gleitflügen fähig gewesen sein. Mittlerweile wurde eine ganze Reihe vogelähnlicher Fossilien gefunden, die aber von gefiederten Dinosauriern stammen. Diese Saurier besaßen schon echte Federn, doch sie waren im Unterschied zu den Federn flugfähiger Vögel symmetrisch.

Die Federn haben sich, wie auch das Haarkleid der Säugetiere, in einer eigenständigen Entwicklung aus der Haut gebildet. Diese vermutlich über mehrere Schritte erfolgte Entwicklung hat offensichtlich bei den Therapoden begonnen. Bei den Vögeln wurde wahrscheinlich nur der letzte Schritt, die Asymmetrie, vollzogen. Eine asymmetrische Feder besitzt eine Außen- und eine Innenfahne, was aus

„Als bekanntester Urvogel gilt der Archaeopteryx, der vor etwa 150 Millionen Jahren im Jura gelebt hat."

aerodynamischen Gründen für die Flugfähigkeit entscheidend ist: Nur asymmetrische Federn können Auftrieb erzeugen. Das Federkleid der Vögel dient ihnen aber nicht nur zum Fliegen, es schützt auch vor Wasser und Kälte. Die Gefiederfärbung kann dem Vogel als Tarnung dienen, aber auch zur visuellen Kommunikation.

Auf dem Weg vom Reptil zum echten Vogel waren aber noch mehr Änderungen nötig: Vögel sind wie die Säugetiere gleichwarm. Bei Vögeln besteht das Herz wie bei den Säugetieren aus zwei getrennten Vorhöfen (Atrien) und zwei Hauptkammern (Ventrikeln), sodass Lungen- und Körperkreislauf vollständig voneinander getrennt sind und damit eine Trennung von sauerstoffreichem und sauerstoffar-

Wie Dinosaurier, so werden auch Flugsaurier der Gruppe der Reptilien zugeordnet. Dank ihrer tragflächenartigen Flughäute waren sie in der Lage zu fliegen. Sie gelten als die ersten fliegenden Wirbeltiere überhaupt.

Mit einer Länge von bis zu
110 cm sind Ibisse verhältnis-
mäßig große Vögel (Bild oben).
Ihr typischer Lebensraum sind
die Ufer von Seen oder Flüssen.
Auch Kormorane (Bild unten)
sind Wasservogel, die vorwiegend in Küstennähe leben.

"Die Federn haben sich, wie auch
das Haarkleid der Säugetiere, in einer
eigenständigen Entwicklung aus der
Haut gebildet."

gleichen Zeit einen sehr viel größeren Gasaustausch als die Lungen der übrigen Wirbeltiere. Neben seiner Funktion als „Atmungsmotor" ist das Blasebalgsystem übrigens noch an der Stimmbildung beteiligt.

Als Anpassung an das Fliegen ist das Vogelskelett sehr leicht gebaut. Zur Gewichtsreduzierung besitzt es hohle (pneumatisierte) Knochen, sodass der Anteil der Knochenmasse nur acht bis neun Prozent der Gesamtmasse des Vogels ausmacht. Das Skelett ist aber nicht nur aufgrund der hohlen Knochen so leicht, sondern auch, weil ihr Körper stark verkürzt ist und sie daher weniger Knochen als andere Wirbeltiere besitzen. Die heutigen Vögel haben den Reptilienschwanz verloren, Schädel und Schnabel sind ebenfalls sehr leicht gebaut und auch die Zähne sind verloren gegangen. Am Brustbein dient ein vorspringender Kiel als Ansatz für die sehr großen Flugmuskeln.

Mit den Reptilien gemein haben Vögel die Kloake, einen gemeinsamen Körperausgang für Geschlechtsorgane, Harnleiter und Darm. Außerdem legen sie wie Reptilien Eier, eine Lebendgeburt wie bei diesen kommt aber nicht vor. Vermutlich würde eine längere Tragzeit die Flugfähigkeit beeinträchtigen.

Vögel haben es beim Fliegen zu einer großen Perfektion gebracht und verschiedene Flugstile entwickelt. Am weitesten verbreitet ist der sogenannte Ruderflug, bei dem sich die Vögel aus eigener Muskelkraft fortbewegen. Um Kräfte zu sparen, legen manche Arten zwischendurch immer wieder mehr oder minder kurze Segelflug- oder Gleitflugphasen ein. Beim Segelflug nutzen die Vögel Aufwinde, um ohne aktive Flügelschläge in große Höhen emporzusteigen. Vor allem Raubvögel verwenden diese Flugtechnik häufig. Beim Gleitflug bewegen sich die Tiere mithilfe des Windes fort und sparen dabei sehr viel Energie. Diese Technik wird vor allem von den Zugvögeln bei Langstreckenflügen eingesetzt. Zugvögel beherrschen auch den sogenannten Formationsflug. So sind Wild-

mem Blut besteht. Bei Reptilien findet dagegen eine Vermischung von sauerstoffreichem und sauerstoffarmem Blut im Herzen statt, weil nur eine oder zwei unvollständig getrennte Herzkammern vorliegen. Dieser Schritt wurde allerdings womöglich schon bei den Dinosauriern vollzogen. Zumindest deutet der Fund eines versteinerten Herzens darauf hin, dass auch einige Dinosaurier bereits ein gleichwarmes Kreislaufsystem besaßen.

Da das Fliegen sehr kraftintensiv ist, ist das Herz der Vögel im Verhältnis zum gesamten Körper weitaus größer als das von Reptilien. Entsprechend ist auch die Lunge der Vögel komplizierter gebaut als die aller anderen Wirbeltiere. Sie ist mit dünnwandigen Ausstülpungen, Luftsäcken, ausgestattet, die wie Blasebälge die Luft durch die Lunge führen, sodass ständig frische Atemluft in einer Richtung durch die Lunge strömt. Die verbrauchte Luft gelangt bei der Ausatmung dann direkt in die Luftröhre, wird also nicht noch einmal durch die Lunge geleitet. Dadurch bewältigt die Vogellunge in der gänse und Kraniche dafür berühmt, in V- oder 1-Formationen am Himmel zu fliegen. Solche Flugreisen in einer V-Formation sind für schwere und große Vögel kraftsparender als Alleinflüge. Nur der jeweils erste muss sehr viel Kraft im Ruderflug aufwenden, die anderen können in den durch seinen Flügelschlag verursachten Luftverwirbelungen streckenweise gleiten und Kraft sparen. Daher lässt sich der erste Vogel auch nach einiger Zeit wieder an das „energiesparende" Ende der Formation zurückfallen.

Vögel in unwirtlicher Umgebung wie der Eissturmvogel beherrschen den artistischen Vogelflug. Das sind waghalsige Ausweichmanöver wie z. B. Rumpfrollen, die sie anwenden, um vom Wind nicht gegen die Klippen geschleudert zu werden. Weiterhin gibt es den Balzflug, der von Männchen während der Balz eingesetzt wird. Er dient weniger der Fortbewegung als vielmehr dem Imponieren beim auserwählten Weibchen. Dabei vollführen die Vogelmännchen je nach Art sehr skurrile bis spektakuläre Flugmanöver.

Ein beeindruckender Flug ganz anderer Art ist der Unterwasserflug, den die Pinguine wie kaum eine andere Vogelart beherrschen. Dabei erzeugen sie mit ihren kurzen, schmalen, mit kleinen, harten Federn bedeckten Flügeln durch kraftvolles Schlagen unter Wasser eine höhere Beschleunigung, als die einer durchschnittlichen Schiffsschraube.

So konnten sich die Vögel über die ganze Erde verteilen und sind auf allen Kontinenten und Inseln, in scheinbar unbelebten Wüsten ebenso wie in der Antarktis, in Urwäldern, Sümpfen, Felsküsten, Wäldern, Feldern und in den Städten zu finden. Mit ungefähr 9.800 Arten sind sie artenreicher als Säugetiere. Ihre Flugfähigkeit ist dabei ein großer Teil ihres Erfolges.

„Nicht zuletzt durch ihre Flugfähigkeit konnten sich die Vögel über die ganze Erde verteilen und sind auf allen Kontinenten und Inseln zu finden."

Zu Beginn des Tertiär bildete sich in relativ kurzer Zeit eine Vielzahl neuer Vogelarten, die Vorfahren unserer heutigen Vögel. Derzeit gibt es weltweit etwa 9.800 bekannte Arten.

Evolution der Säugetiere

Die Schritte auf dem Weg zum Menschen

Als Säugetiere (Mammalia) bezeichnet man Tiere, die ihre Jungen mit Milch säugen. Der Begriff Mammalia wird vom lateinischen Mamma abgeleitet, was übersetzt Brust, Euter, Zitze heißt. Säuger haben drei Gehörknöchelchen Hammer, Amboss und Steigbügel, atmen mit einem Zwerchfell und besitzen unter anderem ein Fellkleid – was im Laufe der Zeit auch wieder zurückgehen kann wie bei Walen und Menschen. Ein Geheimnis ihres Erfolges ist ihre gleichmäßige Körpertemperatur, die eine permanente Aktivität erlaubt. Doch warum bestimmen die etwa 5.500 Säugetierarten das Geschehen auf der Erde eher als die knapp 10.000 Vogelarten, die auch eine gleichwarme Körpertemperatur haben? Diese Dominanz verdanken Säugetiere vor allem der Entwicklung ihres Gehirns und damit vieler intelligenter Arten. Die vergleichsweise hohe Anzahl an Nervenzellen ermöglicht ihnen eine verbesserte Wahrnehmung ihrer Umwelt und deren gezielte Auswertung.

Urtümliche Mammalia

Noch Saurier, aber auch schon Säugetiere

Der Erfolg der Säugetiere zeigt einmal mehr, dass nicht der jeweils Stärkste sich durchsetzt, sondern vor allem der Kluge und Geschickte einen evolutiven Vorteil hat.

Säugetiere gab es schon, bevor die ersten Vögel auf der Erde auftauchten. Sie lebten im Erdmittelalter, dem Mesozoikum, lange im Schatten der Dinosaurier. Die ersten Säugetierspuren finden sich bereits vor etwa 195 Millionen Jahren. Doch 160 Millionen Jahre hatten Dinosaurier die Erde beherrscht und die Evolution der anderen Arten „blockiert". Neben den Reptiliengiganten konnten nur kleine, scheue und nachtaktive Tiere bestehen. Die Blütezeit der Säugetiere begann mit dem Aussterben der Dinosaurier am Ende des Mesozoikums vor etwa 65 Millionen Jahren.

Es gibt Hinweise darauf, dass am Ende des Mesozoikums ein Meteorit nahe der Yucatánhalbinsel in Mexiko einschlug. Dieser Einschlag wird für das Aussterben von 50 % aller damaligen Tier- und Pflanzenarten verantwortlich gemacht – darunter alle Flug- und Dinosaurier sowie die meisten Meeresreptilien und Vögel. Ein neues Zeitalter, das Känozoikum (veraltet Neozoikum) begann. Diese Neuzeit umfasst auch die geologische Entwicklung der anderen Kontinente mit der Auffaltung der Alpen und des Himalajagebirges sowie die Entwicklung der heutigen Tier- und Pflanzenwelt.

„Der Erfolg der Säugetiere zeigt, dass nicht jeweils der Stärkste, sondern vor allem der Kluge und Geschickte einen evolutiven Vorteil hat."

Kaltzeiten sind gekennzeichnet durch massive Vorstöße von Gletschern. Diese ziehen sich jedoch in Warmzeiten immer wieder zurück: Seit ca. einer Million Jahren lösen sich Eiszeiten und Warmzeiten auf der Erde immer wieder ab und prägen das Klima entscheidend, das sich dadurch teilweise abrupt ändert.

Während das Klima zu Beginn des Känozoikums, unseres gegenwärtigen Zeitalters, noch heiß war, begann vor etwa 2,8 bis 2,6 Millionen Jahren das jüngste Eiszeitalter mit der Vereisung der Pole. Ein Eiszeitalter ist durch deutliche, relativ kurzfristige Klimaschwankungen mit Kaltzeiten (Eiszeiten, Glaziale) und Warmzeiten (Interglaziale) gekennzeichnet. Seit etwa einer Million Jahren ist das Klima unserer Erde starken kurzfristigen Schwankungen zwischen Glazialen und Interglazialen unterworfen.

Die ersten Säugetiere entwickelten sich aus den im Perm und frühen Mesozoikum lebenden Therapsiden. Diese bildeten eine Reptiliengruppe, die sich neben den Diapsiden mit Archosauria (Dinosaurier, heutige Reptilien) aus den Urreptilien entwickelte und heute ausgestorben ist. Die Exemplare dieser Gruppe hatten nagetier- bis hundeartige Formen, manche waren groß wie ein Flusspferd. Unter ihnen gab es Pflanzenfresser, Fleischfresser und Allesfresser. Therapside hatten bereits säugetierähnliche Merkmale, wie z. B. ein heterodontes Gebiss, das heißt, sie hatten verschieden gestaltete Zähne wie ausgeprägte Schneidezähne, Eck- und Backenzähne. Die Backenzähne wiesen zudem mehrere Höcker auf. Damit konnten bereits die Therapsiden ihre Nahrung besonders gründlich zerkleinern, wodurch sie vom Organismus viel effektiver in Energie umgesetzt wurde. Therapsiden hatten etwa auf Höhe des Rumpfes senkrecht ausgerichtete Beine, ein Merkmal, das unter den Reptilien sonst nur bei Dinosauriern vorkam und auch die späteren Säugetiere kennzeichnet.

Eine besonders hoch entwickelte Therapsiden-Gruppe, die Cynodontia, hatte einige zusätzliche Säugetiermerkmale. Sie besaßen beispielsweise neben dem für Reptilien typischen primären Kiefergelenk ein zweites, sekundäres Kiefergelenk. Dies ist typisch für Säugetiere, bei denen das primäre Kiefergelenk zu den Gehörknöchelchen wird. Säugetiere haben als Warmblüter eine hohe Stoffwechselrate. Dafür benötigen die heute lebenden Arten etwa zehnmal soviel Nahrung und Sauerstoff

„Die ersten Säugetiere entwickelten sich aus den im Perm und frühen Mesozoikum lebenden Therapsiden."

wie vergleichbar große Reptilien. Nur durch diesen erhöhten Stoffumsatz können sie die hohe, von der Außentemperatur weitgehend unabhängige Körpertemperatur aufrecht erhalten.

Der Vorteil der Warmblütigkeit liegt auf der Hand: Die Tiere können ihre Aktivitäten unabhängig von der Außentemperatur entfalten. Die höhere Stoffwechselrate konnte aber nur durch verschiedene anatomische Veränderungen erreicht werden. Die eine Veränderung war das verbesserte Gebiss, das eine höhere Energieeffizienz durch gründlicheres Kauen erlaubte. Doch ein solches Gebiss würde einem gewöhnlichen Reptil gar nichts nützen, da ihm ein gründliches Kauen gar nicht möglich wäre. Bei Reptilien sind Atmungs- und Nahrungswege

Die Säugetiere sind als Warmblüter darauf angewiesen, viel Nahrung zu sich zu nehmen. Das dafür nötige Säugergebiss besteht in der Grundform aus 44 Schneide-, Eck- und Backenzähnen, die jedoch in ihrer Ausbildung unterschiedlich sind: Je nach Typ handelt es sich dabei um ein Pflanzen-, Fleisch- oder Allesfressergebiss. Hier das typische Raubtiergebiss eines fleischfressenden Säugers (Bild oben), wie es auch die Namibische Löwin (Bild unten) besitzt.

„Die Frage, wer nun wirklich das erste Säugetier war, ist also tatsächlich eine Frage der Definition."

Das Gebiss des vor ca. 245 Millionen Jahren lebenden Säugetiervorfahren Cynognathus hatte Ähnlichkeit mit dem hier oben abgebildeten prähistorischen Gebiss einer Hyäne. Man erkennt deutlich die Verwandtschaft zum Gebiß eines heute lebenden Wolfes.

nicht getrennt, weshalb sie ihre Nahrung auf jeden Fall rasch verschlucken müssen, da sie mit gefülltem Mundraum nicht atmen können. So mussten sich auf dem Weg zum Säugetier auch diese beiden Funktionen trennen. Bei den heutigen Säugetieren sorgt der sogenannte sekundäre Gaumen für diese Trennung. Die Mehrzahl dieser typischen Säugermerkmale entstanden im Schädel der fleischfressenden (carnivoren) Cynodontiern. Solche besonders säugerähnlichen Cynodontiere oder Mammalia-Arten waren unter anderem Morganucodon und Megazostrodon, kleine spitzmaulähnliche Tiere sowie das Thrinaxodon, das aufgrund seines Felles und der Schnurrhaare an einen Hund erinnert. Das Tier besaß vermutlich sogar schon ein Zwerchfell, das ein schnelles Aus- und Einatmen ermöglichte und so die Regelung der Körpertemperatur vereinfachte.

Außerdem besaß Thrinaxodon ein sekundäres Munddach, wodurch es gleichzeitig atmen und kauen konnte. Es wird manchmal auch als Brückentier zwischen Reptilien und Säugern angesehen. Der Begriff Mammaliaformes drückt bereits die Schwierigkeit der Zuordnung aus, denn manche Forscher betrachten diese Tiere bereits als eine Art Ursäugetiere oder auch als „Säugetiere im weitesten Sinne".

Auch der vor etwa 245 Millionen Jahren lebende Cynognathus („Hundekiefer") wird als Bindeglied zwischen den Therapsiden und Säugetieren angesehen. Er war ein Fleischfresser und wurde bis zu zwei Meter lang. Möglicherweise trug dieses eierlegende Tier bereits ein Fell, hatte einen echsenähnlichen Körper und einen Schwanz. Das Gebiss war, wie das der heutigen Säugetiere, in Schneide-, Eck- und Backenzähne differenziert.

Für andere Forscher gilt das 2001 in China gefundene Hadrocodium wui als das erste Säugetier. Hadrocodium wui war ein winziges, vermutlich nur zwei Gramm schweres Tier, das aber bereits ein sekundäres Kiefergelenk, drei Gehörknöchelchen und ein vergrößertes Gehirn besaß. Unterschiede zu den Säugern gab es noch im Bau der Zähne und des Unterkiefers, doch meist wird es als Schwesterlinie der eigentlichen Säugetiere im engeren Sinne betrachtet. Die Frage, wer nun wirklich das erste Säugetier war, ist also tatsächlich eine Frage der Definition. Da sich die Evolutionsbiologen aber über die Definition nicht einigen können, herrscht eine gewisse Unübersichtlichkeit.

Die Ursäuger

Zu den Säugetieren im engeren Sinne zählen die Ursäuger Schnabeligel und Schnabeltier. Beide haben neben den typischen Säugermerkmalen (Fell, Säugen der Jungen und bestimmte anatomische Details) noch einige reptilienähnliche Merkmale. So bringen sie keinen lebenden Nachwuchs zur Welt, sondern legen Eier und besitzen eine Kloake, eine gemeinsame Öffnung für Geschlechtsorgane, Harnleiter und Darm, weshalb sie auch als Kloakentiere bezeichnet werden. Sie sind warmblütig, ihre Körpertemperatur liegt mit 30 bis 32° C allerdings deutlich unter der anderer Säuger. Außerdem sind ihre Fähigkeiten zur Thermoregulation eingeschränkter als bei anderen Säugetieren. Die Stellung ihrer Gliedmaßen bedingt eine reptilienartige Fortbewegung, weil sowohl Oberarm als auch Oberschenkel nahezu parallel zum Boden gehalten werden. Ein schnelles Laufen ist ihnen dennoch möglich, da ihr Bauch nicht am Boden schleift.

Die Ursäuger weisen einige ganz eigene Merkmale auf. So haben sie zwar wie die meisten Säugetiere sieben Halswirbel, im Gegensatz zu diesen aber auch noch Halsrippen. Ihre Schnauze ist mit einer lederartigen Hülle umgeben und erinnert dadurch an einen Vogelschnabel. Weibliche Kloakentiere haben paarig angelegte Eierstöcke, beim Schnabeltier ist allerdings wie bei den Vögeln nur der linke Eierstock funktional, und auch das Chromosomensystem hat offensichtlich manche Ähnlichkeit mit dem der Vögel.

Männliche Tiere besitzen eine Giftdrüse in den Oberschenkeln der Hinterbeine, die über einen Röhrenkanal mit einem Stachel an den Innenseiten der Hinterfußgelenke verbunden ist. Bei den Ameisenigeln ist dieser Giftapparat nicht funktionstüchtig, und weibliche Kloakentiere verlieren diesen Sporn bereits im ersten Lebensjahr. Die Funktion des Giftsporns ist unklar, möglicherweise spielt er eine Rolle bei Auseinandersetzungen zwischen rivalisierenden Männchen in der Paarungszeit.

„Zu den Säugetieren zählen auch die Ursäuger Schnabeligel und Schnabeltier. Beide haben Säugermerkmale und reptilienähnliche Merkmale."

Die Weibchen besitzen zwar wie alle Säugetiere Milchdrüsen, ihnen fehlen jedoch die Zitzen und die Milch wird einfach über zahlreiche Öffnungen auf das Milchdrüsenfeld (Areola) des Bauches abgesondert. Bei den Ameisenigeln bildet sich während der Tragzeit zudem noch ein Brutbeutel (Incubatorium) am Bauch, in dem die gelegten Eier bebrütet werden und die Jungtiere nach ihrer Geburt Unterschlupf finden. Dieser Brutbeutel

Das Reptilienmerkmal des Ameisenigels und des Schnabeltieres ist die Eiablage. Das Weibchen des Ameisenigels trägt diese in einem dafür ausgebildeten Beutel so lange mit sich herum, bis das Junge schlüpft. Schnabeltiere brüten ihre Eier in einem Erdbau.

Alle kleineren Gattungen der Kängurus werden zu den Wallabys gezählt. Sie leben in ganz Australien und in Neuguinea in Busch- und Waldgebieten. Nach der Geburt kriecht das Junge alleine in den Beutel der Mutter, wo es mit Hilfe seines Geruchs- und Tastsinnes die Zitzen findet, an die es sich für ein halbes Jahr hängt.

„Bei den Beutelsäugern werden die Jungtiere in einem frühen, embryo-artigen Stadium geboren und wachsen anschließend meist im Beutel der Mutter heran."

und Würmer. Ameisenigel sind dagegen Landbewohner. Sie sind sowohl in Wüstenregionen und Regenwäldern als auch im Gebirge von über 4.000 m Seehöhe zu finden. Mit dem gedrungenen Körper und den Stacheln auf dem Rücken ähneln sie Igeln, mit denen sie aber nicht näher verwandt sind. Die Gliedmaßen der Tiere sind kurz und kräftig und mit Grabkrallen versehen. Sie ernähren sich vorrangig von Ameisen, Termiten und Regenwürmern.

Insgesamt gibt es noch fünf rezente Arten, eine Schnabeltierart in Australien und vier Ameisenigelarten, die in Australien und Neuguinea leben. Bereits im Erdmittelalter entwickelten sich auch die beiden anderen Säugetiergruppen: die Beutelsäuger oder Beuteltiere und die sogenannten Höheren Säugetiere oder Plazentatiere (Eutheria). Beutelsäuger unterscheiden sich von den Plazentatieren vor allem dadurch, dass die Jungtiere in einem sehr frühen, embryoartigen Stadium geboren werden und anschließend meist in einem Beutel der Mutter heranwachsen. Die Beutelsäuger haben sich im heutigen Südamerika entwickelt. Zu dieser Zeit war der Kontinent aber noch mit der Antarktis und Australien verbunden – daher konnten sie auf diesem Weg ihre heutige Heimat besiedeln. Hier entfalteten sie sich mangels Konkurrenz und Fressfeinden besonders gut, vor allem nachdem sich der Kontinent im Eozän gänzlich von der Antarktis abspaltete. Die bekanntesten rezenten Vertreter sind das Känguru, der Koala und der Wombat (alle in Australien) sowie die Opossums und Beutelratten (Nord- bis Südamerika).

Die Plazentatiere bilden die artenreichste und vielfältigste Säugetiergruppe. Zu ihnen zählen rund 94 % der rezenten Spezies, nämlich alle Tiere außer den Kloaken- und Beuteltieren. Bei den Plazentatieren findet die ganze Embryonalentwicklung im Körper der Mutter statt. Dabei wird der Embryo durch ein spezielles Nährgewebe, die Plazenta, ernährt.

unterscheidet sich in seinem Bau allerdings deutlich von dem der Beuteltiere. Außerhalb der Paarungszeit leben die Kloakentiere einzelgängerisch ohne ausgeprägtes Territorialverhalten. Bei kühlem Wetter und entsprechend geringem Nahrungsangebot fallen sie in eine Kältestarre (Torpor). Sie sind in der Regel dämmerungs- oder nachtaktiv, bei den Ameisenigeln ist die Aktivitätszeit jedoch auch klima- und nahrungsabhängig.

Kloakentiere sind Fleischfresser. Schnabeltiere leben in stehenden oder fließenden Süßwassersystemen und sind mit ihren Schwimmhäuten und dem Paddelschwanz gut an diesen Lebensraum angepasst. Sie verzehren Krebstiere, Insektenlarven

Die Säuger der Neuzeit

Die Wiederbesiedlung der Erde

Die kleinen Säugetiere des Mesozoikums waren nur so groß wie Mäuse oder Ratten. Ihrem Gebiss nach ernährten sie sich von Insekten und anderen Wirbellosen. Die Form des Gehirns und der Sinnesorgane lässt auf eine hauptsächlich nachtaktive Lebensweise schließen. Auf diese Weise konnten die Säugetiere der Verfolgung durch hauptsächlich tagaktive Dinosaurier entgehen und ein unscheinbares, aber beständiges Dasein führen.

Durch die globale Katastrophe am Ende der Kreidezeit verschwanden nicht nur die Dinosaurier, sondern auch viele andere Tierarten. Zudem verursachte der Kahlschlag unter den Pflanzen vielerorts Gegenden, die ausgesehen haben müssen wie nach einem Waldbrand oder Vulkanausbruch: verbrannt, verwüstet und leer. Doch schon bald keimten wieder die ersten Pflanzen, denn einige Sporen und Samen hatten die Katastrophe überlebt. Moos- und Farnpflanzen, Nadelbäume und Blütenpflanzen – aus jeder Gruppe hatten einige Arten überlebt, wobei die Blütenpflanzen aufgrund der Koevolution mit den Insekten nun die Nase vorn hatten und seitdem die Pflanzenwelt beherrschen. Die Pflanzen bereiten den Weg für Tiere, die (z. B. in Erdhöhlen) ebenfalls überlebt haben. Zu diesen Tierarten gehörten vor allem kleine Tiere, neben den vielen Wirbellosen, auch kleine Amphibien, Reptilien, Vögel und kleine Säugetiere. Nach dem großen Sauriersterben waren viele ökologische Nischen freigeworden, von denen nun besonders die Vögel und Säugetiere profitierten. Da in den zu besetzenden Nischen weder starker Konkurrenzdruck herrschte, noch Fressfeinde warteten, kam es zu einer beschleunigten Evolution. Dies führte sehr schnell zu einer Ausbreitung und zur Ausbildung vieler verschiedener spezialisierter Arten aus einer weniger spezialisierten Ausgangsart. Viele der neuen Säugetierarten waren jetzt tagaktiv und erreichten beachtliche Größen. Das Känozoikum wurde zum Zeitalter der Säugetiere.

"Durch die globale Katastrophe am Ende der Kreidezeit verschwanden nicht nur die Dinosaurier, sondern auch etliche andere Tierarten."

Da sich der Superkontinent Pangaea mittlerweile bereits aufgelöst hatte und die einzelnen Kontinente sich mehr und mehr voneinander trennten, verliefen die Entwicklungswege und Artenbildungen der Landbewohner jetzt kontinental sehr unterschiedlich. Im Gegensatz zu den Dinosaurier-Fossilien, die in ähnlicher Form auf allen Kontinenten verbreitet sind, finden wir jetzt in der alten Welt zum Teil ganz andere Tierformen als in der neuen Welt. Eine besondere Rolle nahm dabei Südamerika ein, das besonders lange von anderen Kontinenten getrennt war. Durch diese „Insellage" entwickelte sich eine einzigartige Fauna, wie z. B. die ausgestorbenen „Beutelhyänen" (Sparassodonta), eine Gruppe fleischfressender Beuteltiere, oder die Paucituberculata, eine formenreiche Beuteltiergruppe, von der heute nur noch das Mausopossum vorkommt, sowie die vielen – heute ausgestorbenen – Südamerikanischen Huftiere (Meridiungulata), die den heutigen Pferden, Kamelen oder Nashörnern ähnelten, ohne mit ihnen verwandt zu

Katastrophen wie Waldbrände und Vulkanausbrüche (nächste Seite) gestalten die Erdoberfläche um und ermöglichen neu aufkeimendes Leben, z. B. durch Remineralisierung der Böden.

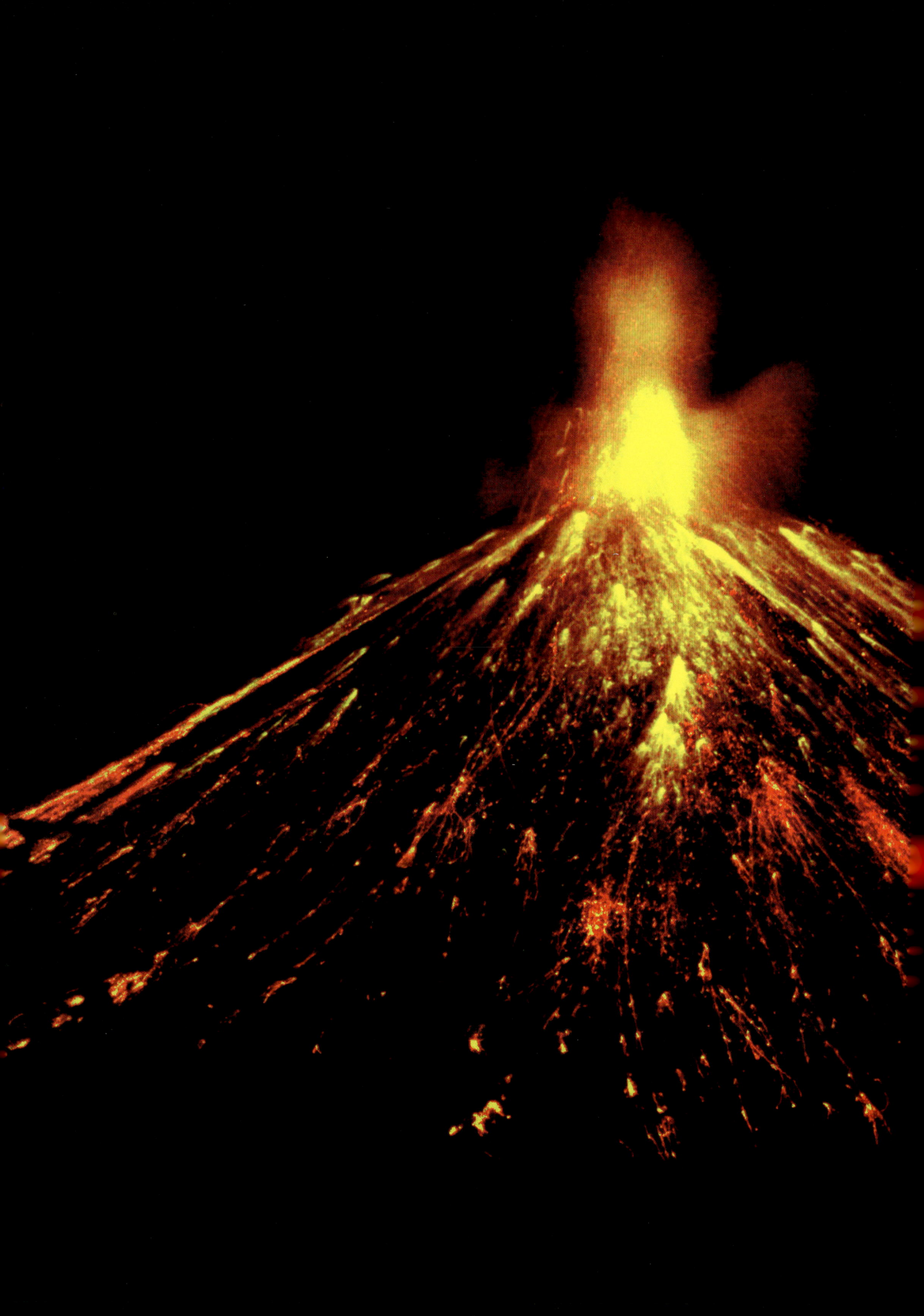

sein. Diese Arten verschwanden größtenteils, nachdem die Säuger aus dem Norden über die neu entstandene mittelamerikanische Landbrücke in den Süden vordrangen und sie verdrängten.

Eine weitere eigentümliche Tiergruppe sind die sogenannten Nebengelenktiere, die ihren Namen den zusätzlichen Wirbelfortsätzen am Rückgrat verdanken. Zu ihnen gehören die Ameisenbären, die Faultiere und das Gürteltier. Ihre Vorfahren entstanden womöglich bereits in der Kreidezeit und waren demnach ursprünglich einmal weiter verbreitet. Heute kommen sie – bis auf eine Gürteltierart – ausschließlich in den Tropen Mittel- und Südamerikas vor. Interessant ist bei diesen Tieren die sogenannte konvergente Entwicklung der verschiedenen Ameisenfresser. Unter Konvergenz versteht man die parallele Entwicklung von ähnlichen Merkmalen bei miteinander nicht verwandten Arten. Das heißt, durch die Anpassung an eine ähnliche Funktion und/oder ähnliche Umweltbedingungen haben sich bei verschiedenen Arten unabhängig voneinander ähnliche Anpassungen entwickelt. Im Falle der verschiedenen „Ameisenfresser" ist dies die Anpassung an ihre Lebensweise, Ameisen und Termiten zu erbeuten. Sie alle besitzen einen etwas lang gezogenen Kopf mit spitz zulaufender Schnauze, eine Zunge mit einer Länge bis zu 60 cm und einem klebrigen Speichelüberzug sowie rückgebildete Zähne. Außerdem haben sie alle kräftige, bekrallte Vorderpfoten zum Aufbrechen von termitenbewohnten Bäumen und Termitenbauten. Zu den ameisenfressenden Säugern gehören die Ameisenigel (Ursäuger), der australische Ameisenbeutler (Beutelsäuger), der Ameisenbär, das Gürteltier (beides Gelenktiere) sowie das in Afrika und Asien lebende Schuppentier (Pholidota, Schuppen- oder Tannenzapfentiere). Zwischen Gürteltier und Schuppentier bestehen weitere Ähnlichkeiten, obwohl sie nicht verwandt sind: Beide sind gepanzert und rollen sich wie der Igel – und der Ameisenigel – bei Gefahr zusammen, was zusätzliche konvergente Entwicklungen sind.

Wie lange es tatsächlich dauerte, bis die Ökosysteme nach der globalen Katastrophe wieder komplett aufgebaut waren, ist ein heiß diskutiertes Thema unter Paläontologen: Die Angaben schwanken von zwei bis zehn Millionen Jahren, wobei dies auch eine Frage des betrachteten Objektes ist. So

kam beispielsweise der Kohlenstoffkreislauf sehr viel schneller wieder in Gang, als die Dinosaurier als Großtiere ersetzt werden konnten, denn die Entwicklung der großen Säugetiere dauerte etwa 20 Millionen Jahre. Die ersten riesenhaften Formen waren Uintatherium, ein ausgestorbener nashornähnlicher Säuger, der etwa 4 m lang wurde und Paraceratherium, ein prähistorisches Nashorn, das bei einer Schulterhöhe von 5,5 m 8 m lang wurde. Mit etwa 10 bis 15 Tonnen Gewicht ist es derzeit das größte Landsäugetier, das jemals gelebt hat.

„Wie lange es dauerte, bis die Ökosysteme nach der globalen Katastrophe wieder aufgebaut waren, ist ein heiß diskutiertes Thema."

Zu den Nebengelenktieren gehören die Zahnarmen: das Faultier (oben) und der Ameisenbär (unten). Durch die Besetzung unterschiedlicher Nischen unterscheiden sich die Gruppen der Nebengelenktiere stark in ihrem Äußeren. Sie kommen heute alle ausschließlich in den Tropen Mittel- und Südamerikas vor, obwohl sie früher bis in die Antarktis verbreitet waren.

Wachsende Artenvielfalt

Die größte Artenvielfalt erreichten die Säuger im Miozän. Danach setzten die klimatischen Veränderungen der Tier- und Pflanzenwelt immer mehr zu, bis es schließlich zu den vielen Eiszeiten am Ende des Pleistozän kam. Das Pleistozän, das vor rund 1,8 Millionen Jahren begann, ist gekennzeichnet durch dramatische Klimaschwankungen. Eiszeiten wechselten mit Zeiten von gemäßigtem bis warmem Klima. Nach dem Rückgang der Eismasse blieben jeweils Seen zurück und die Form der Landmasse änderte sich. Bedingt durch diese starken Klimaschwankungen kam es zu mehrmaligen raschen Wechseln in der Tier- und Pflanzenwelt.

In diesem Zeitraum, vor 50.000 bis etwa 10.000 Jahren, kam es dann weltweit zu einem weiteren Massenaussterben. Diesmal waren es die großen Säugetiere, die verschwanden. Alle Arten mit mehr als 1.000 Kilogramm Gewicht sowie 80 % der Arten, die zwischen 100 und 1.000 Kilogramm Gewicht hatten, starben aus. Eine Ausnahme bilden nur die Großsäuger in Afrika und im südlichen Asien. In Australien verschwanden die nashorngroßen Beuteltiere, die Beutellöwen, und das bis zu drei Meter große Riesenkänguru. In Amerika waren es unter anderem Mammuts, Mastodonten und andere Rüsseltiere, Säbelzahnkatzen, Riesenfaultiere und Riesengürteltiere. In Eurasien erreichte das Massensterben mit dem Ende der Würmeiszeit, der bisher letzten Eiszeit, einen Höhepunkt. Zu den hier ausgestorbenen Tieren gehören unter anderem das Wollhaarmammut, das Wollnashorn, der Riesenhirsch, das Steppenwisent, der Höhlenlöwe und der Höhlenbär. Seither sorgen klimatische Verschiebungen, mitbeeinflusst durch den Menschen, für einen steten Rückgang der Artenvielfalt.

Die jetzige Warmperiode heißt Holozän, der Einfluss des Menschen auf das weitere Klimageschehen ist ein heftig diskutiertes Thema. Angesichts der gewaltigen klimatischen und geologischen Veränderungen, die im Laufe der Erdgeschichte schon stattgefunden haben, mag dieser Einfluss vielleicht gering erscheinen. Doch der Eindruck kann täuschen, denn in der Evolution können schon kleine Veränderungen große, beschleunigende Wirkungen haben, die sich nicht mehr ohne Weiteres aufhalten lassen.

Noch in der Phase des Eozäns entstanden jedoch zwei ganz besonders spezialisierte Ordnungen: Meeressäuger und Fledertiere.

Viele Höhlenmalereien weisen das Mammut, besonders das Wollhaarmammut, als beliebtes Jagdtier der Menschen im Spätpleistozän aus. Wurden sie übermäßig gejagt oder starben sie aufgrund klimatischer Veränderungen zum Ende der Eiszeit aus? Das ist heute umstritten.

Spezialisierte Säugetiergruppen

Meeressäuger und Fledertiere

Einige Säugetiere, obwohl ursprünglich Landtiere, haben sich wieder an ein Leben im Wasser bzw. Meer angepasst. Zu ihnen gehören Robben, Otter, Seekühe und Wale.

Die Anpassungen an die marine Lebensweise führte bei den verschiedenen nichtverwandten Meeressäugern zu mehreren konvergenten Merkmalsausbildungen. Die Vorderextremitäten haben sich mehr oder weniger stark zu paddelartigen Flossen gewandelt, die Hinterbeine gingen ganz verloren wie bei den Walen und Seekühen oder sie werden im Wasser zu einer einheitlichen Schwanzflosse zusammengelegt wie bei den Robben. Bei den Seeottern sind die Hinterbeine nach hinten versetzt und die Zehen durch große Schwimmhäute verbunden. Ihre Vorderpfoten sind wesentlich kleiner, und in ihren Bewegungsabläufen ähneln sie den Ohrenrobben. Damit ist die Umbildung der Extremitäten zu Flossen durch die verschiedenen Meeressäuger in den einzelnen Schritten ablesbar.

Robben gehören zu den hundeartigen Raubtieren. Die Beine wurden im Laufe der Evolution bereits in Flossen umgewandelt, obwohl sie teilweise noch an Land leben. Otter sind im Süßwasser (Fischotter) oder im Meer (Seeotter oder Meerotter) beheimatet. Sie gehören zur Familie der Marder und leben ebenfalls teilweise an Land. Sie können dabei sogar noch auf vier Beinen herumlaufen. Der Seeotter ist das kleinste Meeressäugetier, und seine Anpassung an das Wasserleben ist stärker als bei anderen Ottern.

Seekühen und Walen ist ein Leben an Land nicht mehr möglich. Anders als Robben und Ottern haben sie keine geeigneten Gliedmaßen mehr, um sich an Land zu bewegen. Doch im Gegensatz zu den Walen halten sich die Seekühe stets in Küstennähe, oft sogar in sehr flachem Wasser auf. Die nächsten Verwandten der Seekühe sind die Elefanten. Zusammen mit diesen Rüsseltieren, den Erdferkeln, den Schliefern, die murmeltierähnlich

> „Einige Säugetiere, obwohl ursprünglich Landtiere, passten sich wieder an ein Leben im Wasser beziehungsweise im Meer an."

aussehen und den Tenreks, eine auf Madagaskar lebende Säugetierfamilie mit igel-, spitzmaus- und otterähnlichen Vertretern, gehören die Seekühe zu der artenarmen Gruppe der Afrotheria, deren besonderes gemeinsames Charakteristikum eine lang gezogene, gegenüber Berührung empfindliche und oft bewegliche Schnauze ist.

Neben den Seekühen sind Wale die einzigen vollständig an das Leben im Wasser angepassten Säugetiere. Sie überleben selbst einen kurzen Aufenthalt an Land nur schwer, denn sie trocknen rasch aus. Aufgrund ihrer guten Wärmeisolation – eine Speckschicht (Blubber), die bei großen Arten bis zu einem halben Meter dick sein kann – erleiden sie an Land auch leicht einen Hitzschlag. Nicht zuletzt drückt das eigene Körpergewicht ihre Lungen zusammen und kann ihnen die Rippen brechen. Das zeigt, dass ihr gesamter Körperbau und alle Körperfunktionen an den Lebensraum Wasser angepasst sind. Schon der Körperumriss der Wale ist stromlinienförmig und ähnelt dem von großen Fischen. Ihre Vorderextremitäten sind zu Flossen umgeformt, die hinteren Extremitäten sind verloren gegangen. Die breite, waagerecht stehende Schwanzflosse (Fluke) ist eine separate, eigenständige Entwicklung. Sie ermöglicht durch vertikales Schlagen die Fortbewegung und liefert den Walen den Hauptantrieb. Auf dem Rücken können sie eine weitere Flosse (Finne) tragen, die der Steuerung

Die Vorfahren der Meeressäuger lebten an Land. Dem Seelöwen (kleines Bild) ist es noch möglich, sich an Land fortzubewegen, der Seekuh (Bild oben) nicht mehr. Ihr fehlen zur Fortbewegung an Land die passenden Extremitäten. Meeressäuger bildeten während ihrer Anpassung ans Wasser konvergente Merkmale aus: Paddelflossen vorne und Rückbildung der Hinterbeine.

Auch dem Wal ist ein Leben an Land gänzlich unmöglich geworden: Der gesamte Körperbau des Wals und alle seine Körperfunktionen sind an seinen Lebensraum angepasst. Gestrandete Wale trocknen schnell aus; da der Auftrieb des Wassers und damit die Stabilisierung des Skeletts fehlt, erdrückt das eigene Körpergewicht ihre Lungen.

„Zu den Walen gehört das größte Tier, das jemals auf der Erde gelebt hat: der Blauwal."

und Stabilisierung dient. Ihre Haut hat einen sehr speziellen Aufbau, wodurch beim Schwimmen störende Wirbelbildungen abgedämpft werden. Diese Dämpfungseigenschaft der Haut sorgt für ein Phänomen, das Graysches Paradoxon genannt wird: Wale, vor allem Delfine, können über längere Zeit Geschwindigkeiten von bis zu zehn Metern pro Sekunde gegen den Widerstand des Wassers aufrecht erhalten, was mit ihrer Muskelkraft allein nicht möglich wäre, sondern nur durch diesen besonderen Strömungseffekt erklärt werden kann. Die Säugerlungen haben die Wale allerdings behal-

ten, weshalb sie zum Luftholen an die Wasseroberfläche kommen müssen. Das heißt, Wale können unter Wasser auch ertrinken. Ein Umstand der vor allem Delfinen, die sich leicht in Fischernetzen verfangen, immer wieder zum Verhängnis wird. Je nach Art können Wale aber durchaus bis zu zwei Stunden unter Wasser bleiben (z. B. der Pottwal). Auch viele übrige Säugermerkmale, wie das Lebendgebären und Säugen der Jungen sowie das leistungsfähige Zweikammerherz mit dem gleichwarmen Kreislauf, wurden beibehalten und kennzeichnen diese Tiere als typische Säugetiere. Zu den Walen gehört das größte Tier, das jemals auf der Erde gelebt hat: der Blauwal. Er kann mehr als 33 m lang werden und ein Körpergewicht von bis zu 200 Tonnen erreichen. Das größte räuberisch lebende Tier der Erde ist ebenfalls ein Wal – der Pottwal. Wale sind ungewöhnlich langlebig. So kann etwa der Grönlandwal über 200 Jahre alt werden. Wale haben sich zur Zeit des mittleren Eozäns aus Verwandten der Huftiere entwickelt, und Flusspferde gelten heute als ihre nächsten lebenden Verwandten. Mit ihnen teilen sie die fehlende Behaarung, das Fehlen von Schweißdrüsen und die einzigartige Fähigkeit zur Unterwasserkommunikation. Zu den Walen gehören zwei große Gruppen: die Zahnwale mit Pottwal und Delfinen, zu denen auch die Schwertwale (Orcas) gehören, und die Bartenwale (z. B. Blauwal), denen von jeder Oberkieferhälfte etwa 140 bis 400 biegsame Hornplatten herabhängen, die Barten. Beim Schließen des Maules wird das Wasser herausgedrückt, doch Planktonorganismen, insbesondere Krillkrebse, aber auch Fische, bleiben in den Barten hängen und dienen als Nahrung.

Mit den Meeressäugern, insbesondere den Walen, haben die Säugetiere das Wasser erobert, mit den Fledertieren auch den Luftraum. Zu ihnen gehören die Flughunde und die Fledermäuse. Sie sind mit rund 1.100 Arten nach den Nagetieren die artenreichste Ordnung der Säugetiere und nahezu weltweit verbreitet. Auf Neuseeland waren sie bis zur Ankunft des Menschen sogar die einzigen Säugetiere.

Fledertiere oder Hattertiere sind die einzigen Säugetiere, die fliegen können. Zwar gibt es noch einige Säugetiergruppen, die eine Gleitmembran (Flughaut) zwischen den Gliedmaßen haben, wie beispielsweise das Gleithörnchen, doch können diese nicht wirklich fliegen, obwohl ihr Name dies vermuten lässt. Gleithörnchen können lediglich von höheren Punkten aus Gleitflüge in die Tiefe machen. Fledertiere aber können beim Fliegen auch an Höhe gewinnen. Ihre Flugmembranen bestehen aus zwei Hautschichten, die sich zum einen von den Handgelenken bis zu den Fußgelenken erstrecken, zum anderen von den Handgelenken zu den Schultern und zwischen den Beinen (Schwanzflughaut). Die Finger sind bis auf den Daumen stark verlängert und spannen die Flughaut. Die meisten Fledertiere sind nachtaktiv und schlafen tagsüber kopfüber an den Füßen hängend in einem Versteck – z. B. Höhlen, Felsspalten, Baumhöhlen, aber auch Minen, Ruinen und Gebäude. Dadurch können sie sich bei Gefahr einfach fallen lassen und wegfliegen. Da die Krallen durch das Gewicht der Fledermaus von selbst gekrümmt werden, brauchen sie keine Kraft, um sich festzuklammern. Selbst tote Fledertiere fallen deshalb nicht herab.

Die nachtaktiven Fledermäuse orientieren sich während des Fluges mithilfe der sogenannten Echoortung. Dabei werden Laute ausgestoßen, die im Ultraschallbereich liegen, also jenseits der menschlichen Hörgrenze. Für den Empfang der Signale sind ihre Ohren oftmals sehr groß und entsprechend gut entwickelt. Auch die Augen und der Geruchssinn sind bei den meisten Arten sehr ausgeprägt. Die Mehrzahl der Fledertiere sind Insektenfresser, einige ernähren sich aber auch von Früchten (viele Flughunde, Fruchtvampire) oder Blüten und Nektar (z. B. Blütenfledermäuse). Einige Arten erbeuten sogar Vögel, Frösche, Echsen und kleine Säugetiere (z. B. Großblattnasen) oder Fische (Hasenmäuler).

Drei in Mittel- und Südamerika lebende Arten ernähren sich von Blut. Diese drei Vampirfledermausarten (Gemeiner Vampir, Kammzahnvampir,

„Mit den Meeressäugern haben die Säugetiere das Wasser erobert, durch die Fledertiere auch den Luftraum."

Weißflügelvampir) sind die einzigen Säugetiere, die sich ausschließlich mit dem Blut anderer Säugetiere oder Vögel verköstigen. Davon haben sich zwei Arten der Vampirfledermäuse eher auf Vögel spezialisiert, nur die Gemeinen Vampire bevorzugen Säugetiere, hauptsächlich Rinder. Doch können auch Pferde, Schweine und ganz selten Menschen ihre Opfer werden. So gibt es immer wieder auch Meldungen von Übergriffen auf Menschen. Diese sind aber vermutlich auf das Eindringen des Menschen in den Lebensraum der Tiere zurückzuführen, da sie nicht wirklich zu ihren Beutetieren gehören. Für die Blutmahlzeit wird die ausgesuchte Körperstelle von den Tieren zunächst einmal mit Speichel, der ein Betäubungsmittel enthält, befeuchtet und dabei werden Haare oder Federn entfernt. Schließlich wird ein Stück der Haut herausgebissen und das herauslaufende Blut aufgeleckt oder aufgesaugt. Eine vorzeitige Blutgerinnung wird durch einen Gerinnungshemmer im Speichel verhindert.

Im Gegensatz zu Fledermäusen findet man Flughunde oft in Bäumen hängend, an recht exponierten Stellen. Außerdem fliegen sie nicht mit Echoortung, sondern haben gut entwickelte Augen, einen ausgezeichneten Geruchssinn und ernähren sich ausschließlich pflanzlich. Die größeren Flughundearten leben oft in große Kolonien mit bis zu 500.000 Tieren zusammen und entwickeln ein komplexes soziales Verhalten (Bild nächste Seite).

Vampirfledermäuse zeigen im Rahmen der Fortpflanzung auffällige Unterschiede zu anderen Fledertieren. Möglicherweise sind dies Anpassungen an die extreme Nahrungsspezialisation. So beträgt die Tragzeit des Gemeinen Vampirs, im Gegensatz zu unseren einheimischen Fledermäusen nicht 60 bis 80 Tage, sondern ungefähr sieben Monate. Danach gebären sie meist nur ein Jungtier, das erst weitere zehn Monate später entwöhnt und selbstständig ist. Ein sehr langwieriger Prozess ist dabei die Gewöhnung an Blut als Nahrung. Bereits in der ersten Lebenswoche werden dem Jungen geringe Mengen davon gefüttert. Die Blutmengen werden im Laufe der ersten beiden Lebensmonate gesteigert, schließlich begleitet das Jungtier seine Mutter beim nächtlichen Ausflug und leckt nun direkt an der von ihr gebissenen Wunde. Erst nach etwa zehn Monaten ist es in der Lage, sich selbstständig eine Malzeit zu sichern.

Vampirfledermäuse leben in Gruppen, die aus bis zu 100 Tieren bestehen können. Dabei zeigt der Gemeine Vampir ein besonders hoch entwickeltes Sozialverhalten. Der Zusammenhalt ist vor allem unter den Weibchen sehr eng, wahrscheinlich bleiben sie sogar ihr ganzes Leben lang im Verbund. Sie betreiben gegenseitige Fellpflege und ziehen die Jungtiere gemeinsam groß. Sie gehen zusammen auf Futtersuche und helfen einander, wenn ein Individuum nicht genügend Nahrung finden konnte. In diesem Fall würgen sie verzehrtes Blut herauf und teilen es mit den weniger erfolgreichen Artgenossen. Ein solches altruistisches Verhalten wird immer wieder bei sozial hochentwickelten Tieren beobachtet und weist auf den evolutiven Vorteil dieser Verhaltensweise hin.

Der Gemeine Vampir lebt auf dem amerikanischen Kontinent und gehört mit zwei anderen Vampirfledermausarten zur einzigen Säugetiergruppe, die sich ausschließlich von Tierblut ernährt. Zu seinen Beutetieren gehören vor allem Rinder, Esel und Pferde, darüber hinaus auch größere Vögel wie Hühner und Truthühner. Er landet in der Nähe seiner Beutetiere und nähert sich ihnen vom Boden aus, der Biss selbst erfolgt meist unbemerkt und ein Gerinnungsprotein im Speichel verhindert die Blutgerinnung.

Sinne und Flugverhalten der Fledermäuse

Da Fledermäuse nachtaktiv sind, müssen sie sich im Dunkeln zurechtfinden: Sie stoßen hierzu Ultraschallwellen aus, die von Objekten als Reflexionen zurückgeworfen werden. Die Fledermaus nimmt die Echos auf, so kann sie ihre Umgebung wahrnehmen und Objekte orten. Vor allem insekten- und nektarfressende Fledermäuse verwenden Ultraschall.

Zwar haben die meisten Fledermausarten völlig unterschiedliche Gesichter, doch vielen gemeinsam sind Gesichtsstrukturen, die zum Aussenden oder Verstärken der Ultraschalllaute dienen. Bei manchen Arten sind die Ohren vergrößert und oft gerillt oder gefurcht, zusätzlich haben sie einen Tragus, das ist ein Ohrdeckel, der zur Verbesserung der Echolokation dient. Trotzdem können Fledermäuse schwarzweiß sehen. Einige Arten können auch UV-Wellen wahrnehmen, das von einigen Blüten verstärkt reflektiert wird, diese fliegen sie dann zur Nektaraufnahme an. Zusätzlich verfügen Fledermäuse über einen Magnetsinn, mit dem sie sich wie Zugvögel bei Langstreckenflügen orientieren.

Paviane gehören zur Primatengattung der Meerkatzenverwandten und leben in Gruppen von 5 bis 25 Tieren.

Als hochgradig soziale Wesen können sie durch Körperhaltung und Gesichtsausdruck, aber auch durch Laute und direkten Körperkontakt miteinander kommunizieren.

Ihre Gruppen sind entweder geschlechtlich durchgemischt oder wie bei den Mantelpavianen als Harem angelegt.

Entwicklung der Primaten

Evolution von Intelligenz und Geschicklichkeit

Aus einer Ordnung, die den Insektenfressern ähnelte, entstand vermutlich bereits in der Kreidezeit eine Tiergruppe, aus der später auch der Mensch hervorgehen sollte: die Primaten („Herrentiere"). Neuere Genomanalysen legen die Annahme nahe, dass unsere Primatenvorfahren sogar schon vor 90 Millionen Jahren existierten. Die ältesten zweifelsfrei den Primaten zuzurechnenden Fossilien stammen aus dem Eozän, also vor rund 55 Millionen Jahren und dokumentieren bereits die Aufspaltung

„Neuere Genomanalysen legen nahe, dass unsere Primaten-Ahnen schon vor 90 Millionen Jahren existierten."

in die beiden Unterordnungen Feucht- und Trockennasenaffen. Ihr gemeinsamer Ursprung wird daher früher angenommen.

Zu den Primaten zählen, laut einer veralteten Einteilung, die Halbaffen, die Affen, die Menschenaffen und schließlich der Mensch selbst. Die ersten Primaten waren demnach bereits zu Dinosaurierzeiten auf der Erde anzutreffen. Ihren Evolutionsschub erhielten aber auch sie erst nach dem großen Sauriersterben, und so stammen die ersten fossilen Funde von Primaten, die den heutigen Koboldmakis ähneln, erst aus dem Eozän.

Allerdings spalteten sich die heutigen Insektenfresser, z. B. die Nagetiere, schon sehr viel früher von den Primaten ab. Ein gemeinsamer Urahn wird im Spitzhörnchen (Tupaias) gesehen. Hierbei handelt es sich um eichhörnchenähnliche Säugetiere aus Südostasien, die weder Insektenfresser, noch – wie

Die ersten fossilen Funde von Primaten ähneln den heutigen Koboldmakis. Koboldmakis leben in Südostasien, genauer gesagt vor allem auf den Inseln Sumatra, Borneo, Sulawesi und den Philippinen. Primaten leben heute größtenteils in den Tropen und Subtropen Amerikas, Afrikas und Asiens.

der Name vermuten lassen könnte – Nagetiere sind, sondern Allesfresser. Der gemeinsame Vorfahre könnte den Tupaias sehr ähnlich gesehen haben. Früher nahmen sie eine Zwischenstellung zwischen Insektenfressern und Halbaffen ein, dem neuen Kladogramm zufolge (Systematik der Evolutionsbiologie) stellen sie eine eigene Gruppe dar.

Eine Reihe Forscher betrachten die Adapiden als die ersten echten Primaten. Diese waren etwa katzengroß und besaßen charakteristische Merkmale der heutigen Primaten: Fingernägel statt Krallen, ein relativ großes Gehirn, opponierbare Daumen und nach vorn gerichtete Augen für das räumliche Sehen. Adapiden waren auf der nördlichen Erdhälfte beheimatet und sind im späten Eozän ausgestorben. Ein anderer Primatenfund, der von einigen Forschern als erster echter Primat angesehen wurde, war Catopithecus. Dieses Fossil besteht aus Schädelknochen und Kiefer eines etwa eichhörnchengroßen Blatt- und Insektenfressers mit gut erhaltenen Frontzähnen, die wie beim Menschen von zwei größeren Eckzähnen flankiert sind sowie den für moderne Affen typischen Augenhöhlen. Aber die Spurensuche nach Primatenfossilien geht weiter, denn noch sind die Funde zu gering, um eindeutige Abstammungslinien zu erstellen.

All diese urtümlichen Primaten wurden früher zu den Halbaffen gerechnet. Doch die Bezeichnung Halbaffe gilt heute als veraltet, stattdessen wird diese Gruppe inzwischen Feuchtnasenaffen genannt. Die eigentlichen Affen, die Menschenaffen und mit ihnen der Mensch, zählen dagegen zu den Trockennasenaffen. Der namensgebende Unterschied ist der Nasenspiegel, der bei den Feuchtnasenaffen wie bei den Katzen feucht ist, was sich auch im besser entwickelten Geruchssinn widerspiegelt. Bei den Trockennasenaffen ist dieser Spiegel dagegen trocken. Die meisten Feuchtnasenaffen leben auf Madagaskar (z. B. Lemuren, Katzenmakis, Wieselmakis, Indriartige und Fingertiere), die anderen in Afrika und Asien (z. B. Loris). Feuchtnasenaffen sind überwiegend nachtaktiv,

„Die Primatenordnung umfasst heute – vom Mausmaki, dem kleinsten Primaten, bis zum Gorilla – etwa 235 lebende Arten."

ihre Entwicklungsgeschichte begann am Boden und setzte sich in den Bäumen fort.

Die Primatenordnung umfasst heute – vom Mausmaki, dem kleinsten Primaten bis zum Gorilla – etwa 235 lebende Arten. Auch wenn die Primaten eine relativ klar definierte Säugetierordnung sind, besitzen sie nur wenige Merkmale, die bei allen Primaten, aber bei keinem anderen Säugetier zu finden sind. Als typischstes Merkmal gelten noch ihre relativ großen und stark nach vorne orientierten Augen. Die Umwandlung in diese neue Augenposition dauerte wohl etwa zehn Millionen Jahre. Weiterhin typisch sind die Greifhände und – außer beim Menschen – die Greiffüße mit flachen Nägeln statt Krallen sowie Tastfelder an den Fingern und Zehen. Diese Greifhände förderten, zusammen mit der Entwicklung des Gehirns, Geschicklichkeit und

Lemuren sind sowohl tag- als auch nachtaktiv. Bevorzugt leben sie auf Bäumen, jedoch lassen sich einige Arten auch auf den Boden herab. Ihre Augen sind eher katzen- als affenähnlich, und so können sie auch nachts besser sehen als andere Primaten.

Neuweltaffen, wie das hier abgebildete Totenkopfäffchen, bewohnen Bäume. Wie bei allen Neuweltaffen befinden sich die Nasenlöcher seitlich, und sie haben eine breite Nasenscheidewand. Tapire (großes Bild oben Jungtier, unteres Bild erwachsenes Exemplar) sind eine sehr alte Säugetiergruppe: Die ältesten Fossilien stammen aus dem Eozän Nordamerikas, also von vor ca. 50-40 Millionen Jahren.

„Die meisten Primaten leben in Gemeinschaften und haben ein komplexes Sozialverhalten entwickelt."

Werkzeuggebrauch, vor allem bei den Menschenaffen.

Die meisten Primatenarten sind Baumbewohner mit entsprechend angepassten Gliedmaßen. Das heißt, ihre Hinterbeine sind fast immer länger und stärker als die Vorderbeine – eine Ausnahme sind die Gibbons und die Menschenaffen (ohne den Menschen). Viele Primaten können auch aufrecht gehen. Das wird ihnen dadurch erleichtert, dass der Oberschenkel nicht, wie bei den meisten anderen Säugern, von der Rumpfhaut eingeschlossen ist, sondern frei liegt.

Weiterhin typisch für Primaten ist ihr relativ großes Gehirn, ein generell gutes Sehvermögen mit Farbsicht und ein eher schlechter Geruchssinn. Die meisten Primaten leben in mehr oder weniger großen, streng oder locker gegliederten Gemeinschaften und haben ein komplexes Sozialverhalten entwickelt. In so einer Affenhorde können dann mehrere Generationen leben, reine Einzelgänger sind selten. Selbst bei den Arten, die vorwiegend einzeln leben, wie z. B. der Orang-Utan, überlappen sich die Reviere von Männchen und Weibchen. Das soziale Gemeinschaftsleben der meisten Primaten ist ein großer Schutz gegen Feinde, und so haben die Primaten auch überraschend wenig Feinde – Adler, Riesenschlangen und Leoparden und manchmal auch andere Affenarten. Die meisten Primaten sind Allesfresser und fressen Samen, Früchte, Blätter, Gras, Insekten, Eier und Fleisch.

Vor etwa 40 bis 30 Millionen Jahren tauchten Trockennasenaffen auf der Erde auf und bildeten die Affen der alten (Europa, Asien und Afrika) und neuen Welt (Nord-, Mittel- und Südamerika). Entsprechend werden sie in Altweltaffen (oder Schmalnasenaffen) und Neuweltaffen (oder Breitnasenaffen) eingeteilt. Sie sind überwiegend tagaktiv.

Die Neuweltaffen sind durchwegs Baumbewohner geblieben. Einige von ihnen haben sogar wieder Krallen entwickelt (Krallenaffen), doch eine andere Gruppe der Altweltaffen stieg wieder von den Bäumen herab und eroberte die Steppen: Vor etwa 25 Millionen Jahren spalteten sich die Hominoidea (Menschenartige) – alles schwanzlose Primaten – von den übrigen Altweltaffen (z. B. Meerkatzen) ab. Zu den Hominoidea gehören die Gibbons und die Hominidae, die Menschenaffen, zu denen nach dem Kladrogramm neben Orang-Utans, Gorillas und Schimpansen auch der Mensch zählt.

Infolge von Jagd wurden die Primatenarten in unseren Tagen in Lateinamerika drastisch dezimiert. Als Nahrung gefangen und geschlachtet, werden sie immer öfter auch zu Souvenirs verarbeitet. In einigen Teilen des Amazonasgebietes hat die Anzahl von mittleren und großen Primaten in den letzten 20 Jahren um über 90 % abgenommen.

Die artenreichsten Säugetiere

Bis zum Eozän hatten sich die meisten heutigen Säugetierordnungen gebildet: Huf-, Rüssel- und Nagetiere sowie die Vorfahren unserer heutigen Hunde, Katzen und Wiesel, berüchtigte Fleischfresser. Danach entwickelten sich beinahe sprunghaft die Ordnungen der Unpaarhufer (Pferde, Nashörner, Tapire), Fledertiere (Fledermäuse, Flughunde), Primaten (Halbaffen, Affen), Nagetiere (Mäuse, Hörnchen, Stachelschweine) und Hasenartige, die heute nicht mehr zu den Nagern zählen. Ihre Entwicklung läuft schon seit mindestens 70 Millionen Jahren gesondert ab, mit den Nagetieren teilen sie nur einen gemeinsamen Ahnen aus dem Mesozoikum.

Die Nagetiere (Rodentia) sind mit rund 42 % die artenreichste Säugetiergruppe. Die wenigen, die als Heimtiere verbreit sind, wie Maus, Hamster, Kaninchen und Co., prägen das Gruppenbild, obwohl die Rodentia nahezu auf der ganzen Welt zu Hause sind und viele Nagerarten noch kaum erforscht wurden. Die den meisten Nagern gemeinsamen Körpermerkmale sind ihre vier kurzen Laufbeine und ihre relativ geringe Körpergröße: Die meisten sind etwa mäuse- bis rattengroß und erreichen Körperlängen von ca. 8 bis 30 cm. Offensichtlichstes Charakteristikum sind die zwei vergrößerten, dauerhaft wachsenden Beiß- und Nagezähne im Ober- und Unterkiefer. Wie bei kaum einer anderen Säugetiergruppe ist ihre Schädelform auf eine Stärkung des Kauapparates ausgerichtet.

Einblicke in die Vielfalt der Nager und Hasenartigen:

Europäisches Eichhörnchen *(gr. Bild): Leichte Knochen und lange, kräftige Krallen lassen es flink von Baum zu Baum springen.*

Stachelschwein *(kl. Bild o. r.): Es ist in den unterschiedlichsten Lebensräumen beheimatet, von der Halbwüste über die Grassavanne bis zum tropischen Regenwald. Die von allen Säugern längsten Stacheln, bis zu 40 cm lange und 7 mm dicke umgewandelte Haare, sind scharf und können Entzündungen verursachen.*

Präriehunde *(kl. Bild u. r.): Nordamerikanische, mäuseartig lebende Erdhörnchengattung; ihr Warnruf ähnelt dem Bellen von Hunden.*

Pika *(kl. Bild l. u.): Der Pfeifhase gehört zur Familie der Hasenartigen. Die hohen Töne, die er als Warn- und Erkennungssignale von sich gibt, haben ihm diesen Namen eingebracht.*

Die Evolution des Menschen

Vom Hominiden zum Homininen

Nach dem Ende der Dinosaurierherrschaft konnte die Evolution der Säugetiere in den neu gewonnenen Lebensraum geradezu hineinexplodieren. Dabei zeichnete sich ganz besonders eine Säugetierform durch ihre starke Gehirnentwicklung aus: die Primaten. In dieser Gruppe spielten Intelligenz, Geschicklichkeit und Kooperation eine größere Rolle als bei allen anderen Säugetierarten. Unter ihnen gab es wiederum eine Gruppe, die in dieser Hinsicht ganz besonders hervorstach: die Menschenaffen. Eine bestimmte Linie dieser Menschenaffen entwickelte sich weiter als alle anderen und führte zum heutigen Menschen.

Der Urahn des Menschen

Alles eine Frage der Definition?

Die Frühgeschichte der Menschenaffen kann etwa 32 Millionen Jahre zurückverfolgt werden. Aus dieser Zeit sind Überreste von sechs verschiedenen Primatengattungen dokumentiert. Die menschliche Linie hat sich vor etwa acht bis fünf Millionen Jahren von den gemeinsamen Vorfahren mit den Schimpansen abgespalten. Nach einigen Übergangsformen entstanden vor rund vier Millionen Jahren die vermutlichen Vorläufer des modernen Menschen: die Australopithecinen („Südaffen"). Aus ihnen entwickelten sich zunächst einige sehr unterschiedliche Menschenarten, von denen eine ganz besonders erfolgreich war und sich über die ganz Erde verbreitete. So wurde aus dem Zeitalter der Säugetiere im letzten Abschnitt, dem Holozän, schließlich das Zeitalter der Menschen. Die Entwicklung der Menschen kann mit der Entwicklung der Einzeller, der Vielzeller, der Wirbeltiere, der Säugetiere und schließlich der Primaten verglichen werden. Zunächst verlief sie eher unbemerkt und träge, begann sich im Laufe der Zeit aber zu beschleunigen, um sich dann plötzlich geradezu exponentiell zu entwickeln. So begann der Mensch auch erst vor etwa 12.000 bis 10.000 Jahren die Erde zu dominieren, als die letzte Kaltzeit zu Ende ging und das heutige Klima, mit der jetzigen Verteilung der Lebensräume von Pflanzen und Tieren entstand. Dies geschah nun in einem derart rasanten Tempo, dass uns bei der Betachtung selbst

„Die menschliche Linie hat sich vor etwa acht bis fünf Millionen Jahren von den gemeinsamen Vorfahren mit den Schimpansen abgespalten."

Schädelfund des Australopithecus africanus: Insgesamt unterscheidet man sechs Arten, deren fossile Spuren man in Süd- und Ostafrika fand: A. anamensis, bisher älteste und primitivste Art (Kenia), A. afarensis, zu diesen gehört „Lucy" (Äthiopien, Tansania), A. africanus (Südafrika), A. aethiopicus, robust, mit bereits flächenhaftem Gesicht (Kenia, Aethiopien), A. robustus (Südafrika) und A. boisei, massiger und mit wenig vorspringendem Kiefer (Ostafrika). Während die letzten beiden Arten vor knapp einer Million Jahren ausstarben, entwickelte sich der Frühmensch Homo habilis aus A. afarensis und A. africanus. Eigenschaften wie aufrechter Gang, Gebissform und -aufbau sowie kontinuierliches Hirnwachstum weisen sie als zur Stammlinie des Menschen gehörend aus.

Yacimiento de origen : **Este Kenia**
Edad : **1,8 Ma**
Réplica del CERP de Tautav·
Préstamo : Museo de Preh·
du Verdon

Nombre científico :
Australopithecus africanus
Nombre usual : **Miss Ples**
Yacimiento de origen : **Sterkfontein, África del Sur**
Edad : **2,5 Ma**
Réplica del CERP de Tautavel
Préstamo : Museo de Prehistoria de las Gorges du Verdon

heute oft noch schwindlig wird. In der Abstammungslinie der Primaten zählt der moderne Mensch (Homo sapiens) zu den Menschenartigen (Hominoidea). Neben Orang-Utans, Gorillas und Schimpansen ist er der Gruppe der Menschenaffen, den Hominidae (Hominiden) zuzuordnen, und innerhalb dieser Gruppe gehört er zu den afrikanischen Menschenaffen (Homininae).

In früheren Zeiten hieß der Urahn des Menschen „Proconsul". Er war ein menschenähnliches Wesen, das vor etwa 26 bis 14 Millionen Jahren lebte und als letzter gemeinsamer Vorfahre von Menschenaffen und Menschen betrachtet wurde. Diese bereits schwanzlose Proconsul-Gruppe lebte in Afrika, gilt aber heute nicht mehr als direkter Vorfahre des Menschen, sondern als eine Art Schwesterlinie der afrikanischen Menschenaffen.

Die moderne Genetik erlaubt die Zuordnung und Herstellung von verwandtschaftlichen Verhältnissen auf molekularer Ebene, sodass äußerliche Merkmale nur noch eine sekundäre Rolle spielen. Auf diese Weise wurden und werden immer wieder neue verwandtschaftliche Beziehungen aufgedeckt und die Erstellung der Abstammungslinie „Mensch" gleicht eher einer permanenten Baustelle, denn eines fertiggestellten Stammbaums. Aus diesem Grund ist natürlich jeder neue Fossilienfund äußerst spannend: Wird er die bisherigen Theorien unterstützen, ergänzen, infrage stellen oder gar revolutionieren?
Die Wissenschaft, die sich mit der Untersuchung menschlicher Fossilien beschäftigt, ist die Paläoanthropologie – aus Paläontologie (das Studium ausgestorbener Lebensformen) und Anthropologie (das Studium der Menschen). Paläoanthropologen haben das Bild der Menschenforschung in den letzten Jahrzehnten gewaltig gewandelt, und ein Ende ist nicht abzusehen.

„Die moderne Genetik deckt immer wieder neue verwandtschaftliche Beziehungen auf, sodass äußerliche Merkmale nur noch eine sekundäre Rolle spielen."

Der menschliche Urahn

Aber wer ist nun nach heutiger Erkenntnis der erste Mensch? Wer keine eindeutige oder gar abschließende Antwort auf diese Frage erwartet, ist auf dem richtigen Weg. Eine endgültige Klärung ist bis heute nicht möglich, dennoch wissen wir natürlich schon eine ganze Menge über unsere Vorfahren.
Neben Proconsul wurden noch einige andere ausgestorbene schwanzlose Primaten entdeckt, die potenzielle Kandidaten für den menschlichen Urahn waren, z. B. Pliopithecus, Chororapithecus, Oreopithecus und Dryopithecus. Zusammen mit Proconsul werden sie zu den Menschenartigen (Hominoidea) gezählt. Pliopithecus wird als Vorfahre der Gibbons betrachtet und Chororapithecus als Vorfahre der Gorillas. Oreopithecus gilt ebenfalls nicht als direkter Menschenvorfahre, und auch Dryopithecus ist sehr umstritten. Dryopithecus hatte ein affenähnliches Gehirn, einen menschenähnlichen Kiefer und ein menschenähnliches Gesicht. Er lebte vor etwa zwölf bis acht Millionen Jahren. Funde von ihm stammen aus Europa, Ostafrika, Indien, Pakistan und aus China. Eine Ver-

Vorfahren und verwandte Gattungen des Homo sapiens: Die Aufgabe der Paläonthologie ist, mittels Gendechiffrierung an Fossilien genetische Verwandtschaftsmerkmale aufzudecken, die um ein Vielfaches genauer sind, als entwicklungstechnische, äußere oder intellektuelle Verwandtschaftsmerkmale. Die Hoffnung dabei ist, der Antwort auf die Frage nach Herkunft und Wesen des modernen Menschen nahezukommen.

Pliopithecus ist ein poenzieller Kandidat für eine Position in der Reihe der menschlichen Vorfahren. Er gilt zugleich als Urvater der Gibbons. Man vermutet, dass er dem hier abgebildeten Weißhandgibbon bis auf die Länge der Arme äußerlich ähnelte.

wandtschaft mit dem modernen Menschen scheint trotzdem fraglich. Viele sehen in ihm aber eine mögliche Stammform für weitere Menschenaffen-spezies. Einige Forscher betrachten ihn auch als einen Vertreter der Entwicklungslinie zum Orang-Utan.

Nach dem Proconsul wurde lange Zeit der vor 14 bis 8 Millionen Jahren lebende Ramapithecus als gemeinsamer Vorfahre von Menschenaffen und Menschen diskutiert. Doch auch er hat diesen Sta-

tus mittlerweile eingebüßt und wird von manchen Forschern zusammen mit Sivapithecus, ebenfalls ein ausgestorbener Hominide, als Verwandter der Orang-Utans betrachtet. Aufgrund der recht dürftigen Fossilienfunde sind alle diese Entwicklungslinien allerdings schwer darstellbar.

Die Menschenartigen erlebten im frühen Miozän eine Blütezeit. Es entwickelten sich zahlreiche Gattungen, von denen die meisten jedoch inzwischen ausgestorben sind. Die heute noch lebenden Menschenartigen mit Gibbons und Menschenaffen stellen daher nur mehr einen kleinen, spezialisierten Überrest dar.

Nachdem sich die Gibbon-Linie von den übrigen getrennt hatte, spricht man von Menschenaffen (Hominidae). In dieser gemeinsamen Entwicklungslinie trennten sich als Nächstes, vor etwa 15 bis 10 Millionen Jahren, die Orang-Utans vom Menschenaffen-Stammbaum. Damit ist die Aufspaltung von einer asiatischen und einer afrikanischen Linie bei den Menschenaffen älter als die Entwicklung des Menschen. Die hauptsächlich in Bäumen lebenden Orang-Utans sind dabei die einzigen Überlebenden der asiatischen Linie (Ponginae), zu der neben Sivapithecus unter anderem auch der riesenhafte Gigantopithecus gehört. Dieser war nach Ansicht einiger Wissenschaftler über drei Meter groß und somit der größte Menschenaffe, der je gelebt hat.

In der afrikanischen Linie, den Homininae, entwickelten sich drei rezente Linien: die Gorillas, die Schimpansen und die Menschen. Die Gorillalinie trennte sich als eigene Linie vor etwa elf bis sechs Millionen Jahren ab. Danach lebte noch ein gemeinsamer Urahn von Schimpansen und Menschen, bis vor etwa sechs bis vier Millionen Jahren auch die Schimpansen ihre eigene Linie bildeten. Sie teilten mit dem modernen Menschen am längsten einen gemeinsamen Vorfahren und sind deshalb auch diejenigen, die dem Menschen am nächsten verwandt sind.

Diese Entwicklung, die nach der Trennung von den Schimpansen begann, wird als Hominisation bezeichnet, als „Menschwerdung". Vor sechs bis vier Millionen Jahren gab es also den ersten echten Menschen, der sich aber immer noch stark vom modernen Menschen unterschied. Er hatte von da an etwa 350.000 Generationen Zeit, sich zum modernen Homo sapiens zu entwickeln.

Die biologische Evolution zum modernen Menschen beginnt

Eine eindeutige Abstammungslinie von den ersten Primaten bis zum modernen Menschen lässt sich nicht aufzeigen. Dazu sind die fossilen Funde zu dürftig und die Erkenntnisse, die daraus gezogen werden, zu widersprüchlich. Sicher ist allerdings, dass der Mensch nicht von den heute lebenden Affen abstammt, sondern alle Linien lediglich gemeinsame Vorfahren haben, die vermutlich ähnlich aussahen wie Proconsul, Dryopithecus, Ramapithecus und andere.

Mit der Hominisation beginnt die biologische und kulturelle Entwicklung des Menschen. Ein entscheidendes Kriterium für die Definition des „echten Menschen" ist der aufrechte Gang (Bipedie). Die Bipedie war in der Evolution eine wichtige Neuerung und erforderte einen Umbau der hinteren Extremitäten. Zwar können sich auch Menschenaffen aufrichten und auf zwei Beinen laufen, doch immer nur für eine begrenzte Zeit und nur mit gebeugten Knien. Der richtige aufrechte Gang verlangt eine grundsätzliche anatomische Neukonstruktion, vor allem im Fuß und am Becken. Dieser Übergang zur Bipedie ist im Grunde ein erstaunliches Phänomen. Ein sicherer vierbeiniger Gang wurde gegen eine labile Zweibeinigkeit eingetauscht, bei der nur ein aufwendiger, rhythmischer Balanceakt aus sieben eng koordinierten Bewegungen – das Gehen – den Menschen davor bewahrt, ständig auf die Nase zu fallen. Daher musste die Zweibeinigkeit ziemlich rasch entstanden sein, denn, wie schon der amerikanische Paläontologe Tim D. White scherzte: „Man entwickelt sich nicht allmählich von einem Vierbeiner zu einem Zweibeiner. Wie würde denn das Zwischenstadium aussehen – ein Dreibeiner?"

Der aufrechte Gang

Die Frage, warum sich der Mensch überhaupt aufrichtete, ist nach wie vor nicht endgültig geklärt. Die früher gängige Meinung, er hätte auf diese Weise in der offenen Savanne besser sehen können, hat einige Schwachstellen. Da er vor dieser Entwicklung eine leichte Beute für Raubtiere gewesen wäre, hätte er, nach Meinung vieler Experten, den aufrechten Gang schon im Wald entwi-

ckeln müssen. Und wie neuere Untersuchungen zeigen, lebten unsere Vorfahren vor mehr als vier Millionen Jahren vor allem in feuchten Gebieten aus Wäldern, Sümpfen, Grasland, Seen und kleineren vulkanischen Quellen, wo sie eigentlich gar keinen Grund hatten, aufrecht zu gehen. Interessanterweise gab es bereits vor acht Millionen Jahren einen aufrecht gehenden Primaten, den Oreopithecus, der aber nicht zur Vorfahrenreihe des Menschen gezählt wird und sich also trotz früher Bipedie offensichtlich nicht zu einer erfolgreichen Art entwickeln konnte. Zweibeiniges Watscheln über kurze Strecken mit bipedem Stehen wird häufig auch bei Wildschimpansen beobachtet, die auf

„Der richtige aufrechte Gang verlangt eine grundsätzliche anatomische Neukonstruktion, vor allem im Fuß und am Becken."

Zur Entwicklung des aufrechten Ganges gibt es viele Hypothesen. Eine Theorie besagt, dass die Zweibeinigkeit sich aus einer Haltung zur Nahrungsaufnahme entwickelt hat. Bipedie sollte also zunächst dazu dienen, Nahrung zu sammeln – z. B. Früchte von Bäumen –, während zur Fortbewegung zunächst noch alle vier Extremitäten dienten. Auch zweibeiniges Waten im Wasser könnte die Entwicklung des aufrechten Ganges mitbedingt haben. Eine andere Theorie geht von einer besseren Thermoregulierung bei Zweibeinern aus. Es ist möglich, dass mehrere Faktoren bei der Entwicklung der Bipedie zusammenwirkten.

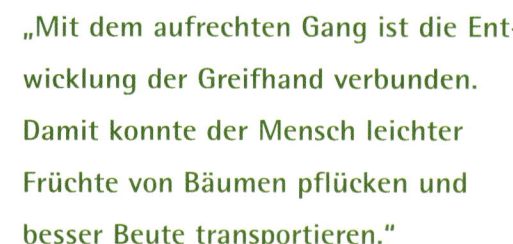

"Mit dem aufrechten Gang ist die Entwicklung der Greifhand verbunden. Damit konnte der Mensch leichter Früchte von Bäumen pflücken und besser Beute transportieren."

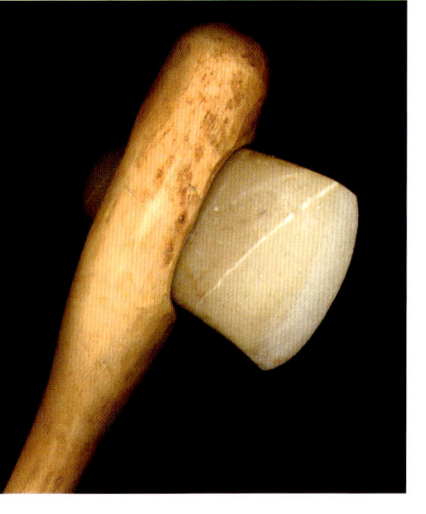

Ein bedeutendes Merkmal des Menschen ist ist seine technische Begabung, wozu das Herstellen und Bearbeiten von Gegenständen gehört. Bei den frühen Hominiden und Australopithecinen konnte man keinen Zusammenhang zu Werkzeugherstellung und -nutzung finden – erst bei der Gattung Homo wurden eindeutige Spuren entdeckt. Die Frühmenschen verwendeten Steinwerkzeuge zum Ausbau ihrer körperlichen Fähigkeiten und als Mittel, um andere Gegenstände oder ihre Umwelt zu verändern.

Nahrungssuche sind und so nach Früchten und anderen essbaren Pflanzenteilen greifen. Ein solches Verhalten wird als Auslöser für die Bipedieentwicklung von Oreopithecus vermutet, und hier könnte natürlich auch die Wurzel für die Bipedie des Menschen liegen. Denn mit dem aufrechten Gang ist die Entwicklung der Greifhand verbunden. Damit war es den Menschen leichter möglich, Früchte von Bäumen zu pflücken und besser Beute zu transportieren. Zweibeinig und mit Greifhand konnten sie in seichten Gewässern waten und gleichzeitig nach Nahrung tasten. So hätten sie ihre Zweibeinigkeit tatsächlich bereits im Wald entwickelt und sich erst danach in die offene Savanne vorgewagt.

Neben dem aufrechten Gang unterscheidet sich der Echte Mensch vom Menschenaffen auch deutlich durch das langsamere Wachstum mit verlängerter Kindheit und insgesamt längerer Lebensdauer. Kein anderes Säugetier hat eine so lange Jugendzeit bis zur Geschlechtsreife durchlebt wie der Mensch. Ebenfalls für einen Menschen typische Merkmale sind zudem das Herstellen von Werkzeugen, die differenzierte Sprache, das Bewusstsein und das Nachdenken über sich selbst.

Zu den Echten Menschen gehören auch mehrere ausgestorbene Arten, die verschiedenen Gattungen zugeordnet werden. Die ältesten Funde, die eindeutig als Menschenvorfahren identifiziert werden

konnten, stammen aus dem frühen Pliozän. Zu ihnen gehören die Australopithecinen, eine systematische Gruppe mit den Gattungen Australopithecus und Ardipithecus und mehreren Arten innerhalb dieser Gruppierungen. Die beiden Gattungen gelten auch als frühe Australopithecinen. Die Arten von Paranthropus, die sich durch eine zunehmende anatomische Spezialisierung in Richtung Pflanzennahrung auszeichneten, werden daneben häufig als robuste bzw. späte Australopithecinen beschrieben. Aufgrund dieser etwas unklaren Zuordnungen kursieren zu denselben Fossilien verwirrend viele Namen: So ist beispielsweise Australopithecus ramidus identisch mit Ardipithecus ramidus und Australopithecus aethiopicus identisch mit Paranthropus aethiopicus.

Die bekannteste Australopithecus-Art ist Australopithecus afarensis. Dieses Fossil erhielt den Namen Lucy, weil am Tage seiner Entdeckung im Forschercamp ständig der Beatles-Song „Lucy in the sky with diamonds" lief.

Umstritten ist die Stellung des in Kenia entdeckten Kenyanthropus, den manche Forscher auch zu den Australopithecinen rechnen, andere wiederum sehen ihn separat gestellt. Ebenfalls unklar ist die Zuordnung der noch früheren Hominiden Sahelanthropus und Orrorin, des als Millenniummann bekannt gewordenen Fossils, die auf ein Alter von sieben bis sechs Millionen Jahre datiert werden. Manche Forscher sehen in Orrorin einen Verwandten von Sahelanthropus und Ardipithecus, was ebenfalls eine Zuordnung zur großen Gruppe der Australopithecinen bedeutete. Doch viele Paläoanthropologen betrachten diese beiden nicht einmal als zur Menschenlinie zugehörig.

Australopithecinen hatten einen aufrechten Gang und benutzten vermutlich wenig spezifisch ausgebildete Steinwerkzeuge. Die Skelettfunde belegen, dass ihr Gehirn mit etwa 500 cm³ nur wenig größer war als das von heutigen Menschenaffen – zum Vergleich: Das Gehirn von Schimpansen besitzt ein Volumen von 390 cm³, das des Menschen 1.400 cm³. Und interessanterweise vergrößerte sich das Gehirn im Laufe der nächsten zwei Millionen Jahre auch nicht wesentlich, obwohl Australopithecinen ja bereits aufrecht gehen konnten und ihre Hände frei hatten, was eigentlich als Auslöser für eine weitere Gehirnentwicklung betrachtet wird. Das veranlasste den Evolutionsbiologen Stephen Jay Gould

Die Entwicklung der Steintechnologie

Es wird angenommen, dass die Steintechnologie sich parallel zur Vergrößerung des Gehirns und der Entwicklung des Sozialverhaltens vollzog. In folgende Werkzeugperioden wird unterteilt:

Oldowan: Vor ca. 2,4 Millionen Jahren erstmalig auftauchendes Werkzeug, das in der Olduvai-Schlucht in Tansania gefunden wurde. Die Steinabschläge und groben Hack- und Schabegeräte – wahrscheinlich die ersten persönlichen Besitztümer – werden Homo habilis oder rudolfensis zugeschrieben.

Acheuleen-Kultur: Funde von großen, strapazierfähigen, scharfkantigen Werkzeugen aus Quarzit, Lava, Feuer- und Flintstein, die zuerst vor ca. 1,4 Millionen Jahren auftauchten, benannt nach der archäologischen Fundstelle von Saint-Acheul in Frankreich. Sie wurden v. a. zum Zerlegen von Tieren sowie zur Holzbearbeitung gebraucht.

Moustérien: Diese spezialisierte Art der Steinbearbeitung ist eine Fortsetzung der Acheuleen-Kultur und hat ihre Anfänge vor etwa 120.000 Jahren. Die erstmals bei Le Moustier in Frankreich gefundenen Werkzeuge sind kleiner, das Formen- und Gebrauchsspektrum aber ist umfangreicher. Die Moustérien-Kultur wird mit dem Neandertaler und dem frühen Homo sapiens in Verbindung gebracht.

Oberes Paläolithikum: Immer spezialisiertere Funktionen und vielfältigere Formen lassen sogar verschiedene Regionalstile erkennen. Dünne Steinklingen und Werkzeuge aus Knochen und Geweih sind typisch und erscheinen erstmals vor 40.000 Jahren. Sie dienten der Perfektionierung der Jagd, dem Totenkult, der Anfertigung von Unterkünften und Kleidung und der Herstellung von Schmuck und Kunst.

Die Steintechnologie entwickelte sich von recht bescheidenen Anfängen zu raffinierten Werkzeugtypen, die immer kompliziertere Herstellungsverfahren erforderten. Während der Frühmensch noch recht grobschlächtige Hack- und Schabegeräte benützte, wurden die Werkzeuge mit der Zeit immer feiner und spezialisierter.

zur folgenden Bemerkung: „Die Menschheit stand zuerst auf und wurde erst später klug."
Vor ca. 2,5 Millionen Jahren gingen die Linien der grazilen und der robusten Australopithecinen (Paranthropus-Arten) auseinander. Die Paranthropus-Arten starben dann vor rund einer Million Jahren aus.
Aus der grazilen Gruppe der Australopithecinen entwickelte sich die Gattung Homo, deren einziger Überlebender der moderne Mensch ist. Ein möglicher direkter Vorfahre der Gattung Mensch wurde 1999 mit dem Fund von Australopithecus garhi entdeckt. In einer ersten Beschreibung wurde er als möglicher Nachfahre von Australopithecus afarensis und eventueller Vorfahre von Homo rudolfensis diskutiert.

Ocker, Mangan, Erze, Holzkohle, verschiedene Gesteinssorten, Kalkstein und Feldspat dienten als Anstrichmittel, auch Wasser, Milch, Blut, Pflanzenharz und -säfte. Man trug die Mittel mit der gefärbten Fingerspitze oder mit Pinseln aus Tierhaar auf. Eine spezielle Technik war die Versprühtechnik: Man zerrieb Pigment zu einem feinen Pulver, das mit dem Mund oder unter Zuhilfenahme eines Röhrchens auf die Wand gepustet bzw. gesprüht wurde. Handnegative wie auf der nächsten Seite entstanden, wenn der Künstler eine Hand dazwischen hielt. Eine von vielen Theorien besagt, dass Felszeichnungen im Kontext mythischer Performances, Trancen und Tänze entstanden sind, wobei der rituelle Akt dabei die übergeordnete Rolle spielte.

Auf dem Weg zum modernen Menschen

Die Abgrenzung der modernen Gattungen „Homo" zu den „Vormenschen", die noch die Bezeichnung „Pithecus" (Affe) in ihrem Gattungsnamen tragen, ist schwierig. Als besonders häufiges Kriterium gilt der Einsatz von bearbeiteten Steinwerkzeugen. Weil die Fossilfunde von Homo rudolfensis auf die Nutzung von bearbeiteten Werkzeugen schließen lassen, heißt er also Homo und nicht Australopithecus rudolfensis. Die Betonung liegt dabei auf der Herstellung von Werkzeugen, denn eine Werkzeugbenutzung ist ja sogar schon bei den heutigen Menschenaffen und sogar „Nicht-Primaten" bekannt. Mittlerweile ist auch eine Herstellung von einfachen Werkzeugen abseits der Echten Menschen nachgewiesen worden. So fransen beispielsweise Schimpansen die Enden von Stöcken aus, um damit besser Termiten fischen zu können, oder sie spitzen Stöcke an, um schlafende kleine Säugetiere damit aufzuspießen. Somit ist auch die Herstellung von einfachen Werkzeugen kein hundertprozentiges Abgrenzungskriterium für Gattungen mit der Bezeichnung „Homo", was eine Unterscheidung zwischen ihnen und Australopithecinen oder noch früheren Vertretern in ihrer Ahnenreihe nicht einfacher macht.

Doch durch die Vielzahl an hergestellten Werkzeugen und anderen Gegenständen treten mit den neuen Gattungen „Homo" zum ersten Mal in der Menschheitsgeschichte auch immer mehr kulturelle Hinterlassenschaften auf, einschließlich eines ausgeprägten Totenkults. Dieser Fortgang ist Ausdruck einer zunehmenden geistigen Entwicklung und findet schließlich auch seine Entsprechung in der auffälligen Veränderung des Gehirns. Das vergrößerte sich nun, nach etwa zwei Millionen Jahren „Fast-Stillstand", innerhalb von weniger als zwei Millionen Jahren um das Dreifache. Als Stimulatoren für diese enorme Gehirnentwicklung gelten nach wie vor das aufrechte Gehen und das Freiwer-

„Die kulturelle Entwicklung findet schließlich auch ihre Entsprechung in der auffälligen Veränderung des Gehirns."

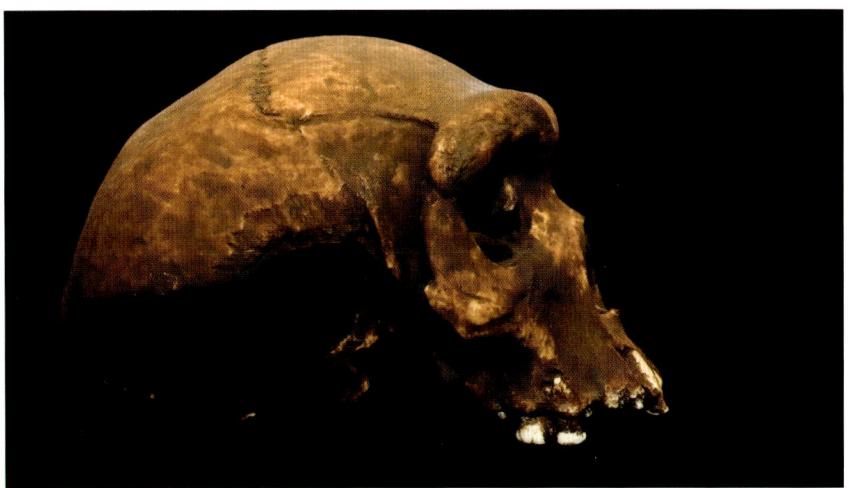

den der Hände zusammen mit dem ausgeprägt guten Sehvermögen, wobei sich diese Entwicklungsprozesse durchaus gegenseitig beeinflusst haben können. Als weitere Stimulatoren werden die verbesserte Ernährung durch zunehmenden Werkzeuggebrauch und eine erhöhte genetische Variabilität durch verlängerte Reifeprozesse diskutiert. Der relativ spät einsetzende Entwicklungsprozess des Gehirns ist möglicherweise nur genetisch erklärbar. Die Schwelle, ab der Forscher bereit sind zu sagen, dass es ein Gehirn der Gattung „Homo" ist, liegt bei etwa 700 bis 800 cm³. Mit einem vergrößerten Gehirn waren eine entsprechende Vergrößerung des Hirnschädels und eine zunehmende Steilheit der Stirn verbunden. Gleichzeitig verkleinerten sich Mundhöhle sowie Unter- und Oberkiefer, auch die Kaumuskeln reduzierten sich. Die Zähne wurden ebenfalls kleiner und außerdem

Die Entwicklung des aufrechten Gangs erlaubt dem frühen Menschen, seine frei gewordenen Hände zu Nahrungssuche und Werkzeuggebrauch einzusetzen (s. o.). Das Gehirn vergrößerte sich mit der Zeit, so ist beim 200.000 Jahre alten Homo rhodesiensis (s. u.) schon eine deutliche Verhältnisverschiebung zu erkennen. Die kulturelle Entwicklung fand in der Kunst Ausdruck: Der Mensch entdeckte sich selbst und seine Fähigkeit, bewusst Spuren zu hinterlassen und spielerisch sein Umfeld zu verändern (großes Bild).

gleichförmiger, und ein Kinn wurde ausgebildet. Die Hand erfuhr durch die Verkürzung der Mittelhand eine deutliche Ausprägung als Greifhand. Die Beine wurden in Relation zu den Armen besonders lang, die Körperbehaarung ging zurück.

Die Gattung Homo

Der älteste Vertreter der Gattung Homo ist Homo rudolfensis, der vor 2,5 bis 1,8 Millionen Jahren lebte. Seine Zähne gleichen denen der Australopithecinen, doch die Oberschenkel- und Fußknochen sind homo-ähnlich. Sein Schädelvolumen betrug rund 750 cm³. Etwa zeitgleich lebte Homo habilis („geschickter Mensch"). Homo habilis aß hauptsächlich Pflanzen, doch ergänzte er seine Nahrung vermutlich mit Fleisch und stellte dafür Steinwerkzeuge her. Er war aber noch kein Jäger, sondern ernährte sich von Aas. Seine Gehirnform deutet auf

eine unterentwickelte Sprachfähigkeit hin. Er besaß bereits auffälliges handwerkliches Geschick (deshalb der Name) und formte verschiedene Steinwerkzeuge, wie etwa Haumesser, Meißel und Schaber unter Zuhilfenahme von Steinen. Eine derartige Werkzeugherstellung wurde bei den Australopithecinen nicht nachgewiesen. Der entscheidende Unterschied zwischen Homo habilis und seinen Vorfahren ist die Länge seines Daumens. Dieser verlängerte Daumen befähigte ihn, nach Art der modernen Menschen eine Verbindung zum Endglied des Zeigefingers herzustellen und somit den

„Mit dem verlängerten Daumen konnte der Homo habilis eine Verbindung zum Endglied des Zeigefingers herstellen und den „Pinzettengriff" formen."

Der Homo erectus (großes Bild rechts) eroberte die Welt: Seine Fossilien wurden auf der ganzen Erde verstreut gefunden. Mit dem aufrechten Gang ging auch die Entwicklung der Hand einher (unten: die Greifhand eines Orang-Utans): Sie wurde zusehends von Fortbewegungsaufgaben befreit und konnte immer verfeinerte Aufgaben ausführen, wie die Gewinnung und Aufbereitung von Nahrung, die Verteidigung und die Herstellung und den Gebrauch von Werkzeugen.

sogenannten Pinzettengriff zu formen. Dies war eine wichtige funktionelle Voraussetzung für die Herstellung und Handhabung von Werkzeugen und Waffen. Sein Schädel hatte mit ca. 650 cm³ zwar bereits ein um etwa 30 % größeres Hirnvolumen als das der Australopithecinen, es war jedoch deutlich kleiner als das von Homo rudolfensis, der auch sonst menschenähnlichere Merkmale hatte als Homo habilis. Aus diesen Gründen gilt Homo rudolfensis heute auch nicht mehr als Stammvater von Homo habilis, sondern eher als Vorfahre von Homo ergaster.

Homo ergaster („der Handwerker") lebte vor etwa 1,8 bis 1,4 Millionen Jahren. Seine Fossilien wurden hauptsächlich in Ostafrika entdeckt. Die Einordnung von Homo ergaster ist eine der unübersichtlichsten in der Linie von Homo sapiens überhaupt. Für Einige ist er der afrikanische Vorfahre des modernen Menschen, für andere der Vertreter einer ausgestorbenen Seitenlinie. Für wieder andere hat es Homo ergaster gar nicht gegeben, sondern er ist einfach eine Variante von Homo erectus (der Aufgerichtete), der vor etwa zwei Millionen Jahren auftauchte und vor 40.000 bis 30.000 Jahren ausstarb. Heute werden die afrikanischen Funde des frühen Homo erectus häufig als Homo ergaster bezeichnet, und nur die späteren Fossilien aus Afrika, Asien und Europa Homo erectus zugeordnet. Tatsächlich sind sich Homo ergaster und Homo erectus im ganzen Habitus sehr ähnlich, wobei Homo ergaster wohl etwas zierlicher gebaut war.

Die Eroberung der Welt

Homo erectus ist eine Gattung, deren Fossilien in der ganzen Welt verstreut gefunden werden – Javamensch (Pithecanthropus) und Pekingmensch (Sinanthropus). Homo erectus wanderte vermutlich vor etwa 1,5 Millionen Jahren aus Afrika aus und besiedelte weite Teile der Welt. Es gibt jedoch auch die These, dass bereits Homo rudolfensis vor mehr als zwei Millionen Jahren eine Kette mehrerer Aus-

„Homo erectus war ein Erfolgs-modell. Sein Körperbau erinnert bereits deutlich an den eines modernen Menschen, ist allerdings robuster."

wanderungen aus Afrika einleitete. Homo erectus war damit ganz offensichtlich auch ein Erfolgsmodell. Sein Körperbau erinnert bereits deutlich an den eines modernen Menschen, ist allerdings robuster. Sein Gehirnvolumen lag zwischen 800 und 1.300 cm³. Seine Stirn war bereits steiler und die Zähne kleiner als bei den früheren Homo-Arten, bei denen besonders die langen Eckzähne auffallen.

Homo erectus war ein Jäger und Sammler und er hatte – vermutlich als erster – gelernt, das Feuer zu beherrschen. Kulturell wird er der Altsteinzeit zugerechnet. Seine Kunst der Werkzeugherstellung wird durch zahlreiche, bereits nach Funktion differenzierte Steinwerkzeuge belegt: Hackmesser, Schaber und größere Handäxte (Faustkeile). Verschiedene 200.000 bis 500.000 Jahre alte Schmuckstücke (Perlen aus Straußenei-Schalen), Figuren und andere Fundstücke weisen darauf hin, dass er kulturell viel weiter entwickelt war, als früher angenommen wurde, und wahrscheinlich hatte er auch bereits eine Sprache entwickelt. Besonders bei den späteren Homo-erectus-Arten wird zumindest von einer grundsätzlichen Sprechfähigkeit ausgegangen. Lange Zeit galt Homo erectus als direkter Nachfahre von Homo habilis. Doch im Jahr 2007 wurde ein Homo-habilis-Fund auf 1,44 Millionen Jahre datiert. Damit wird auch diese Abstammungslinie wieder infrage gestellt und die Außenseiterstellung von Homo habilis unterstrichen.

Wahrscheinlich war es der frühe Homo erectus, dem es erstmals gelang, Feuer für sich nutzbar zu machen. Nach der anfänglich passiven Pflege natürlich entstandener Feuerstellen entstand irgendwann die Fähigkeit künstlich Feuer zu entfachen. Auf welche Art, ist jedoch nicht bekannt – nur, dass Entfachen und Erhalt von Feuer die Entwicklung von Sprache und Denken enorm angetrieben haben dürfte.

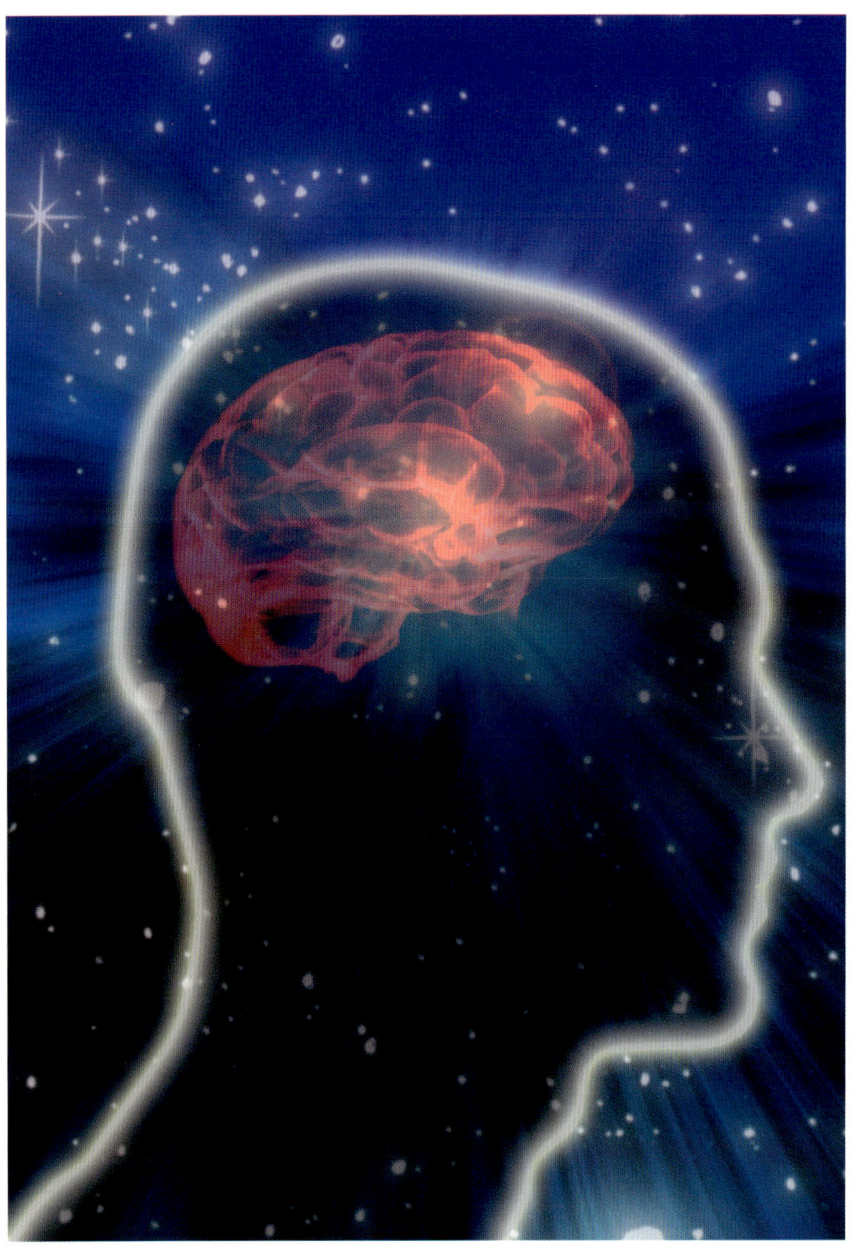

Mensch berühmt. Bereits vor rund 800.000 Jahren entwickelte sich aber parallel zu Homo erectus, eine Art mit einem noch größeren Gehirn: Homo heidelbergensis. Ob er tatsächlich eine eigene Art ist, oder doch eher eine Unterart von Homo erectus, ist sehr umstritten. Eine andere strittige These ist, ob aus dem afrikanischen Homo ergaster die asiatischen Homo-erectus-Formen entstanden, während über den in Spanien gefundenen Homo antecessor der Homo heidelbergensis entstand, der wiederum als Vorfahre des Neandertalers gilt. Diese These wird jedoch hauptsächlich von spanischen Paläoanthropologen vertreten. Die meisten Forscher ordnen Homo antecessor ebenfalls dem Homo erectus zu oder interpretieren ihn als frühen Homo heidelbergensis.

Interessante Aufschlüsse zur Entwicklung der menschlichen Linie konnten auch aus den rund 1,8 Millionen Jahre alten homininen Fossilien von Dmanisi gezogen werden. Sie sind die bisher ältesten außerhalb von Afrika entdeckten Fossilien aus dem Formenkreis der Echten Menschen und gelten als mögliches Bindeglied zwischen den frühesten Vertretern der Gattung Homo aus Afrika und den späteren, aus Asien bekannten Fossilien des Homo erectus. Mit ihnen wird belegt, dass die Gattung Homo mindestens 300.000 Jahre früher nach Eurasien vordrang als bislang angenommen. Die Fossilien wurden im Jahre 2000 von ihren Entdeckern zunächst in die Nähe von Homo ergaster gestellt. 2002 erhielten sie den Namen Homo georgicus, wurden 2006 dann ausdrücklich dem Homo erectus zugeordnet und schließlich 2007 aufgrund weiterer Knochenfunde, die ihnen ein deutlich kleineres Hirnvolumen bescheinigten als Homo erectus, in die Nähe von Homo habilis gestellt. Die Dmanisi-Fossilien widerlegen die zuvor allgemein akzeptierte Annahme, dass die ersten aus Afrika ausgewanderten Menschen ein Hirnvolumen von mindestens 1.000 cm³ besessen hätten, etwa 170 cm groß gewesen wären und über fortgeschrittene kulturelle Techniken verfügt hätten. Zudem weisen

Bei der Größe des Gehirns kommt es u. a. auf dessen Verhältnis zur Körpergröße an (auch ganz wichtig: die Furchung). Vor ca. 3 Millionen Jahren ähnelten die Gehirne der Hominiden denen der Menschenaffen. Erst ab dem Zeitpunkt, als Homo rudolfensis auftauchte, wuchs die Gehirnleistung. Das Hirnvolumen des Homo erectus vor ca. 1.8 Millionen Jahren nahm auf 1.000 cm³ kräftig zu. Bis zum Gehirnvolumen des heutigen Menschen mit 1360 cm³ war es dann nicht mehr allzu weit.

Die Ahnenreihe der Gattung Homo ist damit erneut sehr unklar und strittig. Eine grobe Deutung ergibt folgende Reihe: Aus den Australopithecinen haben sich Homo rudolfensis und vermutlich auch Homo habilis entwickelt. Beide lebten noch eine Weile zeitgleich mit Australopithecinen zusammen. Aus Homo rudolfensis entstand möglicherweise Homo ergaster und/oder Homo erectus. In einer etwas selteneren Darstellung entwickelte sich Homo erectus aber ebenfalls direkt aus den Australopithecinen. Homo ergaster und/oder eine Homo-erectus-Form entwickelten sich dann bis zum heutigen Menschen weiter. Die wenigen Fossilienfunde machen die genaue Zuordnung bisher nicht möglich. Auch die weitere Entwicklung bleibt ein wenig unklar. Die jüngsten Homo-erectus-Funde sind etwa 50.000 Jahre alt und wurden als sogenannter Java-

„Bereits vor 800.000 Jahren entwickelte sich parallel zu Homo erectus eine Art mit einem noch größeren Gehirn: Homo heidelbergensis."

„Aus Homo heidelbergensis und Homo erectus entwickelten sich der gängigsten Theorie zufolge Neandertaler und Homo sapiens."

die Fossilien verblüffende Ähnlichkeiten mit Homo floresiensis auf. Homo floresiensis, der in Fachkreisen auch scherzhaft Hobbit genant wird, lebte als Höhlenbewohner vor etwa 100.000 bis 12.000 Jahren auf der indonesischen Insel Flores und fiel vor allem durch seine kleine Körpergröße von nur einem Meter und sein geringes Gehirnvolumen auf. Dass so eine Menschenart noch vor wenigen Tausend Jahren existierte, löste heftige Diskussionen aus, ob es sich bei Homo floresiensis überhaupt um eine eigenständige Menschenart handeln kann, oder ob er nicht vielmehr die kleine Form eines modernen Menschen mit Mikrozephalie (kleine Schädel) verkörpert. Ein Widerspruch ergab sich auch zwischen dem kleinen Gehirn des fossilen Schädels und den handwerklichen Leistungen von Homo floresiensis. Sie fertigten bereits feine Klingen bis hin zu Harpunen an.

Dieser Fund zeigt überdeutlich, vor welchen Problemen Paläoanthropologen bei der Interpretation von Fossilien stehen: War der jeweils zugehörige

Mensch ein Prototyp für seine Art und Zeit oder hatte gerade er ein paar auffällige Merkmale? War er vielleicht besonders klein, besonders groß oder gar krank? So führte beispielsweise 1908 der Skelettfund eines Neandertalers, der unter einer chronischen Knochenkrankheit (Arthritis) litt, dazu, dass man sich den Neandertaler allgemein als einen Menschen mit affenartig gekrümmter Körperhaltung vorstellte, der sich auch nur in dieser gebückten Haltung fortbewegen konnte.

Heute gelten die Neandertaler Homo neanderthalensis (früher auch Homo sapiens neanderthalensis) zusammen mit Homo sapiens, dem „Weisen" (früher auch Homo sapiens sapiens), als moderne Menschen. Die Abstammung des Neandertalers von Homo heidelbergensis ist allgemein anerkannt, als Vorfahre von Homo sapiens gilt Homo ergaster bzw. Homo erectus – im Prinzip auch mangels guter Alternativen.

Die Neandertaler lebten in der Zeit von vor etwa 160.000 bis mindestens vor 30.000, vielleicht sogar noch vor 24.000 Jahren. Damit bevölkerten sie die Erde zeitgleich mit Homo sapiens, der vor 700.000 bis 400.000 Jahren erstmals auftauchte. Allerdings bezeichnete man die älteren Formen gelegentlich auch als den archaischen Homo sapiens (Homo sapiens präsapiens), um ihn noch einmal vom heutigen Menschen abzugrenzen, der seit etwa 120.000 bis 100.000 Jahren existiert.

Die technischen und kulturellen Errungenschaften im oberen Paläolithikum (vor 40.000 bis 10.000 Jahren) führten dazu, dass gewisse Bestandteile des menschlichen Lebens sich stärker entwickelten: die Verwendung des Feuers, die Bestattung der Toten, die Herstellung von Kleidung und Behausungen sowie die Schaffung von Kunst.

Neandertaler und Cro-Magnon

Die kulturelle Evolution startet durch

Homo heidelbergensis und Homo erectus, aus denen sich nach der häufigsten Theorie Neandertaler und Homo sapiens entwickelten, könnten teilweise sogar zur gleichen Zeit gelebt haben. Meist wird das Auftreten der Neandertaler in die Zeit vor 130.000 bis 120.000 Jahren gelegt. Nach genetischen Analysen haben sich die Neandertaler bzw. ihre Vorfahren aber bereits vor etwa 300.000 bis 250.000 Jahren von der gemeinsamen Linie des Homo sapiens getrennt. Die Neandertaler bzw. ihre direkten Vorfahren hat es also schon viel früher gegeben. Ihr Name leitet sich vom ersten Fundort ab, dem Neandertal (zwischen Düsseldorf und Wuppertal), wo Steinbrucharbeiter 1856 einen fossilen Schädel entdeckten. Diesen kleinen, stämmigen und muskulösen Menschen aus der späten Eiszeit, der ein bisschen den heutigen Eskimos und Lappen ähnelte, kennzeichneten ein vorspringender Mund und mächtige Kiefer. Ein durchschnittlicher Neandertaler-Mann hatte vermutlich die Kraft eines heutigen Gewichthebers. Entgegen der gängigen Meinung war der Neandertaler nicht primitiver als Homo sapiens. Sein Gehirnvolumen war mit 1.500 bis 1.700 cm^3 sogar etwas größer als das der modernen Menschen, allerdings war es anders strukturiert. In puncto Intelligenz konnte er aber wohl mit Homo sapiens mithalten. Er fertigte Präzisionswaffen, trug Schmuck, und die Bestattungsriten lassen Zeichen religiöser Vorstellungen erkennen. Nach Einschätzung der Fachwelt war er ein recht kultivierter Mensch, dessen komplexe Lebensweise auch eine Sprache wahrscheinlich macht. Mitte der 1990er-Jahre tauchte ein Fundstück auf, das bis heute ein Rätsel geblieben ist: zwei Klumpen Birkenpech. Die Neandertaler hatten einen Klebstoff, und zwar nicht irgendeinen klebrigen Naturstoff, sondern Birkenpech, das in der Natur nicht vorkommt. Birkenpech ist ein „Kunststoff", der von Menschenhand hergestellt werden muss.

„Ein durchschnittlicher Neandertalermann war stämmig und muskulös und hatte vermutlich die Kraft eines heutigen Gewichthebers."

Das Geheimnis der Neandertaler: Birkenpech kommt in der Natur nicht vor, es muss vom Menschen hergestellt werden. Der Fund von zwei Klumpen Birkenpech aus der Zeit der Neandertaler zeigt, dass diese bereits den Alleskleber herzustellen wussten, der heute noch von Naturvölkern für den Kanubau etc. verwendet wird. Wie schafften sie das ohne feuerfeste Gefäße, und wie kontrollierten sie die Temperatur des Feuers?

Bis heute ist es nicht gelungen, Birkenpech „auf Neandertalerart", also ohne feuerfeste Gefäße und moderne Temperaturkontrollen, herzustellen. Wie also hatte der Neandertaler dieses Problem gelöst? Fest steht nun allerdings, dass die Neandertaler das Feuer offensichtlich virtuos beherrschten, und sie mussten eine Menge Wissen über die Bestandteile und Eigenschaften der Birkenrinde haben.

Unsere Gemeinsamkeiten bezüglich gewisser Merkmale stehen unseren nächsten Verwandten, den Primaten und Menschenaffen, durchaus ins Gesicht geschrieben... (große Bildseite links).

Das Aussterben des Neandertalers

Aber warum ist dieser intelligente und hochentwickelte Neandertaler ausgestorben? Darüber herrscht bis heute keine Klarheit. Je mehr man über ihn weiß, um so rätselhafter erscheint sein Verschwinden. Diskutiert werden zum einen biologi-

Viele relativ kleine indigene Naturvölker sind durch das Vordringen der Zivilisation in ihrer ursprünglichen Kultur oder gar in ihrer Existenz bedroht. Die Buschmänner (Bild unten) z. B. der Savannen Afrikas gehen zwar noch mit ursprünglichen Methoden auf die Jagd, tragen jedoch bereits zivilisierte Kleidung.

sche Varianten wie eingeschleppte Krankheitskeime, ein verändertes Klima, mit dem der modernere, leichtfüßigere Homo sapiens besser zurechtkam, zum anderen eine Durchmischung beider Arten, wodurch der Neandertaler nicht wirklich ausstarb, sondern quasi absorbiert wurde. Diese Annahme schien ein Fund aus dem Jahre 1998 zu belegen. Die Knochen eines vor etwa 25.000 Jahren lebenden Kindes konnten zwar eindeutig dem Homo sapiens zugeordnet werden, doch hatte es wie die Neandertaler kürzere Schienbeine als Oberschenkelknochen sowie einen neandertalerähnlichen Unterkiefer. Heute sind die Forscher nicht mehr überzeugt, dass diese Merkmale alleine ausreichen, um eine Vermischung mit Neandertalern zu belegen. Moderne genetische Analysen können dies ebenfalls nicht bestätigen, sodass diese Theorie heute keine breite Akzeptanz mehr findet.

Einer historischen Variante zufolge könnten Neandertaler aber auch auf dem gleichen Weg verschwunden sein, auf dem noch heute kleine Gruppen von modernen Menschen aussterben. Sobald in den oft eng begrenzten Lebensraum von isoliert und zurückgezogen lebenden Volksstämmen Menschen der höher entwickelten Zivilisation eindringen, werden diese Naturvölker verdrängt. So sind viele indianische Volksstämme ausgestorben, und immer noch werden nach Paleofood.de jedes Jahr 10 bis 20 Naturvölker ausgelöscht. Einige dieser heute bedrohten Naturvölker sind die Massai, die Yanomami, die samojedischen Völker und auch die Aborigines, die bis heute unter Krankheiten leiden, die mit der Kolonialisierung eingeschleppt wurden wie z. B. Lepra und Tuberkulose.

Auf ähnliche Weise könnte wohl auch der Neandertaler verschwunden sein, als der moderne Homo sapiens, der Cro-Magnon, auftauchte. Er war weder stärker als der Neandertaler, noch hatte er ein größeres Gehirn, doch er beschleunigte die kulturelle Evolution in einem nie gekannten Ausmaß. Nachdem über Millionen von Jahren die kulturelle Entwicklung im Schneckentempo vorangeschritten war, löste er in nur wenigen Tausend Jahren einen technischen Höhenflug aus.

Nachdem bereits 99 % der bekannten Menschheitsgeschichte vergangen waren, fertigte Cro-Magnon scheinbar aus dem Nichts von einem Tag auf den anderen hochfeine Werkzeuge aus Stein, Horn und Holz und schuf künstlerische Arbeiten wie elfenbeinerne Figuren oder Höhlenmalereien. Ein Unterschied zu den Neandertalern könnte ein kleiner, aber ganz bedeutsamer gewesen sein: Cro-Magnon hatte möglicherweise eine präzisere, schnellere und vielschichtigere Sprache als der Neandertaler und verdrängte ihn deshalb aufgrund seines kulturellen Höhenflugs.

Die Sprache ist ein zentrales Merkmal für die Weiterentwicklung der Menschen. Hiermit konnte die ganze geistige Kapazität des Gehirns und die Geschicklichkeit der menschlichen Hand ausgenutzt werden. Durch die präziseren und vielschichtigeren Möglichkeiten der Kommunikation wurde es möglich die Erfahrung mehrerer Personen auszutauschen. Dabei waren größere Gruppen jeweils im Vorteil, und je älter die Menschen wurden, um so mehr Wissen hatten sie. Trotz körperlicher Schwächen waren deshalb gerade ältere Menschen für jede Gruppe sehr wertvoll, weil sie ihre gesammelten Kenntnisse und Fertigkeiten an die nächste Generation weitergeben konnten. Sie wurden nun verehrt und gepflegt. Das Pflegen der alten Menschen und das Ausschöpfen ihres Wissens und ihrer Kenntnisse erwies sich so als elementarer evolutiver Vorteil – ein Umstand, der heute in Vergessenheit zu geraten droht. Im Zeitalter des Computers wird das Wissen von alten Menschen sträflich vernachlässigt und der Verlust ihrer geistigen Ressourcen leichtfertig hingenommen.

Vor etwa 50.000 Jahren überschritt der Cro-Magnon-Mensch aber noch eine andere Grenze: Dank der neu erfundenen technischen Hilfsmittel war der Kampf ums Dasein leichter geworden. Man hatte nun Muße zum Nichtstun, Zeit für Tänze, Spiele, Erzählungen und Kreativität. Auch dies war eine Basis für den kulturellen Höhenflug.

Eine weitere Veränderung war die äußerliche

„Dank der neu erfundenen technischen Hilfsmittel hatte der Cro-Magnon-Mensch vor etwa 50.000 Jahren Zeit für Tänze, Spiele, Erzählungen und Kreativität."

Angleichung der Geschlechter: Frühe Homininenfossilien weisen einen ausgeprägten Geschlechtsdimorphismus aus, das heißt, es gab zwischen Frauen und Männern beträchtliche Unterschiede in der Körpergröße: Frauen waren etwa 90 bis 120 cm groß und hatten ein Gewicht von etwa 27 bis 32 kg, während Männer über 150 cm groß wurden und ein Gewicht von etwa 68 kg hatten. Auch der frühe Homo sapiens zeigt noch diesen extremen Dimorphismus, doch seit etwa einer halben Million Jahren bildet er sich kontinuierlich zurück, ist beim modernen Menschen deshalb deutlich verringert und nimmt wohl auch weiterhin ab.

Die kulturelle Evolution des Homo sapiens führte zu einem immer rascheren Wechsel unterschiedlichster Kulturen: Der Steinzeit folgte die Eisenzeit, dann die Bronze-, die Holz-, die Kohle- und schließlich die Ölzeit. Heute befinden wir uns mit modernsten Kommunikationstechniken in der sogenannten Siliziumzeit.

Petroglyphen, das sind gravierte, geschabte oder gepickte prähistorische Darstellungen in Stein. Diese herzustellen war zur Zeit des Cro-Magnon kulturell und religiös von Bedeutung. Infolge einer gesicherten Existenz konnten sich kulturelle und kreative Aktivitäten entwickeln.

Naturvölker, wie diese namibischen Buschmänner, sind oftmals immer noch Jäger und
Sammler, jedoch in ihrer ursprünglichen Lebensweise gefährdeter denn je. Die Entdeckung
von neuen, bislang ungenutzten Möglichkeiten
der Ernährung und daraus resultierende Zeiten
der Muße, die man sonst mit Jagd oder auf
Nahrungssuche zubringen musste, schufen
auch in prähistorischen Zeiten Raum für die
kulturelle Weiterentwicklung.

Wo lebte „Eva"?

Out-of-Africa-Hypothese gegen Multiregionales Modell

Gemäß der Out-of-Africa-Hypothese wanderte der Homo sapiens nach Vorderasien und Europa, wo er auf die dort lebenden Neandertaler traf. Was ist daraufhin mit diesen geschehen? Wurden sie ausgerottet, verdrängt oder flossen ihre Gene in einen gemeinsamen Pool mit denen des Homo sapiens ein? Knochenfunde (kleine Abbildung rechts) belegen, dass die Spuren der ältesten menschlichen Populationen nach Afrika führen. So ist es nur folgerichtig, anzunehmen, dass auch die Urmutter oder eine der sieben Urmütter, von denen alle Menschen abstammen sollen, von dort kommt.

Hat sich der heute lebende Homo sapiens, der „brabbelnde Affe", wie der Biologe Edward O. Wilson ihn scherzhaft nannte, in Afrika (Out-of-Africa-Hypothese) entwickelte oder ist er womöglich an vielen Stellen der Welt entstanden (Multiregionales Modell)? Beide Theorien haben ihre Anhänger und Argumente.

Homo erectus hatte nicht nur Afrika, sondern auch Europa und Asien erobert. Eine Weiterentwicklung von Homo erectus fand demnach nicht nur in Afrika statt. Warum sollten sich daher nicht an verschiedenen Orten auf der Welt moderne Menschen entwickelt haben?

Die Out-of-Africa-Hypothese gibt darauf folgende Antwort: Vor rund 2,5 Millionen Jahren sind die ersten Menschen der Gattung Homo in Ostafrika aufgetaucht. Von dort aus eroberten sie als Homo erectus vor 2 bis 1,5 Millionen Jahren zum ersten Mal die Welt, wurden in Südostasien zum Javamenschen, in Nordasien zum Pekingmenschen und in Europa zum Neandertaler. Vor etwa 500.000 Jahren entwickelt sich dann, wiederum in Afrika, aus Homo ergaster oder der dortigen Homo-erectus-Form mit dem Homo sapiens eine große Konkurrenz zu den Homo-

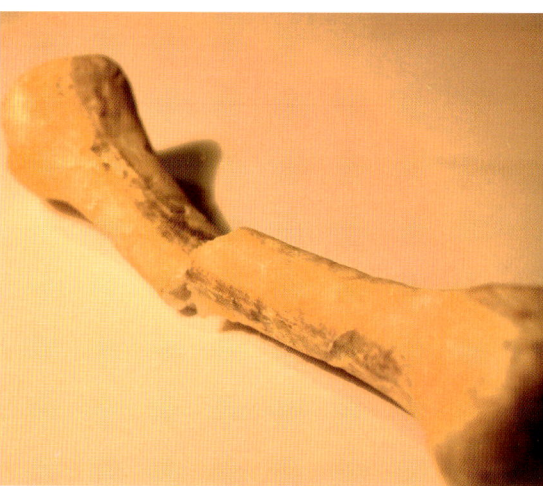

erectus-Arten. Sie sah vor etwa 100.000 Jahren schon beinahe so aus wie die Menschen heute. Spätestens vor 60.000 bis 40.000 Jahren machten sie sich leichtfüßig ebenfalls auf den Weg nach Europa und Asien und verdrängten alle dort lebenden Nachfolger der Erectus-Arten, einschließlich des Neandertalers. Der Homo sapiens besiegte sie schließlich im Kampf oder schaltete sie im ökonomischen Wettkampf aus, sodass schließlich alle ausstarben. Dabei soll der Homo sapiens seine menschlichen Vorgänger so gründlich ausgelöscht haben, dass von ihnen keinerlei genetische Spuren mehr in der heutigen Weltbevölkerung zu finden sind. Diese Theorie wird von der Mehrheit der Forscher favorisiert. Untermauert wird die These unter anderem durch die vielen Knochenfunde, die ausschließlich in Afrika entdeckt wurden. Genetische Analysen konnten zudem zeigen, dass die größte genetische Vielfalt in Afrika zu finden ist, was darauf schließen lässt, dass sich in Afrika die ältesten Populationen finden. Die Berechnungen ergeben, dass wir alle von nur einer bis vielleicht sieben Urmüttern abstammen. „Eva" war demnach eine vor etwa 172.000 Jahren lebende schwarze Afrikanerin.

Kritisch anmerken kann man zu dieser Theorie, dass in der Vergangenheit fast nur in Afrika nach menschlichen Vorfahren gesucht wurde. Und

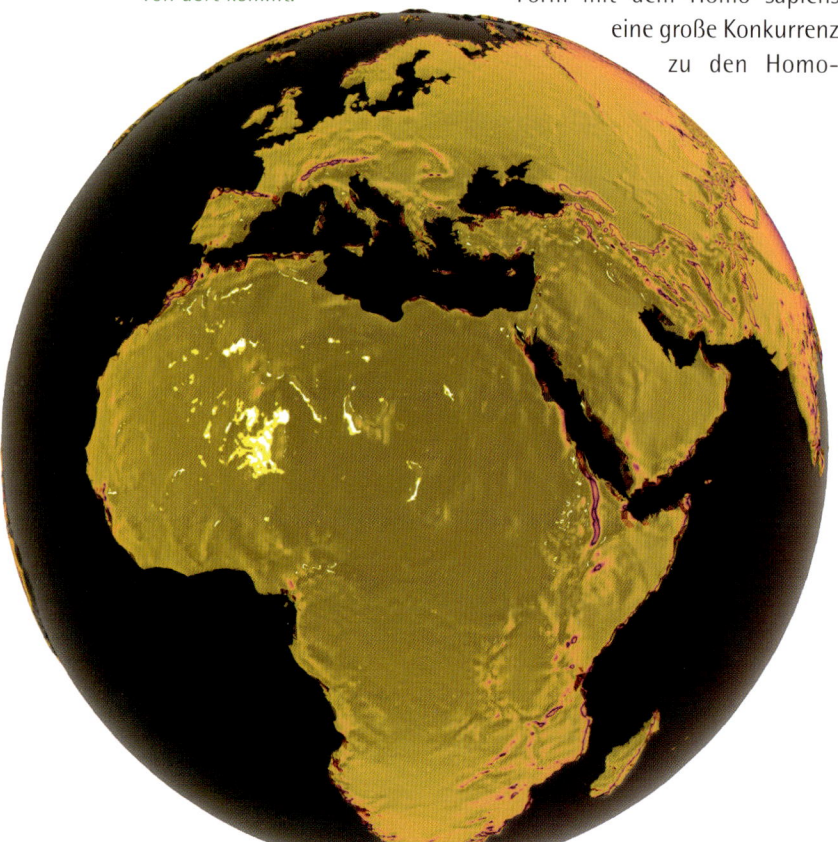

„Genetische Analysen konnten zeigen, dass die größte genetische Vielfalt in Afrika zu finden ist."

„Gemäß dem Multiregionalmodell hat sich der moderne Mensch jeweils an verschiedenen Orten der Welt aus urtümlichen Vorgängerbevölkerungen des Homo erectus entwickelt."

natürlich kann nur dort etwas gefunden werden, wo auch gesucht wird. Zudem glauben viele Experten, dass so ein globaler Verdrängungsprozess gar nicht so einfach gewesen sein dürfte. Außerdem erscheint es nicht wenigen sehr ungewöhnlich, dass eine einzige Art die gesamte Welt erobert haben soll. Zwar kommen solche Verdrängungen auch in der Tierwelt vor, aber nicht in einem derart riesigen Raum und gänzlich unabhängig von den jeweiligen Umweltbedingungen. Immerhin sollen die afrikanischen Auswanderer im kalten Norden über Menschenformen triumphiert haben, die an die dortigen Klimaverhältnisse vermutlich viel besser angepasst waren als sie selbst und höchstwahrscheinlich auch noch in der Überzahl waren. Darüber hinaus tauchen immer wieder Funde auf, welche die Out-of-Africa-Hypothese infrage stellen. Das entsprechende Alternativmodell, das zu dieser Theorie entworfen wurde, ist das Multiregionalmodell.

Die Vertreter dieses Modells gehen davon aus, dass sich der moderne Mensch jeweils an verschiedenen Orten der Welt aus urtümlichen Vorgängerbevölkerungen des Homo erectus entwickelt hat. Die frühmenschlichen Bewohner Afrikas, Asiens und Europas sollen nach dieser Theorie regelmäßigen Kontakt untereinander gepflegt haben. Dabei tauschten sie nicht nur neue Erfindungen und Ideen aus, sondern eben auch ihre Gene. Dieser ständige genetische Austausch zwischen den verschiedenen Gruppen hätte dafür gesorgt, dass die Menschheit trotz der geografischen Entfernungen eine einheitliche Spezies geblieben sei.

Das Modell wird ebenfalls von verschiedenen Funden gestützt: Das 25.000 Jahre alte Kinderskelett, das als Mosaikform zwischen Neandertaler und modernem Menschen interpretiert wurde, ist einer davon. Weiterhin lassen die 1,8 und 0,8 Milliarden Jahre alten Fundstätten in Georgien und Spanien vermuten, dass Homo sapiens wesentlich ältere

Wurzeln innerhalb Europas haben könnte. Homo florensis spricht dafür, dass wenigstens bis vor 13.000 Jahren eine frühe Menschenart überlebt hat. Viele Funde werden daneben anders interpretiert als von den Out-of-Africa-Anhängern, die auch deren einseitige Interpretation kritisieren.

Tatsächlich kommen verschiedene Molekulararchäologen bei ihren Genvergleichen zu unterschiedlichen Angaben über das Alter der afrikanischen „Eva". Andere genetische Studien ergeben zudem, dass der Mensch in mehreren Wellen nach Europa eingewandert zu sein scheint.

Das Kompromissmodell

Ein Kompromiss aus beiden Modellen besagt, dass die modernen Menschen zwar ursprünglich in Afrika entstanden, diese hätten die anderen Arten aber

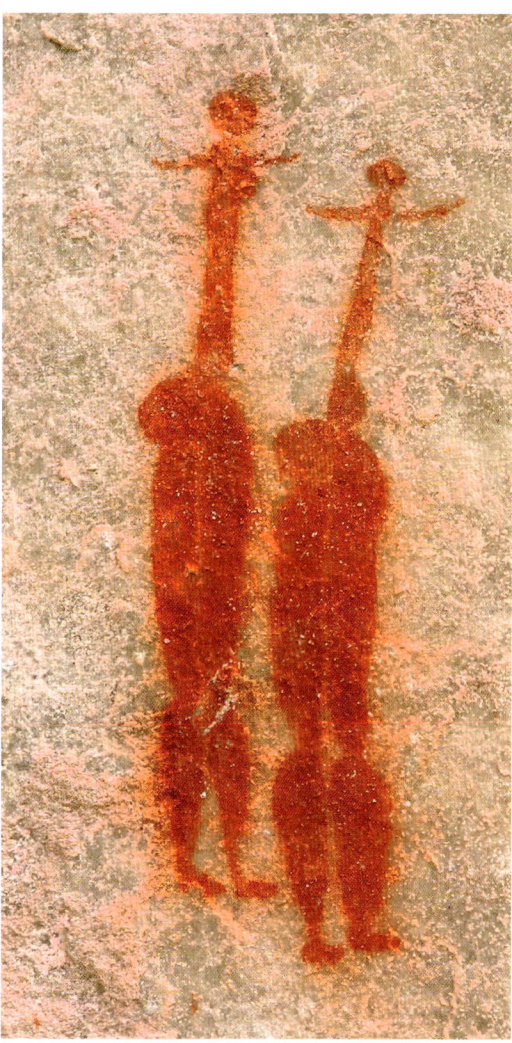

Zwei afrikanische Urfrauen: prähistorische Zeichnung von Buschmännern in einer Berghöhle Südafrikas.

nicht verdrängt und ausgelöscht, sondern sich mit ihnen fortgepflanzt. Die Menschheit breitete sich so, immer wieder aus Afrika kommend, über die anderen Erdteile aus. Dabei soll ein kontinuierlicher Genaustausch zwischen neuen Einwanderern mit den jeweils ansässigen Populationen stattgefunden haben, wodurch zwischen den menschlichen Populationen weltweit genetische Bande gestärkt und die Entwicklung des modernen Homo sapiens vorangetrieben worden wäre. Damit hätten alle Menschenarten inklusive des Neandertalers, etwas zum Genpool der heutigen Menschheit beigetragen, da die Gene der früheren Menschen im Lauf der Zeit im Erbgut des modernen Homo sapiens aufgegangen sind. Je mehr die Forscher über die genetische Variabilität des Menschen herausfinden, desto mehr werden sich die ursprünglich entgegengesetzten Hypothesen angleichen – dies zumindest glauben die Experten.

Ein afrikanischer Schädel, der über 50 Jahre im Labor lag, soll nun allerdings wiederum die Out-of-Africa-Hypothese unterstützen, indem er eine Schwachstelle dieser Theorie beseitigen hilft. Bis-

her gab es nämlich keine Fossilienfunde, die die Auswanderung von Homo sapiens aus Afrika bestätigen konnten. Ausgerechnet aus der Zeit des Aufbruchs von Homo sapiens gibt es keine Knochenfunde! Dieser längst entdeckte, aber erst jetzt genau untersuchte Schädel scheint nun diese Lücke zu schließen. Er soll 36.000 Jahre alt sein und formal überraschend stark den Schädeln ähneln, die vergleichbar alt sind und aus Europa stammen. War dies nun die endgültige Entscheidung? Nach Friedemann Schrenk, einem weltweit bekannten Paläoanthropologen, produziert die Paläoanthropologie immer nur Theorien, aber keine Tatsachen. Deshalb gäbe es auch keine richtigen oder falschen Antworten, sondern immer nur Hypothesen, die wahrscheinlicher sein können als andere. Im Moment ist die wohl wahrscheinlichste die Out-of-Africa-Hypothese.

„Ausgerechnet aus der Zeit des Aufbruchs von Homo sapiens gibt es keine Knochenfunde."

Knochenfunde wie dieser prähistorische Schädel sind von essenzieller Bedeutung für die Paläoanthropologie. Mit diesbezüglichen Untersuchungen kann sie Aussagen über die Variationsbreite der anatomischen Merkmale in einer Population machen, was unter Umständen zu einer Neubewertung der Abgrenzung von prähistorischen Arten führen könnte.

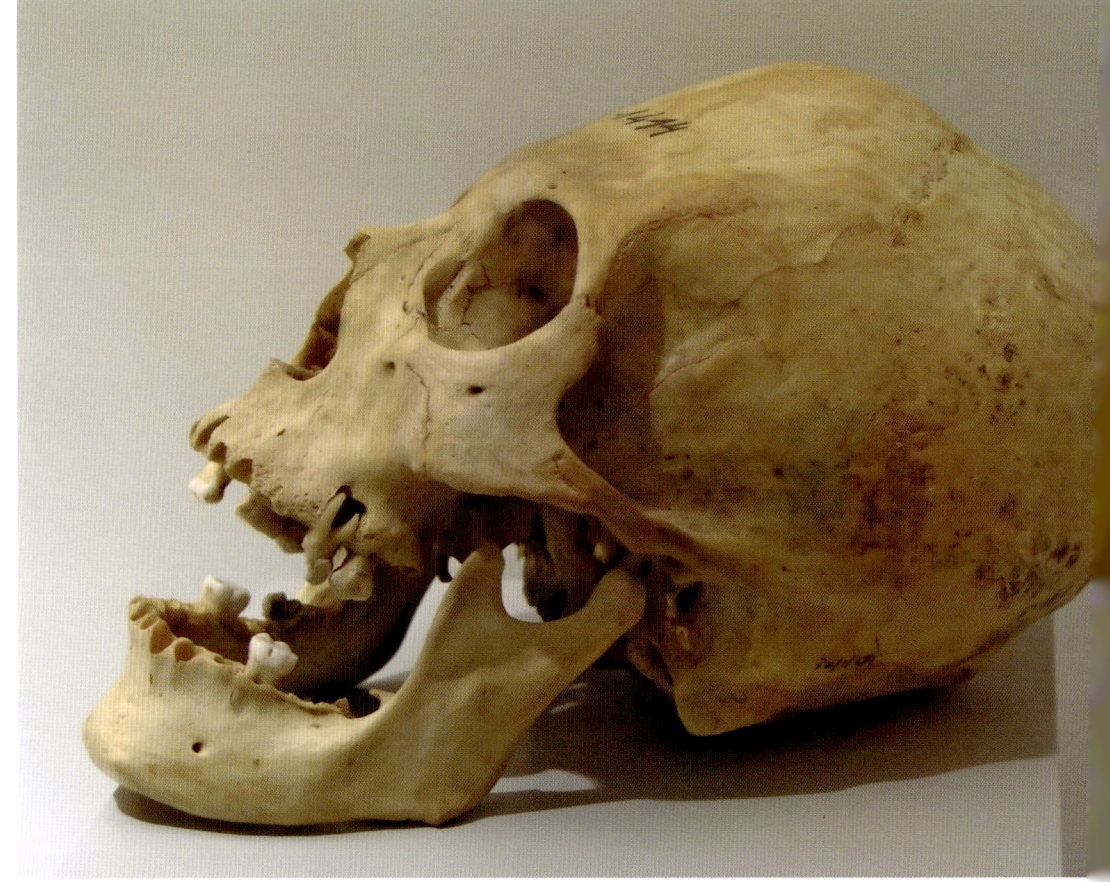

Der moderne Mensch

Die Krone der Schöpfung?

Der Name Homo sapiens („der Wissende, Weise") stammt von Linné. Damit wollte er die geistige Überlegenheit des modernen Menschen zum Ausdruck bringen. So wird er auch oft als „Krone der Schöpfung" bezeichnet, um auszudrücken, dass er von allen Geschöpfen am höchsten entwickelt ist. Allerdings impliziert dies gleichzeitig, er sei das Ende der Schöpfung. Ist der Mensch wirklich die Krone der Schöpfung? Und ist damit die Entwicklung tatsächlich am Ende?

Die charakteristischen Merkmale, die den modernen Menschen von seinen nächsten Verwandten trennen, wie z. B. der aufrechte Gang oder der Verlust des Haarkleides, haben dem Menschen nicht nur Vorteile gebracht.

Mit der Bipedie veränderte sich auch die Form des Beckens, es wurde zur tragenden „Schüssel" für die Eingeweide und inneren Organe. Der Mensch streckte sich und wurde größer. Die Wirbelsäule krümmte sich doppelt S-förmig und trägt ab diesem Zeitpunkt federnd Rumpf und Kopf. Der Kopf wird genau unter seinem Schwerpunkt unterstützt, sodass keine kräftigen Nackenmuskeln mehr zur Kopfhaltung nötig sind. Die hinteren Extremitäten wurden länger und kräftiger und zu Laufbeinen umgeformt. Aus dem Fuß wurde ein ausgesprochenes Gehwerkzeug. Die Zehen verkürzten sich und der aufrecht gehende Mensch tritt mit der ganzen Sohle auf, nicht wie der Gorilla nur mit der Außenkante der Fußsohlen.

Um die Wirkung der Schwerkraft auf den Blutkreislauf zu kompensieren, musste zudem der Blutdruck steigen. Das Kreislaufsystem und das Skelettsystem blieben allerdings bis in unsere Tage die Schwachstellen des aufgerichteten Menschen. Zu hoher und zu niedriger Blutdruck, Blutleere im Gehirn, schwere Beine und Krampfadern sind ebenso typisch menschliche Probleme wie Kopfschmerzen, Rückenschmerzen, Kniearthrosen und auch Sonnenstich.

„Der aufrechte Gang und der Verlust des Haarkleides haben dem modernen Menschen nicht nur Vorteile gebracht."

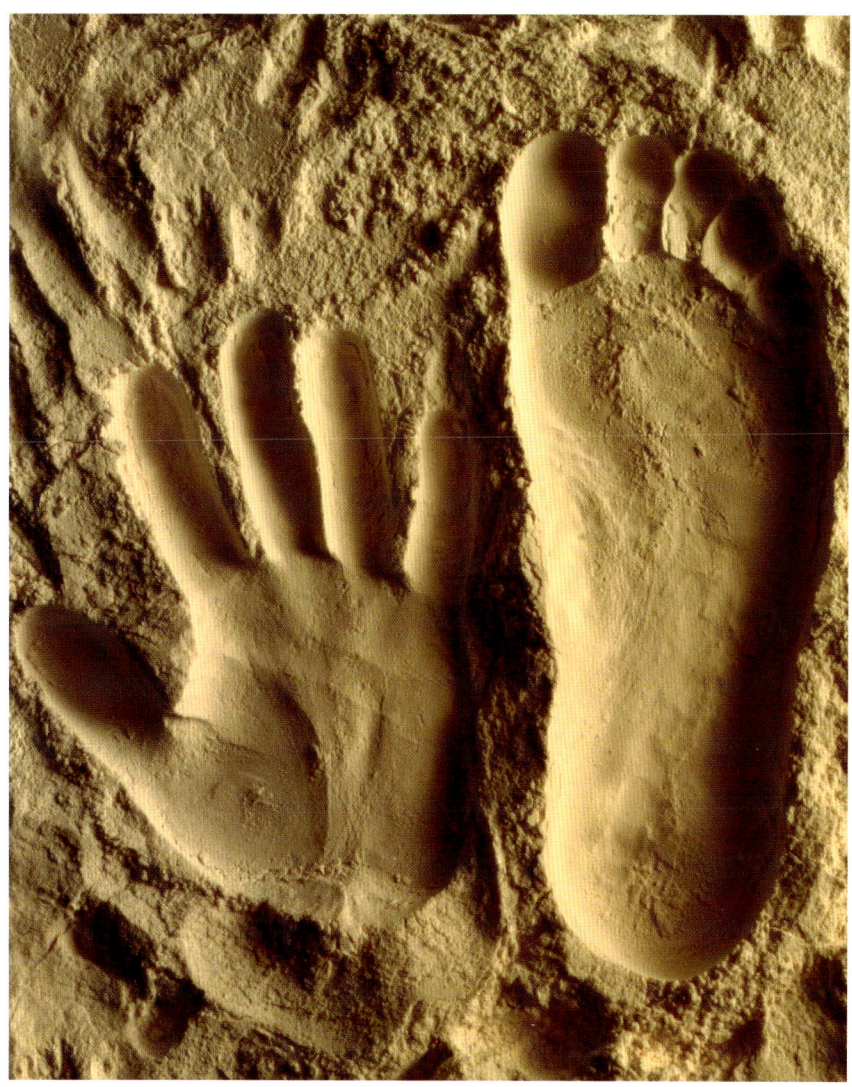

Das Gehirn des in großer Hitze aufrecht gehenden Menschen muss nun vor Überhitzung geschützt werden. Dafür hat es seine eigene „Klimaanlage" entwickelt, ein Geflecht aus kleinen Venen, die das aufgeheizte Blut schnellstmöglich vom Kopf wegleiten. Doch reicht diese Kühlung in extremen Umweltbedingungen, etwa bei hoher Sonneneinstrahlung nicht immer aus, das Gehirn droht, ohne weiteren Schutz zu überhitzen – mit gefährlichen, manchmal sogar tödlichen Folgen.

Die Geburt eines Kindes wurde ebenfalls schmerzhafter, denn der Muttermund musste mit einem festen Muskelring verschlossen werden, damit der Fötus beim Gehen nicht herausrutschen kann. Gemessen am Entwicklungsstand des Säuglings bei der Geburt, wird der Mensch im Vergleich zu seinen Verwandten, den Menschenaffen, zu früh

Die menschlichen Extremitäten: Die Hand des Menschen war und ist für seine kulturellen Fertigkeiten und seine Ausdrucksmöglichkeiten von zentraler Bedeutung. Erst die Entwicklung zur Greifhand – mit gleichzeitiger Entwicklung der Kontrolle im Gehirn – ermöglichte vielfältige Bewegungskombinationen. Und erst die Entwicklung des Fußes zum Gehwerkzeug – eine anatomische Neukonstruktion – machte aus dem ehemaligen Vierbeiner den Homo erectus.

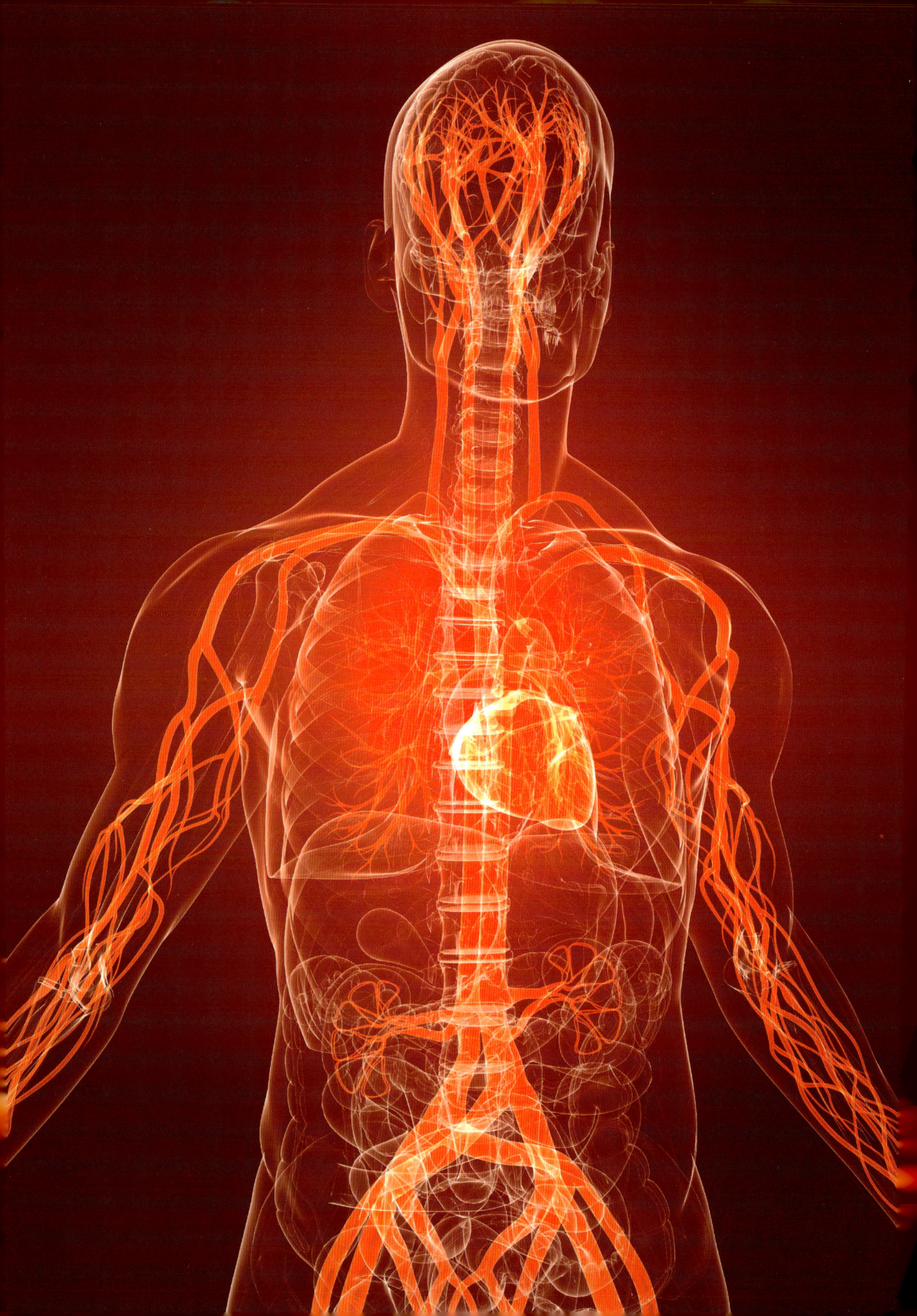

geboren. Der Grund hierfür ist ebenfalls in der Weiterentwicklung des Menschen zu finden und auf die veränderten körperlichen Proportionen zurückzuführen. Der viel größere Hirnschädel des Menschen würde zu einem späteren Zeitpunkt nämlich nicht mehr durch den von den Beckenknochen begrenzten Geburtskanal passen. So ist der Mensch nach der Geburt wie die jungen Nesthocker anderer Tierarten monatelang völlig hilflos. Allerdings besitzt er voll entwickelte Sinnesorgane, weshalb eine starke nachgeburtliche Gehirnentwicklung in enger Wechselwirkung mit den Sinneseindrücken seiner Umwelt erst möglich ist.

Die ersten Jahre nach der Geburt werden deshalb für eine lange Lernphase unter intensiver Fürsorge der Eltern verwendet. Kein anderes Säugetier investiert bis zur Geschlechtsreife der einzelnen Individuen so viel Zeit. Dafür ist die Anzahl der Nachkommen gering und Mehrlingsgeburten sind selten. Diese Fortpflanzungsstrategie ist typisch für Primaten und beim Menschen am stärksten ausgeprägt: Nur wenige Junge werden geboren, dafür finden aber hohe Investitionen in die Nachkommen statt.

Eine verlängerte Lebensdauer, insbesondere die verlängerte Altersphase nach der Fortpflanzungszeit, stellt sicher, dass alle Nachkommen bis zur Selbstständigkeit betreut werden können. Doch diese nachgeburtliche Reifung des Gehirns macht den Menschen auch anfälliger für psychische und geistige Fehlentwicklungen.

Vorteil nackte Haut

Auf dem Jahrtausende während Weg der Hominisation hat der Mensch bis auf eine geringe Restbehaarung auch sein komplettes Fell bzw. Haarkleid verloren. Wissenschaftler vermuten, dass ein möglicher Auslöser hierfür ebenfalls im aufrechten Gang begründet ist. Beim zweibeinig gehenden Menschen ist nämlich etwa 60 % weniger Körperoberfläche der direkten Sonneneinstrahlung aussetzt als bei seinen vierbeinigen Verwandten. Dieser Umstand machte das schützende Fell letztlich überflüssig, ja dem aufrechten Menschen wurde es sogar zu heiß. Ohne Fell kann der Mensch den

„Zwar hat sich der Mensch äußerlich, geistig und kulturell weit von seinen nächsten Verwandten, den Schimpansen, entfernt, doch sind die genetischen Unterschiede gering."

gesamten Körper zur Wärmeabfuhr durch Schwitzen nutzten.

Eine andere Theorie ist, dass der Mensch sein Fell abgeworfen hat, um sich von Läusen, Flöhen und anderem Ungeziefer zu befreien. Affen verbringen einen erheblichen Teil ihrer „Freizeit" – also wenn sie nicht mit der Nahrungssuche beschäftigt sind – – mit der Fellpflege. Diese Zeit konnten die nackten Menschen nun beispielsweise für die intensivere Suche nach Nahrung oder Unterkunft verwenden. Da Parasiten auch Krankheiten übertragen, profitierten die Menschen darüber hinaus auch gesundheitlich von der Nacktheit. Und tatsächlich wurde die Menschheit erst wieder von Läusen geplagt, nachdem sie sich vor rund 110.000 bis 30.000 Jahren in Gewänder hüllte und die Menschen ihren Körper erneut verhüllten. Ohne Fell musste sich der Mensch aber nun in den kälteren Regionen vor Erfrierungen schützen, außerdem ist seine Haut „verletzbarer" geworden. Nicht nur Hautkrebs ist eine typisch menschliche Erkrankung. So gesehen kann von „Krone der Schöpfung"

Nach der Geburt ist der menschliche Säugling monatelang völlig hilflos, ein Tragling, der nicht selbstständig laufen oder Nahrung suchen kann und rund um die Uhr der Fürsorge bedarf (Bild oben). Das Besondere daran ist, dass in der menschlichen Säuglingszeit Reifeprozesse stattfinden, die andere Primaten schon im Embryonalstadium durchlaufen. Großes Bild links: Das menschliche Blutkreislaufsystem wurde zur Schwachstelle des Homo erectus: Der aufrecht gehende Mensch leidet bis heute an Blutdruckschwankungen, Blutleere im Gehirn, schweren Beinen, Krampfadern und Kopfschmerzen.

Bereits die Neandertaler haben wahrscheinlich über eine komplexe Sprache verfügt – sonst wäre die von ihnen entwickelte Kultur nicht denkbar gewesen. Mit Hilfe der Sprache konnte die geistige Kapazität des Gehirns und die Geschicklichkeit der menschlichen Hand zur Perfektion weiterentwickelt werden. In der Folge gelang es dem Menschen, die gesamte Welt zu besiedeln und sich den neuen Lebensraum nach seinen Vorstellungen umzugestalten (großes Bild).

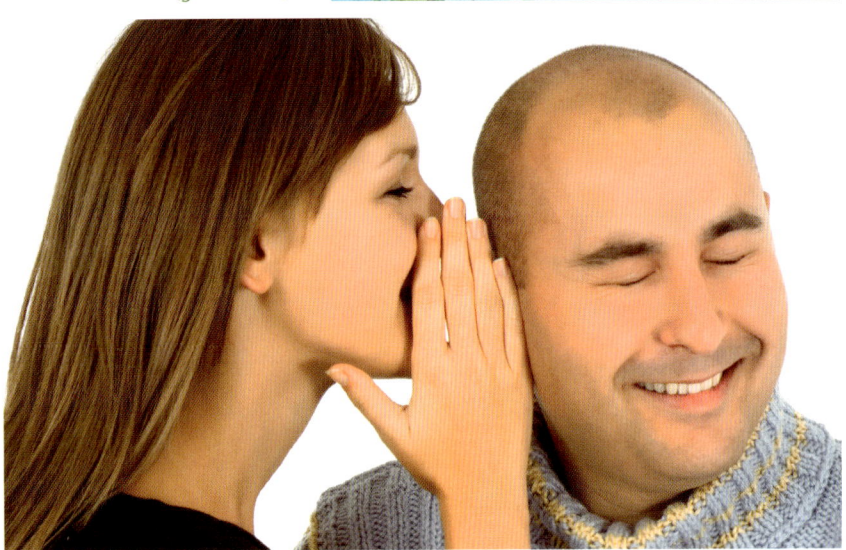

Die Umgestaltung der Welt und die dominante Stellung des Menschen bringt jedoch auch große Verantwortung mit sich.

eigentlich nicht die Rede sein. Vielmehr erscheint der Mensch unter diesen Gesichtspunkten in seiner Entwicklung nicht optimal an seine Umwelt angepasst.

Gemeinsamkeiten und Unterschiede

Auch wenn sich der Mensch äußerlich, geistig und kulturell weit von seinen nächsten Verwandten, den Schimpansen, entfernt hat, so sind die genetischen Unterschiede noch erstaunlich gering. Etwa 98,7 % des menschlichen Erbguts stimmen mit dem der Schimpansen überein. Allerdings zeigen neuere Analysen, dass in den regulatorischen Bereichen eine weit größere Variation liegt als in den Genen selbst. Offensichtlich haben sich die Kontrollelemente der Gene viel schneller verändert als die Gene selbst. Dies lässt die Vermutung zu, dass die regulatorischen Sequenzen vermutlich viel stärker als veränderte Proteinstrukturen zu den

markanten Entwicklungen in der Evolution beigetragen haben. Letztendlich macht den Menschen diese relativ enge Verwandtschaft aber biologisch gesehen „nur" zu einer weiteren Menschenaffengattung.

Neue Perspektiven

Mit dem Auftauchen des modernen Homo sapiens kamen Bewusstsein und eine ausgefeilte Sprache in die Welt. Damit brachte der moderne Mensch eine neue kreative Kraft mit, die nun selbstständig auf Veränderung drängte und bis heute weiter drängt. Ein Blick zurück in die Vergangenheit zeigt uns, dass die Evolution sich permanent beschleunigt hat. Und selbst der Homo sapiens hat sich im Laufe der Zeit stetig verändert. Seine Evolution wird daher wohl genauso weitergehen wie die Evolution der gesamten Tier- und Pflanzenwelt.

Eine Krone der Schöpfung kann es somit nicht geben, weder in menschlicher Hinsicht noch in einer anderen. Mit der Krone wäre das Ende einer steten Entwicklung erreicht: Stillstand. Doch einen Stillstand gibt es in der Evolution nicht. Die einzige Alternative zu Weiterentwicklung hieße in der letzten Konsequenz auszusterben.

Der moderne Mensch hat allerdings als erste Gattung die einzigartige Möglichkeit, auf seine eigene Weiterentwicklung Einfluss zu nehmen, sowohl negativ als auch positiv. Er ist Schreckgespenst und Hoffnung gleichermaßen. Falsch gestellte Weichen könnten dabei durchaus in Katastrophen münden. Welch große Geister er rufen kann, wird dem Mensch gegenwärtig durch die Klimaveränderung bewusst, die langsam bedrohliche Ausmaße annimmt und die manche Experten Horrorszenarien für die Zukunft entwerfen lässt. Die Hoffnung ruht auf einem neu zu entwickelnden Verantwortungsbewusstsein, darauf, dass dieser (Selektions-)Druck nicht nur Untergang bedeuten muss, sondern immer auch die Chance für positive Entwicklungen, für bahnbrechende Erkenntnisse, für etwas wunderbar Neues birgt.

Es bedeutet jedoch auch, dass jeder einzelne Mensch gefragt ist, zu einer bewussten Verantwortlichkeit und einer rücksichtsvollen Lebensent-

„Der moderne Mensch hat als erste Gattung die einzigartige Möglichkeit, auf seine eigene Weiterentwicklung Einfluss zu nehmen, sowohl negativ als auch positiv."

Wohin führt die Evolution?

Zickzackkurs ohne Ziel?

Lange Zeit wurde die Evolution als ein allmählicher Prozess betrachtet, der auf minimalen Veränderungen der Arten beruht. Aus einer Stammart entwickelte sich durch das Wechselspiel von Anpassung, Konkurrenz und Selektion über sehr lange Zeiträume hinweg eine Vielzahl von unterschiedlichen Abkömmlingen, die schließlich wieder neue Arten bildeten. Doch wie man inzwischen weiß, hat der tatsächliche Ablauf der Evolution mit dieser Vorstellung nur wenig zu tun, denn die Evolution verlief keinesfalls so gemächlich, geradlinig und zielstrebig wie vermutet. Sie wurde vielmehr durch eine Vielzahl evolutionärer Sackgassen, Verdrängungsprozesse, Massenaussterben und explosionsartiger Neubildungen bestimmt. Die Entwicklungslinien vieler Arten verliefen dabei nicht geradlinig. Kuriose und rätselhafte Entwicklungen erwiesen sich immer wieder als beständiger als so manche auf den ersten Blick erfolgreiche Art. Insofern gleicht die Evolution eher einem Zickzackkurs mit Umwegen, Unterbrechungen, Rückschlägen und Sackgassen.

Katastrophen, die Motoren der Evolution?

Die „Großen Fünf"

Von Milliarden Tier- und Pflanzenarten, die auf unserer Erde gelebt haben, sind heute 99,9 % ausgestorben, weshalb so mancher Paläontologe scherzt: „In erster Näherung ist alles Leben auf der Erde ausgestorben."

Seit Beginn des Präkambriums hat es schätzungsweise 30 Milliarden Arten auf unserem Planeten gegeben. Viele von ihnen sind zwar mehr oder weniger schleichend wieder verschwunden, doch dazwischen gab es immer wieder große Katastrophen, die nicht nur eine Art, sondern gleich Tausende und Abertausende auslöschten. Bis heute sind fünf große Massenaussterben („Big Five") bekannt, bei denen innerhalb von - geologisch gesehen – relativer kurzer Zeit (meist wenige Millionen Jahre) unzählige Arten (60-90 %) weltweit ver-

Viele der Dinosaurierarten, die im Lauf der Erdgeschichte die Erde bewohnten, wie beispielsweise Tyrannosaurus Rex, der vor 68 bis 65 Millionen Jahren am Ende der Kreidezeit weite Teilen Nordamerikas bevölkerte, sind mit einem Schlag ausgestorben und können heute als Skelette in naturhistorischen Museen besichtig werden.

nichtet wurden. Zu den „Big Five" werden in der Regel die nachfolgenden Artensterben gezählt:

- Vor 445 Millionen Jahren im Ordovizium verschwanden 70-80 % aller Meerestiere.
- Vor 360 Millionen Jahren am Ende des Devon starben massenhaft Meerestiere, darunter die Panzerfische aus.
- Vor 250 Millionen Jahren am Ende des Perm fand das wahrscheinlich größte Massensterben statt.
- Vor 200 Millionen Jahren am Ende des Trias starben bis zu 75 % aller Arten aus.

„Seit dem Präkambriums hat es ca. 30 Milliarden Arten auf der Erde gegeben. Viele sind mehr oder weniger schleichend wieder verschwunden."

- Vor 65 Millionen Jahren am Ende der Kreidezeit verschwanden die Dinosaurier von der Erde.

Wendepunkte der Evolution

Die „Big Five" waren allerdings bei Weitem nicht die einzigen größeren Massensterben in der Erdgeschichte, neben ihnen gab es unzählige andere größere wie kleinere Artendezimierungen. Und es gibt auch Quellen, in denen zu den „Big Five" statt des Triassterbens vor 200 Millionen Jahren das Massensterben vor 650 Millionen Jahren gezählt wird, bei dem allerdings nur Kleinstlebewesen ausstarben, denn Vielzeller bildeten sich erst später. Auch das Artensterben im Kambrium wird gelegentlich zu den Big Five gerechnet. Damals starben die Trilobiten aus, krebsähnliche Gliederfüßer, die als erste ein segmentiertes Außenskelett entwickelt und sich zuvor fast über die gesamte Erde ausgebreitet hatten. Tatsächlich könnte man – je nach Auswahlkriterien – ebenso gut von den „Big Six" oder „Big Seven" sprechen.

Insgesamt gesehen haben also solche Aussterbeereignisse in der Geschichte des Lebens keine Ausnahmestellung, sondern gehören vielmehr als immer wieder auftretende Phänomene zu ihren festen Bestandteilen. Als Auslöser für diese Massensterben werden Naturkatastrophen vermutet, die allein oder auch in Kombination mit anderen Ereignissen zu diesen gewaltigen Wendepunkten der Evolution geführt haben könnten:

Meteoriteneinschläge werden beispielsweise in der Impakt-Theorie für globale Umweltkatastrophen verantwortlich gemacht. Ein großer Meteorit oder Komet würde durch seinen Aufschlag auf der Erde große Flutwellen oder globale Waldbrände auslösen. Dabei könnte soviel Staub in die Atmosphäre geschleudert werden, dass das Sonnenlicht bereits in den oberen Schichten der Atmosphäre absorbiert werden würde, es auf der Erde dunkel würde und die Temperaturen zurück-

„Aussterbeereignisse gehören als immer wieder auftretende Phänomene in der Geschichte des Lebens zu dessen festen Bestandteilen."

gingen (vergleichbar dem nuklearen Winter). Auch globale Waldbrände könnten durch die dabei entstehenden Rußpartikel den gleichen Effekt ausgelöst haben. Meteoriteneinschläge in solcher Größenordnung könnten auch weitere Phänomene auslösen, wie z. B. extremen Vulkanismus. Eine solche kosmische Katastrophe wird heute für das Dinosauriersterben vor 65 Millionen Jahren verantwortlich gemacht. Ein Meteorit als „Dinokiller" galt lange Zeit als unrealistisch und unwissenschaftlich. Als die Hypothese dann das erste Mal in einer Fachzeitschrift veröffentlicht wurde, war die Sensation perfekt. „Als hätte jemand behauptet, die Dinosaurier seien von kleinen grünen Männchen aus einem Raumschiff erschossen worden", beschrieb der

Neben dem schleichenden Aussterben von Arten werden auch plötzlich einsetzende Ereignisse wie die katastrophalen Folgen von Einschlägen großer Kometen oder Meteoriten als Auslöser großer Massenaussterben vermutet. Innerhalb relativ kurzer Zeit starben dadurch Abertausende Arten.

Die zur Familie der Elefanten gehörenden Mammuts, wie das Wollhaarmammut, lebten vom Pleistozän bis zum frühen Holozän in Nordamerika, Europa, Asien und Afrika. Das Wollhaarmammut war vor etwa 300.000 bis vor etwa 3.700 Jahren in Europa und Nordasien beheimatet und mit seinem bis zu 90 cm langen Fell, der dichten Unterwolle, einer fast 10 cm dicken Fettschicht, kleinen Ohren und einem relativ kurzen Rüssel perfekt an seinen kalten Lebensraum während der letzten Eiszeit angepasst. Als das Klima sich erwärmte, die Eisflächen, die den Norden Europas, Asiens und Amerikas bedeckten, zu schmelzen begannen und die Lebensgrundlage der Mammuts durch Morast und riesigen Seen bedroht wurde, könnte dies ihr Ende bedeutet haben.

Paläontologe David Raup die damaligen Reaktionen in der Fachwelt. Als wichtigstes Indiz für diese Theorie gelten die hohen Konzentrationen von Iridium in den Grenzschichten von Kreidezeit zur Neuzeit. Iridium kommt auf der Erde extrem selten vor, in Meteoriten ist es dagegen sehr häufig zu finden. Nach der Menge des Iridiums wurde die Größe des Meteoriten auf mindestens 10 km berechnet. Der dazu passende Krater, sowohl von der Größe als auch vom Alter her, wurde in dem rund 180 km breiten "Chicxulub" vor der mittelamerikanischen Halbinsel Yucatan, gefunden. Der Meteoriteneinschlag vor 65 Millionen Jahren ist

heutzutage kaum noch strittig, aber war er alleine für das Massensterben verantwortlich oder gab es zusätzliche Komponenten?

Klimaveränderungen könnten neben einer spektakulären kosmische Katastrophe eine zentrale Rolle dabei gespielt haben. Starke, vor allem schnell stattfindende Klimawechsel, welche eine globale Temperaturveränderung herbeiführen, könnten größere Artensterben verursachen bzw. verursacht haben. So soll beispielsweise das Artensterben vor 650 Millionen Jahren im Präkambrium möglicherweise durch eine große globale Vereisung, die sogenannte Varanger-Vereisung, ausgelöst worden sein. Nach dieser „Snowball Earth" (Schneeball Erde) genannten Theorie war die gesamte Erde, die kompletten Kontinente und alle Meere zugefroren,

sodass sie vom Weltall aus wie ein gigantischer Schneeball ausgesehen haben muss. Diese Theorie von der Gesamtvereisung der Erde ist umstritten. Befürworter versuchen sie mit folgender Argumentation zu stützen: Das Festland könnte bereits wesentlich früher durch Pflanzen besiedelt worden sein als bislang angenommen. Darauf weisen genetische Untersuchungen hin, Beweise hierfür fehlen aber noch. Die frühen Landpflanzen könnten dann der Atmosphäre so viel vom Treibhausgas Kohlendioxid entzogen haben, dass der „Snowball Earth"-Effekt eintrat. Dadurch soll es dann mehrmals hintereinander zu einer umfangreichen globalen Abkühlung gekommen sein, bis die Tiere das Festland eroberten und durch ihre Atmung den Kohlendioxidgehalt in der Atmosphäre stabilisierten. Solche Abkühlungsszenarien könnten das Trilobitenaussterben im Kambrium, das Ende der Ediacara-Fauna und das große Meerestiersterben am Ende des Ordoviziums verursacht haben. Dabei könnten Meeresspiegelschwankungen vor allem zu einer abrupten Schrumpfung der artenreichen Flachwasserzonen geführt haben und diese Aussterben zusätzlich verstärkt haben. Auch für das Massensterben im Devon, als es schon erste Landtiere gab (aber vermutlich nicht genug für einen stabilen Kohlenmonoxidgehalt der Atmosphäre), soll eine globale Abkühlung die Hauptursache gewesen sein. Das prominenteste Opfer dieses Massensterbens war der Panzerfisch.
Klimaveränderungen auf einzelnen Kontinenten können durch die Kontinentaldrift verursacht bzw. verstärkt werden. Werden die Landmassen über die Pole geschoben, führt dies zur Vereisung der Kontinente, und befinden sie sich am Äquator, heizen sie sich auf. Dass Klimaveränderungen bei fast allen Massenaussterben eine Rolle gespielt haben, ist heute relativ unstrittig. Ob ein Klimawandel im Einzelfall auch der Auslöser war, ist bislang jedoch nicht bewiesen.

„Starke, vor allem schnell stattfindende Klimawechsel, die eine globale Temperaturveränderung herbeiführen, könnten größere Artensterben verursachen bzw. verursacht haben."

Meeresspiegelschwankungen galten neben dem Klimawandel lange als mögliche Ursachen für ein globales Massensterben. So bedeckten über lange Perioden der Erdgeschichte hinweg weite Flachmeere einen Großteil des heutigen Festlandes. Im Zeitalter des Kambrium lagen beispielsweise mehr als zwei Drittel des nordamerikanischen Kontinents unter Wasser. Diese warmen, lichtdurchfluteten Flachmeere hatten eine besonders vielfältige Tier- und Pflanzenwelt, die bei einem starken Sinken des Meeresspiegels trocken gelegt wurde. Nach Ansicht vieler Forscher löste ein solcher Rückzug des Meeres einige der großen Massenaussterben aus oder spielte dabei zumindest eine entscheidende Rolle. Dagegen spricht, dass einige der Massensterben auch bei höherem Meeresspiegel stattfanden und nicht jedes Absinken ein Massensterben zur Folge hatte. Aus diesem Grunde wird die Meeresspiegelhypothese heute von den meisten Forschern nicht mehr als alleiniger Auslöser für ein globales Aussterben angesehen. Starke Meeresspiegelschwan-

Schwämme zählen mit Hydrozoen, Schirmquallen, Blumentieren u. a. Weichtieren zu den Organismen der Ediacara-Biota. Die Abdrücke der damals lebenden und ausgestorbenen Organismen wurden in Sandsteinen gefunden. Sie sind ca. 580 Millionen Jahre alt und revidierten die Auffassung, dass vielzellige Lebewesen erst seit dem Kambrium, also vor 542 Millionen Jahren existierten.

fluss von Millionen von Kubikmetern Lava geführt haben, unter denen alles Leben starb. Die ausgeworfene Asche könnte einen „nuklearen Winter" ausgelöst und die freigesetzten Gase könnten zu einer Vergiftung der Atmosphäre geführt haben. Ein Abregnen dieser Gifte könnte anschließend auch noch die Meere vergiftet haben. Gewaltige Treibhauseffekte in der Folge könnten darüber hinaus eine bedeutende Rolle gespielt haben. Nach Ansicht führender Paläontologen war für einige der großen Massenaussterben eine Phase gewaltiger Vulkanausbrüche der Auslöser. Offensichtlich gab es auch gerade zur Zeit des großen Dinosauriersterbens starke vulkanische Aktivitäten. So wird heute das Aussterben der Dinosaurier oft als Folge einer Kombination verschiedener Szenarien, wie Vulkanismus plus Meteoriteneinschlag zurückgeführt. Nach der so genannten Toba-Katastrophen-Theorie wurde auch die menschliche Evolution, insbesondere die Entwicklung des Homo sapiens, von einem großen Vulkanausbruch beeinflusst, dem Ausbruch des Toba auf Sumatra, der vor ca. 75.000-70.000 Jahren stattfand. Dadurch soll die damalige menschliche Population so stark dezimiert worden sein, dass ein Bevölkerungsengpass in den verschiedenen Unterarten entstand. Viele von ihnen starben daraufhin aus, während sich bei anderen Arten die Differenzierung beschleunigte. In dieser Ausgangssituation konnte die Erde von einer kleinen afrikanischen Menschenpopulation neu besiedelt werden. Diese Theorie würde erklären, warum keine andere Art außer Homo sapiens auf der Erde überlebt hat.

Gammastrahlenblitze könnten theoretisch genügend Energie liefern, um die Ozonschicht der Erde zu zerstören. Der kurzzeitig fehlende Schutz vor der zerstörerischen Energie der UV-Strahlung könnte ein großes Artensterben einleiten. Ein solches Szenario wird unter anderem für das Aussterben vor 443 Millionen Jahren diskutiert. Blitze aus hochenergetischen Gammastrahlen entstehen vermutlich bei der Explosion sogenannter Hypernovae (spezielle Supernovae-Explosionen), bei der Entstehung von Schwarzen Löchern und der Verschmelzung von Neutronensternen. So wurde die Erde beispielsweise am 27.12.2004 kurz vor Mitternacht von einem Gamma- und Röntgenstrahlenausbruch getroffen, den ein 50.000 Lichtjahre entfern-

Wie im Fall des Mount St. Helens im Süden des US-Bundesstaats Washington, dessen Ausbruch 1980 verheerende Zerstörungen verursachte und Tausende von Tieren das Leben kostete, war der Vulkanismus auch in früheren Phasen der Erdgeschichte oft für dramatische Verheerungen verantwortlich.

kungen werden vor allem für das Aussterben am Ende des Trias vor ca. 200 Millionen Jahren verantwortlich gemacht. Die Schwankungen verursachen bei Tiefstand ein Austrocknen von Randgebieten und führten bei Hochstand zu einem Sauerstoffmangel in tieferen Meeresregionen. Allerdings hat vermutlich der starke Vulkanismus, der damals herrschte, dieses Massensterben zusätzlich unterstütz.

Vulkanismus hat mehrere Effekte: So könnte starke Vulkantätigkeit innerhalb kurzer Zeit zum Auster Neutronenstern freigesetzt hatte. Der stärkste bisher beobachtete Gammablitz wurde im März 2008 entdeckt. Das Objekt war 7,5 Milliarden Lichtjahre entfernt, leuchtete 2,5 Millionen mal heller als die leuchtstärkste bisher bekannte Supernova und konnte sogar mit bloßem Auge gesehen werden. Allerdings ist die Chance, dass die Erde von einem solchen Gammablitz aus nächster Nähe getroffen wird, wohl äußerst gering bzw. sogar unmöglich, wie die Forschergruppe um K. Z. Stanek im Jahre 2006 nachwies.

Plattentektonik und Kontinentaldrift könnten in der Erdgeschichte dazu geführt haben, dass sich durch das Verschieben der Kontinente, durch Heben oder Senken der Kontinentalplatten neue Ozeane oder Landbrücken gebildet haben bzw. wieder verschwanden, was wiederum zur Isolation von Arten oder neuem Artenkontakt geführt haben könnte. Das könnte in einzelnen Ökosystemen durch erhöhten Konkurrenzdruck zu grundlegenden Veränderungen geführt haben. Plattentektonische Veränderungen lassen sich beispielsweise für das Massenaussterben am Ende des Perm nachweisen. Da Plattentektonik auch mit starken vulkanischen Aktivitäten einhergeht und auch giftige Gase freisetzen kann, könnte sie eine Kombination verschiedenster Katastrophen bedingen.

Freisetzen von Methanhydrat könnte zu einem umfassenden Treibhauseffekt mit großem Artensterben führen. Methanhydrat, auch Methaneis genannt, besteht aus Methan, das in gefrorenem Wasser eingelagert ist (Einlagerungsverbindung = Klathrat). Es wird vermutet, dass an den Abhängen der Kontinentalplatten, wo der Druck hoch und die Temperatur niedrig genug ist, in dieser Form mehr als doppelt so viel Kohlenstoff gebunden ist wie in allen Erdöl-, Erdgas- und Kohlevorräten der Welt zusammengenommen. Das lässt die Wissenschaft

„Methan bewirkt einen 30-mal stärkeren Treibhauseffekt als Kohlendioxid. Erwärmen sich die Meere um nur ca. 5° C kann es zur raschen Freisetzung von großen Mengen Methan kommen."

zum einen auf einen Energieträger der Zukunft hoffen, birgt andererseits aber auch eine große Gefahr, da Methan zu den sogenannten Treibhausgasen gehört und jedes Molekül Methan in der Atmosphäre einen 30-mal stärkeren Treibhauseffekt bewirkt als Kohlendioxid. Bei einer Erwärmung der Meerestemperatur um nur ca. fünf Grad (z. B. durch die Verlagerung warmer Meeresströmungen) kann es zur raschen Freisetzung von großen Mengen dieses gebundenen Methans kommen (Blow-out-Effekt). Ein solches Szenario gab es möglicher Weise schon vor ca. 55 Millionen Jahren. Damals hat ein Hitzeschock in der Nordpolarregion ein Massensterben von Meeresbewohnern ausgelöst, das nur wenige besonders robuste Lebewesen überstanden. Sollte sich so etwas heutzutage wiederholen, wenn etwa durch die Erderwärmung Methanhydrate im Permafrostboden und im Meer freigesetzt werden, könnte die Situation einer sich selbst verstärkenden Wärmefalle für unseren Planeten entstehen - mit katastrophalen Folgen für Klima und Lebewesen.

Freisetzen von Schwefelwasserstoff ist ein Katastrophenszenario ganz neuer Art. So könnten die Lebensräume der sogenannten Ediacara Fauna vor

Plattentektonische Veränderungen beim Aufeinandertreffen von Kontinentalplatten, z. B. am San-Andreas-Graben zwischen Pazifischer und Nordamerikanischer Platte, könnten ganze Ökosysteme aus dem Gleichgewicht gebracht haben.

540 Millionen Jahren, zu Beginn des Kambriums, von aus der Tiefe der Ozeane aufsteigendem Schwefelwasserstoff (H2S) vergiftet worden sein. Damals sollen die Ozeane ähnlich wie bei einem überdüngten See geschichtet gewesen sein: An der Wasseroberfläche befand sich Sauerstoff und Molybdänoxid, in der Tiefe große Mengen an Schwefelwasserstoff. Eine wieder einsetzende Durchmischung der Ozeane – z. B. durch Klimaschwankung und/oder plattentektonische Verschiebungen – führte zu einem plötzlichen Aufsteigen des hochgiftigen Wassers aus der Tiefe, welches dann auch in kleinere Randbereiche des Meeres schwappte und die dort lebende Ediacara-Fauna zerstörte. Indizien dafür fanden Forscher in den entsprechenden Sedimentgesteinen.

Vom Menschen verursachte Eingriffe könnten bereits in der Vergangenheit Artensterben bewirkt haben. So wird der Menschheit bereits beim Aussterben der Großsäuger in der Neuzeit, wie etwa der Mammuts, eine mitentscheidende Rolle zugewiesen (Overkill-Hypothese). Vor allem aber am aktuellen Artensterben ist der Mensch maßgeblich beteiligt, zum einen durch Verdrängungsprozesse und zum anderen durch den von ihm mitbedingten Klimawandel.

Bieten Katastrophen neue Möglichkeiten?

Massensterben haben sich in der Vergangenheit nicht nur als Lebensvernichter, sondern auch als Motor der Evolution entpuppt. Das Verschwinden von zahlreichen Arten eröffnete für die überlebenden Spezies neue ökologische Nischen, die diese schnell besetzten. Neue Arten entwickelten sich unter diesen Rahmenbedingungen in sogenannten Gründerpopulationen rasanter, als es zuvor möglich gewesen wäre. So sind beispielsweise kurz nach dem Artensterben im Präkambrium vor 650 Millionen Jahren die ersten größeren mehrzelligen Lebewesen - die Ediacara-Fauna - aufgetreten. Nach diesem Aussterben folgte die sogenannte Kambrium-Explosion. Ferner ermöglichte das Dinosauriersterben die sprunghafte Entwicklung der Säugetiere. Die Evolution begab sich nach Katastrophen sozusagen auf die Überholspur. Nach der Ansicht vieler Paläontologen sind genau diese Einschnitte und Störungen die wahren Motoren der

Evolution. Dies legt unwillkürlich eine ganz andere Frage nahe: Kann man auch das aktuelle, vom Menschen stark beschleunigte Artensterben als Motor der Evolution interpretieren? Hier ist allerdings größte Vorsicht geboten, vorschnell eine positive Deutung zu suchen. Das schnelle Artensterben in der heutigen Zeit hat eine Geschwindigkeit und Dynamik, die alle bisherigen Massensterben deutlich übertrifft. So könnte es sich als ein „Überdrehen" des „Evolutionsmotors" entpuppen, dessen katastrophale Auswirkungen das gesamte Leben auf der Erde in seiner Existenz bedroht.

„Massensterben haben sich nicht nur als Lebensvernichter, sondern auch als Motor der Evolution entpuppt."

Fossilienfunde, die eine Anhäufung verschiedener Tiere auf engem Raum zeigen, z. B. Versteinerungen ganzer Schwärme von Fischen (großes Bild), bieten Wissenschaftlern Ausgangs- und gegebenenfalls Anhaltspunkte für die Suche nach Gründen für ein Massensterben. Beim Aussterben vieler landlebender Tiere könnten auch schon frühe Menschen eine Rolle gespielt haben. So fällt das beginnende Aussterben des Mammuts zeitlich mit der wachsenden Besiedlung seiner Lebensräume durch den Menschen zusammen. Ob die Fallen und Treibjagden des Cro-Magnon-Menschen (kleine Bilder) jedoch allein für das Ende der wehrhaften Kolosse verantwortlich waren, ist umstritten. Zweifel an den primitiven Jagdmethoden haben Versuche mit nachgebauten Speeren mit Feuersteinspitzen zerstreut. Heute geht man jedoch davon aus, dass eine Kombination aus Klimaveränderung und Jagd die Ursache des Mammutsterbens war.

Klimawandel und menschliche Aktivitäten können in zunehmendem Maße Veränderungen der Erdoberfläche herbeiführen. Natürliche Schwankungen der Niederschlagsmengen spielen aber bei bei der Versteppung oder Verwüstung auch eine verstärkende Rolle, Dürreperioden fördern also die Desertifikation. So könnten hier (Grand Canyon) durchaus vor einigen Millionen Jahren Wälder gestanden haben, die durch klimatische Veränderungen, Wind und Wassererosion verschwanden. Durch Überweidung, Übernutzung oder Abholzung trägt jedoch der Mensch keinen geringen Teil dazu bei, dass Artenvielfalt und Individuenzahl vorgefundener Populationen abnehmen und auch in diesbezüglichen Gebieten land- und forstwirtschaftliche Produktivität beschnitten werden muss. Dies trifft besonders ärmere Länder wie Afrika hart, die in starker Abhängigkeit von natürlichen Ressourcen leben.

Extreme Entwicklungen und Sackgassen

Nachteil Spezialisierung

Immer wieder gab es im Prozess der Artenbildung Entwicklungen, die dazu führten, dass bestimmte Merkmale überproportional ausgebildet wurden. Solche extremen Entwicklungen, die zunächst zumindest einen offensichtlichen Vorteil – meist bei der Fortpflanzung - bedeuteten, endeten nicht selten nach einer gewissen Zeit in einer evolutionären Sackgasse. Denn bei veränderten Umweltbedingungen erwies sich eine zu starke Spezialisierung oft als entscheidender Nachteil im Kampf ums Überleben.

Riesenhirsche

Eine solche Extrementwicklung im Laufe der Evolution war beispielsweise das Geweih des eiszeitlichen Riesenhirsches (Megaloceros). Diese Gattung lebte in der Zeit des späten Pleistozäns und des frühen Holozäns in Eurasien und Nordafrika. Ihr bekanntester Vertreter ist Megaloceros giganteus. Er erschien vor etwa 400.000 Jahren und starb am Ende der Eiszeit, vor etwa 9.500 Jahren, aus. Mega-

loceros giganteus hatte eine Schulterhöhe von etwa 2 m und ein Geweih mit einer Spannweite von 3,5 bis 4 m – damit war es vermutlich die größte Stirnwaffe, die je ein Paarhufer hervorgebracht hat. Wie heutige Hirsche auch haben männliche Riesenhirsche wahrscheinlich ritualisierte Kämpfe untereinander ausgetragen, wobei sie ihre mächtigen Geweihe gegeneinanderstießen. Sie ernährten sich vor allem von Gräsern. Ihr Lebensraum waren die weiten Steppen- und Tundralandschaften, da sie sich mit ihrem enormen Geweih im dichten Wald wahrscheinlich kaum bewegen konnten. Das überdimensionale Geweih bedeutete für seinen Träger zwar einen vermehrten Kraftaufwand, hatte aber gleichzeitig auch den Vorteil eines größeren Fortpflanzungserfolges - so lange, bis sich die

„Bei veränderten Umweltbedingungen erwies sich eine zu starke Spezialisierung oft als entscheidender Nachteil im Kampf ums Überleben."

Das Furcht einflößende Gebiss mit den markanten Eckzähnen, das dem Säbelzahntiger zu seinem Namen verholfen hat, könnte ihm auch zum Verhängnis geworden sein. Der ovale Querschnitt der Eckzähne erleichterte zwar das Eindringen ins Fleisch der Beutetiere, beim Auftreffen auf Knochen konnten sie jedoch leicht abbrechen. Da sich die eindrucksvollen Jäger daher mit den Weichteilen ihrer Beute begnügen mussten, könnte das Verschwinden großer Beutetiere wie der Riesenfaultiere am Ende der Eiszeit zum Aussterben der Säbelzahntiger beigetragen haben.

Umwelt drastisch änderte. Mit dem Ende der Eiszeit breitete sich der Wald aufgrund der steigenden Temperaturen wieder aus, wodurch der Lebensraum des Riesenhirsches drastisch schrumpfte. Dass dies allein zu seinem Aussterben führte, wie früher meist angenommen wurde, ist heute nicht mehr allgemein anerkannt. Krankheiten, Konkurrenten, veränderte Nahrungsverhältnisse und zunehmende Jagd durch den Menschen könnten zusätzliche Gründe für sein Verschwinden gewesen sein.

Säbelzahntiger

Auch der Säbelzahntiger (Smilodon) teilte das Schicksal der Riesenhirsche. Er ist mit den heutigen Tigern nicht verwandt, weshalb diese populäre Bezeichnung streng genommen unzutreffend ist. Smilodon war der größte Vertreter der Säbelzahnkatzen und hatte im Laufe der Evolution extrem lange Eckzähne entwickelt. Im Pleistozän war er in Amerika weit verbreitet, bis er zu Beginn des Holozäns, vor etwa 10.000 Jahren, ausstarb. Seine langen Säbelzähne ragten bis zu 20 cm aus dem Kiefer heraus. Die Tiere konnten ihre langen Eckzähne nur deshalb einsetzen, weil sie ihren Unterkiefer im 95°-Winkel aufreißen konnten – heutige Katzen können ihre Kiefer nur um 65-70° öffnen. Wofür diese langen Zähne nötig waren, ist unklar, scheinen sie doch im Grunde sehr nachteilig. So waren sie zum Fangen der Beute – große Pflanzenfresser der offenen Steppen – eher ungeeignet, da sie beim Auftreffen auf Knochen leicht abbrachen. So haben sie die Tiere eher behindert, da sie damit auch beim Zerbeißen der Knochen Probleme hatten und sich deshalb mit den Weichteilen der Beute begnügen mussten. Eventuell dienten die extremen Zähne dem Imponiergehabe gegenüber Artgenossen. Das Aussterben von Smilodon wird meist auf das Verschwinden der großen Beutetiere am Ende der Eiszeit zurückgeführt. Seine Spezialisierung auf große Beutetiere und seine verschwenderische Ernährungsweise konnten dann vermutlich, wie bei

„Säbelzahntiger waren mit ihren langen Zähnen auf große Beutetiere spezialisiert. Deren Aussterben hängt wohl mit ihrem Verschwinden zusammen."

so vielen Extrementwicklungen, nicht mehr zurückgebildet werden. Möglicherweise hatte aber auch hier der frühe Mensch seine Hand im Spiel (Overkill-Hypothese).

Zwitter

Zu besonders extremen Entwicklungen führt offensichtlich bei Tieren auch Zwittrigkeit, weshalb sie ebenfalls in eine evolutionäre Sackgasse zu münden scheint. Bei niederen Tieren – Schwämmen, Korallen, vielen Arten von Würmern und Schnecken – treten Zwitter (Hermaphroditen) häufig auf, bei höher organisierten Tieren hat sich diese Form

Im Gegensatz zur Einträchtigkeit dieser Darstellung könnte der frühe Mensch in Wirklichkeit zum Aussterben der Säbelzahntiger beigetragen haben. In Nord- und Südamerika verschwanden die Tiere nach dem Erscheinen des Menschen innerhalb weniger Tausend Jahre. Die behäbigen Beutetiere des Säbelzahntigers waren für die geschickten frühzeitlichen Jäger eine leichte Beute.

Die Zweigeschlechtlichkeit von Lebewesen wie den Regenwürmern, die zunächst als evolutionärer Vorteil erscheint, kann sich auch als nachteilig erweisen: Während Regenwürmer bei der Paarung den Körperabschnitt mit den Geschlechtsöffnungen gegenläufig aneinanderpressen, pumpen spezielle Borsten ein Drüsensekret in den Geschlechtspartner, das dessen Gewebe teilweise auflöst und seine Verweiblichung begünstigt.

nicht durchgesetzt. Der Biologe Nico Michiels von der Universität Tübingen scheint jetzt den Grund dafür gefunden zu haben: Konkurrenz zwischen Zwitterwesen führt zur exzessiven Verstärkung männlicher Merkmale und damit zu Kampf statt zu Kooperation wie bei getrenntgeschlechtlichen Lebewesen. Die Konkurrenz unter den Männchen erzeugt einen so starken Druck, die Spermien bestmöglich unterzubringen, dass jedes Mittel recht scheint. Dies führt zu verschiedenen Sonderentwicklungen wie z. B. einem Spermienmagen, indem der Überfluss an Spermien dann einfach wie Nahrung verdaut wird. Anderseits haben sich fast brutal anmutende Mechanismen entwickelt, um die Spermien im Partner zu platzieren. So werden teilweise zusammen mit den Spermien Substanzen übertragen, die den zwittrigen Geschlechtspartner verweiblichen sollen. In Australien gibt es eine fünf Millimeter große Meeresschnecke, die einen Riesenpenis mit zwei Ästen besitzt. Mit dem Neben-

ast versuchen die Schnecken dem jeweiligen Geschlechtspartner eine narkotisierende Flüssigkeit in die Leibeshöhle zu spritzen, während durch den Penis-Hauptast die Spermien übertragen werden. Bei Regenwürmern wird während der Kopulation über bis zu 40 spezielle Borsten ein Drüsensekret in den Geschlechtspartner gepumpt, das dessen Gewebe teilweise auflöst und erhebliche Schäden anrichtet, anderseits die Aufnahme von physiologisch aktiven Substanzen zu fördern scheint, die eine Verweiblichung begünstigen. Damit erhöht der Spermiengeber seine Befruchtungschancen. Kalifornische Bananenschnecken der Gattung Ariolimax beißen dem Partner oder sich selbst bei der Paarung sogar den Penis ab, daraus folgt, dass diese nur noch Weibchen sein können. Bei einer Art sehr bunter, fünf bis sechs Zentimeter langer Plattwürmer, die zwei Penisse hat, kommt es zum regelrechten „Penisfechten". Die Spermienflüssigkeit wird einfach wie aus einer Tube auf die Haut ausgedrückt, wobei die Plattwürmer versuchen, den Partner am Rücken zu bearbeiten. Hier löst das Ejakulat das Gewebe auf, und die schraubenförmigen Spermien gelangen zu den Eiern. Allerdings entsteht dabei ein Riesenloch, sodass der Plattwurm von der Mitte an verstümmelt sein kann. Etwa 70 bis 80 % der Freilandtiere tragen entsprechende Narben und regenerieren nur langsam und unvollständig ein neues Hinterteil. Ist ein Partner aber erst einmal geschädigt, wird er auch als Weibchen uninteressant.

Koalabären

Koalabären sind momentan dabei, sich mit ihrem exklusiven Appetit auf Eukalyptusblätter in eine evolutionäre Sackgasse zu fressen, denn die Eukalyptusbäume kommen mit ihrem Wachstum kaum mehr dem Anwachsen der Population nach. Ohne Eukalyptus können aber auch Koalas nicht überleben.

„Manche der erstaunlichsten Merkmale oder Verhaltensweisen lassen ihren Vorteil erst auf den zweiten oder dritten Blick erkennen, andere dagegen sind bis heute nicht enträtselt."

Rätselhafte Evolution

Die Suche nach dem Sinn

Wer die Natur betrachtet, gerät häufig über ihre scheinbare Perfektion ins Staunen. Doch wer genauer hinsieht, entdeckt schnell, dass gar nicht immer alles so perfekt ist, dass es auch zahlreiche Lebewesen mit ungewöhnlichen, oft kuriosen, ja offensichtlich sinnlosen Merkmalen oder Verhaltensweisen gibt. Warum sind sie entstanden? Wie konnten diese Tiere damit so lange überleben? Ist uns die Bedeutung bisher nur verborgen geblieben? Manche der erstaunlichsten Entwicklungen lassen ihren Vorteil erst auf den zweiten oder dritten Blick erkennen, andere dagegen sind bis heute nicht enträtselt. Das Überleben auch scheinbar schwacher, nicht-perfekter, manchmal sogar skurriler Organismen lässt uns endgültig von der Vorstellung eines gnadenlosen Überlebenskampfes und dem Streben nach Perfektionismus in der Evolution Abschied nehmen.

Plumper Albatros

Albatrosse sind eine Gruppe von großen Seevögeln, deren Flügel eine Spannweite von 3,5 m erreichen können. Sie sind wahre Meister im Fliegen und verbringen die meiste Zeit ihres Lebens schwebend über dem Meer. Selbst in Stürmen können sie noch manövrieren. Unter anderem nützen sie dabei die Windscherungen aus, die an den Wellenkämmen auf dem Meer entstehen, denn der Wind bläst in großen Höhen stärker als knapp über der Wasseroberfläche. Albatrosse lassen sich in großen Höhen mit dem Wind auf Geschwindigkeit bringen, um dann mit diesem Schwung in niedrigeren Höhen in die Richtung zu fliegen, in die sie eigentlich wollen, auch entgegen der Windrichtung. Dabei verbrauchen sie beim Segeln nicht mehr Energie als ihre im Nest sitzenden Artgenossen. Diese Technik des „dynamischen Segelflugs" beherrschen nur sehr wenige Vögel. An Land wirkt der Herrscher der Lüfte mit seinen kurzen Beinen und dem schwe-ren Körper aber plump und tollpatschig und scheint zum Pechvogel zu werden, wenn er wieder starten will. Da er relativ schwer ist, kann der Albatros daran überhaupt erst denken, wenn die Windgeschwindigkeit mindestens 12 km/h beträgt. Erst wenn er entsprechend starken Gegenwind hat, kann er versuchen, mit seinen kurzen Beinen Anlauf zu nehmen. Meist benötigt er dazu mehrere Versuche, bis der Absprung endlich klappt. Dabei schnellt sein Puls in gefährliche Höhen, das Herz schlägt dreimal so schnell wie normal, und er braucht lange, bis er sich von diesem anstrengenden Start wieder erholt hat. Zur regelrechten Lachnummer wird er dann, wenn er landen will: Statt sanft auf den Füßen zu landen, kippt er vornüber oder schlägt oft eine unfreiwillige Rolle vorwärts. Das sieht aber nicht nur komisch aus, es ist für den Vogel sogar gefährlich, denn bei der Landung läuft er jedes Mal Gefahr, sich einen Flügel oder gar den Hals zu brechen.

„Bei jeder Landung läuft der tollpatschige Albatros Gefahr, sich einen Flügel oder gar den Hals zu brechen."

Ihre Vorliebe für Eukalyptusblätter könnte den Koalas zum Verhängnis werden. Dass sie sich fast ausschließlich von ganz bestimmten Eukalyptusarten ernähren, führt zu einer bedrohlichen Abhängigkeit. Während die Koalapopulationen anwachsen, kann das langsame Wachstum der Eukalyptusbäume mit dieser Entwicklung oft nicht mithalten. Viele der einstigen Verbreitungsgebiete der Koalas unterschreiten inzwischen auch infolge von Rodung oder Waldbränden die für eine stabile Koalapopulation nötige Minimalgröße.

Eitle Löwen

Löwenmännchen tragen eine beeindruckende, meist dunkelbraune Mähne, die bei genauerer Betrachtung allerdings ausgesprochen unpraktisch ist. So bleibt das Männchen mit seiner Mähne leicht im Gestrüpp hängen, und auch beim Anschleichen an die Beute verrät sie ihn nur zu leicht. Außerdem wird es unter der Mähne unerträglich heiß, sie verfilzt leicht und ist ein idealer Tummelplatz für Ungeziefer und Parasiten. Interessant ist eine Entwicklung bei Löwen in Kenia. In extrem heißen Sommern tauchen immer mehr Männchen ohne Mähne auf. Ob dies eine vorübergehende Erscheinung ist oder wir damit Zeuge einer evolutiven Anpassung werden, ist in Fachkreisen noch nicht geklärt.

Gefräßige Spitzmäuse

Spitzmäuse sind so klein, dass sie im Verhältnis zu ihrer Körpergröße eine relativ große Oberfläche besitzen. Daher laufen sie ständig Gefahr auszukühlen. Um ihre Körpertemperatur aufrecht zu erhalten, haben sie eine hohe Stoffwechselrate. Ihr Herz schlägt deshalb bis zu 1.200 Mal pro Minute, und wenn sie erschrecken, kann der Schock schnell zum Tode führen. Um die verbrauchte Energie zu ersetzen, müssen sie überdurchschnittlich viel fressen. Ihr täglicher Nahrungsbedarf liegt bei 100 bis 130 % ihres eigenen Körpergewichts. Um das überhaupt zu schaffen, müssen sie praktisch pausenlos fressen und können sich nicht einmal einen Erholungsschlaf erlauben.

Ausdauernde Pinguine

Pinguine sind ideal an ein Leben im Wasser angepasst. Fliegen können sie dafür nicht mehr, und an Land ist nur noch ein energieaufwendiger Watschelgang möglich. Dennoch müssen beispielsweise die Kaiserpinguine viele Kilometer durch Eis und Wind marschieren, um zu ihren Brutplätzen zu gelangen. Dabei kommen viele der erwachsenen Tiere zu Tode, von den Baby-Pinguinen überleben sogar nur die wenigsten (etwa 10 %) den Rückweg,

„Spitzmäuse müssen praktisch pausenlos fressen."

Bei vielen Pinguinarten wie den Königspinguinen (großes Bild) ist neben der zunehmenden Bedrohung durch menschliche Einflüsse auch die weite Entfernung der Brutplätze von den Hauptnahrungsgebieten auf dem offenen Meer und damit verbunden die oft tödliche Anstrengung langer Wanderungen im Watschelgang problematisch. Die eindrucksvollen Mähnen der Löwenmännchen (kleines Bild oben) signalisieren zwar den Weibchen eine gute Verfassung, wirken einschüchternd und schützen beim Kampf vor Prankenhieben und Bissen, bergen jedoch auch Risiken wie z. B. das des Hängenbleibens im Gestrüpp. Oft lebensbedrohlich ist auch die anstrengende Lebensweise der Spitzmaus (kleines Bild unten). Ihre hohe Stoffwechselrate und Herzfrequenz setzten die Tiere einem erhöhten Infarktrisiko aus.

und man muss sich eigentlich wundern, dass sie noch nicht ausgestorben sind.

Tiefseejäger Pottwal

Pottwale sind die größten Raubtiere der Erde, ihre Beute sind hauptsächlich Tintenfische, und zwar die mit bis zu 18 m langen Fangarmen in 1.000 m Tiefe lebenden geheimnisvollen Riesenkalmare. Dabei kommt es regelmäßig zu Kämpfen, bei denen der Meeressäuger jedes Mal aufs neue Leben und Gesundheit riskiert. Der Pottwal muss als Säugetier in regelmäßigen Abständen zum Luftholen an die Oberfläche und darf dabei nicht zu schnell auftauchen, sonst droht ihm genauso wie dem tauchenden Menschen die Taucherkrankheit, ein Ausperlen des im Blut gelösten Stickstoffes, wodurch irreversible Gewebeschäden entstehen können. Hätte sich der Pottwal nicht mit den Fischschwärmen und Tintenfischen begnügen können, die in viel niedrigeren, ungefährlichen Tiefen schwimmen?

Brutpflege der Ringelwühle

Eine sehr merkwürdige Art von Brutpflege haben die zu den Schleichenlurchen gehörenden Ringelwühle (Siphonops annulatus) entwickelt. Diese Amphibien haben sich ganz auf ein Leben an Land eingerichtet und legen ihre Eier in den Boden. Die Jungen sind beim Schlüpfen voll entwickelt, überspringen also das aquatile Larvenstadium. Sie ernähren sich dann etwa zwei Monate lang von der Haut ihrer Mutter, indem sie mit ihren Kiefern ganze Hautteile herausreißen. Die Haut regeneriert sich zwar, wird von den Jungen aber sofort wieder abgefressen. Das wiederholt sich so lange, bis die Jungen etwa 15 cm Körperlänge erreicht haben, dann verlassen sie ihre nun ausgemergelte Mutter, die sich dann von dieser extremen Brutpflege erholen muss. Erst zwei Jahre später ist sie wieder zur Fortpflanzung bereit. Wer will es ihr verdenken? Eine möglich Erklärung hierfür sehen Biologen darin, dass es sich dabei um eine evolutionäre Vorstufe zu den lebendgebärenden Blindwühlen handeln könnte, bei denen sich die im Mutterleib schlüpfenden Jungen vor allem von Zellmaterial der Eileiterwandung ernähren.

Schwangere Seepferdchen

Seepferdchen, von denen die kleinsten nur 4 cm lang werden, sind wahre Meister der Verwandlung (Mimese): Wie ein Chamäleon können sie ihre Farbe der Umgebung anpassen und sogar ihre Körper-

Seepferdchen sind Meister der Verwandlung: Sie können sich nicht nur der Farbe ihrer Umgebung anpassen, sondern manche Arten sind auch in der Lage, die Körperform zu verändern und sich auf diese Weise optimal an die Pflanzen ihres Lebensraums anzupassen.

form verändern, indem sie kleine Auswüchse und Knubbel bilden, sodass sie schließlich aussehen wie Seegras oder Kelp. Frisch „verliebt" imitieren sie die Farbe des Partners. Sie leben fast immer in monogamer Partnerschaft, wobei sich die Paare meist am frühen Morgen treffen, mit einem Kopfnicken begrüßen und dann schwänzchenhaltend ihre Umgebung erkunden. Gelegentlich bleiben sie stehen, um sich zu „küssen" oder zu umtanzen. Ihr Liebesspiel dauert Stunden bis Tage. Wenn einer der Partner stirbt, trauert der Zurückgebliebene Tage und Wochen, bis er sich einem neuen Partner zuwendet. Werden sie im Aquarium gehalten, ist der Verlust oft so schwer, das der Zurückgebliebene bald nach dem Partner stirbt. Eine Besonderheit der Evolution ist bei ihnen, dass nicht die Weibchen, sondern die Männchen schwanger werden. Das Weibchen legt mit einer Art hervorstehendem Eileiter seine Eier in einen wassergefüllten Brutbeutel des Männchens, das die Eier daraufhin sofort befruchtet und anschließend in dem Beutel bis zum Schlüpfen der Jungen mit sich herumträgt.

Rätselhafter Narwal

Ein besonderes Rätsel war für Biologen auch das Horn des Narwals, der aufgrund des Horns auch Einhorn des Meeres oder Einhornwal genannt wird. Ein Narwal misst ohne seinen Stoßzahn etwa 4-5 m. Der Stoßzahn ist eine Extrementwicklung des linken oberen Schneidezahns, der schraubenförmig im Uhrzeigersinn gewunden die Oberlippe durchbricht, und bei den Männchen bis zu 3 m lang und 8-10 Kilogramm schwer werden kann. Bei den Weibchen sind die Zähne meist normal entwickelt, doch gelegentlich kommt es auch bei ihnen zur Ausbildung eines oder sogar zweier Stoßzähne. Über die Bedeutung des Stoßzahns wurde lange Zeit gerätselt. Vermutungen, der Zahn diene zum Durchbrechen der Eisdecke, standen ebenso im Raum wie die Meinung, er diene zum Aufspießen

„Seepferdchen leben fast immer in monogamer Partnerschaft. Sie treffen sich jeden Morgen und erkunden zusammen schwänzchenhaltend ihre Umgebung."

von Fischen, zum Durchwühlen des Meeresbodens, zur Verteidigung oder auch als Hilfsmittel bei der Echoortung. Das Rätsel scheint mittlerweile gelöst. So entdeckte Martin Nweeia, Experte für Biomaterialwissenschaften, in seiner seit dem Jahre 2000 laufenden Narwal-Studie zusammen mit seinen Kollegen, dass im Zahn des Wals Millionen winziger Nervenverbindungen den Zentralnerv des Zahns mit seiner Oberfläche verbinden. Sie machen diesen Auswuchs zu einem empfindlichen Sensor, der sowohl Veränderungen der Wassertemperatur oder des Wasserdrucks als auch die Konzentration chemischer Substanzen registrieren kann. Damit ist der Zahn zu einem effektiven Sinnesorgan geworden, das den Narwalen unter anderem hilft, den Salzgehalt des Wassers zu messen und im Polarmeer besser zu überleben.

Bei den meist monogam lebenden Seepferdchen ist nicht nur das Balzverhalten, sondern auch die Fortpflanzung selbst außergewöhnlich. Synchron mit ineinander eingehakten Schwänzen schwimmen Männchen und Weibchen eine Weile nebeneinander her. Nachdem das Weibchen dann seine Eier in den Brutbeutel des Männchens abgelegt hat und diese vom Männchen befruchtet wurden, trägt das Männchen die Eier bis zum Schlüpfen der Jungen aus.

Homosexualität ist beileibe keine Erfindung des Menschen. Dennoch hat die zunehmende Offenheit im Umgang mit ihr, also das Aufbrechen sozialer bzw. moralischer Restriktionen, dazu geführt, dass sich auch die Wissenschaft mehr und mehr dieser Entwicklung annimmt. So werden Pinguine (kleines Bild links), Fische und Säuger (Delfine – kleines Bild recht) und ihr sexuelles Verhalten immer genauer auf homosexuelle Ausprägungen hin untersucht, und die Ergebnisse können überraschender nicht sein (siehe S. 339 unten).

Prachtvolle Paradiesvögel

Die sexuelle Selektion führt häufig dazu, dass sich gerade solche Exemplare erfolgreich fortpflanzen, die über ein oder mehrere Merkmale verfügen, die außerhalb der Fortpflanzung keinerlei Bedeutung haben, oder sogar nachteilig sind. So vermindert das Prachtgefieder der Paradiesvogelmännchen, das ihnen zwar die erfolgreiche Paarung mit einem Weibchen sichert, sogar ihre Überlebenschancen. Gerade dieser Überlebensnachteil zeigt dem umworbenen Weibchen aber auch seine Geschicklichkeit, denn je bunter, um so gefährdeter. Wer das überlebt, der muss der beste Vater für die eigenen Nachkommen sein. Diese Erklärung ist allerdings nicht unumstritten.

Vorteil Homosexualität

Homosexualität ist beileibe keine „Erfindung" der Menschen, sondern auch im Tierreich weit verbreitet. Auf den ersten Blick erscheint diese Entwicklung ebenfalls als Kuriosität und evolutionäre Sackgasse. Doch warum ist Homosexualität nicht „ausgestorben", wo doch gerade homosexuelle Lebewesen sich wenig bis gar nicht fortpflanzen? Die Antwort: Homosexualität hat einen evolutiven Vorteil. Sie ist keine Laune der Natur, sondern ein wesentlicher Bestandteil von sozialen Gemeinschaften, sozusagen ihr sozialer Kitt. Schon die Heterosexualität dient nicht ausschließlich der Fortpflanzung. Bereits im Tierreich hat sich über die Fortpflanzungsfunktion hinaus die Sozialfunktion der Sexualität entwickelt. Sie dient der Beziehungspflege, dem Stressabbau und damit dem sozialen Frieden innerhalb großer Gemeinschaften. So kopulieren Affenweibchen in manchen Gemeinschaften mit möglichst vielen Männchen, sodass jeder der potenzielle Vater des Nachwuchses sein kann. Der Vorteil: Alle Männchen beteiligen sich an der Aufzucht der Jungen, und der emotionale Zusammenhalt innerhalb der Gruppe wird gestärkt. Außerdem baut Sexualität Stress ab, ein ausgeprägtes Sexualleben in einer Gemeinschaft dient damit einem friedvollen Zusammenleben. In einer Gruppe aus vielen Männchen oder nur Weibchen erfüllt die homosexuelle Paarung die gleiche soziale Bindung wie eine heterosexuelle. Während man früher dachte, solche Entwicklungen kämen nur in Zoos zustande, wo einseitige Geschlechterzusammensetzungen häufig vorkommen, muss man sich heute eines Besseren belehren lassen. Mittlerweile ist die Homosexualität bei mindestens 1.500 Tierarten beobachtet worden. Sie fördert vorübergehende Paarbindungen, was den Einzeltieren durchaus Vorteile bringt. So sind homosexuell zusammenlebende Hirsche, Schafe und auch Seeelefanten sogar in weitaus gesünderem Zustand als entsprechende Heteropaare. Möglicherweise lässt sich dies dadurch erklären, dass sie sich aufwendige und gefährliche Balzkämpfe ersparen konnten und sich nicht um Jungtiere kümmern mussten. Manche homosexuellen Paare erweisen sich sogar als die besseren Eltern, besonders im Reich der Vögel. Bei Trauerschwänen etwa vertreiben kräftige Männerpaare oft die leiblichen Eltern aus dem Nest und können diese dann erfolgreicher aufziehen als die eigentlichen Eltern, da sie ihr Nest besser verteidigen können. Oft verjagt sogar das Männchen seine Gattin nach der Eiablage und sucht sich einen gleichgeschlechtlichen Partner, mit dem das Gelege besser zu bewachen ist. Die Veranlagung zur Homosexualität bei Männern könnte sich evolutionär durchsetzten, da sie über die mütterliche Linie vererbt wird und dieselben genetischen Faktoren sogar die Fruchtbarkeit der weiblichen Verwandten erhöhen, was als deutlicher Hinweis auf ihren evolutionären Vorteil interpretiert wird.

Evolution bedeutet Wandel, nicht Fortschritt

Evolution ist also zusammengenommen ein viel komplexeres Geschehen, als es oftmals dargestellt wird, und Evolution bedeutet auch nicht automatisch Fortschritt, wie es noch Ernst Mayr, der bedeutendste Evolutionsbiologe des 20. Jahrhunderts, postulierte.

Im Vordergrund der Betrachtung sollte damit in erster Linie die Veränderung, der fortgesetzte Wandel stehen, der nicht zwingend in einen Fortschritt mündet. Und so ist Evolution auch alles andere als eine strenge Auslese nach Überlegenheit, Nutzen und Zweckmäßigkeit. Wobei sich so mancher tiefere Sinn bei der Frage nach dem Warum und Wieso einem auf rein menschliche Zweckmäßigkeit programmierten Menschen auch nur schwer erschließen mag.

Homosexualität bei Tieren

Homosexualität bei Tieren wurde in der Vergangenheit von Verhaltensforschern oft entweder als Revierkämpfe gedeutet oder einfach ignoriert. Doch die Wirklichkeit sieht anders aus: Bis zum heutigen Zeitpunkt hat man bei mindestens 1.500 Tierarten auf der Welt homosexuelles Verhalten beobachten können und bei ca. 500 Arten wurde es auch gut dokumentiert. So ist z. B. in manchen Kolonien der Königspinguine jedes zehnte Pärchen schwul, und auch Wale, Delfine, Möwen und Primaten wurden bei lustvollem Treiben mit gleichgeschlechtlichen Partnern beobachtet und dokumentiert. Im Tierreich scheint diese nicht von Moral und Sittenkodex ausgebremste Entwicklung eine lange Geschichte zu haben, die zu untersuchen die Verhaltensforschung erst am Anfang steht. Eines zumindest ist jedoch schon längst klar: Widernatürlich ist ein solches Verhalten nicht.

Fakt oder Fiktion?

Wie verlässlich ist die Evolutionstheorie?

Die Evolutionstheorie ist ein wissenschaftliches, sehr komplexes Gedankengebäude, das auf zahlreichen Kernaussagen und Hypothesen basiert. Aber sie ist, wie der Name schon ausdrückt, zunächst vor allem eine Theorie, und zwar eine, welche die Entstehung der Arten auf der Erde beschreibt. Zugleich ist sie aber auch eine Abstammungstheorie, die aussagt, dass alles irdische Leben einen gemeinsamen Ursprung hat. Evolution steht dabei immer für den Ablauf einer Entwicklung, die belegt,

- dass die Evolution vom Wasser zum Land verlief.
- dass sich die Lebewesen im Laufe der Erdgeschichte gewandelt haben, wobei zuerst einfache, dann immer komplexere Organismen entstanden.
- dass die Evolution der Tiere von den Wirbellosen zu den Wirbeltieren und innerhalb der Wirbeltiere in der Reihenfolge Fische, Amphibien, Reptilien, Vögel und Säugetiere verlief.

Theoretisches Gedankengebäude

Logik und Gesetzmäßigkeiten

Aufgrund der feststehenden Abfolge und der daraus resultierenden Abstammungslinien sollten sich alle bisher gefundenen Fossilien in ein System einordnen lassen, alle Organismen aus mehr oder weniger gleichen Bausteinen aufgebaut sein und die gleichen Stoffwechselwege benutzen sowie die jüngeren Organismen immer noch Merkmale der ältesten besitzen. Anhand der wichtigsten Kriterien soll im folgenden Kapitel gezeigt werden, dass alle diese Bedingungen auf in der heutigen Zeit lebende und auch auf alle ausgestorbenen Lebewesen zutreffen.

Eine Theorie zeichnet sich aber vor allem auch dadurch aus, dass sie nicht beweisbar ist, sonst wäre sie keine Theorie mehr, sondern Fakt. Ist sie deshalb aber schon Fiktion? Die Evolutionstheorie hat in jüngster Vergangenheit viele Gegner auf den Plan gerufen, die ihr genau dies vorwerfen, eben nur eine Theorie zu sein. Ist eine Theorie schon dadurch widerlegt, dass sie nur eine Theorie ist? Ist es tatsächlich verwerflich, eine Theorie zu entwickeln, wenn sich das zu untersuchende Objekt einer direkten Beobachtung entzieht?

Die Menschheit war seit jeher fasziniert und beeindruckt von der sie umgebenden Welt. Mit immer besseren Methoden haben Wissenschaftler sie beobachtet, beschrieben und gehofft, sie zu begreifen. Und sie haben versucht, all ihre Erkenntnisse zu einem großen Ganzen zusammenzufügen. Das

> „Ist es tatsächlich verwerflich, eine Theorie zu entwickeln, wenn sich das zu untersuchende Objekt einer direkten Beobachtung entzieht?"

Einst als Utopie verschrien, bietet die Raumfahrt heute die wissenschaftliche Möglichkeit, teilweise praktisch zu überprüfen, was zuvor nicht mehr als eine allgemein anerkannte Theorie war (Bedingungen im Weltraum etc.). Die Entwicklung der Raumfahrt hat geholfen, dass der Mensch die Welt auch aus einer größeren Entfernung betrachten kann, und dass er, auch im wahrsten Sinne des Wortes, seinen Horizont erweitern konnte.

führte zu entsprechend komplexen Gedankenge-
bäuden und umfassenden Theorien, die im Laufe
der Jahrhunderte oftmals korrigiert und verworfen
werden mussten, da sie sich immer wieder zumindest in Teilen als falsch erwiesen. So glaubten die
Menschen im Mittelalter, die Erde sei der Mittelpunkt des Universums. Und es fiel ihnen sehr
schwer, sich von diesem Gedanken zu verabschie-
den, zumal die Kirchen sich auf das Heftigste gegen
diese „Gotteslästerung" wehrten. Im Zeitalter von
Weltraumteleskopen und Weltraumflügen können
wir uns sozusagen persönlich davon überzeugen,
dass sich die Erde um die Sonne dreht und unser
gesamtes Sonnensystem nur ein winziger Punkt am
Rande einer riesigen Galaxis ist. Doch bereits vor
diesem direkten Augenschein waren die Menschen
in der Lage, aus ihren Beobachtungen die richtigen Schlüsse zu ziehen. Dass sich die Erde nicht im
Mittelpunkt des Universums befindet, war anfangs
ebenfalls nur eine Vermutung, eine Theorie.
Sogar unser Alltagsleben beeinflussen solche Theorien maßgeblich. Hätten wir Einsteins Relativitätstheorie abgelehnt, gäbe es weder Weltraumflug
noch GPS-System. Und auch unsere Vorstellungen
über Atomkerne und chemische Reaktionen beruhen hauptsächlich auf Beschreibungen und Theorien, da sich die tatsächlichen Abläufe unserer
direkten Beobachtung entziehen.
Auch die Evolutionstheorie ist in ihrer Gesamtheit
das Resultat aus beobachteten Sachverhalten und
dem Versuch, diese einer übergeordneten Logik,
einer Gesetzmäßigkeit zuzuschreiben. Unsere
Erkenntnisse über die Welt werden also durch die
Evolutionstheorie am plausibelsten erklärt. Zwar
gibt es dafür keine Beweise im strengen Sinne,
jedoch eine große Anzahl von Belegen, die sie mit
einem mehr oder minder hohen Grad an Sicher-
heit abstützen. Sie weist eine „innere" und eine
„äußere Widerspruchsfreiheit" auf, das heißt, sie
enthält keine widersprüchlichen Aussagen. Außer-

**„Die Evolutionstheorie ist in ihrer
Gesamtheit das Resultat aus beobachteten Sachverhalten und dem Versuch,
diese einer übergeordneten Logik,
einer Gesetzmäßigkeit zuzuschreiben."**

dem ist sie in der Lage, bislang ungeklärte Sach-
verhalte zu erklären, weshalb sie in der Wissenschaft insgesamt als gesichert gilt. Die wichtigsten Belege für ihre Richtigkeit sind:

- Belege aus der Morphologie und Anatomie

- Belege aus Embryologie und Phylogenie

- Belege aus Zellbiologie, Biochemie und Genetik

- Belege aus der Paläontologie

- Belege aus der Biogeografie und
  Kontinentalverschiebung

*Entwicklungen wie die Satelli-
tentechnik ermöglichen heute
die Gewinnung von For-
schungsdaten, an die man
noch vor wenigen Jahrzehnten
kaum zu denken wagte. Die
fortschreitenden wissenschaftlichen und technischen Errungenschaften haben immer wieder in entscheidender Weise
den Blick des Menschen auf die
Welt und das Universum verändert, sodass auch in Zukunft
bahnbrechende neue Erkenntnisse zu erwarten sind.*

Morphologie und Anatomie

Gemeinsamkeiten des Lebens

Einen wichtigen Hinweis auf die enge Verwandtschaft der Lebewesen unseres Planeten untereinander bietet die vergleichende Anatomie. Die Anatomie beschäftigt sich mit den Bauplänen von Organismen, und diese lassen einige grundsätzliche Gemeinsamkeiten von Leben erkennen. So sind sowohl Tiere als auch Pflanzen aus Organen bzw. Organsystemen aufgebaut, die wiederum aus einer Grundeinheit bestehen, der Zelle. Die verschiedenen Organismen weisen dabei eine mehr oder minder große Ähnlichkeit miteinander auf. Beim Vergleich der Baupläne wird zwischen Homologien, Analogien, rudimentären Organen und Atavismen unterschieden, die jeweils für sich einen Zusammenhang zwischen den Bauplänen erkennen lassen.

Anatomische Vergleichsstudien von Schädeln verschiedener Tierarten: So lassen sich Gemeinsamkeiten und Differenzen leichter herausarbeiten.

Homologien

Homologien sind bei verschiedenen Organismen auftretende übereinstimmende Strukturen, die auf eine gleiche Herkunft schließen lassen. Ein klassisches Beispiel sind die Extremitäten der Wirbeltiere, die bei den verschiedenen Arten zum Teil völlig unterschiedliche Funktionen übernehmen und dennoch einen fast identischen Feinbau besitzen. So verfügen sowohl Reptilien als auch Vögel und Säugetiere gleichermaßen über Oberarmknochen, Elle, Speiche, Handwurzelknochen, Mittelhand sowie über (zumeist fünf) Finger. Egal ob sie als Bein, als Flosse oder als Flügel geformt sind: Sie haben alle den gleichen Grundbauplan. Ein anderes Beispiel sind die Verdauungsorgane z. B. von Giraffe und Kuh: Beide besitzen einen vierteiligen Wiederkäuermagen mit Pansen, Netz-, Blätter- und

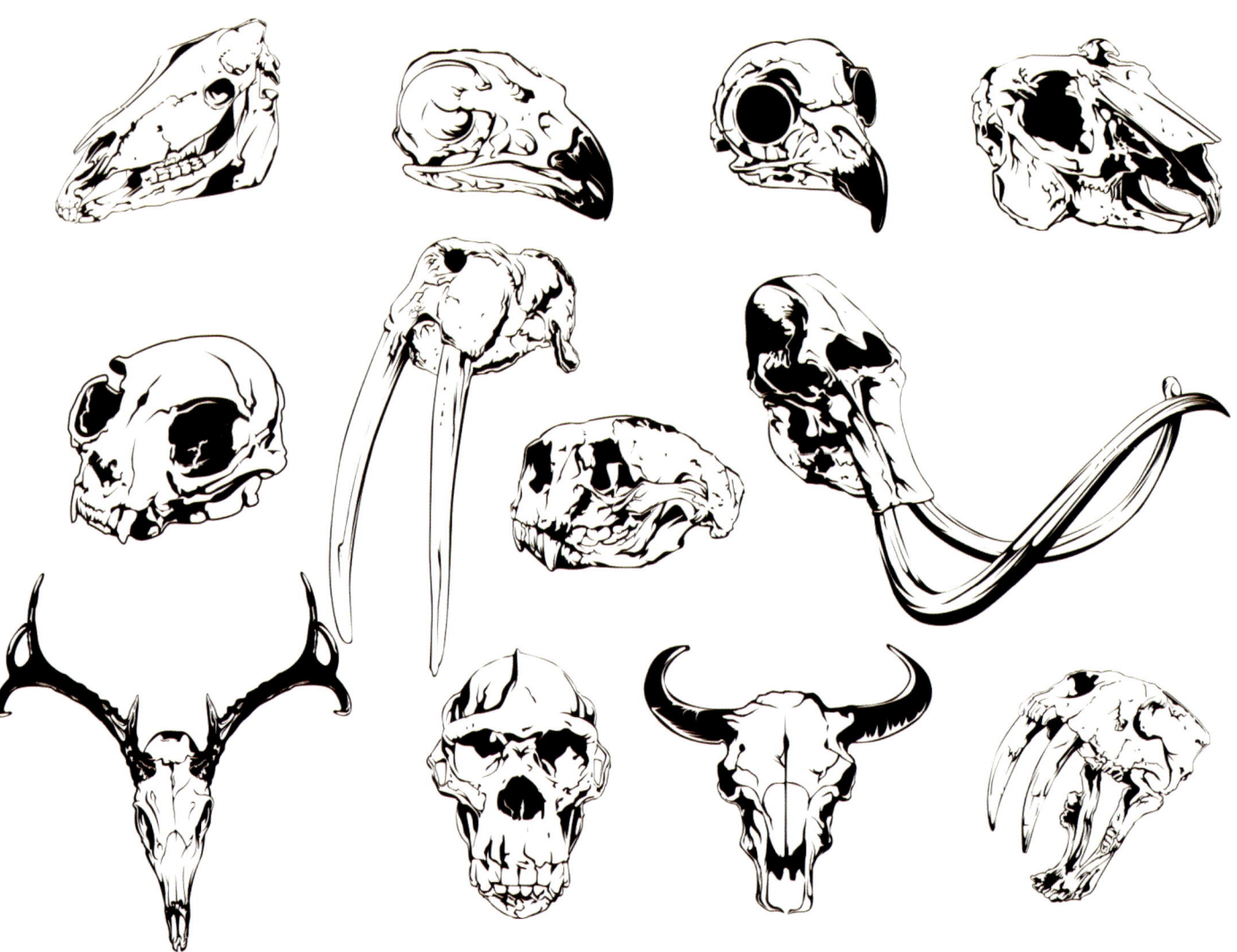

Labmagen und verdauen Pflanzenteile mit Hilfe symbiotischer Bakterien. Der Begriff Homologie wurde von Richard Owen (1804-1892) geprägt. Er entdeckte, dass ein Säugling bei seiner Geburt sechs große Löcher im Schädel hat, die Fontanellen, da seine Schädelplatten noch nicht miteinander verwachsen sind. Auf diese Weise passt der große Kopf des Säuglings durch den engen Geburtskanal, denn die Schädelplatten lassen sich gegeneinander verschieben und der Kopf wird vorübergehend leicht deformiert. Diese Schädelplatten fand Owen interessanterweise nun nicht nur bei Säugetieren, sondern auch bei Vögeln und Reptilien, also bei Tieren, deren Nachkommen gar nicht durch einen engen Geburtskanal müssen, sondern aus Eiern schlüpfen. Owen vermutete schon damals ein System dahinter, ohne es erklären zu können. Heute lassen sich Homologien bis in den molekularen Bereich hinein verfolgen, das bedeutet, dass sich hinter den Homologien gleiche Gene verbergen, gleiche Biomoleküle, gleiche Stoffwechselprozesse und gleiche Entwicklungen. Homologien gibt es auch bei Verhaltensweisen, wie z. B. das ritualisierte Balzverhalten bei Hühnervögeln (Haushahn, Jagdfasan, Pfaufasan, Pfau). Erst durch die Kenntnis der verschiedenen Zwischenformen wurde der Ursprung des Balzverhaltens beim Pfau überhaupt erkannt. Weitere Homologien im Verhalten zeigen sich beispielsweise im Droh- und Beschwichtigungsverhalten gegenüber ranghöheren Individuen bei Mensch und Schimpanse.

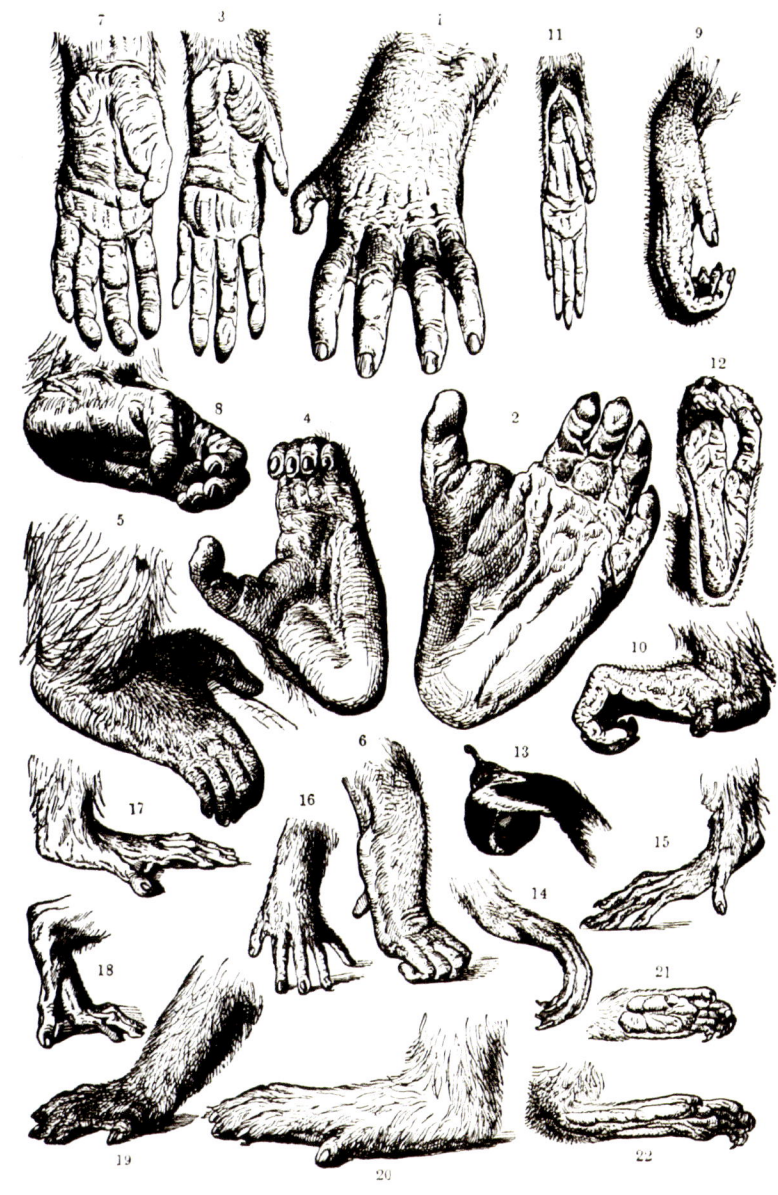

Analogien

Analogien sind Strukturen, die nicht auf einen gemeinsamen Bauplan zurückzuführen sind, aber eine ähnliche Ausprägung aufweisen. Diese Ähnlichkeiten entstehen im Laufe der Evolution, wenn sich Lebewesen unterschiedlicher Abstammung an gleiche Lebensräume anpassen müssen. Sie sind unabhängige Parallelentwicklungen, die durch

„Analogien sind Strukturen, die nicht auf einen gemeinsamen Bauplan zurückzuführen sind, aber eine ähnliche Ausprägung aufweisen."

gleiche Umweltanforderungen bedingt werden (konvergente Entwicklung). Beispiele für solche Analogien sind die Flügel von Vögeln und Fledermäusen, die Beine von Maulwurf und Maulwurfsgrille sowie die Beine von Känguru und Heuschrecke. Die Anpassung an den Lebensraum Meer führte etwa bei Haien, Delfinen, Pinguinen und Ichthyosauriern zu einer ähnlichen Gestalt. Wissenschaftlich betrachtet, sind Analogien im Rahmen der Evolutionstheorie Anpassungsähnlichkeiten, die auf fast gleichen Selektionsfaktoren beruhen.

Rudimentäre Organe

Dieser Typus von Organen hat sich im Laufe der Zeit wieder zurückgebildet, da sie von den Lebewesen nicht mehr genutzt werden. In ihrer Anlage sind

Die Illustration aus der wissenschaftlichen Abhandlung „The Royal Natural History" (1893) des britischen Naturwissenschaftlers Richard Lydekker (1849 – 1915) verdeutlicht die Ähnlichkeiten der Füße verschiedener Primatenarten. Derartige Homologien ermöglichen der vergleichenden Anatomie, Rückschlüsse auf Verwandtschaftsbeziehungen zwischen den verschiedenen Arten zu ziehen.

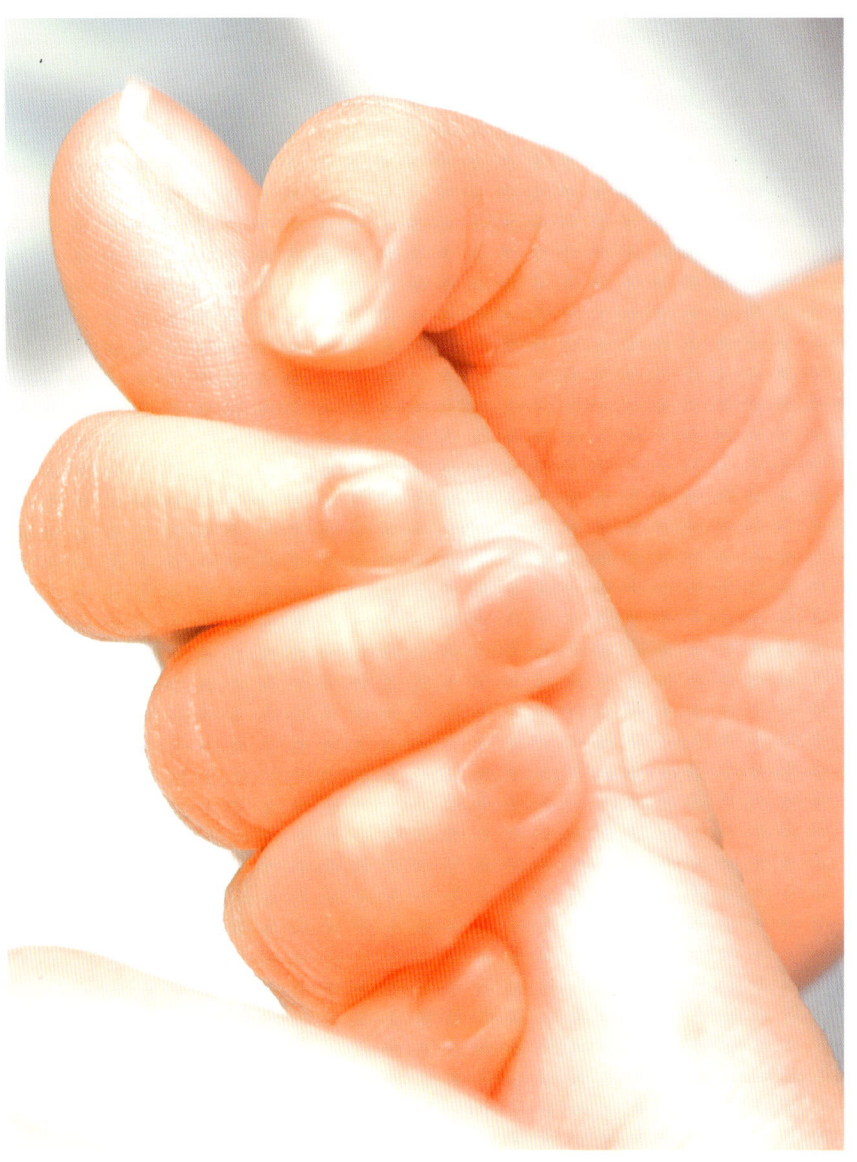

förmigen Flügelreste beim Kiwi, die Überbleibsel der Hinterextremität und des Beckens bei Riesenschlangen, der vollständige Schultergürtel sowie die Reste des Beckengürtels bei Blindschleichen sowie die Griffelbeine beim Pferd; dies sind die verkümmerten Mittelfußknochen der rückgebildeten zweiten und vierten Zehe. Zu den Verhaltensrudimenten gehört der Greifreflex bei Neugeborenen.

Atavismen (Rückschläge)

Von Atavismus spricht man, wenn bei Organismen unvermittelt Merkmale wieder auftreten, die im Laufe ihrer Stammesgeschichte bereits verschwunden waren. Das Auftreten von Atavismen zeigt, dass die entsprechenden Gene in der Erbausstattung des Organismus noch vorhanden sind. Beispiele sind beim Menschen die Ganzkörperbehaarung oder auch, dass bei Neugeborenen manchmal kleine Stummelschwänzchen auftreten. Bei Pferden können aus den rudimentären Griffelbeinen auch wieder winzige Nebenhufe entstehen.

Tier- und Pflanzenzüchtung

Auf der Grundlage der Verwandtschaft zwischen unterschiedlichen Arten und der Annahme, dass sich durch Auslese und Selektion Veränderungen herbeiführen lassen, beruhen seit jeher Tier- und Pflanzenzüchtungen. Diese Verwandtschaften ermöglichten sogar die Zucht einer „Schiege", einem Mischwesen aus Schaf und Ziege.

Wie Affenbabys besitzen auch die menschlichen Säuglinge noch einen Greifreflex. Dabei umspannen die Finger beim Berühren der Handinnenfläche reflexartig den berührenden Gegenstand, hier einen Finger, sodass sie – auf diese Weise hochgehoben – ihr eigenes Gewicht halten können. War der Reflex bei unseren Vorfahren noch lebensnotwendig, da sich die Säuglinge im Fell der Mutter festhalten mussten, ist er heute ohne Bedeutung.

sie aber noch erkennbar. Beispiele für solche rudimentären Organe sind beim Menschen das Steißbein, die Reste eines früheren Schwanzes und die Weisheitszähne. Es gilt als sicher, dass früher einmal alle 32 Zähne des Menschen voll funktionsfähig waren, dass sie – möglicherweise durch veränderte Eßgewohnheiten – heute aber nicht mehr unbedingt gebraucht und daher zurückgebildet werden.

Früher galt auch der Wurmfortsatz, das kleine Stückchen Darm am Blinddarm, als rudimentäres Organ, doch offensichtlich erfüllt er auch heute noch eine wichtige Funktion, weshalb diese Interpretation mit Vorsicht zu genießen ist. Weitere Beispiele für rudimentäre Organe sind die stummel-

Die Existenz von Entwicklungsreihen ist ebenfalls ein deutlicher Hinweis auf Abstammungslinien. Im Rahmen solcher Entwicklungsreihen wird unter anderem eine zunehmende Komplexität des Herz-Kreislaufsystems beobachtet, wie auch eine abnehmende Komplexität bzw. eine Rückbildung der Gliedmaßen bei Eidechsenarten.

„Von Atavismen spricht man, wenn bei Organismen unvermittelt Merkmale wieder auftreten, die im Laufe ihrer Stammesgeschichte bereits verschwunden waren."

Embryologie und Phylogenie

Ähnlichkeiten im äußeren Erscheinungsbild

Betrachtet man die embryonalen Entwicklungsstadien von Wirbeltieren, so fällt auf, dass sich die Frühstadien in ihrer Gestalt sehr ähnlich sind. Dies führte in der Vergangenheit zum sogenannten Biogenetischen Grundgesetz, eine 1866 von Ernst Haeckel aufgestellte These, die einen möglichen Zusammenhang zwischen Ontogenese (Embryonalentwicklung) und Phylogenese (Stammesentwicklung) herstellte: „Die Ontogenese rekapituliert die Phylogenese." In dieser dogmatischen Form ist das Gesetz heute nicht mehr gültig. Man spricht bestenfalls noch von der „Biogenetischen Grundregel". Damit wird der Tatsache Rechnung getragen, dass die Ähnlichkeiten nur im äußeren Erscheinungsbild bestehen und keine genetische Entsprechung haben.

So durchläuft etwa der menschliche Embryo unterschiedliche Entwicklungsstadien, die nacheinander einer Fischlarve, einem Reptilienembryo und einem Embryo anderer Säugetierarten ähnelt. Dabei bildet er, wie alle anderen Wirbeltiere auch, in der frühen Phase der Embryonalentwicklung in der Halsregion sogar Kiemenspalten aus, eine von Kritikern der Evolutionstheorie immer heftig aufs Korn genommene Deutung. Da aus genau diesen Strukturen bei Fischen aber tatsächlich die Kiemen gebildet werden, ist diese Interpretation für Evolutionsbiologen immer noch die naheliegendste. Darauf können selbst die Gegner der Evolutionslehre weder eine andere sinnvolle Deutung bieten noch die These der Kiemenspalten widerlegen.

Noch bevor die Wirbelsäule gebildet wird, wird bei den Wirbeltieren die Chorda angelegt, so wie sie noch bei den Lanzettfischchen zu finden ist, und frühe menschliche Embryos besitzen eine Schwanzwirbelsäule, die ähnlich groß ist wie die eines entsprechend weit entwickelten Schweineembryos. Erst später wird sie beim Menschen reduziert. Bei Walen findet sich beispielsweise die Anlage zu einer säugertypischen Körperbehaarung. Möglicherweise spielen bei all diesen Abläufen die sogenannten Hox-Gene eine wichtige Rolle, Regulatorgene, die relativ früh in die Embryonalentwicklung eingreifen.

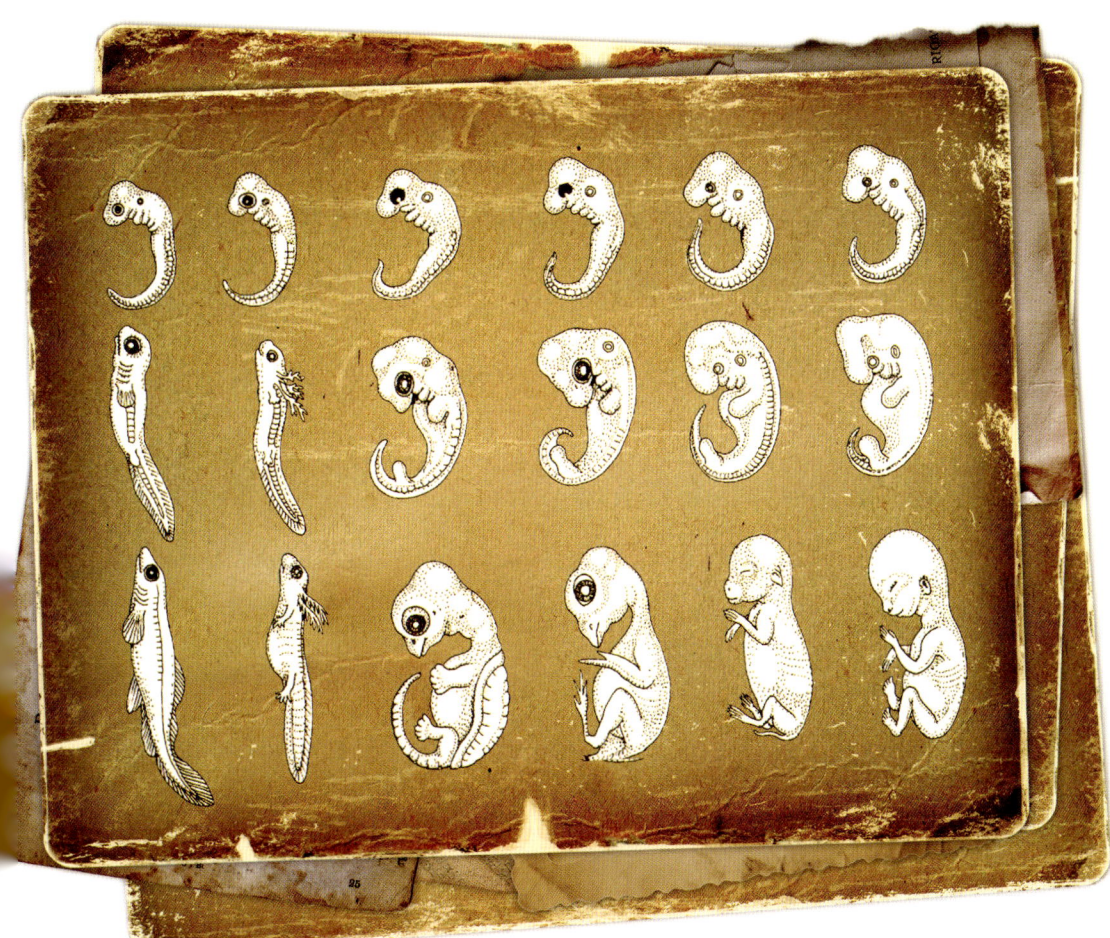

Mit seinen Illustrationen, die eine weitgehende Ähnlichkeiten in verschiedenen Entwicklungsstadien bei der Embryonalentwicklung verschiedener Tierarten zeigen, wollte Ernst Haeckel 1874 seine These belegen, dass die Embryonalentwicklung von Tieren und Menschen ihre stammesgeschichtliche Evolution von einem fischähnlichen Stadium über eine reptilienartige Frühform bis hin zur heute ausgeprägten Gestalt rekapituliert. Seit ihrer Erscheinung wurden die Illustrationen kontrovers diskutiert, da man Haeckel vorwarf, die Zeichnungen so modifiziert zu haben, dass die Details seine Thesen unterstützten.

Zellbiologie, Biochemie und Genetik

Universeller Baustein Zelle

Alle Lebewesen der Erde sind aus Zellen aufgebaut, und all diese Zellen ähneln sich in ihrem Grundaufbau. Die größten Unterschiede gibt es noch zwischen tierischen und pflanzlichen Zellen sowie zwischen den Zellen von Ein- und Vielzellern. Alle besitzen allerdings ein Zellplasma, Ribosomen (kleine Partikel, an denen die Proteinsynthese stattfindet), und sind von einer Zellmembran umgeben. Zudem teilen sich alle durch Mitose. Eukaryoten besitzen mehr oder weniger alle die gleichen Zellorganellen.

Und nicht nur die groben Zellstrukturen sind ähnlich, sie setzen sich auch aus den gleichen biochemischen Molekülen zusammen.

Die Eiweiße von Pflanzen und Tieren sind aus den mehr oder weniger gleichen Aminosäuren aufgebaut, und die Anordnung innerhalb der Proteine ist um so ähnlicher, je enger die Lebewesen miteinander verwandt sind. Den Grad der Verwandtschaft kann man unter anderem an der Ähnlichkeit der Blutserumproteine durch den Serum-Präzipitintest (Verklumpungstest mit Blut), oder auch durch die Aminosäuresequenzanalyse genauer ermitteln. Der Serum-Präzipitintest zeigt eine 85%ige Übereinstimmung von menschlichem Serum mit dem von Schimpansen. Ferner besteht eine größere Verwandtschaft mit dem Serum von afrikanischen Menschenaffen als mit dem von asiatischen. Mit dem Blutserum vom Rind besteht nur noch eine 10%ige Übereinstimmung, mit Vogelblut gar keine mehr.

Cytochrom C, ein wichtiges Enzym der Atmungskette, ist besonders universell: Es besteht aus 104 Aminosäuren und ist bei Menschen und Schimpansen völlig identisch. Im Vergleich zum Rhesusaffen ist eine einzige Aminosäure ausgetauscht, im Vergleich zum Pferd nur 12, und mit dem Cytochrom C von Klapperschlangen besteht immer noch eine Übereinstimmung von 80 %. Beim Vergleich von Säugern mit Vögeln finden sich im Cytochrom C 10–14 unterschiedliche Aminosäuren, beim Vergleich mit Fischen 19–21, bei dem mit Insekten 26–33 und bei dem mit den einzelligen Hefen 43–48. Der Blutfarbstoff Hämoglobin ist bei Mensch und Schimpanse ebenfalls völlig identisch und unterscheidet sich von dem des Gorillas in insgesamt nur drei Aminosäuren.

Die genetische „Sprache" ist eine „Einheitssprache" für alle Lebewesen. Das heißt, alle Lebewesen benutzen in den Grundzügen für ihre Baupläne den gleichen Code. Jedes Lebewesen kann daher die Bauplananweisung der anderen Lebewesen mehr oder weniger gut lesen, und da sie über gleiche Stoffwechselwege verfügen, auch entsprechend umsetzen. Aus genau diesem Grunde können Bakterien auch die Information für menschliches Insulin „lesen" und danach menschliches Insulin herstellen, was ein bewährtes Verfahren zur Herstellung künstlichen Insulins für Diabetiker ist.

Aufgrund der molekularbiologischen Verwandtschaft werden heute phylogenetische Stammbäume aufgestellt (Kladogramme). Darin werden die Abstammungslinien anhand der genetischen und biochemischen Verwandtschaft aufgezeigt. So ergeben sich nicht nur zeitlich, sondern auch molekularbiologisch stimmige Stammbäume.

Die Verwandtschaft zwischen den Primatenarten lässt sich auch auf genetischer Ebene nachweisen. So offenbaren nicht nur Aussehen und Mimik, vor allem bei den Babys von Affen (kleines Bild unten) und Menschen (kleines Bild oben), auf die Entwicklungsgeschichte zurückzuführende Gemeinsamkeiten, auch im molekularen Bereich finden sich Homologien. So ist beispielsweise der Blutfarbstoff Hämoglobin bei Schimpansen und Menschen identisch und unterscheidet sich von dem des Gorillas (großes Bild) nur in drei Aminosäuren.

Paläontologie

Fossilien zeigen Zusammenhänge

Wichtige Belege für die Evolutionstheorie liefern Fossilien. Fossilien sind einerseits ein Beweis dafür, dass es tatsächlich einmal Lebewesen gab, die heute ausgestorben sind, dass also verschiedene Lebewesen zu unterschiedlichen Zeiten gelebt haben und bestimmte Pflanzen- und Tiergruppen nicht gleichzeitig, sondern nacheinander aufgetreten sind. Anhand von Fossilien lassen sich Homologien und Analogien zu derzeit lebenden Arten finden und auch genetische Analysen von Geweberesten zeigt ihre Verwandtschaft zu heutigen Arten. Damit lassen sich Fossilien problemlos in eine Abstammungsreihe mit lebenden Arten einordnen. Der Begriff „Fossil" geht auf das lateinische Wort für „ausgraben" zurück und wurde ursprünglich auf jeden ausgegrabenen Gegenstand angewendet. Erst später wurde der Begriff auf außerordentlich alte Überreste von Lebewesen beschränkt.

In der Paläologie spielen sogenannte Leitfossilien eine zentrale Rolle. Diese Fossilien stammen von Lebewesen, die nur in einem kurzen Zeitabschnitt auftraten, dafür aber räumlich weit verbreitet waren, sodass sie nur in bestimmten Erdschichten auftreten. Mit ihrer Hilfe kann das Alter von Gesteinsschichten auch aus räumlich weit entfernten Gegenden verglichen werden.

Zeitzeugen der Vergangenheit

Fossilien entstehen durch Fossilisation, dies ist ein Vorgang, der unter bestimmten chemisch-physikalischen Bedingungen über extrem lange Zeiträume hinweg stattfindet. Dabei werden die organischen Moleküle eines Organismus unter Sauerstoffabschluss langsam durch anorganische Moleküle ersetzt. So wird aus der organischer Materie anorganische, wobei die Form der jeweiligen Organismen erkennbar bleibt. Bei einer unvollständigen Fossilisation finden sich später im anorganischen Material noch organische Reste. Wichtig für den Prozess ist, dass sich rasch ein Sauerstoffabschluss einstellt, sodass der Organismus nicht verwesen

„Anhand von Fossilien lassen sich Homologien und Analogien zu derzeit lebenden Arten finden, diese zeigen ihre Verwandtschaft auf."

Verschiedene evolutionstheoretische Erkenntnisse erhält die Wissenschaft durch Fossilien, wie z. B. die von Trilobiten. Sie verraten nicht nur die einstige Existenz von inzwischen ausgestorbenen Arten, sondern lassen auch eine zeitliche Zuordnung und Schlüsse auf mögliche Abstammungsbeziehungen heutiger Arten zu. Aus Spurenfossilien, wie diesen versteinerten Dinosaurierspuren in Arizona (Bild rechte Seite), lassen sich Aussagen wie z. B. die Art, Häufigkeit und Verbreitung einer ausgestorbenen Art sowie deren Lebens- oder Fortbewegungsweise ableiten.

kann, was besonders leicht in Sümpfen, Mooren, Seen oder Flachmeeren passiert. Je nach Entstehung lassen sich die Fossilien unterscheiden in:

- **Körperfossilien:** vollständig oder teilweise erhaltene Körper von Lebewesen wie z. B. konservierte Körper aus dem Eis (Frosterhaltung wie bei einigen Mammuts).
- **Versteinerungen und Kristallisierungen:** häufigste Fossiliensorte; hierbei werden die Organismenstrukturen nach und nach durch Mineralien ersetzt, die im Laufe der Zeit einen festen Gesteinskörper bilden. Wird beispielsweise Holz von Kieselsäure durchdrungen (Verkieselung), können sich versteinerte Baumstämme bilden, die so fein strukturiert sind, dass nach Jahrmillionen noch jeder Jahresring abgelesen werden kann.
- **Inkohlung:** unter Luftabschluss stattfindende Umwandlung des organischen Materials zu Kohlenstoff; dabei können Torf, Braun- oder Steinkohle entstehen.
- **Steinkerne:** Hohlräume im Sediment, die durch verweste Lebewesen entstanden sind und diese wie eine Negativform abbilden; später werden diese mit anderen Sedimenten aufgefüllt, sodass die äußere Gestalt des Lebewesens nachbildet wird.
- **Abdrücke:** Abdrücke von Ammoniten-, Schnecken- oder Muschelschalen, bei denen sich die eigentliche Schale aufgelöst hat bzw. sich nur das Gehäuseinnere mit Sediment gefüllt hat.
- **Bernstein:** in Baumharz eingeschlossene kleine Tiere, meist Insekten; der Harz wird im Laufe der Zeit zu Bernstein, die Einschlüsse werden als Inklusen bezeichnet.
- **Spurenfossilien** z. B. Fußabdrücke, Bewegungs- und Ernährungsspuren (Fraß oder Kot) und Fortpflanzungs- und Wohnspuren (Eier, Nest), die Hinweise auf Leben geben.
- **Chemofossilien:** chemische Spuren von einzelligen Lebewesen.

„Wichtig für den Prozess der Fossilisation ist, dass sich rasch ein Sauerstoffabschluss einstellt, sodass der Organismus nicht verwesen kann."

Aufgrund einer weitgehenden morphologischen Übereinstimmung mit fossilen Formen, die schon vor 400 Millionen Jahren existierten, wird der heute an der amerikanischen Atlantikküste und in Südostasien beheimatete Pfeilschwanzkrebs häufig als lebendes Fossil bezeichnet. Lebende Fossilien sind ein Glücksfall für die Wissenschaft, denn sie ermöglichen Paläobiologen auch Rückschlüsse auf die Lebensweise bereits ausgestorbener Vorläufer dieser Arten.

- **Lebende Fossilien:** Lebewesen, die nur noch in wenigen, eng begrenzten Gebieten gefunden werden, altertümliche Merkmale aufweisen und ein relativ hohes erdgeschichtliches Alter haben. Sie sind für die Evolutionsforscher sehr wichtig, denn mit ihnen können Rückschlüsse auf die Lebensweise und das Aussehen auch ausgestorbener Tiere gezogen werden. Als lebende Fossilien gelten Beuteltiere, Krokodile, Schildkröten, Quastenflosser, Schnabeltiere, Ameisenigel, einige Eidechsen- und Schlangenarten sowie der Ginkgobaum.

Für die Altersbestimmung von Fossilien gibt es heute eine Vielzahl verschiedener Methoden. Dabei kann das Alter eines Objektes je nach Material mit mehreren Methoden bestimmt und damit auch überprüft werden. Daraus ergibt sich eine relativ gesicherte Altersbestimmung. Die heute wichtigsten Methoden zur Altersbestimmung sind:

- Radiometrische Altersbestimmung (Zerfall radioaktiver Isotope)
- Radiokarbonmethode (Zerfall von 14C)
- Relative geologische Zeitskala aus den Sedimenten und Warvenanalyse (Warve=Sedimentschicht, die sich innerhalb eines Jahres in einem stehenden Gewässer abgesetzt hat)
- Populationswachstum (Altersbestimmung über die Anzahl der Generationen)
- Jahresringe bei Bäumen (Dendrochronologie, Erstellung eines Jahresringkalenders bei langlebigen Bäumen)
- Eisbohrkerne (hier werden die Schichten gezählt, die jedes Jahr durch den Schneefall gebildet werden)
- Thermolumineszenz (bei Keramik lässt sich aus der Temperatur, Intensität und dem Spektrum der Thermolumineszenz sowie anderen Parametern das Alter ermitteln)
- Elektronen-Spin-Resonanz (ESR) (misst die Elektronen in Knochen und Schalen)
- Aminosäure-Razemisierung (L-Aminosäuren werden nach dem Tod eines Organismus in die Spiegelbildform, die D-Form, überführt, bis ein Verhältnis von 1:1 erreicht ist; das D/L-Verhältnis ist dabei abhängig von der Zeit, der Temperatur und der Art des Organismus).

Wichtige Belege für eine Evolution, die auf der Abstammung der Arten aus gemeinsamen Vorfahren beruht, sind Zwischenformen:

Mosaikformen und Brückentiere

Mosaikformen besitzen eine Kombination von Merkmalen, die in der Regel zu verschiedenen Gruppen von Lebewesen gehören. Zum Brückentier oder „Missing Link" wird eine Mosaikform, wenn sie in die Abstammungslinie als evolutionäres Bindeglied zwischen zwei verschiedenen Gruppen gestellt werden kann. Ein Missing Link ist eigentlich ein fehlendes Teil in der langen Kette von Abstammungen der einzelnen Arten, mittlerweile werden aber auch solche Formen Missing Link genannt, die Übergangsformen erkennen lassen, die also gar nicht mehr unbedingt vermisst werden. Nicht jede Mosaikform ist ein Missing Link oder Brückentier, sie kann beispielsweise auch einer ausgestorbenen Seitenlinie angehören. Mosaikformen gibt es bei Fossilien, aber auch unter heute noch lebenden Arten. Bekannte Mosaikformen sind etwa der Quastenflosser (Merkmale von Fisch und Landwirbeltier) und das Schnabeltier (Reptil und Säugetier). Zusätzlich als Brückenformen gelten unter anderem der Lungenfisch (Übergang von Fisch zu Landwirbeltier), Seymouria (Übergang von Amphibium zu Reptil), Cynognathus (Übergang von Reptil zu Säugetier) und, ganz berühmt, der Urvogel Archaeopteryx. Er lässt deutlich eine Verbindung zwischen Reptilien und Vögeln erkennen. Brückenformen gibt es aber auch bei den kleineren Lebewesen wie z. B. Euglena viridis mit Merkmalen von Tier und Pflanze, Volvox mit Merkmalen von Einzellern und Vielzellern, Oomyceten, lebende Fossilien mit Merkmalen von Pflanzen und Pilzen, Pcripatus mit Merkmalen von Ringelwürmern und Gliedertieren und Nautilus mit Merkmalen von Schnecken und Kopffüßern.

Übergangsformen, sogenannte Missing Links (fehlende Bindeglieder), zwischen verschiedenen Arten von Lebewesen sind von außerordentlicher Bedeutung für die Rekonstruktion von Abstammungsbeziehungen. So weist beispielsweise der vor rund 150 Millionen Jahre lebende Urvogel Archaeopteryx gleichzeitig Merkmale von Sauriern und Vögeln auf. Seine Entdeckung im 19. Jahrhundert war eine wissenschaftliche Sensation.

Archaeopteryx

Vogelmerkmale:

- vogeltypischer Schädel
- Federkleid
- vogelflügelähnlicher Armknochen
- zum Gabelbein verwachsene Schlüsselbeine
- Vogelbecken
- gegenüberliegende Zehe

Reptilienmerkmale:

- Kegelzähne
- Rippen ohne Versteifungsfortsätze
- kleines Brustbein
- drei freie Finger mit Krallen an den Flügeln
- reptilientypische lange Schwanzwirbelsäule
- nicht verwachsener Mittelfußknochen

Das Teilgebiet der Zoologie, das sich mit der wissenschaftlichen Erforschung von Amphibien und Reptilien befasst, nennt sich Herpetologie. Herpetologen untersuchen den Körperbau, die Lebensvorgänge und Verhaltensmodi der Reptilien und Amphibien, ihre Entwicklungs- und Vererbungsweisen, ihre Verwandtschaftsbeziehungen und ihre Verbreitung, ihre Umweltbeziehungen und ihre Ausbreitungs- und Stammesgeschichte. Die Bereiche, die erforscht werden, helfen bei der Klassifizierung – besonders wichtig sind dafür auch prähistorische Fossilfunde wie dieses versteinerte Reptilskelett.

Biogeografie und Kontinentalverschiebung

Geografische Beweise

Diese biologischen Beweisführungen und Schlussfolgerungen decken sich auch mit den Erkenntnissen und Erfahrungen von Geologen, die beispielsweise bei der Analyse der geologischen Schichtungen gewonnen werden. So stützen geologische Forschungsergebnisse die Evolutionstheorie und fügen sich nahtlos in die Erkenntnisse der Kontinentaldrifttheorie.

Lange Zeit wurde angenommen, dass die Geografie der Erde unveränderlich sei, doch heute wissen wir, dass sich die Kontinente seit Milliarden von Jahren gegeneinander verschieben. Mithilfe der Kontinentaldrifttheorie beschreibt die Wissenschaft diese Verschiebung der Kontinente, die auch heute noch andauert. So entfernen sich Europa und Nordamerika gegenwärtig jährlich um zwei Zentimeter voneinander. Durch Kontinentalverschiebungen kam es in der Vergangenheit zur geografischen Isolation von Arten in riesigem Ausmaß, sodass sich diese Populationen anschließend völlig unabhängig weiterentwickelt haben. So werden heute unterschiedliche evolutive Entwicklungen weltweit erklärt. Ein Beispiel dafür sind die Lemuren: Nach der Trennung von Madagaskar und Afrika wurden die Urlemuren auf dem afrikanischen Kontinent von den „echten" Affen verdrängt, in Madagaskar hatten sie diese Konkurrenz nicht und konnten sich zu den heutigen Lemuren weiterentwickeln. Ein weiteres Beispiel sind die Beuteltiere: In der Kreidezeit besiedelten die Urbeutler alle Kontinente, dann kam es durch Kontinentaldrift zur Abspaltung des südamerikanischen und australischen Kontinents von den übrigen Kontinenten. Auf den übrigen Kontinenten verdrängten die modernen Säuger die Beuteltiere. Südamerika und Australien konnten jetzt aber von den Säugern nicht mehr besiedelt werden, hier entwickelten sich die Beuteltiere weiter. Später kam es zur Landbrücke zwischen Nord- und Südamerika. Als eine Folge davon konnten die Säuger nach Südamerika einwandern und die Beuteltiere hier ebenfalls verdrängen. Da zu diesem Zeitpunkt Australien aber bereits völlig abgetrennt von Südamerika war, konnten sich die Beuteltiere in Australien noch eigenständig weiterentwickeln. Mit etwa 230 verschiedenen Arten, wie Flugbeutler, Beutelmull, Beutelmarder, Beutelwolf, Koala und

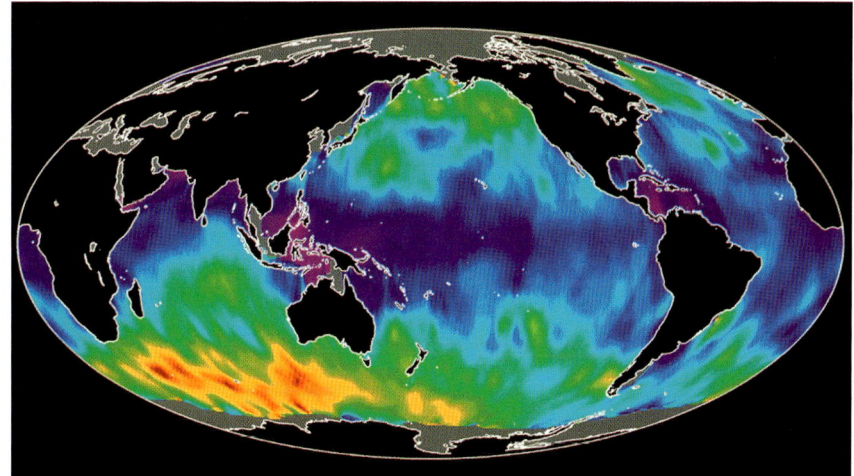

Känguru haben sie alle ökologischen Nischen besetzt.

So ist die Artenentwicklung ein Spiegelbild der Kontinentalverschiebung. Auf den Kontinenten konnten sich die Arten auch über weite Entfernungen hinweg überall ausbreiten. Andererseits stellten Meere, hohe Gebirge und Wüsten geografische Schranken dar, die eine Ausbreitung behinderten. Durch solche Ausbreitungsschranken wurden Isolationsräume geschaffen, in denen sich Arten völlig unterschiedlich voneinander entwickeln konnten. Australien beherbergt heute etwa 100.000 Tier- und Pflanzenarten, von denen etwa 8.000 endemisch, also nur hier zu finden sind.

Alle diese Belege sind, isoliert betrachtet, zwar keine umfassenden und ausreichenden Beweise für die Richtigkeit der Evolutionstheorie, doch dadurch, dass sie nicht nur einzeln die Theorie untermauern, sondern auch untereinander so stimmig sind und ein logisches Gesamtkonzept ergeben, wird die Evolutionstheorie heute sogar von den meisten Kirchen anerkannt, widerspricht sie in ihren Grundsätzen doch noch nicht einmal einer Schöpfungstheorie. Denn steckt nicht gerade in der Evolution, in der Entwicklung einer solchen übergroßen Vielfalt aus einfachsten Grundbausteinen, und verbirgt sich nicht gerade dahinter eine unvorstellbare Genialität, die selbst Naturwissenschaftler zum Staunen bringt und jeden ehrfürchtig werden lässt, der sich damit beschäftigt? Zeigt uns nicht gerade die Evolution, dass hier etwas Besonderes in Gang gesetzt wurde, etwas, das sich ein Mensch selbst in seinen kühnsten Träumen nicht hätte ausdenken können?

Dass sich Erkenntnisse aus der Geografiegeschichte und die heutige geografische Lage verschiedener biologischer Lebensräume auch für die Evolutionstheorie nutzbar machen lassen, belegt z. B. die geografisch isolierte Lage Australiens (kleines Bild oben) in Verbindung mit der Entwicklung der hier beheimateten endemischen Tier- und Pflanzenwelt. Tiere wie das Känguru (links oben) und der Schnabeligel (rechts unten) oder Pflanzen wie der Eukalyptus (rechts oben) und der Baumfarn (links unten) haben sich fast ausschließlich hier natürlich erhalten. Dies ist darauf zurückzuführen, dass diese ursprünglichen Arten durch die geografische Isolation Australiens nach der Abspaltung durch die Kontinentaldrift nicht wie auf anderen Kontinenten von dominanteren Arten verdrängt wurden und sich dadurch ungestört weiterentwickeln konnten.

Quo vadis?

Ein Blick in die Zukunft

Lassen sich im Evolutionsverlauf Gesetzmäßigkeiten erkennen, die uns einen Blick in die Zukunft erlauben, die uns sagen, wie es mit der Entwicklung des Menschen, der Lebewesen insgesamt, der Zukunft der Erde und sogar darüber hinaus weitergeht?

„Leben heißt Veränderung", dieses Zitat von Charles Darwin beinhaltet im Kern alles, was Evolution ausmacht. Damit ist offensichtlich auch eine gewisse Höherentwicklung verbunden. Andererseits lässt sich diese Aussage ohne Weiteres auch auf die unbelebte Natur ausweiten. Denn sie verändert sich ebenfalls, und mit ihr das ganze weite Universum. Und diese Veränderungen der unbelebten Natur nehmen unmittelbar und mittelbar Einfluss auf die biologische Evolution. Wer mit so vielen Variablen, die einander beeinflussen, eine Prognose erstellen will, bewegt sich automatisch schnell im Bereich des Spekulativen. Und tatsächlich: Niemand kann vorhersagen, was kommen wird. Mit unserer Menge an Informationen können wir nur mögliche Szenarien für die nahe, die mittlere und die ferne Zukunft entwickeln.

Die nahe Zukunft hat schon begonnen

Die Welt im Umbruch

Die Welt scheint im Umbruch. Klimaveränderungen, Artensterben – diese Schlagzeilen verfolgen uns Tag für Tag und zwingen uns geradezu, dass wir uns diesen Themen stellen: Wie groß ist der Einfluss des Menschen auf die Entwicklung seiner Umwelt und der Lebewesen wirklich, stimmt die Richtung? Die Entscheidungen von gestern und heute bestimmen unsere nahe Zukunft, die damit eigentlich schon begonnen hat. Die Geschwindigkeit, mit welcher der Mensch in die Natur eingegriffen hat, schlägt bereits heute brutal zurück. Unsere Zukunft kommt schneller, als wir denken. Sie ist daher auch relativ gut vorhersehbar. Relativ, denn noch können wir einige Veränderungen aufhalten, abbremsen, in andere Richtungen lenken. Relativ, denn die Zeit und die verbleibenden Variablen, auf die der Mensch Einfluss nehmen kann, werden immer weniger.

Die Faktoren der nahen Zukunft, die Einfluss auf die Evolution nehmen, sind in erster Linie geprägt durch die globale Erwärmung mit einer Zunahme von extremen Wetterlagen sowie die Artenwanderungen und das Artensterben. Der „Assessment Report" des Zwischenstaatlichen Rats für Klimafragen (Intergovernmental Panel on Climate Change, IPCC) warnt in seinem vierten Report, dass der Klimawandel noch viel größere Ausmaße

„Die Geschwindigkeit, mit welcher der Mensch in die Natur eingegriffen hat, schlägt bereits heute brutal zurück."

Besonders in der heutigen Zeit haben die Eingriffe des Menschen in seine natürliche Umgebung einen entscheidenden Einfluss auf die Zukunft der Arterhaltung. Noch liegt es in unserer und in der Hand nachfolgender Generationen, umweltgefährdende Faktoren wie die globale Erwärmung abzubremsen.

annehmen kann, als bisher gedacht, und der Einfluss des Menschen wird dabei kaum noch bezweifelt. Die globale Erwärmung wird Rekordhitzen bringen, wärmere Meere, stärkere Hurrikane sowie ein Abschmelzen der Pole: Ein entsprechender Anstieg der Meeresspiegel und damit Überschwemmungen von Küstenregionen und ein Untergang von Inseln und Landstrichen sind die Folgen. In Europa werden Dürren, Überschwemmungen und Waldbrände zunehmen, in den Alpen werden die Gletscher abschmelzen und die Gesteinsmassen schneller verwittern. Durch die weltweite Zerstörung von Feuchtgebieten und das Auftauen von Permafrostböden werden massive Mengen an Treibhausgas freigesetzt, welche die Erwärmung zusätzlich beschleunigen. Dies alles hat eine unmittelbare Auswirkung auf die Evolution in der Tier- und Pflanzenwelt sowie auf die geografischen Entwicklungen der Erde und die Entwicklung und Verbreitung der Arten. Die Konsequenzen, die sich seit einiger Zeit deutlich abzeichnen, sind große Artenwanderungen und ein massives Artensterben. Zum Beispiel breiten sich in norddeutschen Seen tropische Blaualgen aus, während andererseits verschiedene Planktonpopulation auf der Suche nach kühleren Gewässern aus der Nordsee in den Atlantik wandern und mit ihnen die Fische, die sich von ihnen ernähren; Gleiches geschieht bei den Weichtieren und Krebsen, die ebenfalls kühlere Regionen bevorzugen. Im Gegenzug wandern einige Fische, die eigentlich vor der afrikanischen Küste leben, bereits heute in die Nordmeere ein, wie z. B. Seebarsch, Sardine und Zitronenhai. Über die Alpen ist aus dem Mittelmeerraum nicht nur die unangenehme Sandmücke, die Fiebererkrankungen überträgt und schwere Hautausschläge verursacht, nach Deutschland eingewandert, auch die berüchtigte Malariamücke Anopheles wurde schon gesichtet. In Deutschland heimisch fühlt sich seit einiger Zeit auch ein farbenprächtiger Singvogel aus dem Mittelmeerraum: der Bienenfresser. Wenn Arten aus fremden Regionen einwandern, geschieht das

„Zurzeit werden die Arten 1.000-bis 10.000-mal schneller ausgelöscht, als dies bislang durch evolutionäre Prozesse geschehen ist."

meist auf Kosten der einheimischen, die dann entweder ebenfalls in andere Regionen abwandern oder möglicherweise aussterben. Mittlerweile ist die Liste der aussterbenden und bedrohten Arten so groß geworden, dass bereits von einem neuen großen Massensterben die Rede ist. Besorgniserregend ist dabei vor allem die Geschwindigkeit, mit der die Arten aussterben: Zurzeit werden die Arten 1.000- bis 10.000-mal schneller ausgelöscht, als dies bislang durch evolutionäre Prozesse geschehen ist. Jeden Tag wird die Welt um etwa 130 Arten ärmer, die biologische Vielfalt ist in den letzten 35 Jahren um etwa ein Drittel geschrumpft. Und das Sterben geht nicht nur weiter, es beschleunigt sich sogar noch: Während im Jahre 2002 auf der internationalen Roten Liste der gefährdeten Arten noch

Dieser See in der Nähe des Sweetwater Creek State Parks ist eines der Trinkwasser-reservoires, von denen die Einwohner des US-Bundesstaats Georgia bei ihrer Versorgung abhängig sind. Mit seinen Folgen wie Trockenheit und Dürren gefährdet der Klimawandel nicht nur die Lebensgrundlage vieler Tier- und Pflanzenarten, sondern auch den Lebensraum des Menschen.

11.170 Arten standen, waren es 2007 schon 16.310. Ausgestorben sind neben vielen anderen Arten drei Unterarten des Tigers, die restlichen sind bedroht, und eine Stummelaffenart. Das Jahr 2008 musste im ersten Halbjahr den Weißhandgibbon und das nördliche Breitmaulnashorn als ausgestorben melden. Kleinere Tierarten und Pflanzen, die auch in großer Zahl aussterben, werden von der Öffentlichkeit kaum wahrgenommen. Aktuell bedroht ist jede achte der knapp 10.000 Vogelarten, jede vierte der rund 5.000 Säugetierarten, ein Drittel der ca. 4.500 Amphibienspezies, und auch die Bestände von Haien und Rochen befinden sich im freien Fall, ebenso tropische Edelhölzer oder bestimmte Kakteen.

Zu den prominenten bedrohten Tierarten zählen unter anderem Eisbär, europäischer Braunbär, Panda, Berggorilla, Java-Nashorn, Schneeleopard, Galapagos-Riesenschildkröte und die europäischen Rentiere. In Deutschland bedroht sind der Fischotter, mehrere Fledermausarten, das Birkhuhn, der Wiedehopf, der Alpenkammmolch, der Apollofalter, der große Goldkäfer, die kleine Flussmuschel, das Ackerleinkraut, und die Kornrade, um nur einige zu nennen. Dieses Artensterben hat mehrere Ursachen: Seit Langem macht der Mensch den Tieren und Pflanzen ihre Lebensräume streitig bzw. zerstört sie, jagt andere Tiere meist aus kommerziellen Gründen bis zur Ausrottung. Da der Mensch auch im großen Stil Arten verschleppt, trägt er maßgeblich dazu bei, einheimische Arten zu verdrängen. Die momentane Klimaerwärmung ist allerdings der Artenkiller Nummer Eins. Bis zum Jahre 2050 könnten durch sie eine Million Tier- und Pflanzenarten aussterben. Damit beraubt sich der Mensch nicht nur ideeller Werte, sondern auch Schutz, Nahrung, Rohstoffe und Arzneistoffe.

Laut Bericht des UN-Klimarates hat die Menschheit nur noch acht Jahre Zeit, diese extreme Entwicklung aufzuhalten. Die gute Nachricht dabei ist, dass Lösungsansätze schon zahlreich vorhanden sind, dass die Kosten gering sein werden und jeder zur Eindämmung des Klimawandels beitragen kann. Letztlich muss der Mensch erst davon überzeugt sein, dass er selbst Teil der Natur ist und sie daher schon aus Eigennutz schützen muss.

Die Evolution der nahen Zukunft wird also größtenteils vom Menschen gemacht sein, und je nachdem, welche Weichen er heute stellt, gibt es für die mittlere Zukunft ganz unterschiedliche Szenarien.

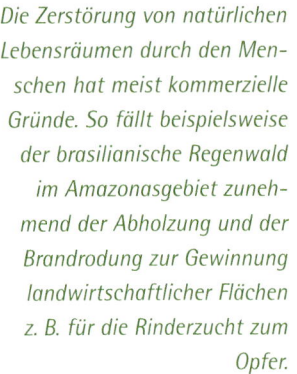

Die Zerstörung von natürlichen Lebensräumen durch den Menschen hat meist kommerzielle Gründe. So fällt beispielsweise der brasilianische Regenwald im Amazonasgebiet zunehmend der Abholzung und der Brandrodung zur Gewinnung landwirtschaftlicher Flächen z. B. für die Rinderzucht zum Opfer.

Neue Menschen, geklonte Tiere und lebende Roboter?

Für die Entwicklung der mittleren Zukunft stehen so viele verschiedene Szenarienvorschläge zur Verfügung, dass eine Vorhersage vielleicht noch spekulativer ist als über die ferne Zukunft. Da die Evolution im Laufe der Zeit eine Beschleunigung erfahren hat, könnten sich auch neue Arten in der Zukunft schneller entwickeln als in der Vergangenheit. Ökologische Nischen könnten auf Dauer rarer werden, der Konkurrenzkampf härter, was zu vielen – auch extremen – Spezialisierungen führen könnte. Möglicherweise sterben so auch viele Arten schneller wieder aus. Denkbar wären deshalb kleinere und größere Aussterbewellen, die durch unruhige Klimazeiten noch begünstigt werden könnten. So hätten wir eine bunte, artenreiche, sich schnell verändernde Welt, in der nach wie vor die alten Überlebenskünstler wie Prokaryoten, einzellige Eukaryoten und diverse Insekten wie z. B. die Schaben vorkommen. Wird es noch Menschen geben, und wenn ja, wie werden sie aussehen, wie sich entwickelt haben?

Der Mensch ist und bleibt für absehbare Zeit sich selbst der größte Feind. So besteht nach wie vor die Gefahr, dass sich der Mensch durch die Zerstörung seiner Umwelt und seiner Mitmenschen (Kriege, Ausbeutung der Ressourcen, atomarer SuperGAU) selbst ausrottet bzw. so stark dezimiert, dass ein völliger Neuanfang nötig wird. Doch auch ohne sein direktes Zutun könnten ihn Katastrophen sowie viele andere Tier- und Pflanzenarten auf kleine Populationen zusammenschrumpfen oder aussterben lassen:

Pandemie: Durch die globale Vernetzung ist das Risiko von weltweiten Seuchen so groß geworden, dass Mediziner es nur als eine Frage der Zeit ansehen, bis dieses Szenario für die Menschheit zu einer lebensbedrohlichen Gefahr wird.

Meteoriten- oder Asteroideneinschlag: Ein solcher Einschlag wird etwa alle 60 bis 100 Millionen

„Wird es in mittlerer Zukunft noch Menschen geben und wenn ja wie werden sie aussehen, wie sich entwickelt haben?"

Jahre vermutet. Weltraumexperten versuchen, durch Beobachtung und entsprechende technische Entwicklungen einem solchen Risiko zu begegnen.

Hungerkatastrophe: Der Planet Erde verliert langfristig die Fähigkeit, alle seine Bewohner zu ernähren, die Sterberate übersteigt dadurch die Geburtenrate, und die Weltbevölkerung schrumpft auf ein Maß, das sich wieder ernähren kann. Dieses Szenario wird von manchen Wissenschaftlern schon bald erwartet, wobei eine solche Situation auch immer das Potenzial eines Krieges birgt.

Ganz andere Szenarien werden von den Forschern entwickelt, welche ihren Fokus auf die technischen Möglichkeiten des Menschen richten. Die Evolution könnte dann maßgeblich beeinflusst werden durch:

Genetische Manipulationen: Die heutigen Möglichkeiten sind noch begrenzt, die Wissenschaft steht aber am Anfang dieser Entwicklung, die theo-

Waren lern- und entwicklungsfähige Roboter oder Cyborgs, also Mischwesen aus maschinellen und organischen Teilen, bis vor einiger Zeit noch Science-Fiction, könnten derartige Zukunftsszenarien mithilfe der Forschung und Entwicklung auf Gebieten wie der Prothetik und der künstlichen Intelligenz bald Wirklichkeit werden.

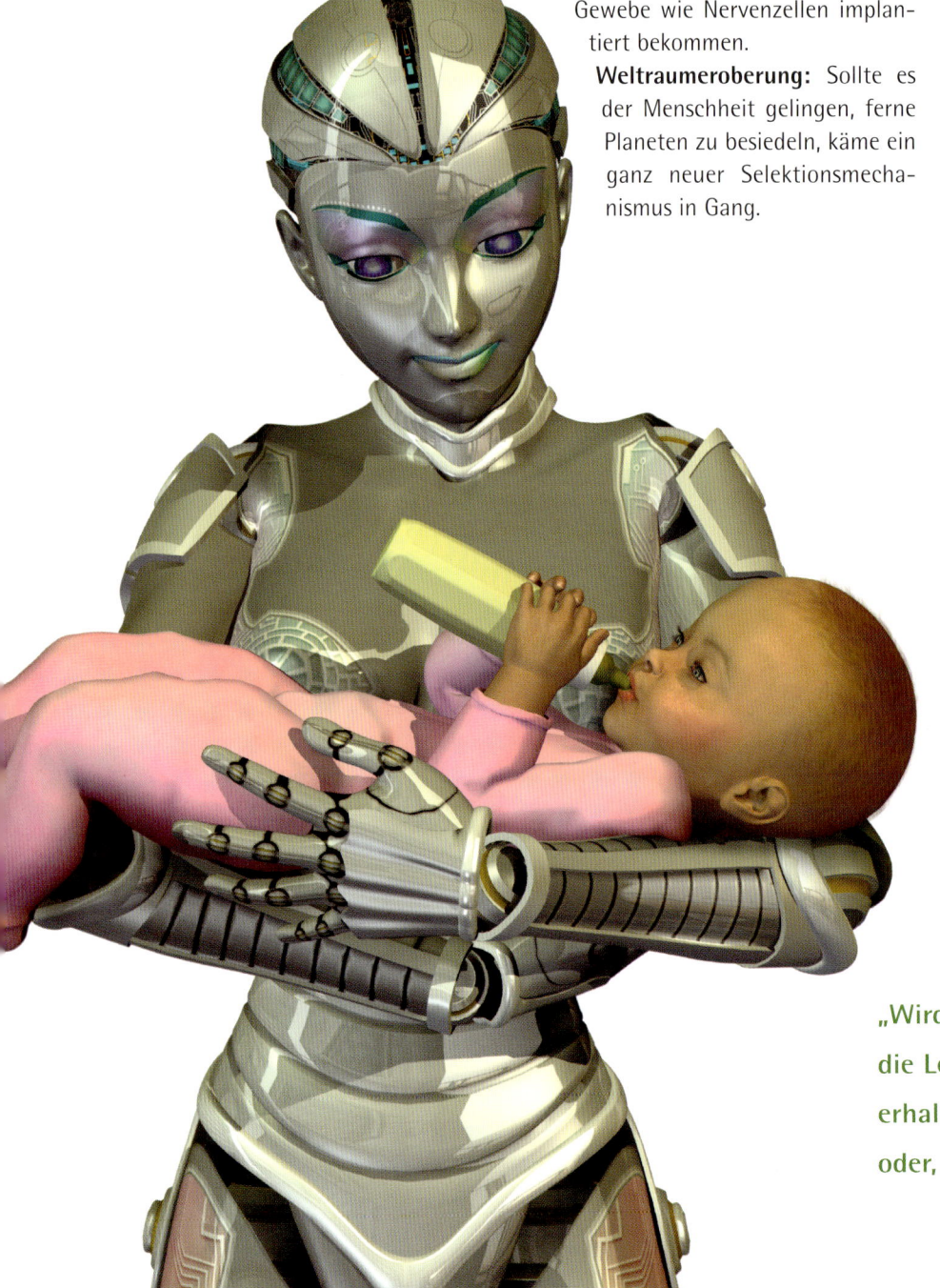

Wissenschaftliche oder technische Entwicklungen sollen vornehmlich dem Wohl des Menschen dienen. Hierin liegt jedoch auch die Gefahr, dass sich der Mensch in ein Abhängigkeitsverhältnis begeben könnte, das seine eigene Weiterentwicklung behindert und im Notfall seine Überlebenschancen gefährdet.

retischen Möglichkeiten scheinen aber fast unbegrenzt.

Klonen von Tieren und Menschen: Hier setzt vor allem die epigenetische Vererbung dem Menschen bisher starke Grenzen.

Mensch-Technik-Kombinationen: Einzelne Körperteile und Organe könnten zunehmend durch künstliche und immer perfektere technische Konstruktionen ersetzt werden. Ein sogenannter Cyborg oder Roboter entsteht , denen man „Leben" einzuhauchen versucht, indem sie lernfähig konstruiert werden und sich weiterentwickeln und möglicherweise sogar biologische Gewebe wie Nervenzellen implantiert bekommen.

Weltraumeroberung: Sollte es der Menschheit gelingen, ferne Planeten zu besiedeln, käme ein ganz neuer Selektionsmechanismus in Gang.

Gefahren und Abhängigkeiten

Wird der Mensch bei seinem Eingreifen in die Lebensvorgänge die genetische Vielfalt erhalten, sie womöglich sogar vergrößern oder, im Gegenteil, die Vielfalt verringern? Eine Gefahr für die Verringerung der genetischen Vielfalt besteht darin, dass der Mensch versucht sein könnte, vermeintliche oder tatsächliche „schlechte Gene" auszumerzen, wenn er durch künstliche Selektion dazu in der Lage ist, dass er nur noch die ihm selbst wünschenswerten Gene an seine Nachkommenschaft vererbt. Dadurch würde er sich aber auch veränderten Lebensbedingungen, z. B. durch neue Krankheiten, immer schlechter anpassen können und auf Dauer seine eigene Art bedrohen. Ähnlich negative Auswirkungen könnten auch alle technischen Konstruktionen zur Folge haben, die den Menschen in noch größere Abhängigkeit von der Technik bringen. Zwar hat sich der Mensch mittlerweile relativ unabhängig von seiner Umwelt gemacht, doch dies geschieht auf Kosten einer technischen Abhängigkeit. Ein solcher Mensch könnte dann plötzlich in einer nicht technisierten Welt vielleicht nicht mehr überleben. Umwelt- und andere Katastrophen oder Rohstoffknappheit könnten dann schnell eine massive Bedrohung für die Art Mensch darstellen.

Stillstand oder Aufspaltung

Wer die rein biologische Weiterentwicklung des Menschen betrachtet, kommt ebenfalls zu verschiedenen Denkmodellen. Einige Forscher glauben, beim Menschen einen gewissen Entwicklungsstillstand beobachten zu können. Der Mensch sei eigentlich immer noch der gleiche, der er in der Steinzeit war, er sei noch nicht einmal körperlich in der Gegenwart angekommen. Dieser evolutive Stillstand wird mit fehlenden Selektionsmechanismen begründet, da der Mensch sich seiner Umwelt nicht mehr anpassen muss, sondern,

„Wird der Mensch bei seinem Eingreifen in die Lebensvorgänge die genetische Vielfalt erhalten, sie womöglich sogar vergrößern, oder, im Gegenteil, die Vielfalt verringern?"

umgekehrt, die Umwelt seinen eigenen Bedürfnissen anpasst. Ein weiterer Grund für die gebremste Evolution soll der enorm große Genpool sein, aus dem die Menschheit gemeinsam schöpfen kann. Andere Forscher dagegen vertreten die Meinung, dass man beim Menschen eine beschleunigte Entwicklung erkennen kann. So sollen die genetischen Unterschiede der heutigen Menschen zum Menschen von vor 40.000 Jahren sogar größer sein als die des damaligen Homo sapiens zum Neandertaler.

Ob beschleunigt oder nicht: Wäre es denkbar, dass der Mensch sich eines Tages in verschiedene Arten aufspaltet? Dies wäre vor allem dann denkbar, wenn bestimmte Menschengruppen sich nicht mehr miteinander fortpflanzen. So könnten Katastrophen mit einer großen Populationsausdünnung zu Isolation und anschließend zur Entwicklung verschiedener Arten führen. Theoretisch sind natürlich auch gesellschaftliche oder politische Zwänge denkbar, die bestimmte Gruppen von der Fortpflanzung mit anderen ausschließen. Überbevölkerung und Hunger könnten eventuell auch die Lebensweisen von verschiedenen Gruppen so voneinander trennen, dass sie sich schon dadurch nicht mehr miteinander fortpflanzen. Eine Aufspaltung in verschiedene Arten würde auch stattfinden, wenn einzelne Gruppen von Menschen eines Tages die Erde verließen, um in Weltraumstationen oder auf anderen Himmelskörpern weiterzuleben.

Der Übermensch

Manche Forscher sehen die Menschheit auch auf dem Weg zu einer Höherentwicklung: zum sogenannten Metamenschen. Der Metamensch wäre ein ganz neues Wesen, das sich aus der Vereinigung mehrerer Menschen gebildet hätte (so wie sich einst einzelne Zellen zu einem Vielzeller zusammengeschlossen haben). Einige Wissenschaftler glauben sogar, dass dieser Prozess bereits begonnen hat. In solch einem vielzelligen System wären

„Manche Forscher sehen die Menschheit auch auf dem Weg zu einer Höherentwicklung: zum sogenannten Metamenschen."

die einzelnen Menschen über neue Kommunikationssysteme miteinander vernetzt, würden über weite Strecken wissen und fühlen, was die anderen denken, und über das Implantieren von Computerchips gemeinsam handeln. Bereits heute wird eine solche Vernetzung angedacht, bei einer echten Evolution müsste sich dafür ein spezielles Organ entwickeln.

Manche Menschen aus diesen Zukunftsszenarien scheinen reinste Horrorvorstellungen zu sein. Aber die mittlere Zukunft ist beinahe so vielfältig vorstellbar wie es Menschen gibt die sich darüber Gedanken machen. Und so sollte sich auch jeder Einzelne Gedanken und Vorstellungen darüber machen, damit der Einfluss, den die Menschen auf diese Prozesse nehmen, nicht in der Hand einiger Weniger verbleibt. Denn das wäre vermutlich der wahre „Worst Case".

Wie würden sich die Menschen weiterentwickeln, wenn einzelne Gruppen andere Himmelskörper besiedelten? Würde die Anpassung an extraterrestrische Lebensbedingungen zu einer äußeren Erscheinung führen, die z. B. an Außerirdische erinnert? Könnte der Mensch durch andere intelligente Lebewesen verdrängt werden? Gedankenexperimente zur Weiterentwicklung des Menschen lassen einen breiten Raum für die vielfältigsten und kreativsten Spekulationen.

Wie können technische Anforderungen und biologische Prinzipien zu einer optimalen Verschmelzung führen?
Damit beschäftigt sich die Bionik, als deren historischer Begründer bereits Leonardo Da Vinci angesehen wird. Er analysierte beispielsweise den Vogelflug und versuchte dessen Prinzipien auf Flugmaschinen anzuwenden.
Prinzipien biologischer Modellsysteme können technischen Problemlösungen dienen: Solche Strategien werden damit begründet, dass im Laufe der Evolution viele biologische Lösungen optimiert wurden. Alternativ zu einer solchen Vorgehensweise können im Zuge biologischer Grundlagenforschung Struktur- oder Organisationsprinzipien erforscht werden, die sich erst zu einem späteren Zeitpunkt als technisch anwendbar herausstellen können.
Im Englischen bezieht sich die Bedeutung von „bionics" zumeist auf die Konstruktion von Körperteilen oder im Allgemeinen auf die Kombination von Biologie und Elektronik, wie in diesem abstrakten Zukunftsszenario.

Die ferne Zukunft

Eine Erde ohne Menschen, das Universum ohne Erde, ein Nichts ohne Universum?

Ein Blick in die ferne Zukunft scheint überraschender Weise beinahe überschaubarer als der in die nähere oder mittlere. Das kommt einerseits daher, dass Gedankenreisen in so weite Fernen alle Spitzen wegnehmen und die Evolution sich aus einer scheinbar linear fortgesetzten Entwicklung ergibt. Noch wichtiger aber ist: Die Vorhersagen, die über eine ferne Zukunft getroffen werden, sparen den Menschen aus, und damit eine der größten und unberechenbarsten Variablen, die wir in der Evolution kennen. Ohne den Menschen können Szenarien mit neuen Tier- und Pflanzenarten entworfen werden, welche die einigermaßen vorsehbaren geografischen Veränderungen berücksichtigen. Auch die klimatischen Veränderungen können aus der Vergangenheit in die Zukunft projiziert und ihre Auswirkungen entsprechend übertragen werden. So hat es in der erdgeschichtlichen Vergangenheit Warmzeiten schon ebenso gegeben wie globale Eiszeiten. Arten werden durch diese Eiszeiten dezimiert, in Warmzeiten ins Meer zurückgedrängt und können sich je nach Kontinentaldrift unterschiedlich weit ausbreiten, andere Arten verdrängen oder sich isoliert entwickeln. Starke Schwankungen in der gesamten Tier- oder Pflanzenpopulation hätten Auswirkungen auf die Sauerstoffkonzentration der Atmosphäre und so auch auf die Entwicklung der nun entstehenden Arten. Es könnten sich bei hohem Sauerstoffgehalt auch erneut Riesenexemplare diverser Tiere und Pflanzen entwickeln, riesige Urwälder mit riesigen Insekten zum Beispiel.

Aber ist es wirklich wahrscheinlich, dass der Mensch untergeht? Sicherlich ist dieser Gedanke nicht an den Haaren herbeigezogen. Zu viele Katastrophenszenarien sind denkbar. Auch die Möglichkeit, dass er durch seine weitere Entwicklung in eine evolutionäre Sackgasse gerät, ist nicht ausgeschlossen. Und selbst, dass er in ferner Zukunft die Erde verlassen und eine andere Welt finden wird, kann bei solch weit gehenden Zukunftsprojektionen nicht ausgeschlossen werden. Dann ginge seine Evolution eben woanders weiter. Würde sich aber nicht nach dem Menschen ein anderes intelligentes Lebewesen entwickeln, eines, das dem Menschen womöglich sogar überlegen ist? Auch das kann nicht ausgeschlossen werden, doch wie sich gezeigt hat, geht die Evolution keinen geraden Weg der Höherentwicklung, sodass eine solche Entwicklung nicht zwingend ist. Tatsache ist, dass wir beim Nachdenken darüber, wie die Menschen oder andere intelligente Wesen in Millionen oder Milliarden von Jahren beschaffen sein könnten, an unsere Vorstellungsgrenzen stoßen und der Übergang zu Science-Fiction-Vorstellungen fließend ist.

„Würde sich nach dem Menschen ein anderes intelligentes Lebewesen entwickeln, eines, das dem Menschen womöglich sogar überlegen ist?"

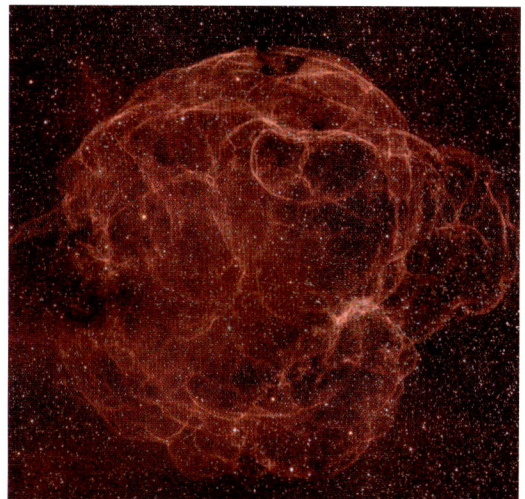

Ohne Eingriffe des unberechenbaren Faktors Mensch ließe sich die Zukunft der Erde und des Universums wie bei einem Fraktal (großes Bild) als Entwicklung bis ins Unendliche denken.
Einen geradlinigen und geordneten Weg beschreitet die Evolution selten. Universale Großereignisse, z. B. eine Sternenexplosion (kleines Bild unten) und die vor etwa 100.000 Jahren im Sternbild Stier stattgefundene Supernova, deren verwirbelte, als Simeis 147 bezeichnete Gasreste heute noch zu sehen sind (kleines Bild oben), könnten dazu führen, dass die Existenz des Menschen auf der Erde ein jähes Ende findet.

Die Zukunft des Universums

Wenn es den Menschen in ferner Zukunft gelingt, andere Planeten zu besiedeln, könnte die auf der Erde begonnene biologische Evolution selbst dann ihren Fortgang nehmen, wenn das Leben auf der Erde durch eine Katastrophe großen Ausmaßes zerstört würde.

Wer weit in die Zukunft blickt, legt einen ähnlichen Weg zurück, als würde er in die Vergangenheit schauen. Auch das Universum verändert sich, wie es sich bereits seit Anbeginn seiner Entstehung beständig geändert hat. In jeder Sekunde explodiert irgendwo eine Supernova, das sind mehr als 86.400 Supernova-Explosionen pro Tag. Der durch die Explosionen verursachte, neu entdeckte Lehneronendruck wird für eine sich beschleunigende Expansion des Kosmos verantwortlich gemacht. Beschleunigt sich auch die kosmische Evolution? Wohin geht die Entwicklung des Universums? Irgendwann stirbt auf jeden Fall die Erde und unser ganzes Sonnensystem. Die biologische Evolution kann dann höchstens auf anderen Planeten weitergehen. Als gingen wir rückwärts, findet irgend-

„Als gingen wir rückwärts, findet irgendwann nur noch eine chemische und schließlich nur noch eine physikalische bzw. kosmische Evolution statt."

wann nur noch eine chemische und schließlich nur noch eine physikalische bzw. kosmische Evolution statt. Die Materie hat sich in einem expandierenden Kosmos zu weit auseinander entfernt, um noch nennenswerte Entwicklungen anstoßen zu können. Was geschieht dann?

Mit dieser Frage stoßen wir wir ebenfalls an Grenzen, über die wir nicht hinwegschauen können. Gibt es ein Universum nach unserem Universum? Gibt es ein Ende oder vielmehr Unendlichkeit? Gibt es Antworten auf diese Fragen?

Glossar

Abiogenese

Die Entstehung der Lebensbausteine aus unbelebter Natur – auch extraterrestrisch, aus unbelebter Natur außerhalb der Erde denkbar.

Adaptive Radiation

Die Auffächerung (Radiation) einer wenig spezialisierten Art in viele stärker spezialisierte Arten, womit üblicherweise eine Ausnutzung unterschiedlicher ökologischer Nischen verbunden ist.

Allel

Die Ausprägung eines Gens auf einem Chromosom; bei einem doppelten Chromosomensatz besitzt das Individuum zwei Allele eines Gens, die verschiedene Ausprägungen haben können (schwarzes und blondes Haar). Oft wird eines der beiden komplett ausgeschaltet, nur ein Allel ist aktiv.

Alternatives Splicing

(auch: alternatives Spleißen) Ein Prozess bei der Transkription (Übersetzung der DNS in RNS für die Proteinsynthese) von Eukaryoten, bei dem aus einem DNS-Stück verschiedene Proteine entstehen können. Beim Splicing werden aus der RNS an verschiedenen Stellen Abschnitte (Introns) herausgeschnitten, die verbleibenden Stücke (Exons) werden zusammengefügt und in ein Protein umgesetzt. Beim alternativen Splicing variieren die Introns und Exons.

Archaea

(auch: Archaeen) Bakterienähnliche Lebensformen; sie wurden früher auch Archaebakterien oder Urbakterien genannt. Sie gehören mit den Bakterien zu den Prokaryoten, bilden aber eine eigenständige Gruppe und sind mit den Eukaryoten sogar näher verwandt als die Bakterien.

Chromosomen

Die Träger der Erbinformation (Gene). Die Gene liegen an bestimmten Stellen auf den Chromosomen.

Coelomtheorie

Sie besagt, dass sich die Organe und Gewebearten der höher entwickelten Organismen aus drei Gewebeschichten (Keimblätter) entwickeln, die im frühen Embryonalstadium angelegt werden: Entoderm/Endoderm (Innenschicht), Mesoderm (Mittelschicht) und Ektoderm (Außenschicht).

Diploidie

In der Genetik das Vorhandensein zweier vollständiger Chromosomensätze, bzw. eines doppelten Chromosomensatzes (griech. diploe = Doppeltheit).

DNS

(auch: Desoxyribonukleinsäure) Biomolekül, dass bei allen Lebewesen und den meisten Viren die Erbinformation trägt und üblicherweise als Doppelhelix organisiert ist. Sie wird auch Erbsubstanz genannt, und bildet zusammen mit Proteinen die Chromosomen. Häufig ist auch die englische Abkürzung DNA zu finden (deoxyribonucleic acid).

Dollosche Regel

Theorie zum Evolutionsablauf, nach dem frz. Paläontologen Louis Dollo (1857–1931): Die Evolution ist nicht umkehrbar, Entwicklungen können aber zu einmal vorhandener Ausprägung zurückfinden.

Ediacara Fauna

Abdrücke fossiler vielzelliger Organismen aus der erdgeschichtlichen Zeit des späten Präkambriums (auch Proterozoikum, Ediacarium oder Vendium genannt) vor etwa 630–542 Millionen Jahren, die in den Ediacara-Hügeln (Australien) gefunden wurden: z. B. die Abdrücke von Schwämmen, Schirmquallen, Blumentieren und Vendobionten.

Endosymbiontentheorie

Sie besagt, dass sich Eukaryoten aus Prokaryoten über Endozytose von anderen Prokaryoten entwickelt haben. Große Prokaryoten bzw. Ureukaryoten fraßen andere Prokaryoten, mit denen sie im Zellinneren eine Symbiose eingingen, anstatt sie zu verdauen. Die Sauerstoff verarbeitenden Prokaryoten verhalfen ihnen zu mehr Energie, wurden dafür selbst geschützt und mit Nahrung versorgt.

Eukaryoten

(auch: Eukaryonten) Alle Lebewesen mit Zellkern und Zellmembran; von den Prokaryoten unterscheiden sie sich durch mehrere Chromosomen. Sie entwickeln sich aus zellkernhaltigen Ausgangszellen wie Zygoten oder Sporen.

Gendrift

Veränderung des Genpools innerhalb einer Population, verursacht durch Zufallsereignisse wie Umweltkatastrophen (Brände, Überschwemmungen, etc.).

Genom

Die Gesamtheit aller vererbbaren Informationen über Entwicklung und Ausprägung spezifischer Charakteristiken eines Lebewesens. Sie liegen in der Basensequenz der DNS in der Zelle.

Haploidie

In der Genetik das Vorhandensein eines einfachen Chromosomensatzes (Prokaryoten, Keimzellen der Eukaryoten, Haplonten): Die Zelle besitzt also von allen verschiedenen Chromosomentypen jeweils nur ein einziges Exemplar.

Homoiothermie

Homoiotherm oder homöotherm sind Tiere, die ihre Körpertemperatur über Nahrung und Stoffwechsel auf einer gleichbleibenden Höhe halten können (gleichwarm), und deshalb in ihrer Aktivität nicht von der Außentemperatur abhängig sind.

Homologie

Entsprechung, gleiche Herkunft: Übereinstimmungen bestimmter Merkmale z. B. bezüglich Bauplan (Extremitäten), Verhaltensweisen (Balzverhalten), Entwicklung (Ontogenese), Biochemie (Stoffwechsel) und gemeinsamer Parasiten.

Hox-Gene

(auch: Homöotische Gene) Sehr alte und komplexe Gene. Sie steuern andere, funktionell zusammenhängende Gene im Verlauf der Entwicklung.

Intelligent Design

Standpunkt der Kreationisten, mit dem sie das Universum und das Leben durch eine intelligente Ursache erklären wollen. Diese Theorie wird der natur-

wissenschaftlichen Theorie zu Ursprung und Entwicklung des Lebens gegenübergestellt.

Karyotyp

Die Gesamtheit aller zytologisch erkennbaren Chromosomeneigenschaften eines Individuums, die zu diagnostischen Zwecken erstellt wird. Nach Ausprägung, Größe u. a. Eigenschaften werden die angefärbten und für das Lichtmikroskop sichtbaren Chromosomen zur weiteren Untersuchung paarweise in einem Karyogramm angeordnet.

Kladogramm

Phylogenetischer Baum, unterscheidet sich von evolutionären Stammbäumen und Dendogrammen durch die ausschließlich auf phylogenetischer Verwandtschaft basierende Darstellung. Wie bei den Dendogrammen gibt es beim Kladogramm immer nur zwei Äste. Die Verzweigungen werden aber nicht nach Fortschrittlichkeit gewichtet und stellen auch keine Zeitachse dar: Somit steht der Mensch nicht an der Spitze, sondern ist eine Entwicklungslinie innerhalb der Menschenaffen.

Kloake

Zu finden bei allen Vögeln, den meisten Reptilien und einigen wenigen Säugetieren (z. B. Schnabeltier): gemeinsame Körperöffnung für Geschlechtsorgane, Harnleiter und Darm.

Konvergenz

Die unabhängige, aber ähnliche Entwicklung von Körpermerkmalen bei verschiedenen Arten aufgrund ähnlicher Bedingungen bzw. Selektionsmechanismen.

Lignifizierung

Die Fähigkeit verholzender Pflanzen, mithilfe von Lignineinlagerungen in den Zellen und den schließlich toten Holzzellen ein festes Korsett zu schaffen und somit in die Höhe wachsen zu können.

Mikrosphären

(auch: Protein-Protozellen oder behüllte Koazervate) Tröpfchenförmige Gebilde aus Makromolekülen in wässrigen Lösungen, kleine, kugelförmige Mole-

Glossar

külaggregate, die von einigen Wissenschaftlern als Zellvorstufen angesehen werden.

Mitose

Der Vorgang der Zellkernteilung bei eukaryotischen Lebewesen, meist folgt im Anschluss an die Kernteilung eine Teilung des gesamten Zellkörpers, dabei entstehen aus einer Zelle zwei Tochterzellen.

Mykorrhiza

Eine symbiotische Lebensgemeinschaft von Pilzen mit Pflanzenwurzeln: Der Pilz umschlingt die Pflanzenwurzel v. a. die Saugwurzel möglichst eng und bildet einen Myzelmantel. Dadurch kann die Pflanze besser Wasser und Nährstoffe aus dem Boden aufnehmen. Der Pilz erhält im Austausch organische Moleküle aus der Fotosynthese, meist Kohlenhydrate.

Ontogenie

(auch: Ontogenese) Entwicklung eines Individuums von der befruchteten Eizelle bis zum erwachsenen Organismus.

Phänotyp

Gesamtes Erscheinungsbild eines Individuums als Summe all seiner äußerlich feststellbaren Merkmale und seiner körperlichen Eigenschaften.

Phylogenie

(auch: Phylogenese, Stammesgeschichte) Die stammesgeschichtliche Entwicklung aller Lebewesen bzw. bestimmter Verwandtschaftsgruppen.

Prokaryoten

Zelluläre Lebewesen, die keinen Zellkern besitzen, wie Bakterien und Archaea. Ihr Zelltyp ist die Protocyte.

Protobionten

Erste im Verlauf der biologischen Evolution entstandenen Zellen bzw. die Vorläufer der heutigen Zellen, mit der Fähigkeit zur Selbstvermehrung.

Rezent

In der heutigen Zeit lebend bzw. erst kürzlich ausgestorben - im Gegensatz zu fossil.

RNS

Ribonukleinsäure (auch: RNA, ribonucleic acid) Makromolekül, das ähnlich der DNS aufgebaut, aber einzelsträngig und in der Regel kürzer ist. Sie dient bei einigen Viren als Erbinformationsträger. Bei den anderen Lebewesen hat sie neben anderen Funktionen die wichtige Aufgabe, Teile der Erbinformation für die Proteinsynthese aus dem Zellkern herauszutransportieren.

Runx-Gene

Entwicklungsgene, die die Blutbildung und die Skelettentwicklung steuern.

Stammzellen

Körperzellen, die sich je nach Art und Beeinflussung in jede Art von Zellgewebe (embryonale Stammzellen) oder in vordefinierte Gewebetypen (adulte Stammzellen) entwickeln (lassen) können.

Transposon

„Springendes Gen": DNS-Abschnitt mit bestimmter Länge, der sich selbst herausschneiden und an anderer Stelle im Genom wieder einbauen kann.

Taxonomie

Hierarchische Einteilung in begriffliche Taxa (Gruppen) bzw. in Kategorien.

Vertebraten

Wirbeltiere, auch Schädeltiere (Craniata) genannt. Gegenüber: Invertebraten, wirbellose Tiere.

Watson-Crick-Modell

Der US-amerikanische Biochemiker James D. Watson und der englische Physiker und Biochemiker Francis H. Crick stellten 1953 die Struktur der DNS als Doppelhelix vor: Zwei parallel verlaufende Stränge von Makromolekülen, die schraubenförmig ineinander gewunden sind. Dafür erhielten die Forscher 1962 den Nobelpreis für Medizin.

Literatur

Baxter, Stephen: Evolution, München 2006

Benke-Bursian, R.: Evolution Mensch, Gondom 2006

Börner, Gerhard: Schöpfung ohne Schöpfer? Das Wunder des Universums, München 2006

Dawkins, Richard: The Blind Watchmaker, London 2000

De Panafieu, Jean-Baptiste: Evolution, München 2007

Diamond, Jared u. a.: Der dritte Schimpanse: Evolution und Zukunft des Menschen, Frankfurt 2006

Dupre, John: Darwin's Legacy. What Evolution Means Today, Oxford 2003

Fischer, Ernst Peter: Das große Buch der Evolution, Köln 2008

Hawking, St.: Glaube und Wissenschaft; *http://www.dober.de/religionskritik/ hawking.html*

Junker, Reinhard u. a.: Evolution – ein kritisches Lehrbuch, Erfurt 2006

Junker, Thomas: Die Evolution des Menschen, München 2006

Kirschner, Marc u. a.: Die Lösung von Darwins Dilemma: Wie die Evolution komplexes Leben schafft, Reinbek 2007

Koltermann R.: Evolution und Schöpfung – unüberwindbare Gegensätze? *http://www.hss.de/downloads/070210_ RainerKoltermann.pdf*

Kutschera, Ulrich: Streitpunkt Evolution. Darwinismus und Intelligentes Design, Münster 2004

Leakey, Richard, u. a.: Die ersten Spuren. Über den Ursprung des Menschen, München 2000

Mayr, Ernst: Das ist Evolution, München 2006

Neff, Klaus: Wie das Leben entstand. Vom Urknall bis zum ersten Menschen, Würzburg 2003

Palomino, M.: Blutgruppen und Entstehung und Verteilung; *http://www.geschichtein-chronologie.ch/med/merk/merkblatt-blut-gruppenforschung01-entstehung-vertei-lung.html*

Plate, Ludwig: Über die Bedeutung des Darwin'schen Selektionsprinzips und Probleme der Artbildung, Saarbrücken 2006

Platzer M. u. Glöckner, G: Lectures & Courses; *http://genome.imb-jena.de/lectures/ index.php*

Schrenk, Friedemann: Die Frühzeit des Menschen. Der Weg zum Homo sapiens, München 2003

Storch, Volker u. a.: Evolutionsbiologie, Berlin 2007

Streit, Bruno: Evolution des Menschen – Verständliche Forschung, Heidelberg 1995

Thoms, Sven P.: Ursprung des Lebens, Frankfurt 2005

Von Haeseler, Arndt u. a.: Molekulare Evolution, Frankfurt 2003

Voss, Julia: Darwins Bilder. Ansichten der Evolutionstheorie 1837-1874, Frankfurt 2007

Willig, H.-P.: Die Evolution des Menschen; *http://www.evolution-mensch.de*

Wuketits, Franz M.: Evolution – Die Entwicklung des Lebens, München 2005

Zimmer, Carl: Evolution: The triumph of an idea, London 2001

Die Entwicklung des Lebens auf der Erde

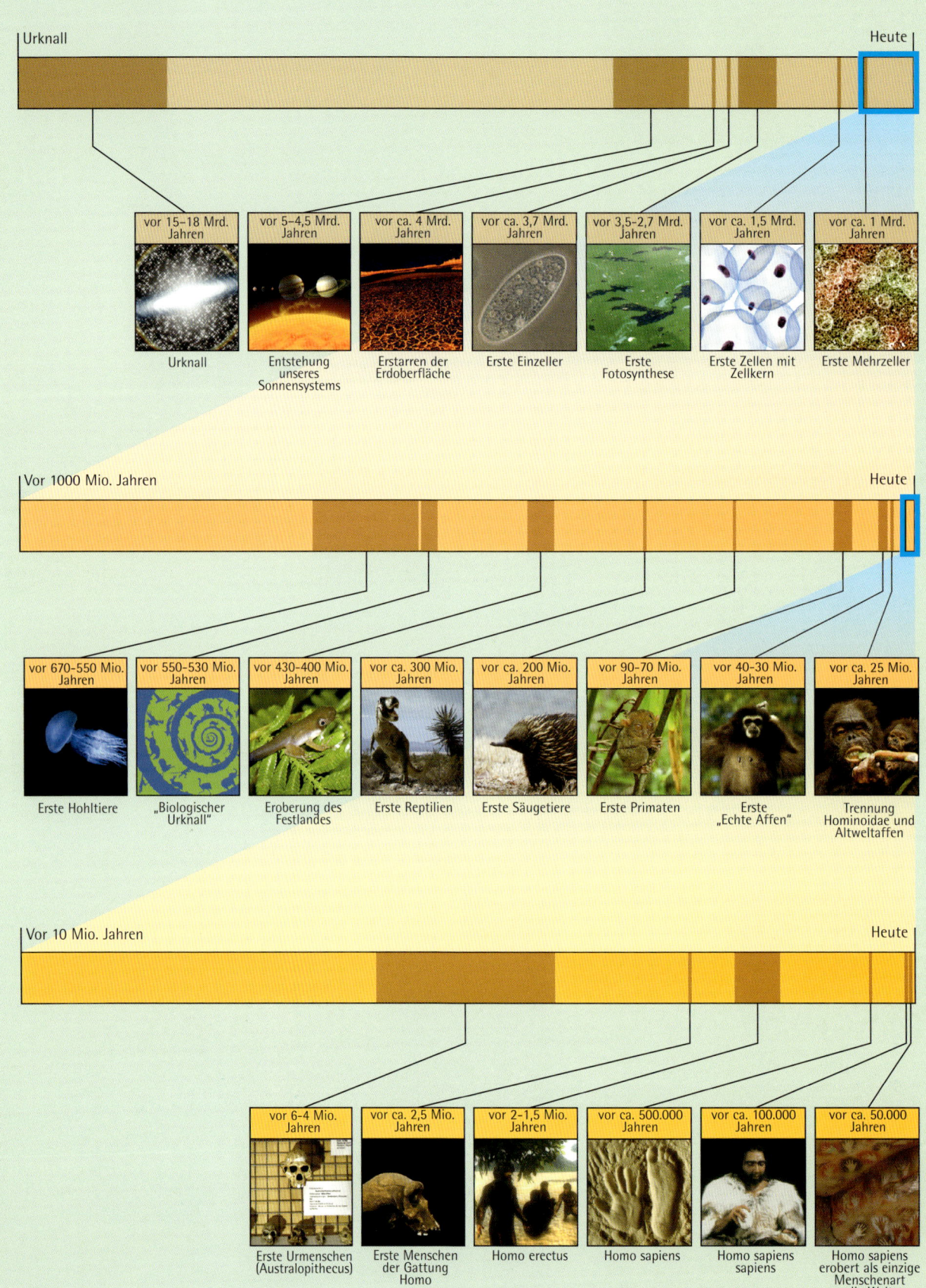

Urknall — **Heute**

| vor 15–18 Mrd. Jahren | vor 5–4,5 Mrd. Jahren | vor ca. 4 Mrd. Jahren | vor ca. 3,7 Mrd. Jahren | vor 3,5–2,7 Mrd. Jahren | vor ca. 1,5 Mrd. Jahren | vor ca. 1 Mrd. Jahren |

Urknall — Entstehung unseres Sonnensystems — Erstarren der Erdoberfläche — Erste Einzeller — Erste Fotosynthese — Erste Zellen mit Zellkern — Erste Mehrzeller

Vor 1000 Mio. Jahren — **Heute**

| vor 670–550 Mio. Jahren | vor 550–530 Mio. Jahren | vor 430–400 Mio. Jahren | vor ca. 300 Mio. Jahren | vor ca. 200 Mio. Jahren | vor 90–70 Mio. Jahren | vor 40–30 Mio. Jahren | vor ca. 25 Mio. Jahren |

Erste Hohltiere — „Biologischer Urknall" — Eroberung des Festlandes — Erste Reptilien — Erste Säugetiere — Erste Primaten — Erste „Echte Affen" — Trennung Hominoidae und Altweltaffen

Vor 10 Mio. Jahren — **Heute**

| vor 6–4 Mio. Jahren | vor ca. 2,5 Mio. Jahren | vor 2–1,5 Mio. Jahren | vor ca. 500.000 Jahren | vor ca. 100.000 Jahren | vor ca. 50.000 Jahren |

Erste Urmenschen (Australopithecus) — Erste Menschen der Gattung Homo — Homo erectus — Homo sapiens — Homo sapiens sapiens — Homo sapiens erobert als einzige Menschenart die Welt

Übersicht der Erdzeitalter

Erdzeitalter	Ära		Ungefähre Zeit vor Jahrmillionen	Was geschah?
			4.600	Die Erde entsteht
Präkambrium oder Erdurzeit	Hadaikum		3.800	Formation der Erde
	Archaikum		3.500-2.500	Sauerstoff reichert sich in der Atmosphäre an, Mikroorganismen entstehen (z. B. Bakterien)
	Proterozoikum		2.500-590	Eukaryoten entstehen (u. a. Algen, Quallen), Ediacara Fauna
Paläozoikum oder Erdaltzeit	Kambrium		590-500	Erste Hartteiltiere (z. B. Trilobiten - Leitfossilien), Schädeltiere
	Ordovizium		500-440	Erste Wirbeltiere (Agnathen = kieferlose Fische)
	Silur		438-416	Viele kieferlose Wirbeltiere (z. B. Panzerfisch), erste Land- bzw. Gefäßpflanzen, Korallen
	Devon		408-360	Leitfossilien Knochenfische und Kopffüßer, erste Insekten und Amphibien
	Karbon		360-299	Amphibien verbreiten sich, erste Reptilien, Baumförmige Farne und Bärlappgewächse
	Perm		290-251	Blütezeit Reptilien (z. B. Therapsiden), die meisten Insektenordnungen entstehen
Mesozoikum oder Mittelzeit	Trias		248-200	Erste Dinosaurier, erste Säugetiere, Nacktsamer dominieren (Gymnospermen)
	Jura		213-144	Dinosaurier herrschen, erste Vögel (z. B. Archaeopteryx), Ammoniten, reiche marine Fauna, v. a. Nacktsamer
	Kreide		144-65	Dinosaurier sterben aus, erste Blütenpflanzen (Bedecktsamer/Angiospermen)
Känozoikum oder Erdneuzeit	Tertiär oder Neuzeit	Paläozän	55,8	Blütezeit der Säugetiere u. Bedecktsamer beginnt
		Eozän	33,9	Urhufer entstehen (z. B. Uintatherium)
		Oligozän	23,03	Blütezeit Huftiere (z. B. Protoceras)
		Miozän	5.3	Primaten entwickeln sich (z. B. Pliopithecus)
		Pliozän	1,8	Urahnen der Menschen entstehen (z. B. Australopithecus)
	Quartär oder Jungzeit	Pleistozän	0,0118	Homo erectus, Neandertaler, der Mensch entwickelt sich, Mammuts
		Holozän	–	Homo sapiens, der moderne Mensch

Register

Bildnachweis

Seite 4/5 Shutterstock - Daniel Gilbey; 4u Shutterstock - Kasia, 4o Shutterstock - Alan Merrigan; 5u Shutterstock - Tian Zhan, 5o Shutterstock - carrydream; 6 Flickr - scuba_dooba; 8/9 Shutterstock - Dmitriy Eremenkov; 10 Shutterstock - Lorelyn Medina, 11 Shutterstock - sgame; 12/13 Shutterstock - Coia Hubert; 13 Shutterstock - Jan Kaliciak; 14 Fotolia - Christopher Nolan; 15 Twinbooks München; 16/17 Shutterstock - David Rabkin; 18 Photodisk Volumes Spacecapes; 19 Shutterstock - Stephen Coburn; 20 Shutterstock - gary718; 21u Shutterstock - gary718; 21o Shutterstock - Konstantin Komarov; 22 Shutterstock - serjoe; 23 NASA; 24u Shutterstock - Route66; 24o Fotolia - .shock; 25 Shutterstock - Zsolt Nyulaszi; 26 Shutterstock - PhotoSky 4t com; 27 Shutterstock - JHDT Stock Images LLC; 28/29 Shutterstock - Dan Collier; 30 Shutterstock - Jose Gil; 31 Wikipedia; 32 Wiki Comments; 33 Shutterstock - AleZanIT; 34 Shutterstock - Jubal Harshaw; 34/35 Shutterstock - Dr. Morley Read; 36 Wikipedia; 37u Twinbooks München, 37o Twinbooks München; 38 Shutterstock - Paul van Eykelen; 38/39 Shutterstock - xavier gallego morell; 40 Wikipedia; 41o Wikipedia - Luis Fernández García, 41u Wikipedia; 42o Twinbooks München; 42u Twinbooks München; 43 Wikipedia; 44 Wikipedia; 45 Shutterstock - attem; 46 Fotolia - Achim Baqué; 47o Wikipedia; 47u Wikipedia; 48/49 Shutterstock - David Thyberg; 50 Wikipedia/Kipala; 51 Shutterstock - rm; 52 Shutterstock - Dhoxax; 53 Wikipedia; 54 Wikipedia; 55 Flickr - Putneymark; 56/57 Shutterstock - Miroslav Hlavko; 58gr Shutterstock - Mark Poprocki, 58ru Wikipedia; lo Wikipedia; 59 Wikipedia; 60 digital stock; 61o digital stock, 61u digital stock; 62 Shutterstock - dejan83; 63 Shutterstock - Ken Durden; 64 Shutterstock - Johan1966; 65 Shutterstock - luminouslens; 66/67 Shutterstock - iDesign; 68 Shutterstock - Cre8tive Images; 69 Shutterstock - Bertrand Collet; 70 Shutterstock - Kathleen Struckle; 71 Twinbooks München; 72 Shutterstock - niderlander; 73 Shutterstock - Ykh; 74 Shutterstock - Andrea Danti; 75kl Shutterstock - Mark Lorch, 75gr Shutterstock - Mitar; 76 Shutterstock - marilyn barbone; 77 Shutterstock - Mark Gabrenya; 78 Shutterstock - Andi Berger; 79 Shutterstock - Floris Slooff ; 80 Shutterstock - Petr Jilek; 81 Shutterstock - Elena Elisseeva; 82 Shutterstock - Sebastian Kaulitzki; 83 Fotolia - Sebastian Kaulitzki; 84 Shutterstock - Theunis Jacobus Botha; 85 Twinbooks München; 86 Fotolia - vertellis; 87 Shutterstock - niderlander; 88 Shutterstock - Olivier Le Queinec; 89 Shutterstock - Sebastian Kaulitzki; 90/91 Shutterstock - javarman; 92 Shutterstock - Inc; 93u Fotolia - Martina Berg; 93o Shutterstock - Roger Dale Calger; 94 Fotolia - delphine; 95 Shutterstock - Vaide Seskauskiene; 96 Fotolia - Sebastian Kaulitzki; 97 Shutterstock - PHOTO 888; 98o Shutterstock - Sergey Chushkin, 98u Shutterstock - Steve McWilliam; 99u Shutterstock - ethylalkohol, 99o Shutterstock - letty17; 100 Shutterstock - Studiotouch; 101 Shutterstock - Robert Adrian Hillman; 102 Shutterstock - Kaido Kärner; 103 Shutterstock - Mario Bruno; 104ru Shutterstock - timbles, 104ro Shutterstock - teekaygee, 104lu Fotolia - Kitch Bain, 104lo Fotolia - Timothy Lubcke; 105u Shutterstock - Lori Martin; 105o Wikipedia; 106/107 Shutterstock - Sebastien Burel; 108 Photodisc Volumes Spacecapes; 109 Photodisc Volumes Spacecapes; 110 Shutterstock - jirkaejc; 111 Photodisc Volumes Spacecapes; 112 Photodisc Volumes Spacecapes; 113 Shutterstock - Diego Barucco; 114 Shutterstock - Alistair Scott; 115 Shutterstock - Neo Edmund ; 116 Shutterstock - Wolfgang Kloehr; 117 Fotolia - Stephen Coburn; 118 Shutterstock - Jurgen Ziewe; 119 Fotolia - Led; 120 Wikipedia; 121 Photodisc Volumes Spacecapes; 122/123 Shutterstock - Kasia; 124 Fotolia - Sebastian Kaulitzki; 125kl Fotolia - Stephen Sweet, 125gr Shutterstock - katykin; 126 Shutterstock - Nikolajs Strigins; 127 Photodisc Volumes Spacecapes; 128 Photodisc Volumes Spacecapes; 129 Photodisc Volumes Spacecapes; 130 Fotolia - Falko Matte; 131 Fotolia - Falk; 132lo NOAA, 132lu NOAA, 132ro NOAA, 132ru NOAA; 133 NOAA; 134 Photodisc Volumes Spacecapes; 135 Shutterstock - Armin Rose; 136/137 Shutterstock - Popescu Simona; 137ru Shutterstock - FeudMoth; 137rm Shutterstock - Tatiana Popova; 137ro Shutterstock - Kwan Fah Mun; 138/139 Shutterstock - Blusky; 140 Photodisc Volumes Spacecapes; 141 Photodisc Volumes Spacecapes; 142 Shutterstock - juliengrondin; 143 Shutterstock - Roman Krochuk; 144/145 Shutterstock - Loskutnikov; 146 Shutterstock - Blusky; 147 Shutterstock - Steven Kratochwill; 148 Shutterstock - Shawn Zhang; 149u Fotolia - Sebastian Kaulitzki; 149o Shutterstock - Ovidiu Iordachi; 150 Shutterstock - sgame; 151 Wikipedia; 152/153 Shutterstock - Chris Harvey; 154 Shutterstock - Jubal Harshaw ; 155u Shutterstock - RHePhoto; 155o Shutterstock - Andrew Kerr; 156 Shutterstock - Dr. Morley Read; 157o Wikipedia, 157u Wikipedia; 158/159 Shutterstock - naluphoto; 160 Shutterstock - Ivan Cholakov; 161 Shutterstock - Jubal Harshaw; 162 Shutterstock - Jubal Harshaw; 163kl Wikipedia - Lebrac, 163gr Shutterstock - Paul Whitted; 164/165 Shutterstock - Dr. Morley Read; 166u Wikipedia; 166o Fotolia - Sebastian Kaulitzki; 167 Shutterstock - iDesign; 168/169 Shutterstock - Jose Gil; 169ro Shutterstock - Ismael Montero Verdu; 169 ru Shutterstock - Ismael Montero Verdu; 170 Fotolia - Joseppi; 171 Shutterstock - DJ Mattaar; 172 Shutterstock - Pborowka; 173u Shutterstock - vera bogaerts; 173o Shutterstock - Mario Bruno ; 174 Shutterstock - ultimathule; 175 Shutterstoc - Péter Gudella; 176 Shutterstock - Sebastian Kaulitzki; 177 Shutterstock - Sebastian Kaulitzki; 178/179 Shutterstock - Mostovyi Sergii Igorevich; 180kl Shutterstock - naluphoto; 180gr Shutterstock - Diana Lundin; 181kl Fotolia - Jeanet Dijkstra; 181gr Fotolia - Chester; 182o Shutterstock - MichaelTaylor; 182ur Shutterstock; 182ul Shutterstock - Sebastian Kaulitzki; 183 Fotolia - Gordon; 184 Shutterstock - jokerpro; 185 Fotolia - Frank Reichenbächer; 186u Shutterstock - Antonio Jorge Nunes; 186o Shutterstock - Stefano Tronci; 187u Shutterstock - Microgen; 187o Shutterstock - Marek Pilczuk; 188 Shutterstock - John A. Anderson; 189o Shutterstock - Tian Zhan; 189u Fotolia - scubetto; 190o Fotolia - Daniel Ludwig; 190u Fotolia - Juergen Rudorf; 191 Fotolia - uwphoto; 192o Shutterstock - Nikita Tiunov; 192u Fotolia - eeeveee; 193 Shutterstock - shahar choen; 194/195 Shutterstock - Lisa84; 196 Fotolia - Bertrand Benoit; 197 Shutterstock - southmind; 198 Shutterstock - Marcus Miranda; 199kl Shutterstock - pzAxe; 199gr Fotolia - Andrejs Pidjass; 200/201 Shutterstock - Joseph Calev; 202 Shutterstock - Dr. Morley Read; 203u Shutterstock - Russell Shively; 203o Fotolia - Randy McKown; 204 Shutterstock - Dolnikov; 205o Shutterstock - alle, 205m Shutterstock - cbpix; 205u Shutterstock - Andrei Nekrassov; 206r Shutterstock - Diego Barucco; 206lu Fotolia - Clara; 206lo Fotolia - Ismael Montero; 207 Shutterstock - Wolfgang Staib; 208 Shutterstock - Eric Isselée; 209 Fotolia - DX; 210/211 Shutterstock - Falconia; 212 Fotolia - arenysam; 213 Shutterstock - Tania Zbrodko; 214 Shutterstock - PrairieEyes; 215 Fotolia - marina hely; 216u Shutterstock - Robert Fudali, 216o Shutterstock - tororo reaction; 217u Shutterstock - Peter Doomen, 217o Fotolia - Witold Krasowski; 218 Shutterstock - iroha; 219o Fotolia - Pavel Sindelar; 219u Fotolia - Clément Billet; 220 Shutterstock - Cameramannz; 221 Fotolia - irina2005; 222/223 Shutterstock - Andrzej Kamela; 223ro Shutterstock - Ben Jones, 223rm Shutterstock - Insuratelu Gabriela Gianina, 223u Shutterstock - Rafal Olechowski, 223l Shutterstock - Sergey Toronto; 224 Shutterstock - Daniel Gustavsson; 225 Fotolia - Aniuszka; 226 Shutterstock - carrydream; 227u Shutterstock - ZQFotography, 227o Fotolia - Maria Bedacht; 228 Shutterstock - Kathryn Bell; 228/229 Shutterstock - Monika23; 230/231 Shutterstock - Erhan Dayi; 232 Shutterstock - Sam Dcruz; 233u Fotolia - vladimirdavydov, 233o Shutterstock - Vilmos Varga; 234o Shutterstock - Bidouze Stéphane, 234u Fotolia - martin filzwieser, 234m Shutterstock - Frontpage; 235 Fotolia - Fouse Photography; 236 Fotolia - Terre de Sienne; 237 Shutterstock - Dmitry Sosenushkin; 238 Fotolia - pgm; 239u Fotolia - Grischa Georgiew, 239o sylvain LEMAIRE; 240 Fotolia - Mario Bruno; 241 Shutterstock - Kurt_G ; 242/243 Shutterstock - Microgen; 243o Shutterstock - Brendan Howard, 243u Shutterstock - Magdalena Bujak; 244 Fotolia - photoblueice; 245 Fotolia - veytalbiz; 246 Shutterstock - Christian Musat; 247o Shutterstock - Dr. Morley Read, 247u Shutterstock - Dr. Morley Read; 248/249 Shutterstock - Vladimir Melnik; 250 Shutterstock - aliciahh; 251 Fotolia - Sven Brenner; 252 Shutterstock - Timothy Craig Lubcke; 253u Fotolia - b.neeser, 253o Fotolia - Ian Scott; 254/255 Shutterstock - stephan kerkhofs; 256 Shutterstock - Cathy Keifer; 257o Shutterstock - jeff gynane, 257u Shutterstock - Juha Sompinmäki; 258/259 Shutterstock - Andreas Meyer; 260 Shutterstock - john austin; 261u Shutterstock - Christian Darkin, 261o Shutterstock - Marek Szumlas; 262 Shutterstock - John Kirinic; 263u Fotolia - Nicolette Wollentin, 263o Shutterstock - Paul B. Moore; 264o Shutterstock - Riaan van den Berg, 264u Shutterstock - Sascha Burkard; 265 Shutterstock - Arlene Jean Gee; 266/267 Shutterstock - michael sheehan; 268 Shutterstock - Mark R; 269u Shutterstock - Keith Levit, 269o Shutterstock - Ronald Sumners; 270o Shutterstock - Zoltan Pataki; 270u Shutterstock; 271u Shutterstock - susan flashman, 271o Fotolia - S.White; 272 Shutterstock - aliciahh; 273 Fotolia - steve estvanik; 274 Shutterstock - Bychkov Kirill Alexandrovich; 275u Shutterstock - Nestor Noci; 275o Fotolia - Mischa Krumm; 276 Shutterstock - Rich Koele; 277u Shutterstock - Michael Zysman; 277o Shutterstock - Wayne Johnson; 278 Shutterstock - Dave McAleavy; 279 Fotolia - Malbert; 280 Shutterstock - aliciahh; 281 Fotolia - Michael Pettigrew; 282/283 Shutterstock - Klaus Rainer Krieger; 284 Shutterstock - Ewan Chesser; 285 Shutterstock - Gail Johnson; 286 Shutterstock - Noam Armonn; 287u Shutterstock - Stanislav Khrapov, 287o shutterstock - Holger Ehlers; 288kl Shutterstock - Adrian Baras; 288/289 Shutterstock - Spencer Hoo; 289u Shutterstock - Karel Gallas, 289o Shutterstock - martinmaritz; 290/291 Shutterstock - Bianda Ahmad Hisham; 292 Fotolia - Paco Ayala; 293 Fotolia - Paco Ayala; 294 Shutterstock - Stephen Meese; 295 Shutterstock - kamphi; 296o Shutterstock - Brian Brockman, 296m Fotolia - Vladimir Melnik, 296u Shutterstock - Iuri; 297 Neanderthal Museum; 298/299 Shutterstock- Plotnikoff; 300 Shutterstock - N. Frey Photography; 301u Shutterstock - William Attard McCarthy, 301o Shutterstock - E.G.Pors; 302gr Shutterstock - Christian Darkin, 302kl Shutterstock - Ronald van der Beek; 303o Fotolia - Micah Jared, 303u Fotolia - Denis Topal; 304 Shutterstock - Saniphoto; 305 Shutterstock - BORTEL Pavel; 306lu Shutterstock - beltsazar, 306lo Fotolia - mirkofoto, 306ru Shutterstock - Ronald van der Beek, 306ro Shutterstock - Francis Wong Chee Yen; 307u Fotolia - AardLumens, 307o Fotolia - Joelle M; 308 Shutterstock - xJJx; 309 Fotolia - desaxo; 310/311 Shutterstock - urosr; 312ro Fotolia - Allyson Ricketts; 312lu Shutterstock - AridOcean; 313 Shutterstock - Vladyslav Morozov; 314 Fotolia - Javier Montero; 315 Shutterstock - Macs Peter; 316 Shutterstock - Sebastian Kaulitzki; 317 Fotolia - hans slegers; 318u Shutterstock- artproem, 318o Fotolia - Wojciech Gajda; 319 Shutterstock - Steven Newton; 320/321 Shutterstock - plampy; 322 Shutterstock - Geoff Hardy; 323 Shutterstock - Lukiyanova Natalia / frenta; 324 Shutterstock - Andreas Meyer; 325 Fotolia - Gorden; 326 Shutterstock - Robert O. Brown Photography; 327 Fotolia - Shuva Rahim; 328 Shutterstock - Bob Ainsworth; 329u Shutterstock - Jan van der Hoeven, 329o Shutterstock - Jan van der Hoeven; 330/331 Shutterstock - Weldon Schloneger; 332 Shutterstock - Jason Speros; 333 Fotolia - Alihahd; 334 Shutterstock - Pakhnyushcha; 335 Shutterstock - deb22; 336 Shutterstock - Jeremy Wee; 337u Fotolia - Annett Goebel, 337o Shutterstock - Chad Littlejohn; 338 Shutterstock - Oleksii Abramov; 339 Shutterstock - kristian sekulic; 341o Fotolia- Ackley Road Photos, 341ru Shutterstock - kristian sekulic, 341lu Fotolia - Primabild; 342/343 Shutterstock - markrhiggins; 344 Fotolia - Jim Mills; 345 Shutterstock - TebNad; 346 Shutterstock; 347 Wikipedia; 348 Shutterstock - Tony Wear; 349 Twinbooks; 350 Shutterstock - Jirsak; 351u Fotolia - Virginie CASTOR, 351o Fotolia - Niccy; 352 Shutterstock - Jiri Vaclavek; 353 Shutterstock - Anton Foltin; 354 Shutterstock - J Hindman; 355 Shutterstock - Vladimir Sazonov; 356/357 Shutterstock - markrhiggins; 358ro Fotolia - Vanessa Pike-Russell, 358ru Shutterstock - Les Scholz, 358lo Shutterstock - markrhiggins, 358lu Shutterstock - Robyn Mackenzie; 359 Photodisc Volumes Spacecapes; 360/361 Shutterstock - Bruce Rolff; 362 Shutterstock - olly; 363 Shutterstock - Jack schiffer; 364 Shutterstock - Frontpage; 365 Shutterstock - Chris Harvey; 366 Shutterstock - Linda Bucklin; 367 Shutterstock - Andreas Meyer; 368/369 Shutterstock - Jurgen Ziewe; 370 Shutterstock - Liz Van Steenburgh; 371u Shutterstock - Frances A. Miller, 371o Shutterstock - Giovanni Benintende; 372 Shutterstock - PaulPaladin; 373 Shutterstock - Marius Krivicius.

Umschlag:
Vorne von links nach rechts: Shutterstock - Shane Thomas Shaw, Shutterstock - Russell Shively, Shutterstock - krechet, Shutterstock - Stasys Eidiejus, Shutterstock - TebNad, gr. Bild Shutterstock - Erhan Dayi; hinten von links nach rechts: Shutterstock - beltsazar, Shutterstock - Sebastian Kaulitzki, Shutterstock - Péter Gudella, Shutterstock - Neo Edmund, Shutterstock - Alan Merrigan.